21世纪经济管理新形态教材·公共基础课系列

高等数学解题指导

华玉爱 ◎ 编著

清华大学出版社
北京

图书在版编目（CIP）数据

高等数学解题指导/华玉爱编著. —北京：清华大学出版社，2020.6
21世纪经济管理新形态教材.公共基础课系列
ISBN 978-7-302-53912-4

Ⅰ.①高…　Ⅱ.①华…　Ⅲ.①高等数学－高等学校－解题　Ⅳ.①O13-44

中国版本图书馆 CIP 数据核字（2019）第 209522 号

责任编辑：梁云慈
封面设计：李伯骥
责任校对：王凤芝
责任印制：刘海龙

出版发行：清华大学出版社
　　　　网　　　址：http://www.tup.com.cn，http://www.wqbook.com
　　　　地　　　址：北京清华大学学研大厦 A 座　　　　　　邮　　编：100084
　　　　社 总 机：010-62770175　　　　　　　　　　　　邮　　购：010-62786544
　　　　投稿与读者服务：010-62776969，c-service@tup.tsinghua.edu.cn
　　　　质量反馈：010-62772015，zhiliang@tup.tsinghua.edu.cn
印　装　者：三河市宏图印务有限公司
经　　销：全国新华书店
开　　本：185mm×260mm　　印　张：14.75　　　　　字　　数：355 千字
版　　次：2020 年 6 月第 1 版　　　　　　　　　　　印　　次：2020 年 6 月第 1 次印刷
定　　价：45.00 元

产品编号：082976-01

前言

  本书是作者编写的《高等数学——微积分入门》教材的配套教材,专门讲解高等数学(微积分)解题方法和技巧.书中对大量有代表性的例题进行分析和讲解,可作为学习完《高等数学——微积分入门》后的解题指导教材,也可单独作为研究生考试和数学竞赛的辅导教材.

  我校管理学院2016级学生王丽云同学在本书的编写过程中做了大量的工作,在作者的初稿形成后,王丽云同学仔仔细细地检查了全部书稿,并对许多例题提出了更简便精巧、更容易理解的解法.

  本书的编写和出版得到了齐鲁工业大学数学与统计学院领导的大力支持和同行的热心帮助,在此深表感谢.

齐鲁工业大学数学与统计学院 华玉爱

2020年2月

目 录

第 1 讲

预 备 知 识

【知识要点】

1. 弧长、面积与体积公式

底边长为 a、高为 h 的三角形的面积

$$S = \frac{1}{2}ah = \frac{1}{2}ab\sin\theta \quad （图 1\text{-}1）$$

半径为 r 的圆周长 $l = 2\pi r$（图 1-2）

半径为 r、圆心角为 θ 的圆弧长 $l = \dfrac{\theta}{2\pi} \cdot 2\pi r = r\theta$（图 1-2）

半径为 r 的圆的面积 $S = \pi r^2$（图 1-2）

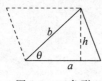

图 1-1　三角形　　　　　图 1-2　圆形

半径为 r、圆心角为 θ 的扇形的面积

$$S = \frac{\theta}{2\pi} \cdot \pi r^2 = \frac{1}{2}r^2\theta \quad （图 1\text{-}2）$$

半径为 r 的球的体积

$$V = \frac{4}{3}\pi r^3$$

半径为 r 的球的表面积

$$S = 4\pi r^2$$

底圆半径为 r、高为 h 的圆锥体的体积

$$V = \frac{1}{3}\pi r^2 h$$

2. 一元二次方程求根公式与韦达定理

一元二次方程 $ax^2 + bx + c = 0$ 求根公式

$$x_{1,2} = \frac{-b \pm \sqrt{b^2 - 4ac}}{2a}.$$

1

韦达定理 $x_1 + x_2 = -\dfrac{b}{a}$，$x_1 x_2 = \dfrac{c}{a}$.

3. 三角公式

正割 $\sec\theta = \dfrac{1}{\cos\theta}$，$\theta \neq k\pi + \dfrac{\pi}{2}$，$k = 0, \pm 1, \pm 2, \cdots$，

余割 $\csc\theta = \dfrac{1}{\sin\theta}$，$\theta \neq k\pi$，$k = 0, \pm 1, \pm 2, \cdots$.

正切 $\tan\theta = \dfrac{\sin\theta}{\cos\theta}$，$\theta \neq k\pi + \dfrac{\pi}{2}$，$k = 0, \pm 1, \pm 2, \cdots$，

余切 $\cot\theta = \dfrac{\cos\theta}{\sin\theta}$，$\theta \neq k\pi$，$k = 0, \pm 1, \pm 2, \cdots$；

$\sin^2\theta + \cos^2\theta = 1$.

$1 + \tan^2\theta = \dfrac{1}{\cos^2\theta} = \sec^2\theta$.

$1 + \cot^2\theta = \dfrac{1}{\sin^2\theta} = \csc^2\theta$.

$\sin(\alpha \pm \beta) = \sin\alpha\cos\beta \pm \cos\alpha\sin\beta$,

$\cos(\alpha \pm \beta) = \cos\alpha\cos\beta \mp \sin\alpha\sin\beta$.

$\tan(\alpha \pm \beta) = \dfrac{\tan\alpha \pm \tan\beta}{1 \mp \tan\alpha \cdot \tan\beta}$.

$\sin 2\theta = 2\sin\theta\cos\theta$,

$\cos 2\theta = 1 - 2\sin^2\theta = 2\cos^2\theta - 1$,

$\sin\theta = 2\sin\dfrac{\theta}{2}\cos\dfrac{\theta}{2}$,

$\cos\theta = 1 - 2\sin^2\dfrac{\theta}{2} = 2\cos^2\dfrac{\theta}{2} - 1$.

$\tan 2\theta = \dfrac{2\tan\theta}{1 - \tan^2\theta}$.

$1 - \cos\theta = 2\sin^2\dfrac{\theta}{2}$，$1 + \cos\theta = 2\cos^2\dfrac{\theta}{2}$；

$\sin^2\dfrac{\theta}{2} = \dfrac{1 - \cos\theta}{2}$，$\cos^2\dfrac{\theta}{2} = \dfrac{1 + \cos\theta}{2}$.

积化和差公式：

$\sin\alpha \cdot \cos\beta = \dfrac{1}{2}\left[\sin(\alpha + \beta) + \sin(\alpha - \beta)\right]$,

$\cos\alpha \cdot \cos\beta = \dfrac{1}{2}\left[\cos(\alpha + \beta) + \cos(\alpha - \beta)\right]$,

$\sin\alpha \cdot \sin\beta = -\dfrac{1}{2}\left[\cos(\alpha + \beta) - \cos(\alpha - \beta)\right]$.

和差化积公式：

$\sin\alpha + \sin\beta = 2\sin\dfrac{\alpha + \beta}{2} \cdot \cos\dfrac{\alpha - \beta}{2}$,

$$\sin\alpha - \sin\beta = 2\cos\frac{\alpha+\beta}{2}\sin\frac{\alpha-\beta}{2}.$$

$$\cos\alpha + \cos\beta = 2\cos\frac{\alpha+\beta}{2}\cdot\cos\frac{\alpha-\beta}{2},$$

$$\cos\alpha - \cos\beta = -2\sin\frac{\alpha+\beta}{2}\cdot\sin\frac{\alpha-\beta}{2}.$$

正弦定理：$\dfrac{BC}{\sin\angle A}=\dfrac{AC}{\sin\angle B}=\dfrac{AB}{\sin\angle C}=2r$，其中 r 为 ΔABC 外接圆的半径.

余弦定理：在 ΔABC 中，$BC^2=AB^2+AC^2-2AB\cdot AC\cdot\cos\angle A$.

4. 因式分解公式

$$x^2-y^2=(x+y)(x-y),$$

$$x^3-y^3=(x-y)(x^2+xy+y^2),$$

$$x^3+y^3=(x+y)(x^2-xy+y^2),$$

$$x^n-1=x^n-x^{n-1}+x^{n-1}-x^{n-2}+\cdots-x+x-1$$

$$=(x-1)x^{n-1}+(x-1)x^{n-2}+\cdots+(x-1)$$

$$=(x-1)(x^{n-1}+x^{n-2}+\cdots+x+1),$$

$$1-x-y+xy=(1-x)(1-y).$$

5. 二项式定理

$$(x+y)^2=x^2+2xy+y^2,$$

$$(x+y)^3=x^3+3x^2y+3xy^2+y^3,$$

$$(x+y)^n=x^n+nx^{n-1}y+\frac{n(n-1)}{2}x^{n-2}y^2+\cdots+y^n$$

$$=C_n^0x^n+C_n^1x^{n-1}y+C_n^2x^{n-2}y^2+\cdots+C_n^ny^n=\sum_{k=0}^n C_n^k x^{n-k}y^k=\sum_{k=0}^n C_n^k x^k y^{n-k},$$

其中，$C_n^k=\dfrac{n!}{k!(n-k)!}$，$0!=1$.

6. 基本不等式及其衍生不等式

$$(x-y)^2=x^2+y^2-2xy\geqslant 0\Rightarrow x^2+y^2\geqslant 2xy$$

$$\Rightarrow(x+y)^2\geqslant 4xy；x+y\geqslant 2\sqrt{xy}，x\geqslant 0,y\geqslant 0；x^2+y^2\geqslant\frac{(x+y)^2}{2}$$

$$\Rightarrow\frac{2}{\dfrac{1}{x}+\dfrac{1}{y}}\leqslant\sqrt{xy}\leqslant\frac{x+y}{2}，x>0,y>0.$$

一般地，$\dfrac{n}{\dfrac{1}{x_1}+\dfrac{1}{x_2}+\cdots+\dfrac{1}{x_n}}\leqslant\sqrt[n]{x_1x_2\cdots x_n}\leqslant\dfrac{x_1+x_2+\cdots+x_n}{n}$，$x_1,x_2,\cdots,x_n>0.$

（左边的式子称为**调和平均值**，中间的式子称为**几何平均值**，右边的式子称为**算术平均值**）

7. 常用平面曲线

1）圆

圆的方程见表 1-1.

表 1-1　圆的方程

直角坐标方程	$x^2+y^2=a^2$	$(x-a)^2+y^2=a^2$	$x^2+(y-a)^2=a^2$
参数方程	$\begin{cases}x=a\cos\theta\\y=a\sin\theta\end{cases}$	$\begin{cases}x=a(1+\cos\theta)\\y=a\sin\theta\end{cases}$	$\begin{cases}x=a\cos\theta\\y=a(1+\sin\theta)\end{cases}$
极坐标方程	$r=a$	$r=2a\cos\theta$	$r=2a\sin\theta$

2）椭圆（图 1-3）

椭圆的直角坐标方程为$\dfrac{x^2}{a^2}+\dfrac{y^2}{b^2}=1$.

参数方程为$\begin{cases}x=a\cos t\\y=b\sin t\end{cases}$，$(0\leqslant t\leqslant 2\pi)$.

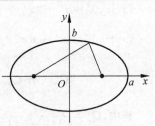

图 1-3　椭圆

3）抛物线（图 1-4）

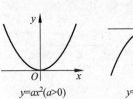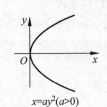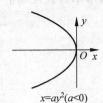

$y=ax^2(a>0)$　　$y=ax^2(a<0)$　　$x=ay^2(a>0)$　　$x=ay^2(a<0)$

图 1-4　抛物线

4）双曲线（图 1-5）

5）摆线（旋轮线）（图 1-6）

$$\begin{cases}x=a(\theta-\sin\theta),\\y=a(1-\cos\theta).\end{cases}$$

6）心形（脏）线（图 1-7）

$$r=a(1+\cos\theta)\quad(0\leqslant\theta\leqslant 2\pi).$$

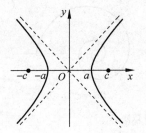

$$\frac{x^2}{a^2}-\frac{y^2}{b^2}=1(a^2+b^2=c^2)$$

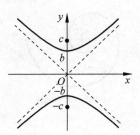

$$-\frac{x^2}{a^2}+\frac{y^2}{b^2}=1(a^2+b^2=c^2)$$

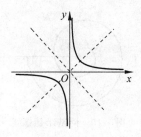

$$y=\frac{1}{x}$$

图 1-5　双曲线

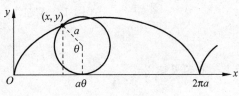

图 1-6　摆线

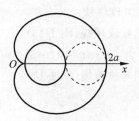

图 1-7　心形线

7）星形线（图 1-8）

直角坐标方程 $x^{\frac{2}{3}}+y^{\frac{2}{3}}=a^{\frac{2}{3}}$，参数方程 $\begin{cases} x=a\cos^3\theta \\ y=a\sin^3\theta \end{cases}$.

8）圆的渐开（伸）线（图 1-9）

$$\begin{cases} x=a(\cos\theta+\theta\sin\theta) \\ y=a(\sin\theta-\theta\cos\theta) \end{cases}.$$

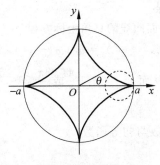

图 1-8　星形线

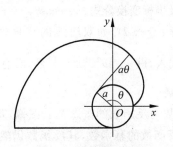

图 1-9　圆的渐开线

9）阿基米德螺线（图 1-10）

$$r=a\theta.$$

10）对数螺线（等角螺线）（图 1-11）

$$r=\mathrm{e}^{a\theta}.$$

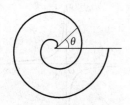

图 1-10　阿基米德螺线

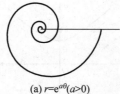

(a) $r=e^{a\theta}(a>0)$

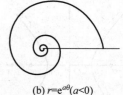

(b) $r=e^{a\theta}(a<0)$

图 1-11　对数螺线

11) 双纽线(图 1-12)

直角坐标方程 $(x^2+y^2)^2=a^2(x^2-y^2)$.

极坐标方程为 $r^2=a^2\cos2\theta$

12) 玫瑰线

三叶玫瑰线(图 1-13)：

$$r=a\cos3\theta,\quad 0\leqslant\theta\leqslant2\pi.$$

四叶玫瑰线(图 1-14)：

$$r=a\mid\cos2\theta\mid,\quad 0\leqslant\theta\leqslant2\pi.$$

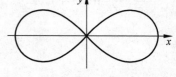

图 1-12　双纽线

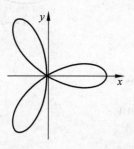

图 1-13　三叶玫瑰线

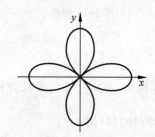

图 1-14　四叶玫瑰线

8. 平面曲线的直角坐标方程转化为极坐标方程

利用极坐标变换公式 $x=r\cos\theta$，$y=r\sin\theta$ 可将平面曲线的直角坐标方程 $f(x,y)=0$ 化为极坐标方程 $r=\varphi(\theta)$. 如双纽线的直角坐标方程为 $(x^2+y^2)^2=a^2(x^2-y^2)$，将 $x=r\cos\theta$，$y=r\sin\theta$ 代入，得 $r^2=a^2\cos2\theta$. 显然，必有 $\cos2\theta\geqslant0$，从而 $-\dfrac{\pi}{4}\leqslant\theta\leqslant\dfrac{\pi}{4}$ 或 $\dfrac{3\pi}{4}\leqslant\theta\leqslant\dfrac{5\pi}{4}$.

9. 函数

1) 函数与反函数的概念及其图像，基本初等函数与初等函数

具有反函数的幂函数，其反函数仍然是幂函数.

指数函数与对数函数互为反函数.

正弦函数 $y=\sin x$ 在 $\left[-\dfrac{\pi}{2},\dfrac{\pi}{2}\right]$ 上的反函数为 $x=\arcsin y$，$-1\leqslant y\leqslant1$.

余弦函数 $y=\cos x$ 在 $[0,\pi]$ 上的反函数为 $x=\arccos y$，$-1\leqslant y\leqslant1$.

正切函数 $y=\tan x$ 在 $\left(-\dfrac{\pi}{2},\dfrac{\pi}{2}\right)$ 上的反函数为 $x=\arctan y$，$-\infty<y<+\infty$.

余切函数 $y=\cot x$ 在 $(0,\pi)$ 上的反函数为 $x=\text{arccot}\,y$，$-\infty<y<+\infty$.

2）函数的性态：有界性，单调性，奇偶性，周期性

偶函数：$f(-x)=f(x)$；奇函数：$f(-x)=-f(x)$.

若 $f(x)$ 为奇函数且在 $x=0$ 有定义，则必有 $f(0)=0$.

如果一个函数既是偶函数又是奇函数，则这个函数恒等于零.

【例题】

例 1-1 设 $x\neq 0$，求 $s_n=\cos x+\cos 2x+\cos 3x+\cdots+\cos nx$.

解：$\sin\dfrac{x}{2}\cdot s_n=\sin\dfrac{x}{2}\cos x+\sin\dfrac{x}{2}\cos 2x+\sin\dfrac{x}{2}\cos 3x+\cdots+\sin\dfrac{x}{2}\cos nx$.

$\sin\dfrac{x}{2}\cos kx=\dfrac{1}{2}\left[\sin\left(\dfrac{1}{2}+k\right)x+\sin\left(\dfrac{1}{2}-k\right)x\right]=\dfrac{1}{2}\left[\sin\dfrac{2k+1}{2}x-\sin\dfrac{2k-1}{2}x\right]$.

$\sin\dfrac{x}{2}\cdot s_n=\dfrac{1}{2}\left[\sin\dfrac{3}{2}x-\sin\dfrac{1}{2}x\right]+\dfrac{1}{2}\left[\sin\dfrac{5}{2}x-\sin\dfrac{3}{2}x\right]+\cdots$

$\qquad\qquad+\dfrac{1}{2}\left[\sin\dfrac{(2n+1)}{2}x-\sin\dfrac{(2n-1)}{2}x\right]=\dfrac{1}{2}\left[\sin\dfrac{(2n+1)}{2}x-\sin\dfrac{x}{2}\right]$.

$s_n=\dfrac{\dfrac{1}{2}\left[\sin\dfrac{(2n+1)}{2}x-\sin\dfrac{x}{2}\right]}{\sin\dfrac{x}{2}}=\dfrac{1}{2}\left[\dfrac{\sin\dfrac{(2n+1)}{2}x}{\sin\dfrac{x}{2}}-1\right]$.

例 1-2 证明：$\sin\left(2\arcsin\dfrac{x}{2}\right)=\dfrac{x\sqrt{4-x^2}}{2}$.

证：设 $\theta=\arcsin\dfrac{x}{2}$，则 $-\dfrac{\pi}{2}\leqslant\theta\leqslant\dfrac{\pi}{2}$，$x=2\sin\theta$，$\sin\theta=\dfrac{x}{2}$.

$\cos\theta=\sqrt{1-\sin^2\theta}=\sqrt{1-\left(\dfrac{x}{2}\right)^2}=\dfrac{\sqrt{4-x^2}}{2}$

$\sin\left(2\arcsin\dfrac{x}{2}\right)=\sin(2\theta)=2\sin\theta\cos\theta=2\dfrac{x}{2}\dfrac{\sqrt{4-x^2}}{2}=\dfrac{x\sqrt{4-x^2}}{2}$.

例 1-3 证明函数 $f(x)=\ln(x+\sqrt{1+x^2})$ 是奇函数.

证：因为 $f(x)+f(-x)=\ln(x+\sqrt{1+x^2})+\ln(-x+\sqrt{1+x^2})$

$\qquad\qquad=\ln[(x+\sqrt{1+x^2})(-x+\sqrt{1+x^2})]=\ln 1=0$,

所以 $f(x)$ 是奇函数.

例 1-4 设函数 $f(x)$ 在 $(0,+\infty)$ 内有定义，且 $\dfrac{f(x)}{x}$ 在 $(0,+\infty)$ 内单调减少，证明：对任意的 $x_1,x_2>0$，都存在 $f(x_1+x_2)\leqslant f(x_1)+f(x_2)$.

证：因为 $\dfrac{f(x)}{x}$ 在 $(0,+\infty)$ 内单调减少，所以有

$$\dfrac{f(x_1+x_2)}{x_1+x_2}<\dfrac{f(x_1)}{x_1},\quad \dfrac{f(x_1+x_2)}{x_1+x_2}<\dfrac{f(x_2)}{x_2},$$

即 $x_1 f(x_1+x_2)<(x_1+x_2)f(x_1)$，$x_2 f(x_1+x_2)<(x_1+x_2)f(x_2)$.

两式相加,得 $(x_1+x_2)f(x_1+x_2)<(x_1+x_2)[f(x_1)+f(x_2)]$,即 $f(x_1+x_2)<f(x_1)+f(x_2)$.

习 题 1

1. 将下列各组三角函数的和差化为乘积的形式:

(1) $\sin 2x+\sin 3x$; (2) $\sin 2x-\sin 3x$; (3) $\sin 2x+\cos 3x$; (4) $\sin 2x-\cos 3x$.

2. (1) 设 a,b 为任意非负实数,且 $a+b=1$,证明: $\dfrac{1}{2}\leqslant a^2+b^2\leqslant 1$;

(2) 设函数 $f(x)>0$,证明: $f(x)+\dfrac{1}{f(x)}\geqslant 2$.

3. 证明:(1) $\sin\left(\arccos\dfrac{1}{x}\right)=\dfrac{\sqrt{x^2-1}}{|x|}$; (2) $\sin(2\arctan x)=\dfrac{2x}{1+x^2}$.

4. 写出下列直角坐标方程所表示的圆的极坐标方程:

(1) $x^2+y^2=4$; (2) $(x-1)^2+y^2=1$;

(3) $x^2+(y-2)^2=4$; (4) $(x-1)^2+(y-1)^2=2$.

5. 写出下列抛物线的极坐标方程:

(1) $y=x^2$; (2) $x=y^2$; (3) $xy=1$.

6. 设下面所涉及的函数都定义在对称区间 $(-a,a)$ 上,则下列函数中哪些必为奇函数,哪些必为偶函数?

(1) 两个偶函数的和;

(2) 两个奇函数的和;

(3) 一个偶函数与一个奇函数的和;

(4) 两个偶函数的乘积;

(5) 两个奇函数的乘积;

(6) 一个偶函数与一个奇函数的乘积;

(7) $g(x)=f(x)+f(-x)$;

(8) $g(x)=f(x)-f(-x)$.

7. 设 $f(x)=\begin{cases} 1, & |x|<1 \\ 0, & |x|=1 \\ -1, & |x|>1 \end{cases}$, $g(x)=e^x$,求 $f[g(x)],g[f(x)]$.

8. 设 $f(x)$ 满足 $af(x)+bf(1-x)=\dfrac{c}{x}$,其中 a,b,c 均为常数,且 $|a|\neq|b|$,则 $f(x)=$ _____.

9. 证明: $\max\{f(x),g(x)\}=\dfrac{1}{2}[f(x)+g(x)+|f(x)-g(x)|]$;

$$\min\{f(x),g(x)\}=\dfrac{1}{2}[f(x)+g(x)-|f(x)-g(x)|].$$

第 2 讲

空间解析几何

【知识要点】

1. 向量

向量的概念与表示法,向量的模,向量的方向角与方向余弦,单位向量.

设 $\vec{a}=(a_x,a_y,a_z),\vec{b}=(b_x,b_y,b_z)$,则

两向量的数量积 $\vec{a}\cdot\vec{b}=|\vec{a}||\vec{b}|\cos\theta=a_xb_x+a_yb_y+a_zb_z$.

$$\vec{a}/\!/\vec{b}\Leftrightarrow\frac{a_x}{b_x}=\frac{a_y}{b_y}=\frac{a_z}{b_z}.$$

$$\vec{a}\perp\vec{b}\Leftrightarrow\vec{a}\cdot\vec{b}=0\Leftrightarrow a_xb_x+a_yb_y+a_zb_z=0.$$

两向量的向量积 $\vec{a}\times\vec{b}=\begin{vmatrix} \vec{i} & \vec{j} & \vec{k} \\ a_x & a_y & a_z \\ b_x & b_y & b_z \end{vmatrix}=(a_yb_z-a_zb_y,a_zb_x-a_xb_z,a_xb_y-a_yb_x)$.

$|\vec{a}\times\vec{b}|=|\vec{a}||\vec{b}|\sin\theta=$ 以 $\vec{a},\vec{b}$ 为邻边的平行四边形的面积.

2. 旋转曲面

由 yOz 面上的曲线 $f(y,z)=0$ 绕 z 轴旋转而成的旋转曲面的方程为 $f(\pm\sqrt{x^2+y^2},z)=0$.

由 yOz 面上的曲线 $f(y,z)=0$ 绕 y 轴旋转而成的旋转曲面的方程为 $f(y,\pm\sqrt{x^2+z^2})=0$.

仿此,可以写出任意坐标面上的曲线绕坐标轴旋转的旋转曲面的方程.

3. 柱面

方程 $F(x,y)=0$ 在平面直角坐标系 xOy 中表示平面曲线,而在空间直角坐标系中表示以 xOy 中的曲线 $F(x,y)=0$ 为准线、母线平行于 z 轴的柱面.

类似地,在空间直角坐标系中 $F(y,z)=0$(缺少 x)是母线平行于 x 轴的柱面,$F(x,z)=0$(缺少 y)是母线平行于 y 轴的柱面.

4. 二次曲面

椭球面,抛物面(椭圆抛物面,旋转抛物面),双曲抛物面(马鞍面),单叶双曲面(椭圆单叶双曲面,旋转单叶双曲面),双叶双曲面(椭圆双叶双曲面,旋转双叶双曲面).

5. 空间曲线及其方程

空间曲线可看作空间两曲面的交线,其一般方程为 $\begin{cases} F(x,y,z)=0 \\ G(x,y,z)=0 \end{cases}$.

空间曲线的参数方程为 $x=x(t),y=y(t),z=z(t)$.

从 $\begin{cases} F(x,y,z)=0 \\ G(x,y,z)=0 \end{cases}$ 中消去变量 z 后,可得空间曲线关于 xOy 面的**投影柱面**的方程

$H(x,y)=0$.空间曲线在 xOy 面**投影曲线**的方程为 $\begin{cases} H(x,y)=0 \\ z=0 \end{cases}$.

6. 平面

过空间中的点 $M_0(x_0,y_0,z_0)$ 且与已知非零向量 $\vec{n}=(A,B,C)$ 垂直的平面方程为

$$A(x-x_0)+B(y-y_0)+C(z-z_0)=0(点法式方程),$$

$\vec{n}=(A,B,C)$ 是平面的一个法向量.

平面的一般方程 $Ax+By+Cz+D=0$.

两平面平行⇔它们的法向量平行;两平面垂直⇔它们的法向量垂直.

平面 $Ax+By+Cz+D=0$ 外一点 $P_0(x_0,y_0,z_0)$ 到平面的距离为

$$d=\frac{|Ax_0+By_0+Cz_0+D|}{\sqrt{A^2+B^2+C^2}}$$

7. 空间直线

空间直线的一般方程为 $\begin{cases} A_1x+B_1y+C_1z+D_1=0 \\ A_2x+B_2y+C_2z+D_2=0 \end{cases}$.

一直线过点 $M_0(x_0,y_0,z_0)$ 且平行于向量 $\vec{s}=(m,n,p)$(方向向量),则

对称式方程为 $\dfrac{x-x_0}{m}=\dfrac{y-y_0}{n}=\dfrac{z-z_0}{p}$,参数方程为 $\begin{cases} x=x_0+mt \\ y=y_0+nt \\ z=z_0+pt \end{cases}$.

8. 平面束

通过直线 $L:\begin{cases} A_1x+B_1y+C_1z+D_1=0 \\ A_2x+B_2y+C_2z+D_2=0 \end{cases}$ 的平面束方程为

$$\lambda(A_1x+B_1y+C_1z+D_1)+\mu(A_2x+B_2y+C_2z+D_2)=0$$

【例题】

例 2-1 求与 $\vec{a}=(3,-2,4)$ 和 $\vec{b}=(1,1,-2)$ 同时垂直的单位向量.

解: $\vec{c}=\vec{a}\times\vec{b}$ 与 $\vec{a},\vec{b}$ 同时垂直. $\vec{c}=\vec{a}\times\vec{b}=\begin{vmatrix} \vec{i} & \vec{j} & \vec{k} \\ 3 & -2 & 4 \\ 1 & 1 & -2 \end{vmatrix}=(0,10,5)$.

$|\vec{c}|=\sqrt{10^2+5^2}=5\sqrt{5}$,故与 $\vec{a},\vec{b}$ 同时垂直的单位向量为 $\vec{c}^{\circ}=\pm\dfrac{\vec{c}}{|\vec{c}|}=\pm\left(0,\dfrac{2}{\sqrt{5}},\dfrac{1}{\sqrt{5}}\right)$.

例 2-2　(1) yOz 面上的抛物线 $y^2 = 2pz$ 绕 z 轴旋转而成的旋转抛物面的方程为 $x^2 + y^2 = 2pz$.

(2) yOz 面上的双曲线 $\dfrac{y^2}{a^2} - \dfrac{z^2}{c^2} = 1$ 绕 y 轴旋转而成的旋转双叶双曲面的方程为 $\dfrac{y^2}{a^2} - \dfrac{x^2 + z^2}{c^2} = 1$；绕 z 轴旋转而成的单叶旋转双曲面的方程为 $\dfrac{x^2 + y^2}{a^2} - \dfrac{z^2}{c^2} = 1$.

(3) yOz 面上的直线 $z = ky$ 绕 z 轴旋转而成的圆锥面的方程为 $z = \pm k\sqrt{x^2 + y^2}$ 或 $z^2 = k^2(x^2 + y^2)$.

例 2-3　上半球面 $z = \sqrt{2 - x^2 - y^2}$ 与上半圆锥面 $z = \sqrt{x^2 + y^2}$ 的交线(图 2-1)为

$$\begin{cases} z = \sqrt{2 - x^2 - y^2} \\ z = \sqrt{x^2 + y^2} \end{cases}$$

消去 z，得 $x^2 + y^2 = 1$. 从而有 $z = 1$. 于是该交线的方程又可表示为

$$\begin{cases} x^2 + y^2 = 1 \\ z = 1 \end{cases}.$$

该交线关于 xOy 面的投影柱面的方程为 $x^2 + y^2 = 1$. 该交线在 xOy 面上的投影曲线的方程为 $\begin{cases} x^2 + y^2 = 1 \\ z = 0 \end{cases}$.

例 2-4　螺旋线 $\begin{cases} x = a\cos\theta \\ y = a\sin\theta \\ z = b\theta \end{cases}$，在 xOy 面上的投影曲线的方程为 $\begin{cases} x^2 + y^2 = a^2 \\ z = 0 \end{cases}$. 该螺旋线关于 xOy 面的投影柱面的方程为 $x^2 + y^2 = a^2$.

例 2-5　(立体在坐标面上的投影)上半球面 $z = \sqrt{2 - x^2 - y^2}$ 与上半圆锥面 $z = \sqrt{x^2 + y^2}$ 围成的立体在 xOy 坐标面上的投影区域为 $x^2 + y^2 \le 1$，如图 2-2 所示.

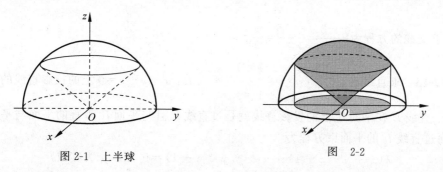

图 2-1　上半球　　　　　　　　　图 2-2

例 2-6　过点 $M(1,1,1)$ 且与向量 $\overrightarrow{OM} = (1,1,1)$ 垂直的平面方程为

$$(x-1) + (y-1) + (z-1) = 0 \quad \text{或} \quad x + y + z - 3 = 0.$$

例 2-7　求过三点 $(a,0,0)$，$(0,b,0)$，$(0,0,c)(abc \ne 0)$ 的平面方程.

解：设平面方程为 $Ax + By + Cz + D = 0$. 将三点坐标代入方程，得

$$aA + D = 0, \quad bB + D = 0, \quad cC + D = 0.$$

解之,得 $A=-\dfrac{D}{a},B=-\dfrac{D}{b},C=-\dfrac{D}{c}$. 代入所设方程,得 $\dfrac{x}{a}+\dfrac{y}{b}+\dfrac{z}{c}=1$.

这种形式的平面方程称为**平面的截距式方程**.

例 2-8　求过点 $(1,1,1)$ 且垂直于平面 $x-y+z=7$ 和 $3x+2y-12z+5=0$ 的平面方程.

解：所给平面的法向量分别为 $\vec{n}_1=(1,-1,1),\vec{n}_2=(3,2,-12)$. 所求平面的法向量为 $\vec{n}=\vec{n}_1\times\vec{n}_2=(10,15,5)$, 所求平面方程为

$$10(x-1)+15(y-1)+5(z-1)=0$$

化简得 $2x+3y+z-6=0$.

例 2-9　求过点 (x_0,y_0,z_0) 与点 (x_1,y_1,z_1) 的直线方程.

解：由所给两点构成的向量为 $\vec{s}=(x_1-x_0,y_1-y_0,z_1-z_0)$. 此即所求直线的方向向量. 于是所求的直线方程为 $\dfrac{x-x_0}{x_1-x_0}=\dfrac{y-y_0}{y_1-y_0}=\dfrac{z-z_0}{z_1-z_0}$（直线的**两点式方程**）.

例 2-10　求过点 $(1,-2,4)$ 且与平面 $2x-3y+z-4=0$ 垂直的直线方程.

解：已知平面的法向量为 $\vec{n}=(2,-3,1)$. 因为所求直线与已知平面垂直,所以它与已知平面的法向量平行. 于是可得所求直线的方程为 $\dfrac{x-1}{2}=\dfrac{y+2}{-3}=\dfrac{z-4}{1}$.

例 2-11　求直线 $\dfrac{x-2}{1}=\dfrac{y-3}{1}=\dfrac{z-4}{2}$ 与平面 $2x+y+z-6=0$ 的交点.

解：直线的参数方程为 $x=2+t,y=3+t,z=4+2t$. 代入平面方程,得 $2(2+t)+(3+t)+(4+2t)-6=0$. $t=-1$. 于是得交点的坐标为 $(1,2,2)$.

例 2-12　求两平面 $x-4z=3$ 与 $2x-y-5z=1$ 的交线的对称式方程.

解：令 $z=0$ 可解得交线上的点 $(3,5,0)$.

两个平面的法向量分别为 $\vec{n}_1=(1,0,-4),\vec{n}_2=(2,-1,-5)$, 其交线的方向向量为

$$\vec{n}=\vec{n}_1\times\vec{n}_2=\begin{vmatrix}\vec{i}&\vec{j}&\vec{k}\\1&0&-4\\2&-1&-5\end{vmatrix}=(-4,-3,-1)$$

因而所求交线的方程为 $\dfrac{x-3}{4}=\dfrac{y-5}{3}=\dfrac{z}{1}$.

例 2-13　求直线 $L:\begin{cases}x+y-z-1=0\\x-y+z+1=0\end{cases}$ 在平面 $\Pi:x+y+z=0$ 上的投影直线的方程.

解：直线 L 在平面 Π 上的投影直线就是过直线 L 且与平面 Π 垂直的平面与平面 Π 的交线. 而过直线 L 的平面束方程为

$$\lambda(x+y-z-1)+\mu(x-y+z+1)=0 \quad (\lambda,\mu\text{ 为实数})$$

其法向量为 $\vec{n}=(\lambda+\mu,\lambda-\mu,-\lambda+\mu)$. 平面 Π 的法向量为 $\vec{n}_1=(1,1,1)$. 与平面 Π 垂直的平面应满足 $\vec{n}\cdot\vec{n}_1=0$, 即 $\lambda+\mu=0,\lambda=-\mu$. 即与平面 Π 垂直的平面方程为 $2\mu y-2\mu z-2\mu=0$, 即 $y-z-1=0$. 因而所求的投影直线的方程为

$$\begin{cases}y-z-1=0\\x+y+z=0\end{cases}$$

习　题　2

1. 试用向量证明柯西(Cauchy)不等式：

$$|x_1y_1 + x_2y_2 + x_3y_3| \leqslant \sqrt{x_1^2 + x_2^2 + x_3^2} \cdot \sqrt{y_1^2 + y_2^2 + y_3^2}$$

且等号成立的充分必要条件为 $\dfrac{x_1}{y_1} = \dfrac{x_2}{y_2} = \dfrac{x_3}{y_3}$.

2. 利用 $|\vec{a} \times \vec{b}| = |\vec{a}||\vec{b}|\sin\theta$ (θ 为向量 $\vec{a}, \vec{b}$ 的夹角)的几何意义求以三点 $A = (1, 2, -1), B = (-1, 2, 0), C = (0, 1, 1)$ 为顶点的三角形的面积.

3. 求下列平面曲线绕指定坐标轴旋转而成的旋转曲面的方程：

(1) $y^2 = 2x$,绕 x 轴；　　(2) $x^2 + y^2 = 9$,绕 y 轴；　　(3) $\dfrac{x^2}{2} + z^2 = 1$,绕 z 轴；

(4) $z = y + 1$,绕 z 轴；　　(5) $y = 2$,绕 x 轴；　　　　(6) $(x-2)^2 + z^2 = 1$,绕 z 轴.

4. 求球面 $x^2 + y^2 + z^2 = 1$ 与平面 $z = y$ 的交线向 xOy 面投影的投影柱面的方程以及该交线在 xOy 上的投影曲线的方程.

5. 求过点 $(-3, 2, 5)$ 且与两平面 $x - 4z = 3$ 与 $2x - y - 5z = 1$ 的交线平行的直线方程.

6. 一直线过点 $(2, -3, 4)$ 且与 y 轴垂直相交,求其方程.

7. 求过点 $(2, 1, 3)$ 且与直线 $\dfrac{x+1}{3} = \dfrac{y-1}{2} = \dfrac{z}{-1}$ 垂直相交的直线方程.

8. 求两直线 $L_1: \dfrac{x-1}{1} = \dfrac{y}{-4} = \dfrac{z+3}{1}$ 与 $L_2: \dfrac{x}{2} = \dfrac{y+2}{-2} = \dfrac{z}{-1}$ 的夹角.

第 3 讲

导数与微分基本运算

【知识要点】

1. 导数公式

$(c)'=0$；$(x^\mu)'=\mu x^{\mu-1}$；$\left(\dfrac{1}{x}\right)'=-\dfrac{1}{x^2}$；$(\sqrt{x})'=\dfrac{1}{2\sqrt{x}}$；

$(\sin x)'=\cos x$；$(\cos x)'=-\sin x$；$(\tan x)'=\sec^2 x$；$(\cot x)'=-\csc^2 x$；

$(\sec x)'=\sec x\tan x$；$(\csc x)'=-\csc x\cot x$；

$(\arcsin x)'=\dfrac{1}{\sqrt{1-x^2}}$；$(\arccos x)'=-\dfrac{1}{\sqrt{1-x^2}}$；

$(\arctan x)'=\dfrac{1}{1+x^2}$；$(\text{arccot}\,x)'=-\dfrac{1}{1+x^2}$；

$(a^x)'=a^x\ln a$；$(\log_a x)'=\dfrac{1}{x\ln a}$；$(\text{e}^x)'=\text{e}^x$；$(\ln x)'=\dfrac{1}{x}$.

2. 函数的和、差、积、商的求导法则

$[u(x)\pm v(x)]'=u'(x)\pm v'(x)$；

$[u(x)\cdot v(x)]'=u'(x)v(x)+u(x)v'(x)$；

$[Cu(x)]'=Cu'(x)$；

$\left[\dfrac{u(x)}{v(x)}\right]'=\dfrac{u'(x)v(x)-u(x)v'(x)}{v^2(x)}(v(x)\neq 0)$；

$\left[\dfrac{1}{v(x)}\right]'=-\dfrac{v'(x)}{v^2(x)}(v(x)\neq 0)$.

3. 反函数的求导法则

如果函数 $x=f(y)$ 在某区间 I_y 内单调、可导且 $f'(y)\neq 0$，那么其反函数 $y=f^{-1}(x)$

在对应区间 I_x 内可导，且有 $[f^{-1}(x)]'=\dfrac{1}{f'(y)}$ 或 $\dfrac{\text{d}y}{\text{d}x}=\dfrac{1}{\dfrac{\text{d}x}{\text{d}y}}$.

注：$\dfrac{\text{d}^2 y}{\text{d}x^2}=\dfrac{1}{\dfrac{\text{d}^2 x}{\text{d}y^2}}$ 通常不成立.

4. 复合函数的求导法则

设 $y=f(u)$，$u=g(x)$，则复合函数 $y=f[g(x)]$ 的导数为 $\dfrac{\text{d}y}{\text{d}x}=\dfrac{\text{d}y}{\text{d}u}\cdot\dfrac{\text{d}u}{\text{d}x}$ 或 $y'(x)=$

$f'(u) \cdot g'(x)$, 即复合函数的导数等于函数对中间变量的导数乘以中间变量对自变量的导数——链式法则.

对 $y=f[g(x)]$, 称 $y=f(u)$ 为外函数, $u=g(x)$ 为内函数, 于是链式法则可叙述为

复合函数的导数＝外函数的导数×内函数的导数.

复合函数的外函数: 最后一步计算的函数.

如 $y=\sin^2 x$, 先算 $\sin x$, 最后计算平方, 所以外函数是 u^2.

5. 幂指函数的导数

设函数 $f(x),g(x)$ 可导, $f(x)>0$, 则
$$f(x)^{g(x)}=\mathrm{e}^{g(x)\ln f(x)}, \quad [f(x)^{g(x)}]'=[\mathrm{e}^{g(x)\ln f(x)}]'.$$

6. 由参数方程所确定的函数的导数

设函数 $x=x(t),y=y(t)$ 可导, $x(t)$ 单调, 且 $x'(t)\neq 0$, 则 $x=x(t)$ 有反函数, 且反函数也可导, 且有 $\dfrac{\mathrm{d}y}{\mathrm{d}x}=\dfrac{\mathrm{d}y}{\mathrm{d}t} \cdot \dfrac{\mathrm{d}t}{\mathrm{d}x}=\dfrac{\dfrac{\mathrm{d}y}{\mathrm{d}t}}{\dfrac{\mathrm{d}x}{\mathrm{d}t}}=\dfrac{y'(t)}{x'(t)}.$

7. 微分及其运算

$y=f(x)$ 的微分为 $\mathrm{d}y=f'(x)\Delta x=f'(x)\mathrm{d}x.$

$\mathrm{d}(u\pm v)=\mathrm{d}u\pm\mathrm{d}v$; $\mathrm{d}(uv)=v\mathrm{d}u+u\mathrm{d}v$;

$\mathrm{d}\left(\dfrac{u}{v}\right)=\dfrac{v\mathrm{d}u-u\mathrm{d}v}{v^2}$;

$\mathrm{d}f[g(x)]=f'[g(x)]g'(x)\mathrm{d}x=f'[g(x)]\mathrm{d}g(x),$

$\mathrm{d}y=\dfrac{\mathrm{d}y}{\mathrm{d}x} \cdot \mathrm{d}x=\dfrac{\mathrm{d}y}{\mathrm{d}u} \cdot \mathrm{d}u.$

8. 高阶导数的莱布尼兹公式

设 $u=u(x),v=v(x)$, 则
$$(uv)'=u'v+uv',$$
$$(uv)''=(u'v+uv')'=u''v+u'v'+u'v'+uv''=u''v+2u'v'+uv'',$$
$$(uv)'''=u'''v+3u''v'+3u'v''+uv''',$$

一般地,
$$(uv)^{(n)}=C_n^0 u^{(n)}v+C_n^1 u^{(n-1)}v'+C_n^2 u^{(n-2)}v''+\cdots+C_n^n uv^{(n)}=\sum_{k=0}^{n}C_n^k u^{(n-k)}v^{(k)}.$$

【例题】

例 3-1　$y=\ln\cos(\mathrm{e}^x)$, 求 $\dfrac{\mathrm{d}y}{\mathrm{d}x}$.

解: $\dfrac{\mathrm{d}y}{\mathrm{d}x}=\dfrac{1}{\cos(\mathrm{e}^x)}[\cos(\mathrm{e}^x)]'=\dfrac{1}{\cos(\mathrm{e}^x)} \cdot [-\sin(\mathrm{e}^x)] \cdot (\mathrm{e}^x)'=-\mathrm{e}^x\tan(\mathrm{e}^x).$

例 3-2　求函数 $y=\mathrm{e}^{\sin\frac{1}{x}}$ 的导数.

解: $y'=\mathrm{e}^{\sin\frac{1}{x}}\left(\sin\dfrac{1}{x}\right)'=\mathrm{e}^{\sin\frac{1}{x}} \cdot \cos\dfrac{1}{x} \cdot \left(\dfrac{1}{x}\right)'=-\dfrac{1}{x^2}\mathrm{e}^{\sin\frac{1}{x}} \cdot \cos\dfrac{1}{x}.$

例 3-3 设 $y=\ln|x|$，求 $\dfrac{\mathrm{d}y}{\mathrm{d}x}$.

解：$y=\ln|x|=\begin{cases}\ln x, & x>0\\ \ln(-x), & x<0\end{cases}$.

当 $x>0$ 时，$\dfrac{\mathrm{d}y}{\mathrm{d}x}=(\ln x)'=\dfrac{1}{x}$. 当 $x<0$ 时，$\dfrac{\mathrm{d}y}{\mathrm{d}x}=[\ln(-x)]'=\dfrac{(-x)'}{-x}=\dfrac{1}{x}$.

因而 $(\ln|x|)'=\dfrac{1}{x}$，$x\neq 0$.

例 3-4 设 $y=\sqrt[x]{x}\ (x>0)$，求 $\mathrm{d}y\,|_{x=1}$.

解：$y=x^{\frac{1}{x}}=\mathrm{e}^{\frac{\ln x}{x}}$，$y'=\mathrm{e}^{\frac{\ln x}{x}}\left(\dfrac{\ln x}{x}\right)'=\sqrt[x]{x}\cdot\dfrac{1-\ln x}{x^2}$. $\mathrm{d}y\,|_{x=1}=y'\,|_{x=1}\mathrm{d}x=\mathrm{d}x$.

例 3-5 设 $\begin{cases}x=a\cos t\\ y=b\sin t\end{cases}$，$a>0,b>0$，求 $\dfrac{\mathrm{d}y}{\mathrm{d}x}\bigg|_{t=\frac{\pi}{4}}$.

解：$\dfrac{\mathrm{d}y}{\mathrm{d}x}=\dfrac{(b\sin t)'}{(a\cos t)'}=\dfrac{b\cos t}{-a\sin t}=-\dfrac{b}{a}\cot t$. $\dfrac{\mathrm{d}y}{\mathrm{d}x}\bigg|_{t=\frac{\pi}{4}}=-\dfrac{b}{a}$.

例 3-6 设 $\begin{cases}x=a(t-\sin t)\\ y=a(1-\cos t)\end{cases}$，$0\leqslant t\leqslant 2\pi$. 求 $\dfrac{\mathrm{d}^2 y}{\mathrm{d}x^2}$.

解：$\dfrac{\mathrm{d}y}{\mathrm{d}x}=\dfrac{\dfrac{\mathrm{d}y}{\mathrm{d}t}}{\dfrac{\mathrm{d}x}{\mathrm{d}t}}=\dfrac{a\sin t}{a(1-\cos t)}=\dfrac{2\sin\dfrac{t}{2}\cos\dfrac{t}{2}}{2\sin^2\dfrac{t}{2}}=\cot\dfrac{t}{2}$，

$$\dfrac{\mathrm{d}^2 y}{\mathrm{d}x^2}=\dfrac{\mathrm{d}}{\mathrm{d}x}\left(\dfrac{\mathrm{d}y}{\mathrm{d}x}\right)=\dfrac{\mathrm{d}}{\mathrm{d}x}\left(\cot\dfrac{t}{2}\right)=\dfrac{\mathrm{d}}{\mathrm{d}t}\left(\cot\dfrac{t}{2}\right)\dfrac{\mathrm{d}t}{\mathrm{d}x}=\dfrac{\dfrac{\mathrm{d}}{\mathrm{d}t}\left(\cot\dfrac{t}{2}\right)}{\dfrac{\mathrm{d}x}{\mathrm{d}t}}$$

$$=-\dfrac{1}{2a\sin^2\dfrac{t}{2}(1-\cos t)}=-\dfrac{1}{a(1-\cos t)^2}.$$

注：$\dfrac{\mathrm{d}^2 y}{\mathrm{d}x^2}\neq\left(\cot\dfrac{t}{2}\right)'=-\dfrac{1}{2}\csc^2\dfrac{t}{2}$.

例 3-7 设 $y=x^n$，n 为正整数，则 $y^{(k)}=\begin{cases}\dfrac{n!}{(n-k)!}x^{n-k}, & k<n\\ n!, & k=n\\ 0, & k>n\end{cases}$.

例 3-8 设 $y=\mathrm{e}^x$，则 $y^{(n)}=\mathrm{e}^x\ (n=1,2,\cdots)$.

例 3-9 设 $y=\ln(1+x)$，则 $y'=\dfrac{1}{1+x}$，$y''=-\dfrac{1}{(1+x)^2}$，

$$y'''=\dfrac{2(1+x)}{(1+x)^4}=\dfrac{2}{(1+x)^3},\quad y^{(4)}=-\dfrac{3\cdot 2(1+x)^2}{(1+x)^6}=-\dfrac{3!}{(1+x)^4}.$$

一般地，$y^{(n)}=(-1)^{n-1}\dfrac{(n-1)!}{(1+x)^n}$.

例 3-10　设 $y = \sin x$，则

$$y' = \cos x = \sin\left(x + \frac{\pi}{2}\right),$$

$$y'' = \sin\left(x + \frac{\pi}{2} + \frac{\pi}{2}\right) = \sin\left(x + 2 \cdot \frac{\pi}{2}\right),$$

$$y''' = \cos\left(x + 2 \cdot \frac{\pi}{2}\right) = \sin\left(x + 3 \cdot \frac{\pi}{2}\right),$$

$$y^{(n)} = \sin\left(x + n \cdot \frac{\pi}{2}\right),$$

同理可得 $(\cos x)^{(n)} = \cos\left(x + n \cdot \frac{\pi}{2}\right)$。

例 3-11　求 $y = x^2 e^x$ 的 n 阶导数。

解：令 $u = e^x$，$v = x^2$，由莱布尼兹公式，

$$\begin{aligned}
y^{(n)} &= (uv)^{(n)} = (e^x \cdot x^2)^{(n)} \\
&= C_n^0 (e^x)^{(n)} \cdot x^2 + C_n^1 (e^x)^{(n-1)} \cdot (x^2)' + C_n^2 (e^x)^{(n-2)} \cdot (x^2)'' \\
&= C_n^0 e^x \cdot x^2 + C_n^1 e^x \cdot 2x + C_n^2 e^x \cdot 2 = e^x \left[x^2 + 2nx + 2 \cdot \frac{n(n-1)}{2} \right] \\
&= e^x \left[x^2 + 2nx + n(n-1) \right].
\end{aligned}$$

注：应用莱布尼兹公式求高阶导数时，如果其中一个乘积因子的某阶导数为零，则在公式中令它从低阶到高阶求导。如在例 3-11 中，x^2 的三阶导数为零，故在公式中写出它从 0 阶到 2 阶的导数，而其他项全部为 0。

例 3-12　设 $f(u)$ 二阶可导，且 $f'(0) = 1$，$y = f(\sin^2 x)$，求 $\left. \dfrac{d^2 y}{dx^2} \right|_{x=0}$。

解：$\dfrac{dy}{dx} = f'(\sin^2 x) \sin 2x$，$\dfrac{d^2 y}{dx^2} = f''(\sin^2 x) \sin^2 2x + 2f'(\sin^2 x) \cos 2x$。$\left. \dfrac{d^2 y}{dx^2} \right|_{x=0} = 2f'(0) = 2$。

例 3-13　试从 $\dfrac{dx}{dy} = \dfrac{1}{y'}$，导出 $\dfrac{d^2 x}{dy^2} = -\dfrac{y''}{(y')^3}$。

解：$\dfrac{d^2 x}{dy^2} = \dfrac{d}{dy}\left(\dfrac{dx}{dy}\right) = \dfrac{d}{dy}\left(\dfrac{1}{y'}\right) = \dfrac{d}{dx}\left(\dfrac{1}{y'}\right)\dfrac{dx}{dy} = -\dfrac{y''}{(y')^2}\dfrac{1}{y'} = -\dfrac{y''}{(y')^3}$。

习　题　3

1. 设函数 $f(x)$ 在 $(-a, a)$ 内可导，证明：若 $f(x)$ 是 $(-a, a)$ 内的偶函数，则 $f'(x)$ 是 $(-a, a)$ 内的奇函数，从而 $f'(0) = 0$；若 $f(x)$ 是 $(-a, a)$ 内的奇函数，则 $f'(x)$ 是 $(-a, a)$ 内的偶函数。

2. 求下列函数的导数：

(1) $y = \ln\left(x + \sqrt{x^2 \pm a^2}\right)$；

(2) $y = e^{-\frac{x}{2}} \cos 3x$；

(3) $y = 4^{-\frac{x}{2}} \sin 2x$；

(4) $y = \arccos \dfrac{1}{x}$；

(5) $y = \ln(\sec x + \tan x)$;

(6) $y = \left(\arcsin \dfrac{x}{2}\right)^2$;

(7) $y = \ln\tan \dfrac{x}{2}$;

(8) $y = \sqrt{1 + \ln^2 x}$;

(9) $y = 2^{\arctan\sqrt{x}}$;

(10) $y = \dfrac{\sqrt{1+x} - \sqrt{1-x}}{\sqrt{1+x} + \sqrt{1-x}}$;

(11) $y = x^x$;

(12) $y = x^{\sin x}$.

3. 求下列函数的任意阶导数：

(1) $f(x) = x^2 2^x$;

(2) $y = x\ln(1+x)$;

(3) $y = \sin^2 x$.

4. 设 $y = 3^{\csc x}$，求 $\mathrm{d}y\big|_{x=\frac{\pi}{4}}$.

5. 求下列参数方程所确定的函数的二阶导数：

(1) $\begin{cases} x = a\cos t \\ y = b\sin t \end{cases}$;

(2) $\begin{cases} x = \ln\sqrt{1+t^2} \\ y = \arctan t \end{cases}$.

第 4 讲

不定积分运算

【知识要点】

1. 不定积分基本公式

(1) $\int k\,\mathrm{d}x = kx + C\,(k$ 是常数)；$\int 0\,\mathrm{d}x = C$，$\int \mathrm{d}x = x + C$；

(2) $\int x^{\mu}\,\mathrm{d}x = \dfrac{x^{\mu+1}}{\mu+1} + C\,(\mu \neq -1)$；$\int \dfrac{\mathrm{d}x}{x^2} = -\dfrac{1}{x} + C$，$\int \dfrac{\mathrm{d}x}{\sqrt{x}} = 2\sqrt{x} + C$；

(3) $\int \dfrac{\mathrm{d}x}{x} = \ln|x| + C$；

(4) $\int \dfrac{1}{1+x^2}\,\mathrm{d}x = \arctan x + C$；

(5) $\int \dfrac{1}{\sqrt{1-x^2}}\,\mathrm{d}x = \arcsin x + C$；

(6) $\int \cos x\,\mathrm{d}x = \sin x + C$；$\int \sin x\,\mathrm{d}x = -\cos x + C$；

(7) $\int \sec^2 x\,\mathrm{d}x = \tan x + C$；$\int \csc^2 x\,\mathrm{d}x = -\cot x + C$；

(8) $\int \sec x \tan x\,\mathrm{d}x = \sec x + C$；$\int \csc x \cot x\,\mathrm{d}x = -\csc x + C$；

(9) $\int \mathrm{e}^x\,\mathrm{d}x = \mathrm{e}^x + C$；

(10) $\int a^x\,\mathrm{d}x = \dfrac{a^x}{\ln a} + C\,(a > 0, a \neq 1)$.

(11) $\int \sec x\,\mathrm{d}x = \ln|\sec x + \tan x| + C$；

(12) $\int \csc x\,\mathrm{d}x = \ln|\csc x - \cot x| + C$；

(13) $\int \dfrac{1}{\sqrt{x^2 \pm a^2}}\,\mathrm{d}x = \ln|x + \sqrt{x^2 \pm a^2}| + C\,(a > 0)$.

换元积分公式 $\begin{cases} \int f[\varphi(x)]\varphi'(x)\,\mathrm{d}x \xlongequal{u=\varphi(x)} \left[\int f(u)\,\mathrm{d}u\right]_{u=\varphi(x)}, \\[2mm] \int f(u)\,\mathrm{d}u \xlongequal{u=\varphi(x)} \left[\int f[\varphi(x)]\varphi'(x)\,\mathrm{d}x\right]_{x=\varphi^{-1}(u)} [u=\varphi(x) \text{ 单调可微}]. \end{cases}$

分部积分公式 $\int uv'\,\mathrm{d}x = uv - \int u'v\,\mathrm{d}x$，$\int u\,\mathrm{d}v = uv - \int v\,\mathrm{d}u$.

2. 基本不定积分法

1）第一类换元法——凑微分法

两个典型的积分：

$$\int \frac{\mathrm{d}x}{a^2+x^2} = \frac{1}{a^2}\int \frac{1}{1+\left(\frac{x}{a}\right)^2}\mathrm{d}x = \frac{1}{a}\int \frac{1}{1+\left(\frac{x}{a}\right)^2}\mathrm{d}\left(\frac{x}{a}\right) = \frac{1}{a}\arctan\frac{x}{a}+C;$$

$$\int \frac{\mathrm{d}x}{\sqrt{a^2-x^2}}(a>0) = \int \frac{\mathrm{d}\dfrac{x}{a}}{\sqrt{1-\left(\dfrac{x}{a}\right)^2}} = \arcsin\frac{x}{a}+C.$$

2）三角函数有理式的积分

$$\int \sin^{2n+1}x\,\mathrm{d}x = \int \sin^{2n}x\sin x\,\mathrm{d}x = -\int(1-\cos^2 x)^n\mathrm{d}\cos x$$

$$\int \cos^{2n+1}x\,\mathrm{d}x = \int \cos^{2n}x\cos x\,\mathrm{d}x = \int(1-\sin^2 x)^n\mathrm{d}\sin x$$

$$\int \sin^{2n}x\,\mathrm{d}x = \int\left(\frac{1-\cos 2x}{2}\right)^n\mathrm{d}x,\ \int \cos^{2n}x\,\mathrm{d}x = \int\left(\frac{1+\cos 2x}{2}\right)^n\mathrm{d}x$$

$$\int \sin^m x\cos^{2n+1}x\,\mathrm{d}x = \int \sin^m x\cos^{2n}x\cos x\,\mathrm{d}x = \int \sin^m x(1-\sin^2 x)^n\mathrm{d}\sin x$$

$$\int \cos^m x\sin^{2n+1}x\,\mathrm{d}x = \int \cos^m x\sin^{2n}x\sin x\,\mathrm{d}x = -\int \cos^m x(1-\cos^2 x)^n\mathrm{d}\cos x$$

$$\int \frac{\mathrm{d}x}{a^2\sin^2 x+b^2\cos^2 x} = \int \frac{\sec^2 x\,\mathrm{d}x}{a^2\tan^2 x+b^2} = \int \frac{\mathrm{d}\tan x}{a^2\tan^2 x+b^2}$$

$$= \frac{1}{ab}\int \frac{\mathrm{d}\left(\dfrac{a}{b}\tan x\right)}{\left(\dfrac{a}{b}\tan x\right)^2+1} = \frac{1}{ab}\arctan\left(\frac{a}{b}\tan x\right)+C$$

另外，还可以先将 $\sin x$ 和 $\cos x$ 化成半角形式后再进一步化成 $f\left(\tan\dfrac{x}{2}\right)\mathrm{d}\tan\dfrac{x}{2}$ 形式的积分.

示例：$\displaystyle\int \frac{\mathrm{d}x}{2+\sin x} = \int \frac{\mathrm{d}x}{2\left(\sin^2\dfrac{x}{2}+\cos^2\dfrac{x}{2}\right)+2\sin\dfrac{x}{2}\cos\dfrac{x}{2}}$

$$= \int \frac{\dfrac{1}{2}\sec^2\dfrac{x}{2}\mathrm{d}x}{\tan^2\dfrac{x}{2}+\tan\dfrac{x}{2}+1} = \int \frac{\mathrm{d}\tan\dfrac{x}{2}}{\tan^2\dfrac{x}{2}+\tan\dfrac{x}{2}+1}$$

$$= \int \frac{\mathrm{d}\left(\tan\dfrac{x}{2}+\dfrac{1}{2}\right)}{\left(\tan\dfrac{x}{2}+\dfrac{1}{2}\right)^2+\dfrac{3}{4}} = \frac{2}{\sqrt{3}}\arctan\left[\frac{2}{\sqrt{3}}\left(\tan\dfrac{x}{2}+\dfrac{1}{2}\right)\right]+C.$$

3）含根式的函数的积分

（1）根号下为一次多项式.

含 $\sqrt{ax+b}$：令 $\sqrt{ax+b}=t$；含 $\sqrt{\dfrac{ax+b}{cx+\mathrm{d}}}$：令 $\sqrt{\dfrac{ax+b}{cx+\mathrm{d}}}=t$.

（2）根号下为二次多项式.

凡是含有 $\sqrt{a^2-x^2}$ 的被积函数均可用变量代换 $x=a\sin t$，$t\in\left(-\dfrac{\pi}{2},\dfrac{\pi}{2}\right)$ 求积分.

凡是含有 $\sqrt{x^2+a^2}$ 的被积函数均可用变量代换 $x=a\tan t$，$t\in\left(-\dfrac{\pi}{2},\dfrac{\pi}{2}\right)$ 求积分.

凡是含有 $\sqrt{x^2-a^2}$ 的被积函数均可用变量代换 $x=\pm a\sec t$，$t\in\left[0,\dfrac{\pi}{2}\right)$ 求积分.

4）有理函数的积分

数学理论指出，任何有理真分式都可分解为下列 6 类基本有理分式之和：

① $\displaystyle\int\dfrac{\mathrm{d}x}{x-a}$；　　　　　　　　② $\displaystyle\int\dfrac{\mathrm{d}x}{(x-a)^m}(m>1)$；

③ $\displaystyle\int\dfrac{\mathrm{d}x}{x^2+a^2}$；　　　　　　④ $\displaystyle\int\dfrac{x\,\mathrm{d}x}{x^2+a^2}$；

⑤ $\displaystyle\int\dfrac{\mathrm{d}x}{(x^2+a^2)^m}(m>1)$；　　⑥ $\displaystyle\int\dfrac{x\,\mathrm{d}x}{(x^2+a^2)^m}(m>1)$.

除了类型⑤，其余 5 类基本分式的积分很容易.

对⑤，设 $I_m=\displaystyle\int\dfrac{\mathrm{d}x}{(x^2+a^2)^m}$，则由分部积分公式

$$
\begin{aligned}
I_m &=\frac{x}{(x^2+a^2)^m}+2m\int\frac{x^2\mathrm{d}x}{(x^2+a^2)^{m+1}}=\frac{x}{(x^2+a^2)^m}+2m\int\frac{(x^2+a^2-a^2)}{(x^2+a^2)^{m+1}}\mathrm{d}x\\
&=\frac{x}{(x^2+a^2)^m}+2m\int\frac{\mathrm{d}x}{(x^2+a^2)^m}-2ma^2\int\frac{\mathrm{d}x}{(x^2+a^2)^{m+1}}\\
&=\frac{x}{(x^2+a^2)^m}+2mI_m-2ma^2I_{m+1}\Rightarrow I_{m+1}=\frac{x}{2ma^2(x^2+a^2)^m}+\frac{2m-1}{2ma^2}I_m\\
&\Rightarrow I_m=\frac{x}{2(m-1)a^2(x^2+a^2)^{m-1}}+\frac{2m-3}{2(m-1)a^2}I_{m-1}.
\end{aligned}
$$

有理函数的基本分式分解示例：将下列有理函数分解为基本有理分式之和：

① $\dfrac{x+1}{x^2-5x+6}$；② $\dfrac{x+2}{(2x+1)(x^2+x+1)}$；③ $\dfrac{x-3}{(x-1)(x^2-1)}$.

解：① 设 $\dfrac{x+1}{x^2-5x+6}=\dfrac{x+1}{(x-2)(x-3)}=\dfrac{A}{x-2}+\dfrac{B}{x-3}$，

两边同乘 $x-2$ 并令 $x=2$，得 $A=-3$.

两边同乘 $x-3$ 并令 $x=3$，得 $B=4$.

所以有 $\dfrac{x+3}{x^2-5x+6}=\dfrac{-3}{x-2}+\dfrac{4}{x-3}$.

② 设 $\dfrac{x+2}{(2x+1)(x^2+x+1)}=\dfrac{A}{2x+1}+\dfrac{Bx+C}{x^2+x+1}$.

两边同乘 $2x+1$ 并令 $x=-\dfrac{1}{2}$，得 $A=2$.

令 $x=0$,有 $2=A+C$,得 $C=0$.

令 $x=-1$,有 $-1=-A-B+C$,得 $B=-1$.

所以有 $\dfrac{x+2}{(2x+1)(x^2+x+1)}=\dfrac{2}{2x+1}+\dfrac{-x}{x^2+x+1}$.

③ 设 $\dfrac{x-3}{(x-1)(x^2-1)}=\dfrac{x-3}{(x+1)(x-1)^2}=\dfrac{A}{x+1}+\dfrac{Bx+C}{(x-1)^2}$.

两边同乘 $x+1$ 并令 $x=-1$,得 $A=-1$.

两边同乘 $(x-1)^2$ 并令 $x=1$,得 $B+C=-1$.

令 $x=0$,得 $A+C=-3$.解得 $C=-2$.从而 $B=1$.

于是有 $\dfrac{x-3}{(x-1)(x^2-1)}=\dfrac{-1}{x+1}+\dfrac{x-2}{(x-1)^2}=\dfrac{-1}{x+1}+\dfrac{x-1-1}{(x-1)^2}=-\dfrac{1}{x+1}+\dfrac{1}{x-1}-\dfrac{1}{(x-1)^2}$.

形如 $\displaystyle\int \dfrac{ax+b}{x^2+px+q}\mathrm{d}x$ 的积分:

情形 I. x^2+px+q 可以分解因式 $(p^2-4q\geqslant 0)$.

解法:将 $\dfrac{ax+b}{x^2+px+q}$ 分解为基本分式之和.

情形 II. x^2+px+q(在实数域内)不能分解因式 $(p^2-4q<0)$.

解法:
$$\int \frac{ax+b}{x^2+px+q}\mathrm{d}x=\int \frac{\frac{a}{2}(x^2+px+q)'+c}{x^2+px+q}\mathrm{d}x(\text{其中 }c\text{ 为某个常数})$$
$$=\frac{a}{2}\int \frac{(x^2+px+q)'}{x^2+px+q}\mathrm{d}x+c\int \frac{1}{x^2+px+q}\mathrm{d}x$$
$$=\frac{a}{2}\ln(x^2+px+q)+c\int \frac{1}{x^2+px+q}\mathrm{d}x$$

而 $\displaystyle\int \dfrac{\mathrm{d}x}{x^2+px+q}$ 可化为 $\displaystyle\int \dfrac{\mathrm{d}x}{(x+r)^2+s^2}$ 的形式.

$$\int \frac{\mathrm{d}x}{(x+r)^2+s^2}=\frac{1}{s}\int \frac{\mathrm{d}\frac{x+r}{s}}{\left(\frac{x+r}{s}\right)^2+1}=\frac{1}{s}\arctan\frac{x+r}{s}+C.$$

示例:
$$\int \frac{x-2}{x^2+2x+3}\mathrm{d}x=\int \frac{\frac{1}{2}(x^2+2x+3)'-3}{x^2+2x+3}\mathrm{d}x$$
$$=\frac{1}{2}\int \frac{\mathrm{d}(x^2+2x+3)}{x^2+2x+3}-3\int \frac{\mathrm{d}x}{x^2+2x+3}$$
$$=\frac{1}{2}\ln(x^2+2x+3)-3\int \frac{\mathrm{d}x}{(x+1)^2+2}$$
$$=\frac{1}{2}\ln(x^2+2x+3)-\frac{3}{\sqrt{2}}\int \frac{1}{\left(\frac{x+1}{\sqrt{2}}\right)^2+1}\mathrm{d}\frac{x+1}{\sqrt{2}}$$
$$=\frac{1}{2}\ln(x^2+2x+3)-\frac{3}{\sqrt{2}}\arctan\frac{x+1}{\sqrt{2}}+C.$$

利用倒代换求不定积分示例：

$$\int \frac{1}{x^4(x+1)}\mathrm{d}x \xlongequal{x=\frac{1}{t}} -\int \frac{t^3\mathrm{d}t}{t+1} = -\int\left(t^2-t+1-\frac{1}{t+1}\right)\mathrm{d}t$$

$$= -\frac{t^3}{3} + \frac{t^2}{2} - t + \ln|t+1| + C$$

$$= -\frac{1}{3x^3} + \frac{1}{2x^2} - \frac{1}{x} + \ln\left|\frac{x+1}{x}\right| + C.$$

5）分部积分类型

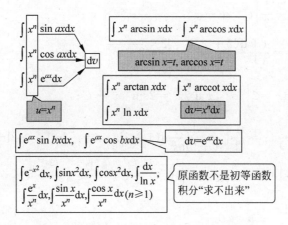

【例题】

例 4-1 $\displaystyle\int 2^x \mathrm{e}^x \mathrm{d}x = \int (2\mathrm{e})^x \mathrm{d}x = \frac{(2\mathrm{e})^x}{\ln(2\mathrm{e})} + C = \frac{2^x \mathrm{e}^x}{1+\ln 2} + C.$

例 4-2 $\displaystyle\int \frac{1+x+x^2}{x(1+x^2)}\mathrm{d}x = \int \frac{x+(1+x^2)}{x(1+x^2)}\mathrm{d}x$

$$= \int\left(\frac{1}{1+x^2} + \frac{1}{x}\right)\mathrm{d}x = \int \frac{1}{1+x^2}\mathrm{d}x + \int \frac{1}{x}\mathrm{d}x = \arctan x + \ln|x| + C.$$

例 4-3 $\displaystyle\int \frac{x^4}{1+x^2}\mathrm{d}x = \int \frac{x^4-1+1}{1+x^2}\mathrm{d}x = \int\left(x^2-1+\frac{1}{1+x^2}\right)\mathrm{d}x$

$$= \frac{x^3}{3} - x + \arctan x + C.$$

例 4-4 $\displaystyle\int \tan^2 x\,\mathrm{d}x = \int (\sec^2 x - 1)\mathrm{d}x = \tan x - x + C.$

例 4-5 $\displaystyle\int \frac{1}{\sin^2 \frac{x}{2}\cos^2 \frac{x}{2}}\mathrm{d}x = \int \frac{4}{\sin^2 x}\mathrm{d}x = 4\int \csc^2 x\,\mathrm{d}x = -4\cot x + C.$

例 4-6 $\displaystyle\int \frac{1}{1+\sin x}\mathrm{d}x = \int \frac{1-\sin x}{(1+\sin x)(1-\sin x)}\mathrm{d}x$

$$= \int \frac{1-\sin x}{\cos^2 x}\mathrm{d}x = \int \sec^2 x\,\mathrm{d}x - \int \tan x\sec x\,\mathrm{d}x$$

$$= \tan x - \sec x + C.$$

例 4-7　求：① $\int x\sin(x^2+1)\mathrm{d}x$；　　　　② $\int x^2\mathrm{e}^{-x^3}\mathrm{d}x$；

③ $\displaystyle\int\frac{x^2\mathrm{d}x}{\sqrt{2+x^3}}$；　　　　　　　　④ $\displaystyle\int\frac{1}{\sqrt{x}}\cos\sqrt{x}\,\mathrm{d}x$.

⑤ $\displaystyle\int\frac{1}{x(1+2\ln x)}\mathrm{d}x$；　　　　　⑥ $\displaystyle\int\frac{\mathrm{e}^{3\sqrt{x}}}{\sqrt{x}}\mathrm{d}x$.

解：① $\displaystyle\int x\sin(x^2+1)\mathrm{d}x=\frac{1}{2}\int\sin(x^2+1)\mathrm{d}(x^2+1)=-\frac{1}{2}\cos(x^2+1)+C$；

② $\displaystyle\int x^2\mathrm{e}^{-x^3}\mathrm{d}x=-\frac{1}{3}\int\mathrm{e}^{-x^3}\mathrm{d}(-x^3)=-\frac{1}{3}\mathrm{e}^{-x^3}+C$；

③ $\displaystyle\int x^2\frac{\mathrm{d}x}{\sqrt{2+x^3}}=\frac{1}{3}\int\frac{\mathrm{d}(2+x^3)}{\sqrt{2+x^3}}=\frac{2}{3}\sqrt{2+x^3}+C$；

④ $\displaystyle\int\frac{1}{\sqrt{x}}\cos\sqrt{x}\,\mathrm{d}x=2\int\cos\sqrt{x}\,\mathrm{d}\sqrt{x}=2\sin\sqrt{x}+C$；

⑤ $\displaystyle\int\frac{1}{x(1+2\ln x)}\mathrm{d}x=\frac{1}{2}\int\frac{1}{1+2\ln x}\mathrm{d}(1+2\ln x)=\frac{1}{2}\ln|1+2\ln x|+C$；

⑥ $\displaystyle\int\frac{\mathrm{e}^{3\sqrt{x}}}{\sqrt{x}}\mathrm{d}x=\frac{2}{3}\int\mathrm{e}^{3\sqrt{x}}\mathrm{d}(3\sqrt{x})=\frac{2}{3}(\mathrm{e}^{3\sqrt{x}}+C)=\frac{2}{3}\mathrm{e}^{3\sqrt{x}}+\frac{2}{3}C=\frac{2}{3}\mathrm{e}^{3\sqrt{x}}+C$.

例 4-8　求 $\displaystyle\int\frac{\mathrm{d}x}{x^2-a^2}$, $a\neq 0$.

解：$\displaystyle\frac{1}{x^2-a^2}=\frac{1}{2a}\left(\frac{1}{x-a}-\frac{1}{x+a}\right)$.

$\displaystyle\int\frac{\mathrm{d}x}{x^2-a^2}=\frac{1}{2a}\int\left(\frac{1}{x-a}-\frac{1}{x+a}\right)\mathrm{d}x=\frac{1}{2a}\left[\int\frac{\mathrm{d}(x-a)}{x-a}-\int\frac{\mathrm{d}(x+a)}{x+a}\right]$

$\displaystyle\qquad=\frac{1}{2a}(\ln|x-a|-\ln|x+a|)+C=\frac{1}{2a}\ln\left|\frac{x-a}{x+a}\right|+C(a\neq 0)$.

例 4-9　求下列不定积分：

① $\int\tan x\,\mathrm{d}x$；　　　　　　　② $\int\cot x\,\mathrm{d}x$；

③ $\int\sin^3 x\,\mathrm{d}x$；　　　　　　　④ $\int\sin^2 x\,\mathrm{d}x$.

解：① $\displaystyle\int\tan x\,\mathrm{d}x=\int\frac{\sin x}{\cos x}\mathrm{d}x=-\int\frac{\mathrm{d}\cos x}{\cos x}=-\ln|\cos x|+C$.

即 $\displaystyle\int\tan x\,\mathrm{d}x=-\ln|\cos x|+C=\ln\left|\frac{1}{\cos x}\right|+C=\ln|\sec x|+C$；

类似地，② $\displaystyle\int\cot x\,\mathrm{d}x=\ln|\sin x|+C=-\ln\left|\frac{1}{\sin x}\right|+C=-\ln|\csc x|+C$；

③ $\displaystyle\int\sin^3 x\,\mathrm{d}x=-\int(1-\cos^2 x)\mathrm{d}(\cos x)$

$\displaystyle\qquad\qquad=-\int\mathrm{d}(\cos x)+\int\cos^2 x\,\mathrm{d}(\cos x)=-\cos x+\frac{1}{3}\cos^3 x+C$；

④ $\displaystyle\int \sin^2 x\,\mathrm{d}x = \int \frac{1-\cos 2x}{2}\mathrm{d}x = \int \frac{1}{2}\mathrm{d}x - \frac{1}{2}\int \cos 2x\,\mathrm{d}x$

$\displaystyle\qquad\qquad = \frac{1}{2}x - \frac{1}{4}\int \cos 2x\,\mathrm{d}(2x) = \frac{1}{2}x - \frac{1}{4}\sin 2x + C.$

例 4-10　求 $\displaystyle\int \sin^2 x \cdot \cos^3 x\,\mathrm{d}x.$

解： $\displaystyle\int \sin^2 x \cdot \cos^3 x\,\mathrm{d}x = \int \sin^2 x \cdot \cos^2 x\,\mathrm{d}\sin x = \int \sin^2 x \cdot (1-\sin^2 x)\mathrm{d}(\sin x)$

$\displaystyle\qquad = \int (\sin^2 x - \sin^4 x)\mathrm{d}\sin x = \frac{1}{3}\sin^3 x - \frac{1}{5}\sin^5 x + C.$

例 4-11　$\displaystyle\int \cos^4 x\,\mathrm{d}x = \int \left(\frac{1+\cos 2x}{2}\right)^2\mathrm{d}x = \frac{1}{4}\int (1+2\cos 2x + \cos^2 2x)\mathrm{d}x$

$\displaystyle\qquad\qquad = \frac{1}{4}\int \left(1+2\cos 2x + \frac{1+\cos 4x}{2}\right)\mathrm{d}x$

$\displaystyle\qquad\qquad = \frac{1}{4}\int \left(\frac{3}{2} + 2\cos 2x + \frac{1}{2}\cos 4x\right)\mathrm{d}x$

$\displaystyle\qquad\qquad = \frac{3}{8}x + \frac{1}{4}\sin 2x + \frac{1}{32}\sin 4x + C.$

例 4-12　$\displaystyle\int \sec^4 x\,\mathrm{d}x = \int \sec^2 x\,\sec^2 x\,\mathrm{d}x = \int (1+\tan^2 x)\mathrm{d}\tan x = \tan x + \frac{1}{3}\tan^3 x + C.$

例 4-13　求：① $\displaystyle\int \frac{\sqrt{x+1}}{1+\sqrt{x+1}}\mathrm{d}x$；② $\displaystyle\int \frac{1}{\sqrt{x}\,(1+\sqrt[3]{x})}\mathrm{d}x.$

解： ① 作变量代换 $\sqrt{x+1}=t$，则 $x=t^2-1$，$\mathrm{d}x = 2t\,\mathrm{d}t.$

$\displaystyle\int \frac{\sqrt{x+1}}{1+\sqrt{x+1}}\mathrm{d}x = 2\int \frac{t^2}{1+t}\mathrm{d}t = 2\int \frac{t^2-1+1}{1+t}\mathrm{d}t = 2\int \left(t-1+\frac{1}{1+t}\right)\mathrm{d}t$

$\displaystyle\qquad = t^2 - 2t + 2\ln|1+t| + C$

$\displaystyle\qquad = (x+1) - 2\sqrt{x+1} + 2\ln(1+\sqrt{x+1}) + C$

$\displaystyle\qquad = x - 2\sqrt{x+1} + 2\ln(1+\sqrt{x+1}) + C$

② 令 $x=t^6 \Rightarrow \mathrm{d}x = 6t^5\,\mathrm{d}t$，

$\displaystyle\int \frac{1}{\sqrt{x}\,(1+\sqrt[3]{x})}\mathrm{d}x = \int \frac{6t^5}{t^3(1+t^2)}\mathrm{d}t = 6\int \frac{t^2}{1+t^2}\mathrm{d}t = 6\int \frac{t^2+1-1}{1+t^2}\mathrm{d}t$

$\displaystyle\qquad = 6\int \left(1-\frac{1}{1+t^2}\right)\mathrm{d}t = 6[t - \arctan t] + C = 6[\sqrt[6]{x} - \arctan \sqrt[6]{x}] + C$

例 4-14　求 $\displaystyle\int \frac{\mathrm{d}x}{\sqrt[3]{(x+1)^2(x-2)}}.$

解： $\displaystyle\sqrt[3]{(x+1)^2(x-2)} = (x+1)\sqrt[3]{\frac{x-2}{x+1}}$，令 $\sqrt[3]{\dfrac{x-2}{x+1}}=t$，则 $x=\dfrac{t^3+2}{1-t^3}$，$\mathrm{d}x = \dfrac{9t^2\,\mathrm{d}t}{(1-t^3)^2}$

原式 $\displaystyle= 3\int \frac{t\,\mathrm{d}t}{1-t^3} = \int \left(-\frac{1}{t-1} + \frac{t-1}{t^2+t+1}\right)\mathrm{d}t = -\ln|t-1| + \int \frac{\frac{1}{2}(t^2+t+1)' - \frac{3}{2}}{t^2+t+1}\mathrm{d}t$

$$= -\ln|t-1| + \frac{1}{2}\int \frac{\mathrm{d}(t^2+t+1)}{t^2+t+1}\mathrm{d}t - \frac{3}{2}\int \frac{\mathrm{d}\left(t+\frac{1}{2}\right)}{\left(t+\frac{1}{2}\right)^2+\frac{3}{4}}\mathrm{d}t$$

$$= -\ln|t-1| + \frac{1}{2}\ln(t^2+t+1) - \sqrt{3}\int \frac{\mathrm{d}\dfrac{2t+1}{\sqrt{3}}}{\left(\dfrac{2t+1}{\sqrt{3}}\right)^2+1}\mathrm{d}t$$

$$= -\ln|t-1| + \frac{1}{2}\ln(t^2+t+1) - \sqrt{3}\arctan\frac{2t+1}{\sqrt{3}} + C, \quad t = \sqrt[3]{\frac{x-2}{x+1}}$$

例 4-15 求 $\int \sqrt{4-x^2}\,\mathrm{d}x$.

解：令 $x = 2\sin t, \mathrm{d}x = 2\cos t\,\mathrm{d}t, t \in \left(-\dfrac{\pi}{2}, \dfrac{\pi}{2}\right)$.

$$\int \sqrt{4-x^2}\,\mathrm{d}x = \int \sqrt{4-4\sin^2 t}\cdot 2\cos t\,\mathrm{d}t = 4\int \cos^2 t\,\mathrm{d}t$$

$$= 2\int (1+\cos 2t)\,\mathrm{d}t = 2t + \sin 2t + C = 2t + 2\sin t\cos t + C$$

$$= 2\arcsin\frac{x}{2} + \frac{x\sqrt{4-x^2}}{2} + C$$

例 4-16 求 $\int \dfrac{1}{x^2\sqrt{x^2-1}}\mathrm{d}x$.

解：当 $x>1$ 时，$\int \dfrac{1}{x^2\sqrt{x^2-1}}\mathrm{d}x \xlongequal{x=\sec t} \int \cos t\,\mathrm{d}t = \sin t + C = \dfrac{\sqrt{x^2-1}}{x} + C$.

当 $x<-1$ 时，$\int \dfrac{1}{x^2\sqrt{x^2-1}}\mathrm{d}x \xlongequal{x=-\sec t} -\int \cos t\,\mathrm{d}t = -\sin t + C = \dfrac{\sqrt{x^2-1}}{x} + C$.

例 4-17 求 $\int x\cos x\,\mathrm{d}x$.

解：原式 $= \int x\,\mathrm{d}\sin x = x\sin x - \int \sin x\,\mathrm{d}x = x\sin x + \cos x + C$.

例 4-18 求① $\int \dfrac{1}{\sqrt{x^2+4}}\mathrm{d}x$ ； ② $\int \dfrac{1}{\sqrt{x^2-9}}\mathrm{d}x$.

解：① 原式 $= \ln(x+\sqrt{x^2+4}) + C$.

② 原式 $= \ln|x+\sqrt{x^2-9}| + C$.

例 4-19 求 $\int x^2 \mathrm{e}^x\,\mathrm{d}x$.

解：原式 $= \int x^2\,\mathrm{d}\mathrm{e}^x = x^2\mathrm{e}^x - 2\int x\mathrm{e}^x\,\mathrm{d}x$

$$= x^2\mathrm{e}^x - 2\int x\,\mathrm{d}\mathrm{e}^x = x^2\mathrm{e}^x - 2\left(x\mathrm{e}^x - \int \mathrm{e}^x\,\mathrm{d}x\right)$$

$$= x^2\mathrm{e}^x - 2(x\mathrm{e}^x - \mathrm{e}^x) + C = (x^2 - 2x + 2)\mathrm{e}^x + C.$$

例 4-20　求 $\int x\arctan x\,\mathrm{d}x$.

解：原式 $= \int \arctan x\,\mathrm{d}\dfrac{x^2}{2} = \dfrac{x^2}{2}\arctan x - \int \dfrac{x^2}{2}\mathrm{d}(\arctan x)$

$\qquad = \dfrac{x^2}{2}\arctan x - \dfrac{1}{2}\int \dfrac{x^2}{1+x^2}\mathrm{d}x = \dfrac{x^2}{2}\arctan x - \dfrac{1}{2}\int\left(1 - \dfrac{1}{1+x^2}\right)\mathrm{d}x$

$\qquad = \dfrac{x^2}{2}\arctan x - \dfrac{1}{2}(x - \arctan x) + C = \dfrac{1}{2}(x^2+1)\arctan x - \dfrac{1}{2}x + C.$

例 4-21　求 $\int x^2\ln x\,\mathrm{d}x$.

解：原式 $= \int \ln x\,\mathrm{d}\dfrac{x^3}{3} = \dfrac{1}{3}x^3\ln x - \dfrac{1}{3}\int x^2\mathrm{d}x = \dfrac{1}{3}x^3\ln x - \dfrac{1}{9}x^3 + C.$

例 4-22　求积分 $\int \mathrm{e}^{2x}\sin 3x\,\mathrm{d}x$.

解：$\displaystyle\int \mathrm{e}^{2x}\sin 3x\,\mathrm{d}x = \dfrac{1}{2}\int \sin 3x\,\mathrm{d}\mathrm{e}^{2x} = \dfrac{1}{2}\mathrm{e}^{2x}\sin 3x - \dfrac{3}{2}\int \mathrm{e}^{2x}\cos 3x\,\mathrm{d}x$

$\qquad\qquad = \dfrac{1}{2}\mathrm{e}^{2x}\sin 3x - \dfrac{3}{4}\int \cos 3x\,\mathrm{d}\mathrm{e}^{2x}$

$\qquad\qquad = \dfrac{1}{2}\mathrm{e}^{2x}\sin 3x - \dfrac{3}{4}\left(\mathrm{e}^{2x}\cos 3x + 3\int \mathrm{e}^{2x}\sin 3x\,\mathrm{d}x\right)$

$\qquad\qquad = \dfrac{1}{2}\mathrm{e}^{2x}\sin 3x - \dfrac{3}{4}\mathrm{e}^{2x}\cos 3x - \dfrac{9}{4}\int \mathrm{e}^{2x}\sin 3x\,\mathrm{d}x.$

$\displaystyle\int \mathrm{e}^{2x}\sin 3x\,\mathrm{d}x = \dfrac{2}{13}\mathrm{e}^{2x}\sin 3x - \dfrac{3}{13}\mathrm{e}^{2x}\cos 3x + C.$

例 4-23　求 $\int \sec^3 x\,\mathrm{d}x$.

解：原式 $= \displaystyle\int \sec x \cdot \sec^2 x\,\mathrm{d}x = \int \sec x\,\mathrm{d}\tan x$

$\qquad = \sec x\tan x - \displaystyle\int \tan x\,\mathrm{d}\sec x = \sec x\tan x - \int \tan^2 x\sec x\,\mathrm{d}x$

$\qquad = \sec x\tan x - \displaystyle\int(\sec^2 x - 1)\sec x\,\mathrm{d}x = \sec x\tan x + \int \sec x\,\mathrm{d}x - \int \sec^3 x\,\mathrm{d}x.$

$\displaystyle\int \sec^3 x\,\mathrm{d}x = \dfrac{1}{2}\left(\sec x\tan x + \int \sec x\,\mathrm{d}x\right) = \dfrac{1}{2}(\sec x\tan x + \ln|\sec x + \tan x|) + C.$

例 4-24　求积分 $\displaystyle\int \dfrac{x\arctan x}{\sqrt{1+x^2}}\mathrm{d}x$.

解：$\displaystyle\int \dfrac{x\arctan x}{\sqrt{1+x^2}}\mathrm{d}x \xlongequal{x=\tan t} \int \dfrac{t\tan t}{\sec t}\sec^2 t\,\mathrm{d}t = \int t\tan t\sec t\,\mathrm{d}t$

$\qquad = \displaystyle\int t\,\mathrm{d}\sec t = t\sec t - \int \sec t\,\mathrm{d}t = t\sec t - \ln|\sec t + \tan t| + C$

$\qquad = \sqrt{1+x^2}\arctan x - \ln(x + \sqrt{1+x^2}) + C$

例 4-25 求 $\int e^{\sqrt{x}}\,dx$.

解：令 $\sqrt{x}=t$，则 $x=t^2$，$dx=2t\,dt$. 于是

$$\int e^{\sqrt{x}}\,dx=2\int t e^t\,dt=2\int t\,de^t=2te^t-2\int e^t\,dt=2(\sqrt{x}-1)e^{\sqrt{x}}+C.$$

例 4-26 求 $\int \dfrac{dx}{(1+e^x)^2}$.

解：原式 $\overset{1+e^x=t}{=\!=\!=\!=}\int \dfrac{dt}{t^2(t-1)}=\int\left[-\dfrac{1}{t}-\dfrac{1}{t^2}+\dfrac{1}{t-1}\right]dt$

$$=-\ln|t|+\dfrac{1}{t}+\ln|t-1|+C=x-\ln(1+e^x)+\dfrac{1}{1+e^x}+C.$$

例 4-27 求 $\int \dfrac{dx}{\sqrt{1+e^x}}$.

解：原式 $\overset{\sqrt{1+e^x}=t}{=\!=\!=\!=}\int \dfrac{2t\,dt}{t(t^2-1)}=\int\left(\dfrac{1}{t-1}-\dfrac{1}{t+1}\right)dt$

$$=\ln\left|\dfrac{t-1}{t+1}\right|+C=\ln\dfrac{\sqrt{1+e^x}-1}{\sqrt{1+e^x}+1}+C=\ln\dfrac{(\sqrt{1+e^x}-1)^2}{e^x}+C$$

$$=2\ln(\sqrt{1+e^x}-1)-x+C.$$

例 4-28 求 $\int \dfrac{1+\ln x}{(x\ln x)^2}\,dx=\int \dfrac{d(x\ln x)}{(x\ln x)^2}=-\dfrac{1}{x\ln x}+C.$

例 4-29 求 $\int \dfrac{1-\ln x}{(x-\ln x)^2}\,dx$.

解：原式 $=\int \dfrac{\dfrac{1-\ln x}{x^2}}{\left(1-\dfrac{\ln x}{x}\right)^2}\,dx=-\int \dfrac{d\left(1-\dfrac{\ln x}{x}\right)}{\left(1-\dfrac{\ln x}{x}\right)^2}=\dfrac{1}{1-\dfrac{\ln x}{x}}+C$

$$=\dfrac{x}{x-\ln x}+C.$$

例 4-30 求 $\int x\tan^2 x\,dx$.

解：原式 $=\int x(\sec^2 x-1)\,dx=\int x\,d\tan x-\int x\,dx=x\tan x-\int \tan x\,dx-\dfrac{x^2}{2}$

$$=x\tan x+\ln|\cos x|-\dfrac{x^2}{2}+C.$$

例 4-31 求 $\int \dfrac{\cos x}{\cos x+\sin x}\,dx$.

解：原式 $=\dfrac{1}{2}\int\left(1+\dfrac{\cos x-\sin x}{\cos x+\sin x}\right)dx$

$$=\dfrac{x}{2}+\dfrac{1}{2}\int \dfrac{d(\cos x+\sin x)}{\cos x+\sin x}=\dfrac{x}{2}+\dfrac{1}{2}\ln|\cos x+\sin x|+C.$$

例 4-32　求 $\int \cos(\ln x)\,\mathrm{d}x$.

解：原式 $\xlongequal{\ln x = t} \int \cos t\,\mathrm{d}e^t = e^t \cos t + \int e^t \sin t\,\mathrm{d}t$

$$= e^t \cos t + \int \sin t\,\mathrm{d}e^t = e^t \cos t + e^t \sin t - \int \cos t\,\mathrm{d}e^t.$$

$$\int \cos(\ln x)\,\mathrm{d}x = \int \cos t\,\mathrm{d}e^t = \frac{1}{2}e^t(\cos t + \sin t) + C = \frac{1}{2}x\big[\cos(\ln x) + \sin(\ln x)\big] + C.$$

例 4-33　求 $\int (x+1)(x+2)^{100}\,\mathrm{d}x$.

解：$\int (x+1)(x+2)^{100}\,\mathrm{d}x \xlongequal{t=x+2} \int (t-1)t^{100}\,\mathrm{d}t$

$$= \int (t^{101} - t^{100})\,\mathrm{d}t = \frac{t^{102}}{102} - \frac{t^{101}}{101} + C = \left(\frac{t}{102} - \frac{1}{101}\right)t^{101} + C$$

$$= \left(\frac{x+2}{102} - \frac{1}{101}\right)(x+2)^{101} + C = \left(\frac{x}{102} + \frac{50}{5151}\right)(x+2)^{101} + C.$$

例 4-34　求 $\int \dfrac{x\,\mathrm{e}^x}{(x+1)^2}\,\mathrm{d}x$.

解：$\int \dfrac{x\,\mathrm{e}^x}{(x+1)^2}\,\mathrm{d}x = -\int x\,\mathrm{e}^x\,\mathrm{d}\dfrac{1}{x+1} = -\dfrac{x\,\mathrm{e}^x}{x+1} + \int \dfrac{(x+1)\mathrm{e}^x}{x+1}\,\mathrm{d}x = \dfrac{\mathrm{e}^x}{x+1} + C.$

例 4-35　已知函数 $f(x) = \begin{cases} 2x, & x<0 \\ \ln(1+x), & x\geqslant 0 \end{cases}$，则 $f(x)$ 的一个原函数是（　　）.

(A) $F(x) = \begin{cases} x^2, & x<0 \\ (x+1)\ln(1+x)+x, & x\geqslant 0 \end{cases}$ (B) $F(x) = \begin{cases} x^2, & x<0 \\ (x+1)\ln(1+x)-x, & x\geqslant 0 \end{cases}$

(C) $F(x) = \begin{cases} x^2, & x<0 \\ x\ln(1+x)+x, & x\geqslant 0 \end{cases}$ (D) $F(x) = \begin{cases} x^2, & x<0 \\ x\ln(1+x)-x, & x\geqslant 0 \end{cases}$

解：$f(x)$ 在 $(-\infty, 0)$ 上的不定积分为 $\int f(x)\,\mathrm{d}x = \int 2x\,\mathrm{d}x = x^2 + C$.

$f(x)$ 在 $(0, +\infty)$ 上的不定积分为

$$\int f(x)\,\mathrm{d}x = \int \ln(1+x)\,\mathrm{d}x = x\ln(1+x) - \int \frac{x}{1+x}\,\mathrm{d}x$$

$$= x\ln(1+x) - \int \left(1 - \frac{1}{1+x}\right)\mathrm{d}x = (x+1)\ln(1+x) - x + C.$$

由此可知，只有选项（B）有可能是 $f(x)$ 的一个原函数. 因为 $f(x)$ 在 $(-\infty, +\infty)$ 上连续，所以其原函数也在 $(-\infty, +\infty)$ 上连续. 而选项（B）中的函数在 $(-\infty, +\infty)$ 上连续，所以它是 $f(x)$ 的一个原函数，故应选（B）.

例 4-36　求 $\int \mathrm{e}^{-|x|}\,\mathrm{d}x$.

解：当 $x>0$ 时，$\int \mathrm{e}^{-|x|}\,\mathrm{d}x = \int \mathrm{e}^{-x}\,\mathrm{d}x = -\mathrm{e}^{-x} + C$.

当 $x<0$ 时，$\int \mathrm{e}^{-|x|}\,\mathrm{d}x = \int \mathrm{e}^x\,\mathrm{d}x = \mathrm{e}^x + C_1$.

因为 $e^{-|x|}$ 在 $(-\infty,+\infty)$ 上连续,所以其原函数也在 $(-\infty,+\infty)$ 上连续,特别地,在 $x=0$ 处连续,因而有 $C_1=C-2$. 故 $\displaystyle\int e^{-|x|}\,dx=\begin{cases}e^x-2+C, & x<0\\ -e^{-x}+C, & x\geqslant 0\end{cases}$, C 为任意常数.

习 题 4

求下列不定积分:

(1) $\displaystyle\int 3^x e^x\,dx$;

(2) $\displaystyle\int\frac{\cos 2x}{\cos x-\sin x}\,dx$;

(3) $\displaystyle\int\frac{\cos 2x}{\cos^2 x\sin^2 x}\,dx$;

(4) $\displaystyle\int\frac{dx}{\cos x\sin x}$;

(5) $\displaystyle\int\frac{dx}{x\ln x\ln\ln x}$;

(6) $\displaystyle\int\tan^{10}x\sec^2 x\,dx$;

(7) $\displaystyle\int\frac{dx}{(\arcsin x)^2\sqrt{1-x^2}}$;

(8) $\displaystyle\int\sin 2x\cos 3x\,dx$;

(9) $\displaystyle\int\cos x\cos\frac{x}{2}\,dx$;

(10) $\displaystyle\int\sin 5x\sin 7x\,dx$;

(11) $\displaystyle\int\tan^3 x\sec x\,dx$;

(12) $\displaystyle\int\frac{dx}{e^x+e^{-x}}$;

(13) $\displaystyle\int\frac{dx}{\sqrt{9-4x^2}}$;

(14) $\displaystyle\int\frac{dx}{x\sqrt{x^2-1}}$;

(15) $\displaystyle\int\frac{\sqrt{x^2-9}}{x}\,dx$;

(16) $\displaystyle\int\frac{dx}{1+\sqrt{1-x^2}}$;

(17) $\displaystyle\int\frac{dx}{x+\sqrt{1-x^2}}$;

(18) $\displaystyle\int\arcsin x\,dx$;

(19) $\displaystyle\int\ln^2 x\,dx$;

(20) $\displaystyle\int\frac{\ln^3 x}{x^2}\,dx$;

(21) $\displaystyle\int\cos\ln x\,dx$;

(22) $\displaystyle\int e^{\sqrt[3]{x}}\,dx$;

(23) $\displaystyle\int e^x\sin^2 x\,dx$;

(24) $\displaystyle\int e^{\sqrt{3x+9}}\,dx$;

(25) $\displaystyle\int x^2\cos^2\frac{x}{2}\,dx$;

(26) $\displaystyle\int(\arcsin x)^2\,dx$;

(27) $\displaystyle\int\frac{x+1}{x^2-2x+5}\,dx$;

(28) $\displaystyle\int\frac{3}{x^3+1}\,dx$;

(29) $\displaystyle\int\frac{x^2+1}{(x+1)^2(x-1)}\,dx$;

(30) $\displaystyle\int\frac{x}{(x+1)(x+2)(x+3)}\,dx$;

(31) $\displaystyle\int\frac{dx}{3+\sin^2 x}$;

(32) $\displaystyle\int\frac{dx}{3+\cos x}$;

(33) $\displaystyle\int\frac{dx}{2+\sin x}$;

(34) $\displaystyle\int\frac{dx}{1+\sin x+\cos x}$;

$(35)\displaystyle\int\frac{\mathrm{d}x}{2\sin x-\cos x+5}$;

$(36)\displaystyle\int\frac{\mathrm{d}x}{1+\sqrt[3]{x+1}}$;

$(37)\displaystyle\int\frac{(\sqrt{x}\,)^{3}-1}{\sqrt{x}+1}\mathrm{d}x$;

$(38)\displaystyle\int\frac{\sqrt{x+1}-1}{\sqrt{x+1}+1}\mathrm{d}x$;

$(39)\displaystyle\int\frac{\mathrm{d}x}{\sqrt{x}+\sqrt[4]{x}}$;

$(40)\displaystyle\int\sqrt{\frac{1-x}{1+x}}\,\frac{\mathrm{d}x}{x}$.

第 **5** 讲

定 积 分

【知识要点】

1. 定积分的定义,可积的概念

2. 定积分基本公式

(1) $\int_a^a f(x)\mathrm{d}x=0$, $\int_b^a f(x)\mathrm{d}x=-\int_a^b f(x)\mathrm{d}x$, $\int_a^b \mathrm{d}x=b-a$.

(2) $\int_a^b [f(x)\pm g(x)]\mathrm{d}x=\int_a^b f(x)\mathrm{d}x\pm\int_a^b g(x)\mathrm{d}x$.

(3) $\int_a^b kf(x)\mathrm{d}x=k\int_a^b f(x)\mathrm{d}x$($k$ 为常数).

(4) $\int_a^b f(x)\mathrm{d}x=\int_a^c f(x)\mathrm{d}x+\int_c^b f(x)\mathrm{d}x$.

(5) 牛顿-莱布尼兹公式(微积分基本公式).

如果 $F(x)$ 是连续函数 $f(x)$ 在区间$[a,b]$上的一个原函数,则

$$\int_a^b f(x)\mathrm{d}x=F(b)-F(a).$$

(6) 定积分的换元公式.

设 $f(x)$ 在$[a,b]$上连续, $x=\varphi(t)$具有连续的导数, $\varphi(\alpha)=a$, $\varphi(\beta)=b$,则

$$\int_a^b f(x)\mathrm{d}x \xrightarrow{x=\varphi(t)} \int_\alpha^\beta f[\varphi(t)]\varphi'(t)\mathrm{d}t$$

上述公式在应用时可以从左到右,也可以从右到左.

注:应用换元积分法时,$\mathrm{d}x$ 和积分限都要同时换.

(7) 定积分的分部积分公式 $\int_a^b u\mathrm{d}v=uv\Big|_a^b-\int_a^b v\mathrm{d}u$.

3. 定积分的几何意义与性质

由连续曲线 $y=f(x)$ 及两条直线 $x=a$ 和 $x=b(a<b)$与 x 轴所围成的图形的面积为

$A=\int_a^b |f(x)|\mathrm{d}x$,如图 5-1 所示.

$A=\int_a^b f(x)\mathrm{d}x$ 表示:由连续曲线 $y=f(x)$,两条直线 $x=a$ 和 $x=b(a<b)$与 x 轴所围成的图形面积为位于 x 轴上方图形的面积减去位于 x 轴下方图形的面积,即面积的"代数和"(图 5-2)——定积分的几何意义.

特别地,$\int_{-a}^a \sqrt{a^2-x^2}\mathrm{d}x=\dfrac{1}{2}\pi a^2$(半径为 a 的圆面积的 $\dfrac{1}{2}$);

$$\int_0^a \sqrt{a^2 - x^2}\, dx = \frac{1}{4}\pi a^2 \left(\text{半径为 } a \text{ 的圆面积的} \frac{1}{4}\right).$$

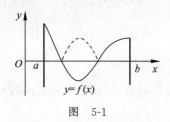

图 5-1

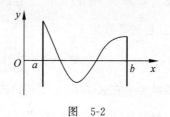

图 5-2

根据定积分的几何意义,可知:

(1) 设 $f(x)$ 在 $[a,b]$ 上连续,且 $f(x) \geqslant 0$,则 $\int_a^b f(x)dx \geqslant 0$.

(2) 设 $f(x)$,$g(x)$ 在 $[a,b]$ 上连续,且 $f(x) \leqslant g(x)$,则 $\int_a^b f(x)dx \leqslant \int_a^b g(x)dx$.

(3) 设 $f(x)$ 在 $[a,b]$ 上连续,则 $\left|\int_a^b f(x)dx\right| \leqslant \int_a^b |f(x)|dx$.

(4) 设 M 及 m 分别是函数 $f(x)$ 在闭区间 $[a,b]$ 上的最大值和最小值,则

$$m(b-a) \leqslant \int_a^b f(x)dx \leqslant M(b-a)$$

(5) (**积分中值定理**) 如果函数 $f(x)$ 在闭区间 $[a,b]$ 上连续,则在开区间 (a,b) 内至少存在一个点 ξ,使得

$$\int_a^b f(x)dx = f(\xi)(b-a) \quad [\text{积分中值公式}]$$

如图 5-3 所示.其几何意义为:图中由 $y=f(x)[f(x) \geqslant 0]$ 及 $x=a$ 和 $x=b(a<b)$ 与 x 轴所围成的曲边梯形的面积等于图中矩形的面积.

称 $\dfrac{1}{b-a}\int_a^b f(x)dx$ 为 $f(x)$ 在 $[a,b]$ 上的平均值.

(6) 设函数 $f(x)$ 在闭区间 $[-a,a]$ 上可积,则当 $f(x)$ 为奇函数时,$\int_{-a}^a f(x)dx = 0$;当 $f(x)$ 为偶函数时,$\int_{-a}^a f(x)dx = 2\int_0^a f(x)dx$,如图 5-4 所示.

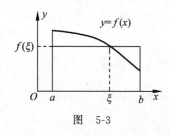

图 5-3

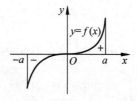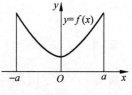

图 5-4

(7) 设函数 $f(x)$ 是以 T 为周期的周期函数,且在一个周期内可积,则对任意的实数 a,都有 $\int_a^{a+T} f(x)dx = \int_0^T f(x)dx$.(几何意义:在每一个周期内的积分都相等)

4. 积分上限函数及其导数

定理   如果 $f(x)$ 在 $[a,b]$ 上连续,则积分上限的函数 $\Phi(x) = \int_a^x f(t)\mathrm{d}t$ 在 $[a,b]$ 上具有导数,且它的导数为

$$\Phi'(x) = \frac{\mathrm{d}}{\mathrm{d}x}\int_a^x f(t)\mathrm{d}t = f(x) \quad (a \leqslant x \leqslant b)$$

重要结论   在区间 $[a,b]$ 上连续的函数 $f(x)$ 一定有原函数,且积分上限的函数 $\Phi(x) = \int_a^x f(t)\mathrm{d}t$ 就是 $f(x)$ 在 $[a,b]$ 上的一个原函数.

如果 $f(t)$ 连续,$b(x)$ 可导,$F(x) = \int_a^{b(x)} f(t)\mathrm{d}t$,令 $u = b(x)$,$\varphi(u) = \int_a^u f(t)\mathrm{d}t$,则 $F(x) = \varphi[b(x)]$,$F'(x) = \varphi'[b(x)]b'(x) = f[b(x)]b'(x)$.

一般地,$\dfrac{\mathrm{d}}{\mathrm{d}x}\displaystyle\int_{a(x)}^{b(x)} f(t)\mathrm{d}t = f[b(x)]b'(x) - f[a(x)]a'(x)$.

【例题】

例 5-1   设 $f(x)$ 在 $[-a,a]$ 上连续,证明:若 $f(x)$ 为偶函数,则 $\displaystyle\int_{-a}^a f(x)\mathrm{d}x = 2\int_0^a f(x)\mathrm{d}x$;若 $f(x)$ 为奇函数,则 $\displaystyle\int_{-a}^a f(x)\mathrm{d}x = 0$.

证: $\displaystyle\int_{-a}^a f(x)\mathrm{d}x = \int_{-a}^0 f(x)\mathrm{d}x + \int_0^a f(x)\mathrm{d}x$. 在 $\displaystyle\int_{-a}^0 f(x)\mathrm{d}x$ 中令 $x = -t$,则有

$$\int_{-a}^0 f(x)\mathrm{d}x = -\int_a^0 f(-t)\mathrm{d}t = \int_0^a f(-t)\mathrm{d}t = \int_0^a f(-x)\mathrm{d}x.$$

若 $f(x)$ 为偶函数,则 $f(-x) = f(x)$,

$$\int_{-a}^a f(x)\mathrm{d}x = \int_0^a f(-x)\mathrm{d}x + \int_0^a f(x)\mathrm{d}x = \int_0^a f(x)\mathrm{d}x + \int_0^a f(x)\mathrm{d}x = 2\int_0^a f(x)\mathrm{d}x.$$

若 $f(x)$ 为奇函数,则 $f(-x) = -f(x)$,

$$\int_{-a}^a f(x)\mathrm{d}x = \int_0^a f(-x)\mathrm{d}x + \int_0^a f(x)\mathrm{d}x = -\int_0^a f(x)\mathrm{d}x + \int_0^a f(x)\mathrm{d}x = 0.$$

例 5-2   设函数 $f(x)$ 是以 T 为周期的周期函数,且在一个周期内可积,证明:对任意的实数 a,都有 $\displaystyle\int_a^{a+T} f(x)\mathrm{d}x = \int_0^T f(x)\mathrm{d}x$.

证: $\displaystyle\int_a^{a+T} f(x)\mathrm{d}x = \int_a^0 f(x)\mathrm{d}x + \int_0^T f(x)\mathrm{d}x + \int_T^{a+T} f(x)\mathrm{d}x$.

因为 $\displaystyle\int_T^{a+T} f(x)\mathrm{d}x \xlongequal{x=T+t} \int_0^a f(T+t)\mathrm{d}t = \int_0^a f(t)\mathrm{d}t = \int_0^a f(x)\mathrm{d}x = -\int_a^0 f(x)\mathrm{d}x$,

所以 $\displaystyle\int_a^{a+T} f(x)\mathrm{d}x = \int_0^T f(x)\mathrm{d}x$.

例 5-3   设 $f(x)$ 在 $[a,b]$ 上单调增加、有连续的导数,且 $f(0) = 0$,$f(a) = b$,证明 $\displaystyle\int_0^a f(x)\mathrm{d}x + \int_0^b f^{-1}(x)\mathrm{d}x = ab$.

证: 设 $y = f^{-1}(x)$,则 $x = f(y)$.

$$\int_0^b f^{-1}(x)\mathrm{d}x = \int_0^a y\,\mathrm{d}f(y) = yf(y)\Big|_0^a - \int_0^a f(y)\mathrm{d}y$$

$$= af(a) - \int_0^a f(x)\mathrm{d}x = ab - \int_0^a f(x)\mathrm{d}x.$$

于是 $\int_0^a f(x)\mathrm{d}x + \int_0^b f^{-1}(x)\mathrm{d}x = ab.$

几何意义 易知 $f(x) \geqslant 0.\int_0^a f(x)\mathrm{d}x$ 表示曲线 $y=f(x)$、x 轴、y 轴与直线 $x=a$ 围

成的曲边梯形的面积. 而 $\int_0^b f^{-1}(x)\mathrm{d}x = \int_0^b f^{-1}(y)\mathrm{d}y$ 表示 $y=$

$f(x)$ 的反函数 $x=f^{-1}(y)$ 的图形、x 轴、y 轴与直线 $y=b=$

$f(a)$ 围成的曲边梯形的面积. 注意到,曲线 $y=f(x)$ 与曲线

$x=f^{-1}(y)$ 是同一条曲线,因而 $\int_0^a f(x)\mathrm{d}x + \int_0^b f^{-1}(x)\mathrm{d}x$ 等于

由 $x=a,y=b$ 与两坐标轴围成的矩形的面积,如图 5-5 所示.

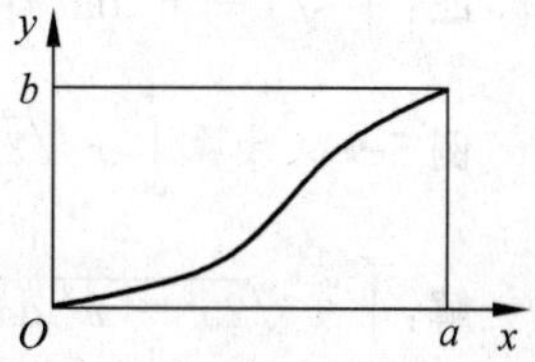

图 5-5

例 5-4 设 $f(x)=3x^2 - \int_0^2 f(x)\mathrm{d}x - 2$,则 $f(x)=$ _____.

解: $\int_0^2 f(x)\mathrm{d}x = \int_0^2\left[3x^2 - \int_0^2 f(x)\mathrm{d}x - 2\right]\mathrm{d}x = 8 - 2\int_0^2 f(x)\mathrm{d}x - 4 = 4 - 2\int_0^2 f(x)\mathrm{d}x,$

$\int_0^2 f(x)\mathrm{d}x = \frac{4}{3}.$ $f(x)=3x^2 - \frac{4}{3} - 2 = 3x^2 - \frac{10}{3}.$

例 5-5 $\int_0^{\frac{\pi}{2}}\cos^5 x\sin x\,\mathrm{d}x = -\int_0^{\frac{\pi}{2}}\cos^5 x\,\mathrm{d}(\cos x) = -\frac{1}{6}\left[\cos^6 x\right]_0^{\frac{\pi}{2}} = \frac{1}{6}.$

例 5-6 计算 $\int_0^4\frac{x+2}{\sqrt{2x+1}}\mathrm{d}x.$

解: $\int_0^4\frac{x+2}{\sqrt{2x+1}}\mathrm{d}x \xlongequal[x=\frac{1}{2}(t^2-1)]{\sqrt{2x+1}=t}\int_1^3\frac{\frac{1}{2}(t^2-1)+2}{t}t\,\mathrm{d}t = \int_1^3\left(\frac{1}{2}t^2 + \frac{3}{2}\right)\mathrm{d}t$

$= \left[\frac{1}{6}t^3 + \frac{3}{2}t\right]_1^3 = \left[\frac{1}{6}(27-1)+\frac{3}{2}(3-1)\right] = \frac{22}{3}.$

例 5-7 计算 $\int_0^\pi\sqrt{\sin^3 x - \sin^5 x}\,\mathrm{d}x.$

解: 因为 $f(x)=\sqrt{\sin^3 x - \sin^5 x} = |\cos x|(\sin x)^{\frac{3}{2}}$,所以

$$\int_0^\pi\sqrt{\sin^3 x - \sin^5 x}\,\mathrm{d}x = \int_0^\pi|\cos x|(\sin x)^{\frac{3}{2}}\mathrm{d}x$$

$$= \int_0^{\frac{\pi}{2}}\cos x(\sin x)^{\frac{3}{2}}\mathrm{d}x - \int_{\frac{\pi}{2}}^\pi\cos x(\sin x)^{\frac{3}{2}}\mathrm{d}x$$

$$= \int_0^{\frac{\pi}{2}}(\sin x)^{\frac{3}{2}}\mathrm{d}\sin x - \int_{\frac{\pi}{2}}^\pi(\sin x)^{\frac{3}{2}}\mathrm{d}\sin x$$

$$= \frac{2}{5}(\sin x)^{\frac{5}{2}}\Big|_0^{\frac{\pi}{2}} - \frac{2}{5}(\sin x)^{\frac{5}{2}}\Big|_{\frac{\pi}{2}}^\pi = \frac{4}{5}.$$

例 5-8 计算 $\int_{-1}^1\frac{2x^2+x\cos x}{1+\sqrt{1-x^2}}\mathrm{d}x.$

解：$\dfrac{2x^2}{1+\sqrt{1-x^2}}$ 是偶函数，$\dfrac{x\cos x}{1+\sqrt{1-x^2}}$ 是奇函数.

$$原式=\int_{-1}^{1}\frac{2x^2}{1+\sqrt{1-x^2}}\mathrm{d}x+\int_{-1}^{1}\frac{x\cos x}{1+\sqrt{1-x^2}}\mathrm{d}x=4\int_{0}^{1}\frac{x^2}{1+\sqrt{1-x^2}}\mathrm{d}x$$

$$=4\int_{0}^{1}\frac{x^2(1-\sqrt{1-x^2})}{1-(1-x^2)}\mathrm{d}x=4\int_{0}^{1}(1-\sqrt{1-x^2})\mathrm{d}x=4-4\int_{0}^{1}\sqrt{1-x^2}\,\mathrm{d}x=4-\pi.$$

注：$\int_{0}^{1}\sqrt{1-x^2}\,\mathrm{d}x$ 等于半径为 1 的四分之一圆的面积.

例 5-9　计算 $\int_{0}^{2}x\sqrt{2x-x^2}\,\mathrm{d}x$.

解：$\displaystyle\int_{0}^{2}x\sqrt{2x-x^2}\,\mathrm{d}x=\int_{0}^{2}x\sqrt{1-(1-x)^2}\,\mathrm{d}x\xlongequal{1-x=\sin t}\int_{-\frac{\pi}{2}}^{\frac{\pi}{2}}(1-\sin t)\cos^2 t\,\mathrm{d}t$

$$=\int_{-\frac{\pi}{2}}^{\frac{\pi}{2}}\left(\frac{1+\cos 2t}{2}-\sin t\cos^2 t\right)\mathrm{d}t=\frac{\pi}{2}.$$

例 5-10　计算 $\int_{0}^{\frac{1}{2}}\arcsin x\,\mathrm{d}x$.

解：$\displaystyle\int_{0}^{\frac{1}{2}}\arcsin x\,\mathrm{d}x\xlongequal{t=\arcsin x}\int_{0}^{\frac{\pi}{6}}t\,\mathrm{d}\sin t=t\sin t\Big|_{0}^{\frac{\pi}{6}}-\int_{0}^{\frac{\pi}{6}}\sin t\,\mathrm{d}t$

$$=\frac{\pi}{12}+\cos t\Big|_{0}^{\frac{\pi}{6}}=\frac{\pi}{12}+\frac{\sqrt{3}}{2}-1.$$

例 5-11　计算 $\int_{0}^{1}\mathrm{e}^{\sqrt{x}}\,\mathrm{d}x$.

解：$\displaystyle\int_{0}^{1}\mathrm{e}^{\sqrt{x}}\,\mathrm{d}x\xlongequal[x=t^2]{\sqrt{x}=t}2\int_{0}^{1}t\,\mathrm{e}^t\,\mathrm{d}t=2\int_{0}^{1}t\,\mathrm{d}\mathrm{e}^t=2[t\,\mathrm{e}^t]_{0}^{1}-2\int_{0}^{1}\mathrm{e}^t\,\mathrm{d}t=2\mathrm{e}-2(\mathrm{e}-1)=2.$

例 5-12　计算 $\int_{1}^{2}\ln x\,\mathrm{d}x$.

解：$\displaystyle\int_{1}^{2}\ln x\,\mathrm{d}x=[x\ln x]_{1}^{2}-\int_{1}^{2}\mathrm{d}x=2\ln 2-1.$

例 5-13　设 $I_k=\int_{e}^{k}\mathrm{e}^{x^2}\sin x\,\mathrm{d}x\,(k=1,2,3)$，则（　　　）.

(A) $I_1<I_2<I_3$　　　(B) $I_2<I_1<I_3$　　　(C) $I_1<I_3<I_2$　　　(D) $I_2<I_3<I_1$

解：因为当 $0<x<\pi$ 时，$\mathrm{e}^{x^2}\sin x>0$，所以 $\int_{1}^{e}\mathrm{e}^{x^2}\sin x\,\mathrm{d}x>\int_{2}^{e}\mathrm{e}^{x^2}\sin x\,\mathrm{d}x>0$，

$\int_{e}^{1}\mathrm{e}^{x^2}\sin x\,\mathrm{d}x<\int_{e}^{2}\mathrm{e}^{x^2}\sin x\,\mathrm{d}x<0.\int_{e}^{3}\mathrm{e}^{x^2}\sin x\,\mathrm{d}x>0.$ 从而 $I_1<I_2<0<I_3$. 故应选（A）.

例 5-14　设 $f\left(x+\dfrac{1}{x}\right)=\dfrac{x+x^3}{1+x^4}$，求 $\int_{2}^{2\sqrt{2}}f(x)\,\mathrm{d}x$.

解：$f\left(x+\dfrac{1}{x}\right)=\dfrac{x+x^3}{1+x^4}=\dfrac{\dfrac{1}{x}+x}{\dfrac{1}{x^2}+x^2}=\dfrac{\dfrac{1}{x}+x}{\left(\dfrac{1}{x}+x\right)^2-2},f(x)=\dfrac{x}{x^2-2}.$

$$\int_2^{2\sqrt{2}} f(x)\mathrm{d}x = \int_2^{2\sqrt{2}} \frac{x}{x^2-2}\mathrm{d}x = \frac{1}{2}\int_2^{2\sqrt{2}} \frac{\mathrm{d}(x^2-2)}{x^2-2} = \frac{1}{2}\ln(x^2-2)\Big|_2^{2\sqrt{2}} = \frac{1}{2}\ln 3.$$

例 5-15 设 $f(x)$ 连续, 证明:

(1) $\displaystyle\int_0^{\frac{\pi}{2}} f(\sin x)\mathrm{d}x = \int_0^{\frac{\pi}{2}} f(\cos x)\mathrm{d}x.$

(2) $\displaystyle\int_0^{\pi} x f(\sin x)\mathrm{d}x = \frac{\pi}{2}\int_0^{\pi} f(\sin x)\mathrm{d}x = \pi\int_0^{\frac{\pi}{2}} f(\cos x)\mathrm{d}x$, 并计算 $\displaystyle\int_0^{\pi} \frac{x\sin x}{1+\cos^2 x}\mathrm{d}x$ 和

$\displaystyle\int_0^{\pi} \frac{x\sin^{2n} x}{\sin^{2n} x + \cos^{2n} x}\mathrm{d}x.$

(3) $\displaystyle\int_0^{2\pi} f(|\cos x|)\mathrm{d}x = 4\int_0^{\frac{\pi}{2}} f(\cos x)\mathrm{d}x.$

证: (1) 做变换 $x = \dfrac{\pi}{2} - t$ 立即可证得.

(2) $I = \displaystyle\int_0^{\pi} x f(\sin x)\mathrm{d}x \xlongequal{x=\pi-t} \pi\int_0^{\pi} f(\sin t)\mathrm{d}t - \int_0^{\pi} t f(\sin t)\mathrm{d}t = \pi\int_0^{\pi} f(\sin x)\mathrm{d}x - I.$

$\Rightarrow I = \dfrac{\pi}{2}\displaystyle\int_0^{\pi} f(\sin x)\mathrm{d}x.$

$\displaystyle\int_0^{\pi} x f(\sin x)\mathrm{d}x \xlongequal{x=\frac{\pi}{2}-t} \pi\int_0^{\frac{\pi}{2}} f(\cos t)\mathrm{d}t - \int_{-\frac{\pi}{2}}^{\frac{\pi}{2}} t f(\cos t)\mathrm{d}t = \pi\int_0^{\frac{\pi}{2}} f(\sin x)\mathrm{d}x.$

$$\int_0^{\pi} \frac{x\sin x}{1+\cos^2 x}\mathrm{d}x = \int_0^{\pi} \frac{x\sin x}{2-\sin^2 x}\mathrm{d}x = \frac{\pi}{2}\int_0^{\pi} \frac{\sin x}{2-\sin^2 x}\mathrm{d}x$$

$$= \frac{\pi}{2}\int_0^{\pi} \frac{\sin x}{1+\cos^2 x}\mathrm{d}x = -\frac{\pi}{2}\int_0^{\pi} \frac{1}{1+\cos^2 x}\mathrm{d}(\cos x)$$

$$= -\frac{\pi}{2}\big[\arctan(\cos x)\big]_0^{\pi} = -\frac{\pi}{2}\left(-\frac{\pi}{4}-\frac{\pi}{4}\right) = \frac{\pi^2}{4}.$$

$$\int_0^{\pi} \frac{x\sin^{2n} x}{\sin^{2n} x + \cos^{2n} x}\mathrm{d}x = \pi\int_0^{\frac{\pi}{2}} \frac{\cos^{2n} x}{\sin^{2n} x + \cos^{2n} x}\mathrm{d}x \xlongequal{x=\frac{\pi}{2}-t} \pi\int_0^{\frac{\pi}{2}} \frac{\sin^{2n} x}{\sin^{2n} x + \cos^{2n} x}\mathrm{d}x.$$

$$2\int_0^{\pi} \frac{x\sin^{2n} x}{\sin^{2n} x + \cos^{2n} x}\mathrm{d}x = \pi\int_0^{\frac{\pi}{2}} \frac{\sin^{2n} x}{\sin^{2n} x + \cos^{2n} x}\mathrm{d}x + \pi\int_0^{\frac{\pi}{2}} \frac{\cos^{2n} x}{\sin^{2n} x + \cos^{2n} x}\mathrm{d}x$$

$$= \pi\int_0^{\frac{\pi}{2}} \frac{\sin^{2n} x + \cos^{2n} x}{\sin^{2n} x + \cos^{2n} x}\mathrm{d}x = \frac{\pi^2}{2}.$$

$$\int_0^{\frac{\pi}{2}} \frac{x\sin^{2n} x}{\sin^{2n} x + \cos^{2n} x}\mathrm{d}x = \frac{\pi^2}{4}.$$

(3) $\displaystyle\int_0^{2\pi} f(|\cos x|)\mathrm{d}x = \left(\int_0^{\frac{\pi}{2}} + \int_{\frac{\pi}{2}}^{\pi} + \int_{\pi}^{\frac{3\pi}{2}} + \int_{\frac{3\pi}{2}}^{2\pi}\right) f(|\cos x|)\mathrm{d}x.$

$\displaystyle\int_{\frac{\pi}{2}}^{\pi} f(|\cos x|)\mathrm{d}x \xlongequal{x=\pi-t} \int_0^{\frac{\pi}{2}} f(\cos t)\mathrm{d}t.$

$\displaystyle\int_{\pi}^{\frac{3\pi}{2}} f(|\cos x|)\mathrm{d}x \xlongequal{x=\pi+t} \int_0^{\frac{\pi}{2}} f(\cos t)\mathrm{d}t.$

$\displaystyle\int_{\frac{3\pi}{2}}^{2\pi} f(|\cos x|)\mathrm{d}x \xlongequal{x=2\pi-t} \int_0^{\frac{\pi}{2}} f(\cos t)\mathrm{d}t.$

$$\Rightarrow \int_0^{2\pi} f(|\cos x|)\,\mathrm{d}x = 4\int_0^{\frac{\pi}{2}} f(\cos t)\,\mathrm{d}t = 4\int_0^{\frac{\pi}{2}} f(\cos x)\,\mathrm{d}x.$$

例 5-16 计算：(1) $\displaystyle\int_0^{\frac{\pi}{2}} \frac{\cos x - \sin x}{3 + \sin 2x}\,\mathrm{d}x$；(2) $\displaystyle\int_0^{\frac{\pi}{2}} \frac{\sin^n x - \cos^n x}{3 - \sin x - \cos x}\,\mathrm{d}x$.

解：(1) $\displaystyle\int_0^{\frac{\pi}{2}} \frac{\cos x - \sin x}{3 + \sin 2x}\,\mathrm{d}x \xlongequal{x = \frac{\pi}{2} - t} -\int_{\frac{\pi}{2}}^0 \frac{\sin t - \cos t}{3 + \sin 2t}\,\mathrm{d}t = \int_0^{\frac{\pi}{2}} \frac{\cos x - \sin x}{3 + \sin 2x}\,\mathrm{d}x$

$$\Rightarrow \int_0^{\frac{\pi}{2}} \frac{\cos x - \sin x}{3 + \sin 2x}\,\mathrm{d}x = 0;$$

(2) $\displaystyle\int_0^{\frac{\pi}{2}} \frac{\sin^n x - \cos^n x}{3 - \sin x - \cos x}\,\mathrm{d}x \xlongequal{x = \frac{\pi}{2} - t} -\int_0^{\frac{\pi}{2}} \frac{\sin^n x - \cos^n x}{3 - \sin x - \cos x}\,\mathrm{d}x \Rightarrow \int_0^{\frac{\pi}{2}} \frac{\sin^n x - \cos^n x}{3 - \sin x - \cos x}\,\mathrm{d}x = 0.$

例 5-17 计算 (1) $\displaystyle\int_0^{\frac{\pi}{4}} \ln(1 + \tan x)\,\mathrm{d}x$；(2) $\displaystyle\int_0^1 \frac{\ln(1+x)}{1+x^2}\,\mathrm{d}x$.

解：(1) $\displaystyle\int_0^{\frac{\pi}{4}} \ln(1 + \tan x)\,\mathrm{d}x \xlongequal{x = \frac{\pi}{4} - t} -\int_{\frac{\pi}{4}}^0 \ln\left[1 + \tan\left(\frac{\pi}{4} - t\right)\right]\mathrm{d}t = \int_0^{\frac{\pi}{4}} \ln\left(1 + \frac{1 - \tan t}{1 + \tan t}\right)\mathrm{d}t$

$$= \int_0^{\frac{\pi}{4}} \ln \frac{2}{1 + \tan t}\,\mathrm{d}t = \int_0^{\frac{\pi}{4}} \left[\ln 2 - \ln(1 + \tan t)\right]\mathrm{d}t = \frac{\pi}{4}\ln 2 - \int_0^{\frac{\pi}{4}} \ln(1 + \tan x)\,\mathrm{d}x.$$

$$\int_0^{\frac{\pi}{4}} \ln(1 + \tan x)\,\mathrm{d}x = \frac{\pi}{8}\ln 2.$$

(2) $\displaystyle\int_0^1 \frac{\ln(1+x)}{1+x^2}\,\mathrm{d}x \xlongequal{x = \tan t} \int_0^{\frac{\pi}{4}} \ln(1 + \tan t)\,\mathrm{d}t = \frac{\pi}{8}\ln 2.$

例 5-18 计算 $\displaystyle\int_0^{\frac{\pi}{2}} \frac{\mathrm{d}x}{1 + \tan^n x}$.

解：$\displaystyle\int_0^{\frac{\pi}{2}} \frac{\mathrm{d}x}{1 + \tan^n x} \xlongequal{x = \frac{\pi}{2} - t} -\int_{\frac{\pi}{2}}^0 \frac{\mathrm{d}t}{1 + \cot^n t} = \int_0^{\frac{\pi}{2}} \frac{\tan^n t\,\mathrm{d}t}{1 + \tan^n t}$

$$= \int_0^{\frac{\pi}{2}} \left(1 - \frac{1}{1 + \tan^n t}\right)\mathrm{d}t = \frac{\pi}{2} - \int_0^{\frac{\pi}{2}} \frac{\mathrm{d}x}{1 + \tan^n x}.$$

$$\int_0^{\frac{\pi}{2}} \frac{\mathrm{d}t}{1 + \tan^n x} = \frac{\pi}{4}.$$

例 5-19 设函数 $f(x)$ 是 $[-a, a]$ 上的偶函数且连续，证明：$\displaystyle\int_{-a}^a \frac{f(x)}{1 + e^x}\,\mathrm{d}x = \int_{-a}^a \frac{f(x)}{1 + e^{-x}}\,\mathrm{d}x = \int_0^a f(x)\,\mathrm{d}x$. 并由此计算：(1) $\displaystyle\int_{-\frac{\pi}{4}}^{\frac{\pi}{4}} \frac{\cos x}{1 + e^{-x}}\,\mathrm{d}x$；(2) $\displaystyle\int_{-\frac{\pi}{4}}^{\frac{\pi}{4}} \frac{\sin^2 x}{1 + e^x}\,\mathrm{d}x$.

解：$\displaystyle\int_{-a}^a \frac{f(x)}{1 + e^{-x}}\,\mathrm{d}x \xlongequal{x = -t} -\int_a^{-a} \frac{f(-t)}{1 + e^t}\,\mathrm{d}t = \int_{-a}^a \frac{f(t)}{1 + e^t}\,\mathrm{d}t = \int_{-a}^a \frac{f(x)}{1 + e^x}\,\mathrm{d}x.$

$\displaystyle\int_{-a}^0 \frac{f(x)}{1 + e^{-x}}\,\mathrm{d}x \xlongequal{x = -t} -\int_a^0 \frac{f(-t)}{1 + e^t}\,\mathrm{d}t = \int_0^a \frac{f(t)}{1 + e^t}\,\mathrm{d}t = \int_0^a \frac{f(x)}{1 + e^x}\,\mathrm{d}x.$

$\displaystyle\int_{-a}^a \frac{f(x)}{1 + e^{-x}}\,\mathrm{d}x = \int_{-a}^0 \frac{f(x)}{1 + e^{-x}}\,\mathrm{d}x + \int_0^a \frac{f(x)}{1 + e^{-x}}\,\mathrm{d}x = \int_0^a \frac{f(x)}{1 + e^x}\,\mathrm{d}x + \int_0^a \frac{f(x)}{1 + e^{-x}}\,\mathrm{d}x$

$$= \int_0^a \left(\frac{1}{1 + e^x} + \frac{1}{1 + e^{-x}}\right)f(x)\,\mathrm{d}x = \int_0^a \left(\frac{1}{1 + e^x} + \frac{e^x}{1 + e^x}\right)f(x)\,\mathrm{d}x = \int_0^a f(x)\,\mathrm{d}x.$$

(1) $\int_{-\frac{\pi}{4}}^{\frac{\pi}{4}} \dfrac{\cos x}{1+\mathrm{e}^{-x}}\mathrm{d}x = \int_0^{\frac{\pi}{4}} \cos x\,\mathrm{d}x = \dfrac{\sqrt{2}}{2}.$

(2) $\int_{-\frac{\pi}{4}}^{\frac{\pi}{4}} \dfrac{\sin^2 x}{1+\mathrm{e}^{x}}\mathrm{d}x = \int_0^{\frac{\pi}{4}} \sin^2 x\,\mathrm{d}x = \dfrac{1}{2}\int_0^{\frac{\pi}{4}}(1-\cos 2x)\mathrm{d}x = \dfrac{\pi}{8}-\dfrac{1}{4}\sin 2x\,\Big|_0^{\frac{\pi}{4}} = \dfrac{\pi}{8}-\dfrac{1}{4}.$

例 5-20 证明 $\int_0^{\pi} \dfrac{\sin 2nx}{\sin x}\mathrm{d}x = 0.$

证：作变量代换 $x = t + \dfrac{\pi}{2}$，则 $\int_0^{\pi} \dfrac{\sin 2nx}{\sin x}\mathrm{d}x = \int_{-\frac{\pi}{2}}^{\frac{\pi}{2}} \dfrac{\sin 2n\left(t+\dfrac{\pi}{2}\right)}{\sin\left(t+\dfrac{\pi}{2}\right)}\mathrm{d}t = (-1)^n \int_{-\frac{\pi}{2}}^{\frac{\pi}{2}} \dfrac{\sin 2nt}{\cos t}\mathrm{d}t.$

因为 $\dfrac{\sin 2nt}{\cos t}$ 是奇函数，所以 $\int_0^{\pi} \dfrac{\sin 2nx}{\sin x}\mathrm{d}x = 0.$

例 5-21 设函数 $f(x)$ 在 $(-\infty, +\infty)$ 内满足 $f(x) = f(x-\pi) + \sin x$. 且当 $x \in [0, \pi]$ 时，$f(x) = x.$ 求 $\int_{\pi}^{3\pi} f(x)\mathrm{d}x.$

解：$\int_{\pi}^{3\pi} f(x)\mathrm{d}x = \int_{\pi}^{2\pi} f(x)\mathrm{d}x + \int_{2\pi}^{3\pi} f(x)\mathrm{d}x$

$\int_{\pi}^{2\pi} f(x)\mathrm{d}x \xlongequal{x=t+\pi} \int_0^{\pi} f(t+\pi)\mathrm{d}t = \int_0^{\pi} \big[f(t) + \sin(t+\pi)\big]\mathrm{d}t$

$\quad = \int_0^{\pi}(t-\sin t)\mathrm{d}t = \dfrac{1}{2}\pi^2 - 2.$

$\int_{2\pi}^{3\pi} f(x)\mathrm{d}x \xlongequal{x=t+2\pi} \int_0^{\pi} f(t+2\pi)\mathrm{d}t = \int_0^{\pi} \big[f(t+\pi) + \sin(t+2\pi)\big]\mathrm{d}t$

$\quad = \int_0^{\pi}\big[f(t) + \sin(t+\pi) + \sin t\big]\mathrm{d}t = \int_0^{\pi} t\,\mathrm{d}t = \dfrac{1}{2}\pi^2.$

于是 $\int_{\pi}^{3\pi} f(x)\mathrm{d}x = \pi^2 - 2.$

例 5-22 设 $f(x)$ 连续，$a > 0$，证明：$\int_1^a f\left(x^2 + \dfrac{a^2}{x^2}\right)\dfrac{\mathrm{d}x}{x} = \int_1^a f\left(x + \dfrac{a^2}{x}\right)\dfrac{\mathrm{d}x}{x}.$

证：$\int_1^a f\left(x^2 + \dfrac{a^2}{x^2}\right)\dfrac{\mathrm{d}x}{x} \xlongequal{x=\sqrt{u}} \dfrac{1}{2}\int_1^{a^2} f\left(u + \dfrac{a^2}{u}\right)\dfrac{\mathrm{d}u}{u}$

$\quad = \dfrac{1}{2}\int_1^a f\left(u + \dfrac{a^2}{u}\right)\dfrac{\mathrm{d}u}{u} + \dfrac{1}{2}\int_a^{a^2} f\left(u + \dfrac{a^2}{u}\right)\dfrac{\mathrm{d}u}{u}.$

$\int_a^{a^2} f\left(u + \dfrac{a^2}{u}\right)\dfrac{\mathrm{d}u}{u} \xlongequal{u=\frac{a^2}{t}} \int_1^a f\left(t + \dfrac{a^2}{t}\right)\dfrac{\mathrm{d}t}{t} \Rightarrow \int_1^a f\left(x^2 + \dfrac{a^2}{x^2}\right)\dfrac{\mathrm{d}x}{x} = \int_1^a f\left(x + \dfrac{a^2}{x}\right)\dfrac{\mathrm{d}x}{x}.$

例 5-23 设 $f(x)$ 连续，且关于 $x = T$ 对称，$a < T < b.$ 证明：$\int_a^b f(x)\mathrm{d}x = 2\int_T^b f(x)\mathrm{d}x + \int_a^{2T-b} f(x)\mathrm{d}x.$

证：由题设知 $f(T-x) = f(T+x).$

$$\int_a^b f(x)\mathrm{d}x = \int_a^{2T-b} f(x)\mathrm{d}x + \int_{2T-b}^{T} f(x)\mathrm{d}x + \int_T^b f(x)\mathrm{d}x.$$

只需证 $\displaystyle\int_{2T-b}^{T} f(x)\mathrm{d}x = \int_{T}^{b} f(x)\mathrm{d}x$.

$$\int_{2T-b}^{T} f(x)\mathrm{d}x \xlongequal{x=2T-u} -\int_{b}^{T} f(2T-u)\mathrm{d}u = \int_{T}^{b} f(2T-u)\mathrm{d}u.$$

因为 $f(2T-u)=f[T+(T-u)]=f[T-(T-u)]=f(u)$,

所以 $\displaystyle\int_{2T-b}^{T} f(x)\mathrm{d}x = \int_{T}^{b} f(u)\mathrm{d}u = \int_{T}^{b} f(x)\mathrm{d}x$. 命题得证.

例 5-24 设 $f(x)$ 在 $[0,1]$ 上连续且当 $0<x<1$ 时, $\displaystyle\int_{0}^{x} f(t)\mathrm{d}t > 0$, $\displaystyle\int_{0}^{1} f(t)\mathrm{d}t = 0$.

证明: $\displaystyle\int_{0}^{1} xf(x)\mathrm{d}x < 0$.

证: 令 $F(x)=\displaystyle\int_{0}^{x} f(t)\mathrm{d}t$. 则 $F(x)$ 在 $[0,1]$ 上连续. $F(0)=F(1)=0$. 当 $0<x<1$ 时,

$F(x)>0$.

$$\int_{0}^{1} xf(x)\mathrm{d}x = \int_{0}^{1} xF'(x)\mathrm{d}x = xF(x)\Big|_{0}^{1} - \int_{0}^{1} F(x)\mathrm{d}x = -\int_{0}^{1} F(x)\mathrm{d}x < 0.$$

例 5-25 设 $\Phi(x)=\displaystyle\int_{0}^{x} \frac{\sin t}{\pi-t}\mathrm{d}t$, 求 $\displaystyle\int_{0}^{\pi} \Phi(x)\mathrm{d}x$.

解: $\displaystyle\int_{0}^{\pi} \Phi(x)\mathrm{d}x = x\Phi(x)\Big|_{0}^{\pi} - \int_{0}^{\pi} x\Phi'(x)\mathrm{d}x = \pi\Phi(\pi) - \int_{0}^{\pi} \frac{x\sin x}{\pi-x}\mathrm{d}x$

$\qquad = \pi\Phi(\pi) + \displaystyle\int_{0}^{\pi}\left(1-\frac{\pi}{\pi-x}\right)\sin x\,\mathrm{d}x = \pi\Phi(\pi) + \int_{0}^{\pi}\sin x\,\mathrm{d}x - \pi\int_{0}^{\pi}\frac{\sin x}{\pi-x}\mathrm{d}x$

$\qquad = \pi\Phi(\pi) + 2 - \pi\Phi(\pi) = 2.$

例 5-26 证明推广的积分中值定理: 设函数 $f(x)$ 和 $g(x)$ 在 $[a,b]$ 上连续, 且 $g(x)$ 在 $[a,b]$ 内不变号, 则存在 $\xi\in[a,b]$, 使得 $\displaystyle\int_{a}^{b} f(x)g(x)\mathrm{d}x = f(\xi)\int_{a}^{b} g(x)\mathrm{d}x$.

证: 设 $g(x)\geqslant 0$. 因为 $f(x)$ 在 $[a,b]$ 上连续, 所以 $f(x)$ 在 $[a,b]$ 上连续有最大值 M 和最小值 m. 于是 $mg(x)\leqslant f(x)g(x)\leqslant Mg(x)$. 从而 $m\displaystyle\int_{a}^{b} g(x)\mathrm{d}x \leqslant \int_{a}^{b} f(x)g(x)\mathrm{d}x \leqslant M\int_{a}^{b} g(x)\mathrm{d}x$.

如果 $\displaystyle\int_{a}^{b} g(x)\mathrm{d}x = 0$, 则结论显然成立. 否则, $\displaystyle\int_{a}^{b} g(x)\mathrm{d}x > 0$. 那么 $m \leqslant \dfrac{\displaystyle\int_{a}^{b} f(x)g(x)\mathrm{d}x}{\displaystyle\int_{a}^{b} g(x)\mathrm{d}x}$

$\leqslant M$. 由介值定理, 存在 $\xi\in[a,b]$, 使得 $f(\xi) = \dfrac{\displaystyle\int_{a}^{b} f(x)g(x)\mathrm{d}x}{\displaystyle\int_{a}^{b} g(x)\mathrm{d}x}$, 即 $\displaystyle\int_{a}^{b} f(x)g(x)\mathrm{d}x = $

$f(\xi)\displaystyle\int_{a}^{b} g(x)\mathrm{d}x$.

当 $g(x)\leqslant 0$ 时, 同理可证结论成立.

例 5-27 设 $f(x)$ 连续, $\varphi(x)=\displaystyle\int_{0}^{x^2} xf(t)\mathrm{d}t$. 若 $\varphi(1)=1, \varphi'(1)=5$, 则 $f(1)=$ _____.

解：由题设，$\varphi(1) = \int_0^1 f(t)\mathrm{d}t = 1.\ \varphi(x) = x\int_0^{x^2} f(t)\mathrm{d}t.\ \varphi'(x) = \int_0^{x^2} f(t)\mathrm{d}t +$

$2x^2 f(x^2),\varphi'(1) = \int_0^1 f(t)\mathrm{d}t + 2f(1)$，即有 $5 = 1 + 2f(1),f(1) = 2.$

例 5-28　（1）设 $f(x) = \int_1^x \mathrm{e}^{-t^2}\mathrm{d}t$，求 $\int_0^1 x^2 f(x)\mathrm{d}x$；

（2）设 $f(x) = \int_0^{1-x} \mathrm{e}^{2y-y^2}\mathrm{d}y$，求 $\int_0^1 f(x)\mathrm{d}x.$

解：（1）$\int_0^1 x^2 f(x)\mathrm{d}x = \frac{1}{3}\int_0^1 f(x)\mathrm{d}x^3 = \left[\frac{1}{3}x^3 f(x)\right]_0^1 - \frac{1}{3}\int_0^1 x^3 f'(x)\mathrm{d}x$

$$= -\frac{1}{3}\int_0^1 x^3 \mathrm{e}^{-x^2}\mathrm{d}x = -\frac{1}{6}\int_0^1 x^2 \mathrm{e}^{-x^2}\mathrm{d}x^2 \xlongequal{u=x^2} -\frac{1}{6}\int_0^1 u\mathrm{e}^{-u}\mathrm{d}u = \frac{1}{3\mathrm{e}} - \frac{1}{6}.$$

（2）$f'(x) = -\mathrm{e}^{2(1-x)-(1-x)^2} = -\mathrm{e}^{1-x^2}.$

$$\int_0^1 f(x)\mathrm{d}x = xf(x)\Big|_0^1 - \int_0^1 xf'(x)\mathrm{d}x = \int_0^1 x\mathrm{e}^{1-x^2}\mathrm{d}x = -\frac{1}{2}\int_0^1 \mathrm{e}^{1-x^2}\mathrm{d}(1-x^2)$$

$$= -\frac{1}{2}\mathrm{e}^{1-x^2}\Big|_0^1 = \frac{1}{2}(\mathrm{e}-1).$$

例 5-29　设函数 $f(x)$ 在区间 $[0,a]$ 上有连续导数，且 $0 \leqslant f(x) \leqslant a$，如图 5-6 所示，则定积分 $\int_0^a xf'(x)\mathrm{d}x$ 在几何上表示（　　）.

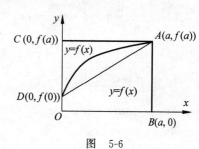

图　5-6

（A）曲边梯形 $ABOD$ 的面积

（B）梯形 $ABOD$ 的面积

（C）曲边三角形 ACD 的面积

（D）三角形 ACD 的面积

解：$\int_0^a xf'(x)\mathrm{d}x = xf(x)\Big|_0^a - \int_0^a f(x)\mathrm{d}x = af(a) - \int_0^a f(x)\mathrm{d}x.$

$af(a)$ 表示矩形 $OBAC$ 的面积，$\int_0^a f(x)\mathrm{d}x$ 表示曲边梯形 $ABOD$ 的面积，故 $\int_0^a xf'(x)\mathrm{d}x$ 表示曲边三角形 ACD 的面积.因而应选（C）.

例 5-30　设函数 $f(x) = \int_{-1}^x \sqrt{1-\mathrm{e}^t}\,\mathrm{d}t$，则 $y = f(x)$ 的反函数 $x = f^{-1}(y)$ 在 $y=0$ 处的导数 $\dfrac{\mathrm{d}x}{\mathrm{d}y}\Big|_{y=0} = \underline{\hspace{2cm}}.$

解：$y=0$ 对应于 $x = -1.\ f'(x) = \sqrt{1-\mathrm{e}^x}.$

$$\frac{\mathrm{d}x}{\mathrm{d}y}\Big|_{y=0} = \frac{1}{\dfrac{\mathrm{d}y}{\mathrm{d}x}\Big|_{x=-1}} = \frac{1}{f'(-1)} = \frac{1}{\sqrt{1-\mathrm{e}^{-1}}} = \sqrt{\frac{\mathrm{e}}{\mathrm{e}-1}}.$$

例 5-31　设 $f(x)$ 是 $\left[0,\dfrac{\pi}{4}\right]$ 上的单调、可导函数，且满足 $\int_0^{f(x)} f^{-1}(t)\mathrm{d}t = \int_0^x t\dfrac{\cos t - \sin t}{\sin t + \cos t}\mathrm{d}t$，其中 f^{-1} 是 f 的反函数，求 $f(x).$

解：由所给积分方程，有 $\int_0^{f(0)} f^{-1}(t)\mathrm{d}t = 0$. 从而有 $f(0) = 0$. 将所给积分方程两边求导，

得 $f^{-1}[f(x)]f'(x) = x\dfrac{\cos x - \sin x}{\sin x + \cos x}$. 即 $xf'(x) = x\dfrac{\cos x - \sin x}{\sin x + \cos x}$，$f'(x) = \dfrac{\cos x - \sin x}{\sin x + \cos x}$.

$$f(x) = \int \frac{\cos x - \sin x}{\sin x + \cos x}\mathrm{d}x = \int \frac{\mathrm{d}(\sin x + \cos x)}{\sin x + \cos x} = \ln(\sin x + \cos x) + C.$$

因为 $f(0) = 0$，所以 $C = 0$. 于是 $f(x) = \ln(\sin x + \cos x)$.

习　题　5

1. 设函数 $f(x)$ 在 $(-a, a)$ 内连续，$F(x) = \int_0^x f(t)\mathrm{d}t$，证明：若 $f(x)$ 是 $(-a, a)$ 内的偶函数，则 $F(x)$ 是 $(-a, a)$ 内的奇函数；若 $f(x)$ 是 $(-a, a)$ 内的奇函数，则 $F(x)$ 是 $(-a, a)$ 内的偶函数.

2. 证明：(1) $\int_a^b f(x)\mathrm{d}x = \int_a^b f(a + b - x)\mathrm{d}x$，其中 $f(x)$ 在 $[a, b]$ 上连续；

(2) $\int_x^1 \dfrac{\mathrm{d}t}{1 + t^2} = \int_1^{\frac{1}{x}} \dfrac{\mathrm{d}t}{1 + t^2}$，$x > 0$；

(3) $\int_0^1 x^\alpha (1 - x)^\beta \mathrm{d}x = \int_0^1 (1 - x)^\alpha x^\beta \mathrm{d}x$，$\alpha, \beta > 0$.

3. 求下列定积分：

(1) $\int_0^{2\pi} |\sin x|\,\mathrm{d}x$；

(2) $\int_0^2 f(x)\mathrm{d}x$，其中 $f(x) = \begin{cases} x + 1, & x \leqslant 1 \\ \dfrac{x^2}{2}, & x > 1 \end{cases}$；

(3) 设 $f(x) = \begin{cases} x^2, & x \in [0, 1] \\ x, & x \in [1, 2] \end{cases}$，求 $\Phi(x) = \int_0^x f(x)\mathrm{d}x$ 在 $[0, 2]$ 上的表达式.

(4) 设 $f(x) = \begin{cases} \dfrac{1}{2}\sin x, & x \in [0, \pi] \\ 0, & x \notin [0, \pi] \end{cases}$，求 $\Phi(x) = \int_0^x f(x)\mathrm{d}x$ 在 $(-\infty, +\infty)$ 内的表达式.

4. 设 $f(x)$ 在 $[0, 1]$ 上连续，且 $\int_0^{\frac{\pi}{2}} f(\cos x)\mathrm{d}x = 1$，则 $\int_0^{2\pi} f(|\cos x|)\mathrm{d}x = $ _____.

5. 设 n 为自然数，证明 $\int_0^{2\pi} \cos^n x\,\mathrm{d}x = \int_0^{2\pi} \sin^n x\,\mathrm{d}x = \begin{cases} 0, & n\ 为奇数 \\ 4\int_0^{\frac{\pi}{2}} \sin^n x\,\mathrm{d}x, & n\ 为偶数 \end{cases}$.

6. 设 $f(x)$ 在 $[0, 1]$ 上有二阶连续导数，且 $f(0) = f(1) = 1$，$\int_0^1 f(x)\mathrm{d}x = 2$，求 $\int_0^1 f''(x)x(1 - x)\mathrm{d}x$.

7. 求下列定积分：

(1) $\int_0^{\sqrt{2}} \sqrt{2-x^2}\,\mathrm{d}x$ ；

(2) $\int_{-\sqrt{2}}^{\sqrt{2}} \sqrt{8-2x^2}\,\mathrm{d}x$ ；

(3) $\int_{\frac{1}{\sqrt{2}}}^{1} \dfrac{\sqrt{1-x^2}}{x^2}\,\mathrm{d}x$ ；

(4) $\int_1^4 \dfrac{\mathrm{d}x}{1+\sqrt{x}}$ ；

(5) $\int_0^{\pi} \sqrt{1+\cos 2x}\,\mathrm{d}x$ ；

(6) $\int_0^1 x\,\mathrm{e}^{-x}\,\mathrm{d}x$ ；

(7) $\int_1^{\mathrm{e}} x\ln x\,\mathrm{d}x$ ；

(8) $\int_0^1 x\arctan x\,\mathrm{d}x$ ；

(9) $\int_{\frac{\pi}{4}}^{\frac{\pi}{3}} \dfrac{x}{\sin^2 x}\,\mathrm{d}x$ ；

(10) $\int_{\frac{1}{\mathrm{e}}}^{\mathrm{e}} |\ln x|\,\mathrm{d}x$ ；

(11) $\int_0^{\pi} (x\sin x)^2\,\mathrm{d}x$ ；

(12) $\int_1^{\mathrm{e}} \sin(\ln x)\,\mathrm{d}x$ ；

(13) $\int_0^{\pi^2} \sqrt{x}\cos\sqrt{x}\,\mathrm{d}x$ ；

(14) $\int_0^1 \dfrac{x^2\arcsin x}{\sqrt{1-x^2}}\,\mathrm{d}x$.

8. 求下列定积分：

(1) $\int_{-1}^1 (x^3+|x|)\sqrt{1-x^2}\,\mathrm{d}x$ ；

(2) $\int_{-1}^1 \ln(x+\sqrt{1+x^2})\,\mathrm{d}x$ ；

(3) $\int_{-\frac{\pi}{2}}^{\frac{\pi}{2}} \left(\dfrac{\sin x}{1+\cos x}+\cos x\right)\mathrm{d}x$.

9. 设 $I = \int_0^{\frac{\pi}{4}} \ln\sin x\,\mathrm{d}x$ ，$J = \int_0^{\frac{\pi}{4}} \ln\cot x\,\mathrm{d}x$ ，$K = \int_0^{\frac{\pi}{4}} \ln\cos x\,\mathrm{d}x$ ，则 I,J,K 的大小关系是（　　）.

(A) $I<J<K$ 　　　　(B) $I<K<J$ 　　　(C) $J<I<K$ 　　　(D) $K<J<I$

10. 求下列变限积分的导数：

(1) $\dfrac{\mathrm{d}}{\mathrm{d}x}\int_0^{\sin x} \mathrm{e}^{t^2}\,\mathrm{d}t$ ；

(2) $\dfrac{\mathrm{d}}{\mathrm{d}x}\int_{x^2}^{x^3} \sqrt{1+t^4}\,\mathrm{d}t$ ；

(3) $\dfrac{\mathrm{d}}{\mathrm{d}x}\int_{\sin x}^{\cos x} \cos(\pi t^2)\,\mathrm{d}t$ ；

(4) $\dfrac{\mathrm{d}}{\mathrm{d}x}\int_a^b \dfrac{\mathrm{d}x}{\sqrt{1+x^4}}$.

多元函数的导数与微分运算

【知识要点】

1. 偏导数

多元函数有多个自变量.如果只有一个自变量变化而其他自变量不变,那么这个多元函数就变成了一元函数.这个一元函数的导数就是它作为多元函数的偏导数.

2. 全微分公式

若函数 $z = f(x, y)$ 可微,则全微分 $dz = f_x(x, y)\Delta x + f_y(x, y)\Delta y = \dfrac{\partial z}{\partial x}dx + \dfrac{\partial z}{\partial y}dy$.

3. 链式法则

如果函数 $u = \varphi(t)$ 及 $v = \psi(t)$ 都在点 t 可导,函数 $z = f(u, v)$ 在对应点 (u, v) 具有连续偏导数,则复合函数 $z = f[\varphi(t), \psi(t)]$ 在对应点 t 可导,且

$$\frac{dz}{dt} = \frac{\partial z}{\partial u}\frac{du}{dt} + \frac{\partial z}{\partial v}\frac{dv}{dt} \quad \text{(全导数)}$$

设函数 $u = u(x, y)$ 和 $v = v(x, y)$ 在点 (x, y) 具有偏导数,函数 $z = f(u, v)$ 在对应点 (u, v) 具有连续偏导数,则复合函数 $z = f[u(x, y), v(x, y)]$ 在点 (x, y) 具有偏导数,且

$$\frac{\partial z}{\partial x} = \frac{\partial z}{\partial u}\frac{\partial u}{\partial x} + \frac{\partial z}{\partial v}\frac{\partial v}{\partial x}, \quad \frac{\partial z}{\partial y} = \frac{\partial z}{\partial u}\frac{\partial u}{\partial y} + \frac{\partial z}{\partial v}\frac{\partial v}{\partial y}.$$

其他类型的多元复合函数的偏导数公式类似.

4. 高阶偏导数

$$\frac{\partial^2 z}{\partial x^2} = \frac{\partial}{\partial x}\left(\frac{\partial z}{\partial x}\right), \quad \frac{\partial^2 z}{\partial x \partial y} = \frac{\partial}{\partial y}\left(\frac{\partial z}{\partial x}\right), \quad \frac{\partial^2 z}{\partial y^2} = \frac{\partial}{\partial y}\left(\frac{\partial z}{\partial y}\right), \quad \frac{\partial^3 z}{\partial x^2 \partial y} = \frac{\partial}{\partial y}\left(\frac{\partial^2 z}{\partial x^2}\right).$$

对二元函数 $f(u, v)$,为书写方便,记

$$f_1' = f_u(u, v), \quad f_2' = f_v(u, v),$$

$$f_{11}'' = f_{uu}(u, v), \quad f_{12}'' = f_{uv}(u, v), \quad f_{21}'' = f_{vu}(u, v), \quad f_{22}'' = f_{vv}(u, v).$$

定理 如果函数 $f(u, v)$ 的两个二阶混合偏导数 $f_{12}''(x, y)$ 和 $f_{21}''(x, y)$ 在区域 D 内连续,则 $f_{12}''(x, y) = f_{21}''(x, y)$.

5. 全微分形式的不变性

设函数 $u = u(x, y)$ 和 $v = v(x, y)$ 在点 (x, y) 具有连续偏导数,函数 $z = f(u, v)$ 在对应点 (u, v) 具有连续偏导数,则 $dz = \dfrac{\partial z}{\partial u}du + \dfrac{\partial z}{\partial v}dv = \dfrac{\partial z}{\partial x}dx + \dfrac{\partial z}{\partial y}dy$(微分形式的不变性).

6. 由函数方程确定的隐函数的导数

$$F(x,y)=0 \Rightarrow dF(x,y)=F_x dx+F_y dy=0 \Rightarrow F_x+F_y\frac{dy}{dx}=0 \Rightarrow \frac{dy}{dx}=-\frac{F_x}{F_y}.$$

$$F(x,y,z)=0 \Rightarrow \frac{\partial z}{\partial x}=-\frac{F_x}{F_z}, \quad \frac{\partial z}{\partial y}=-\frac{F_y}{F_z}.$$

7. 方向导数与梯度

设向量 $\vec{l}$ 在 xOy 平面上,且与 x 轴正向的夹角为 θ,函数 $z=f(x,y)$ 可微,$\Delta x=\rho\cos\theta$,$\Delta y=\rho\sin\theta$. 则 $f(x,y)$ 沿方向 $\vec{l}$ 的方向导数为

$$\frac{\partial f}{\partial l}=\lim_{\rho\to 0}\frac{f(x+\Delta x,y+\Delta y)-f(x,y)}{\rho} \quad (\rho=\sqrt{(\Delta x)^2+(\Delta y)^2})$$

$$=\lim_{\rho\to 0}\frac{\frac{\partial f}{\partial x}\Delta x+\frac{\partial f}{\partial y}\Delta y+o(\rho)}{\rho}=\lim_{\rho\to 0}\left(\frac{\partial f}{\partial x}\frac{\Delta x}{\rho}+\frac{\partial f}{\partial y}\frac{\Delta y}{\rho}\right)=\frac{\partial f}{\partial x}\cos\theta+\frac{\partial f}{\partial y}\sin\theta$$

$$=\left(\frac{\partial f}{\partial x},\frac{\partial f}{\partial y}\right)\cdot(\cos\theta,\sin\theta)=\left(\frac{\partial f}{\partial x},\frac{\partial f}{\partial y}\right)\cdot\frac{\vec{l}}{|\vec{l}|}=\left(\frac{\partial f}{\partial x},\frac{\partial f}{\partial y}\right)\cdot\vec{l}^{\,\circ},$$

其中 $\vec{l}^{\,\circ}=(\cos\theta,\sin\theta)=\dfrac{\vec{l}}{|\vec{l}|}$ 是与 $\vec{l}$ 同向的单位向量.

函数 $f(x,y)$ 的梯度：$\nabla f(x,y)=\text{grad}f(x,y)=\left(\dfrac{\partial f}{\partial x},\dfrac{\partial f}{\partial y}\right)$.

方向导数与梯度的关系：$\dfrac{\partial f}{\partial l}=\text{grad}f(x,y)\cdot\vec{l}^{\,\circ}$.

由 $\dfrac{\partial f}{\partial l}=\text{grad}f(x,y)\cdot\vec{l}^{\,\circ}=|\text{grad}f(x,y)|\,|\vec{l}^{\,\circ}|\cos\varphi$ [其中 φ 为 $\text{grad}f(x,y)$ 与 $\vec{l}^{\,\circ}$ 之间的夹角]可知,当 $\varphi=0$ 时 $\dfrac{\partial f}{\partial l}$ 最大,当 $\varphi=\pi$ 时 $\dfrac{\partial f}{\partial l}$ 最小. 即函数沿梯度方向增加最快,沿负梯度方向减少最快.

易知,函数 $f(x,y)$ 沿 x 轴正向的方向导数为 $\dfrac{\partial f}{\partial l}=\left(\dfrac{\partial f}{\partial x},\dfrac{\partial f}{\partial y}\right)\cdot(1,0)=\dfrac{\partial f}{\partial x}$；

函数 $f(x,y)$ 沿 x 轴负向的方向导数为 $\dfrac{\partial f}{\partial l}=\left(\dfrac{\partial f}{\partial x},\dfrac{\partial f}{\partial y}\right)\cdot(-1,0)=-\dfrac{\partial f}{\partial x}$；

函数 $f(x,y)$ 沿 y 轴正向的方向导数为 $\dfrac{\partial f}{\partial l}=\left(\dfrac{\partial f}{\partial x},\dfrac{\partial f}{\partial y}\right)\cdot(0,1)=\dfrac{\partial f}{\partial y}$；

函数 $f(x,y)$ 沿 y 轴负向的方向导数为 $\dfrac{\partial f}{\partial l}=\left(\dfrac{\partial f}{\partial x},\dfrac{\partial f}{\partial y}\right)\cdot(0,-1)=-\dfrac{\partial f}{\partial y}$.

函数的梯度和方向导数可以推广到三元及三元以上的函数,如：

函数 $f(x,y,z)$ 的梯度为 $\text{grad}f(x,y,z)=\left(\dfrac{\partial f}{\partial x},\dfrac{\partial f}{\partial y},\dfrac{\partial f}{\partial z}\right)$；函数 $f(x,y,z)$ 沿方向 $\vec{l}$

的方向导数为 $\dfrac{\partial f}{\partial l}=\text{grad}f(x,y,z)\cdot\vec{l}^{\,\circ}=\left(\dfrac{\partial f}{\partial x},\dfrac{\partial f}{\partial y},\dfrac{\partial f}{\partial z}\right)\cdot\vec{l}^{\,\circ}$（$\vec{l}^{\,\circ}$ 是与 $\vec{l}$ 同向的单位向量）.

【例题】

例 6-1 设 $z = f(x+y, xy)$ 具有二阶连续偏导数，求 $\dfrac{\partial z}{\partial x}$，$\dfrac{\partial^2 z}{\partial x \partial y}$.

解：设 $u = x+y$，$v = xy$，则 $z = f(u, v)$. 记 $f_1' = f_u(u, v)$，$f_2' = f_v(u, v)$，则

$$\frac{\partial z}{\partial x} = f_1' + y f_2', \quad \frac{\partial^2 z}{\partial x \partial y} = \frac{\partial}{\partial y}(f_1' + y f_2') = \frac{\partial f_1'}{\partial y} + f_2' + y \frac{\partial f_2'}{\partial y},$$

$$\frac{\partial f_1'}{\partial y} = \frac{\partial f_1'}{\partial u} \frac{\partial u}{\partial y} + \frac{\partial f_1'}{\partial v} \frac{\partial v}{\partial y} = f_{11}'' + x f_{12}''; \quad \frac{\partial f_2'}{\partial y} = \frac{\partial f_2'}{\partial u} \frac{\partial u}{\partial y} + \frac{\partial f_2'}{\partial v} \frac{\partial v}{\partial y} = f_{21}'' + x f_{22}''.$$

于是 $\dfrac{\partial^2 z}{\partial x \partial y} = f_{11}'' + x f_{12}'' + f_2' + y(f_{21}'' + x f_{22}'').$

因为 f 具有二阶连续偏导数，所以 $f_{12}'' = f_{21}''$，$\dfrac{\partial^2 z}{\partial x \partial y} = f_{11}'' + (x+y) f_{12}'' + xy f_{22}'' + f_2'.$

例 6-2 设 $z = f(x, xy)$ 具有二阶连续偏导数，求 $\dfrac{\partial z}{\partial x}$，$\dfrac{\partial z}{\partial y}$.

解：$\dfrac{\partial z}{\partial x} = f_1' + y f_2'$，$\dfrac{\partial z}{\partial y} = x f_2'$. $\left(注意 f_1' = \dfrac{\partial f}{\partial u}，\dfrac{\partial z}{\partial x} \neq f_1'.\right)$

例 6-3 已知 $\ln \sqrt{x^2 + y^2} = \arctan \dfrac{y}{x}$，求 $\dfrac{\mathrm{d} y}{\mathrm{d} x}$.

解法 1：$\ln \sqrt{x^2 + y^2} = \arctan \dfrac{y}{x}$ 可化为 $\dfrac{1}{2} \ln(x^2 + y^2) = \arctan \dfrac{y}{x}$.

令 $F(x, y) = \ln \sqrt{x^2 + y^2} - \arctan \dfrac{y}{x}$，则 $F(x, y) = 0$.

$$F_x(x, y) = \frac{x+y}{x^2 + y^2}, \quad F_y(x, y) = \frac{y-x}{x^2 + y^2}, \quad \frac{\mathrm{d} y}{\mathrm{d} x} = -\frac{F_x}{F_y} = \frac{x+y}{x-y}.$$

解法 2：对方程两边求全微分，得 $\dfrac{x \,\mathrm{d} x + y \,\mathrm{d} y}{x^2 + y^2} = \dfrac{\dfrac{x \,\mathrm{d} y - y \,\mathrm{d} x}{x^2}}{1 + \left(\dfrac{y}{x}\right)^2}$. 整理，得 $\dfrac{\mathrm{d} y}{\mathrm{d} x} = \dfrac{x+y}{x-y}$.

解法 3：方程两边求对 x 的导数，$\dfrac{1}{2(x^2 + y^2)} \dfrac{\mathrm{d}(x^2 + y^2)}{\mathrm{d} x} = \dfrac{\dfrac{\mathrm{d}}{\mathrm{d} x}\left(\dfrac{y}{x}\right)}{1 + \left(\dfrac{y}{x}\right)^2}$，

$$\frac{1}{2(x^2 + y^2)}\left(2x + 2y \frac{\mathrm{d} y}{\mathrm{d} x}\right) = \frac{1}{1 + \left(\dfrac{y}{x}\right)^2} \cdot \frac{x \dfrac{\mathrm{d} y}{\mathrm{d} x} - y}{x^2}, \text{整理，得} \frac{\mathrm{d} y}{\mathrm{d} x} = \frac{x+y}{x-y}.$$

例 6-4 求由方程 $x - y + \dfrac{1}{2} \sin y = 0$ 所确定的隐函数的二阶导数 $\dfrac{\mathrm{d}^2 y}{\mathrm{d} x^2}$.

解：$\dfrac{\mathrm{d}}{\mathrm{d} x}\left(x - y + \dfrac{1}{2} \sin y\right) = 0.$ $1 - \dfrac{\mathrm{d} y}{\mathrm{d} x} + \dfrac{1}{2} \cos y \cdot \dfrac{\mathrm{d} y}{\mathrm{d} x} = 0.$ $\dfrac{\mathrm{d} y}{\mathrm{d} x} = \dfrac{2}{2 - \cos y}.$

$$\frac{\mathrm{d}^2 y}{\mathrm{d}x^2} = \frac{\mathrm{d}}{\mathrm{d}x}\left(\frac{2}{2-\cos y}\right) = -\frac{2\dfrac{\mathrm{d}}{\mathrm{d}x}(2-\cos y)}{(2-\cos y)^2} = -\frac{2\dfrac{\mathrm{d}}{\mathrm{d}y}(2-\cos y)\cdot\dfrac{\mathrm{d}y}{\mathrm{d}x}}{(2-\cos y)^2}$$

$$= -\frac{2\sin y\cdot\dfrac{\mathrm{d}y}{\mathrm{d}x}}{(2-\cos y)^2} = -\frac{2\sin y}{(2-\cos y)^2}\cdot\frac{2}{2-\cos y} = -\frac{4\sin y}{(2-\cos y)^3}.$$

例 6-5　设函数 $z=z(x,y)$ 由 $x^2+y^2+z^2-4z=0$ 确定,求 $\dfrac{\partial^2 z}{\partial x^2}$.

解：令 $F(x,y,z)=x^2+y^2+z^2-4z$,则 $F(x,y,z)=0$.

$$F_x=2x,\quad F_z=2z-4,\quad \frac{\partial z}{\partial x}=-\frac{F_x}{F_z}=\frac{x}{2-z},$$

$$\frac{\partial^2 z}{\partial x^2}=\frac{\partial}{\partial x}\left(\frac{\partial z}{\partial x}\right)=\frac{\partial}{\partial x}\left(\frac{x}{2-z}\right)=\frac{(2-z)+x\dfrac{\partial z}{\partial x}}{(2-z)^2}=\frac{(2-z)+x\cdot\dfrac{x}{2-z}}{(2-z)^2}=\frac{(2-z)^2+x^2}{(2-z)^3}.$$

例 6-6　设 $\begin{cases} x^2+y^2+z^2=6 \\ x+y+z=0 \end{cases}$,求 $\dfrac{\mathrm{d}y}{\mathrm{d}x},\dfrac{\mathrm{d}z}{\mathrm{d}x}$.

解：由方程组可以确定函数 $y=y(x),z=z(x)$.每个方程两边求对 x 的导数,有

$$\begin{cases} 2x+2y\dfrac{\mathrm{d}y}{\mathrm{d}x}+2z\dfrac{\mathrm{d}z}{\mathrm{d}x}=0 \\ 1+\dfrac{\mathrm{d}y}{\mathrm{d}x}+\dfrac{\mathrm{d}z}{\mathrm{d}x}=0 \end{cases}.\text{解之,得}\frac{\mathrm{d}y}{\mathrm{d}x}=\frac{z-x}{y-z},\quad \frac{\mathrm{d}z}{\mathrm{d}x}=\frac{x-y}{y-z}.$$

例 6-7　设可导函数 $y=y(x)$ 由方程 $\displaystyle\int_0^{x+y}\mathrm{e}^{-t^2}\mathrm{d}t=\int_0^x x\sin t^2\mathrm{d}t$ 确定,求 $\dfrac{\mathrm{d}y}{\mathrm{d}x}\bigg|_{x=0}$.

解：所给方程可化为 $\displaystyle\int_0^{x+y}\mathrm{e}^{-t^2}\mathrm{d}t=x\int_0^x\sin t^2\mathrm{d}t$.令 $x=0$,得 $\displaystyle\int_0^y\mathrm{e}^{-t^2}\mathrm{d}t=0$.因为 $\mathrm{e}^{-t^2}>0$,所以 $y=0$.

方程两边求对变量 x 的导数,得 $\mathrm{e}^{-(x+y)^2}\left(1+\dfrac{\mathrm{d}y}{\mathrm{d}x}\right)=\displaystyle\int_0^x\sin t^2\mathrm{d}t+x\sin x^2$.令 $x=0$,得 $\dfrac{\mathrm{d}y}{\mathrm{d}x}\bigg|_{x=0}=-1$.

例 6-8　设函数 $y=y(x)$ 由 $\begin{cases} x=t+\cos t \\ \mathrm{e}^y+ty+\sin t=1 \end{cases}$ 确定,求 $\dfrac{\mathrm{d}y}{\mathrm{d}x}\bigg|_{t=0}$.

解：将方程 $\mathrm{e}^y+ty+\sin t=1$ 两边求对 t 的导数,有 $\mathrm{e}^y\dfrac{\mathrm{d}y}{\mathrm{d}t}+y+t\dfrac{\mathrm{d}y}{\mathrm{d}t}+\cos t=0$.

$$\frac{\mathrm{d}y}{\mathrm{d}t}=-\frac{y+\cos t}{\mathrm{e}^y+t}.$$

于是 $\dfrac{\mathrm{d}y}{\mathrm{d}x}=\dfrac{\dfrac{\mathrm{d}y}{\mathrm{d}t}}{\dfrac{\mathrm{d}x}{\mathrm{d}t}}=\dfrac{-\dfrac{y+\cos t}{\mathrm{e}^y+t}}{1-\sin t}=-\dfrac{y+\cos t}{(1-\sin t)(\mathrm{e}^y+t)}$.$t=0$ 时,$x=1,y=0$.于是 $\dfrac{\mathrm{d}y}{\mathrm{d}x}\bigg|_{t=0}=-1$.

例 6-9　(取对数求导法)求 $y=\sqrt{\dfrac{(x-1)(x-2)}{(x-3)(x-4)}}$ 的导数.

解：当 $x>4$ 时，$\ln y=\frac{1}{2}\left[\ln(x-1)+\ln(x-2)-\ln(x-3)-\ln(x-4)\right]$. 两边求对 x 的导数，

$$\frac{1}{y}\frac{\mathrm{d}y}{\mathrm{d}x}=\frac{1}{2}\left(\frac{1}{x-1}+\frac{1}{x-2}-\frac{1}{x-3}-\frac{1}{x-4}\right).$$

$$\frac{\mathrm{d}y}{\mathrm{d}x}=\frac{1}{2}\sqrt{\frac{(x-1)(x-2)}{(x-3)(x-4)}}\left(\frac{1}{x-1}+\frac{1}{x-2}-\frac{1}{x-3}-\frac{1}{x-4}\right).$$

注：因为函数是初等函数，其导函数在定义域内只有一种形式，故在其他定义区间内的导函数形式同上. 因而取对数时可不讨论 x 的取值范围.

例 6-10 （取对数求导法）设 $y=\sqrt[x]{x}\,(x>0)$，求 $\mathrm{d}y\big|_{x=1}$.

解：对 $y=\sqrt[x]{x}$ 两边取对数，得 $\ln y=\dfrac{\ln x}{x}$. 两边求对 x 的导数，$\dfrac{1}{y}\dfrac{\mathrm{d}y}{\mathrm{d}x}=\dfrac{1-\ln x}{x^2}$，令 $x=1$，得 $\dfrac{\mathrm{d}y}{\mathrm{d}x}\Big|_{x=1}=1$.

注：对数函数能够将乘积、商化为和差，将幂指函数化为乘积，这样的话，求导运算就变得简单了.

例 6-11 设 $f(x,y)=x^2+(y-1)\arcsin\sqrt{\dfrac{y}{x}}$，则 $f'_x(2,1)=$ _____.

解：$f(x,1)=x^2$，$f'_x(x,1)=2x$，$f'_x(2,1)=4$.

例 6-12 设函数 $f(u,v)$ 满足 $f\left(x+y,\dfrac{y}{x}\right)=x^2-y^2$，求 $\dfrac{\partial f}{\partial u}\Big|_{\substack{u=1\\v=1}}$ 与 $\dfrac{\partial f}{\partial v}\Big|_{\substack{u=1\\v=1}}$.

解：令 $u=x+y$，$v=\dfrac{y}{x}$，则 $x=\dfrac{u}{1+v}$，$y=\dfrac{uv}{1+v}$. 于是

$$f(u,v)=\left(\frac{u}{1+v}\right)^2-\left(\frac{uv}{1+v}\right)^2=\frac{u^2(1-v^2)}{(1+v)^2}.$$

$f(u,1)=0$，$\dfrac{\partial f}{\partial v}\Big|_{\substack{u=1\\v=1}}=0$. $f(1,v)=\dfrac{1-v^2}{(1+v)^2}=\dfrac{1-v}{1+v}$，$\dfrac{\partial f}{\partial v}=\dfrac{-2}{(1+v)^2}$，$\dfrac{\partial f}{\partial v}\Big|_{\substack{u=1\\v=1}}=-\dfrac{1}{2}$.

例 6-13 设 $z=z(x,y)$ 由 $\mathrm{e}^{x+2y+3z}+xyz=1$ 确定，求 $\mathrm{d}z\big|_{(0,0)}$.

解法 1：令 $y=0$，则 $\mathrm{e}^{x+3z}=1$. $x+3z=0$. $z=-\dfrac{1}{3}x$. $\dfrac{\partial z}{\partial x}\Big|_{(x,0)}=-\dfrac{1}{3}$. $\dfrac{\partial z}{\partial x}\Big|_{(0,0)}=-\dfrac{1}{3}$.

令 $x=0$，则 $\mathrm{e}^{2y+3z}=1$. $2y+3z=0$. $z=-\dfrac{2}{3}y$. $\dfrac{\partial z}{\partial y}\Big|_{(0,y)}=-\dfrac{2}{3}$. $\dfrac{\partial z}{\partial y}\Big|_{(0,0)}=-\dfrac{2}{3}$.

$\mathrm{d}z\big|_{(0,0)}=\dfrac{\partial z}{\partial x}\Big|_{(0,0)}\mathrm{d}x+\dfrac{\partial z}{\partial y}\Big|_{(0,0)}\mathrm{d}y=-\dfrac{1}{3}\mathrm{d}x-\dfrac{2}{3}\mathrm{d}y$.

解法 2：对方程 $\mathrm{e}^{x+2y+3z}+xyz=1$ 两边求微分，得

$$\mathrm{e}^{x+2y+3z}(\mathrm{d}x+2\mathrm{d}y+3\mathrm{d}z)+yz\mathrm{d}x+xz\mathrm{d}y+xy\mathrm{d}z=0.$$

当 $x=0$，$y=0$ 时，$z=0$. 代入上式，得 $\mathrm{d}x+2\mathrm{d}y+3\mathrm{d}z=0$. 故 $\mathrm{d}z\big|_{(0,0)}=-\dfrac{1}{3}\mathrm{d}x-\dfrac{2}{3}\mathrm{d}y$.

例 6-14 设 $f(x,y)$ 具有一阶连续偏导数，且有 $f(tx,ty)=t^nf(x,y)$，试证：$x\dfrac{\partial f}{\partial x}+$

$y \dfrac{\partial f}{\partial y} = nf.$

证：令 $u = tx$，$v = ty$，则 $f(u,v) = t^n f\left(\dfrac{u}{t}, \dfrac{v}{t}\right)$. 把 u，v 看作常数，两边对 t 求导数，得

$$0 = nt^{n-1} f\left(\frac{u}{t}, \frac{v}{t}\right) + t^n \left[\frac{\partial f}{\partial x}\left(-\frac{u}{t^2}\right) + \frac{\partial f}{\partial y}\left(-\frac{v}{t^2}\right)\right] = t^{n-1}\left[nf\left(\frac{u}{t}, \frac{v}{t}\right) - \frac{u}{t}\frac{\partial f}{\partial x} - \frac{v}{t}\frac{\partial f}{\partial y}\right]$$

$$= t^{n-1}\left[nf(x,y) - x\frac{\partial f}{\partial x} - y\frac{\partial f}{\partial y}\right]. \text{ 故 } x\frac{\partial f}{\partial x} + y\frac{\partial f}{\partial y} = nf(x,y).$$

例 6-15 设由方程 $F(x-y, y-z, z-x) = 0$ 可确定隐函数 $z = z(x,y)$，求 $\dfrac{\partial z}{\partial x}, \dfrac{\partial z}{\partial y}$.

解：方程两边求对 x 的偏导数，有 $F_1' - \dfrac{\partial z}{\partial x}F_2' + \left(\dfrac{\partial z}{\partial x} - 1\right)F_3' = 0 \Rightarrow \dfrac{\partial z}{\partial x} = \dfrac{F_1' - F_3'}{F_2' - F_3'}.$

方程两边求对 y 的偏导数，有 $-F_1' + \left(1 - \dfrac{\partial z}{\partial y}\right)F_2' + \dfrac{\partial z}{\partial y}F_3' = 0 \Rightarrow \dfrac{\partial z}{\partial y} = \dfrac{F_2' - F_1'}{F_2' - F_3'}.$

例 6-16 设 $f(u)$ 有连续的二阶导数，且 $z = f(\mathrm{e}^x \sin y)$ 满足方程 $\dfrac{\partial^2 z}{\partial x^2} + \dfrac{\partial^2 z}{\partial y^2} = \mathrm{e}^{2x}z$，求 $f(u)$.

解：令 $u = \mathrm{e}^x \sin y$，则 $z = f(u)$，$\dfrac{\partial z}{\partial x} = f'(u)\dfrac{\partial u}{\partial x} = f'(u)\mathrm{e}^x \sin y = f'(u)u$，

$\dfrac{\partial z}{\partial y} = \mathrm{e}^x \cos y f'(u).$

$\dfrac{\partial^2 z}{\partial x^2} = f'(u)\dfrac{\partial u}{\partial x} + uf''(u)\dfrac{\partial u}{\partial x} = uf'(u) + u^2 f''(u), \dfrac{\partial^2 z}{\partial y^2} = -uf'(u) + f''(u)\mathrm{e}^{2x}\cos^2 y.$

$\dfrac{\partial^2 z}{\partial x^2} + \dfrac{\partial^2 z}{\partial y^2} = \mathrm{e}^{2x}f''(u).$ 由题设知，$f''(u) = z.$ 即 $f''(u) = f(u).$ 解之得，$f(u) = C_1 \mathrm{e}^u + C_2 \mathrm{e}^{-u}.$

例 6-17 求函数 $f(x,y) = x^2 + y^2$ 在点 $A(1,2)$ 处的梯度和沿从 $A(1,2)$ 到 $B(2,5)$ 方向的方向导数.

解：$\dfrac{\partial f}{\partial x}\bigg|_{(1,2)} = 2x\big|_{(1,2)} = 2, \dfrac{\partial f}{\partial y}\bigg|_{(1,2)} = |2y|_{(1,2)} = 4, \mathrm{grad}f(1,2) = \left(\dfrac{\partial f}{\partial x}, \dfrac{\partial f}{\partial y}\right)\bigg|_{(1,2)} = (2,4).$

$\vec{l}^{\,\circ} = \overrightarrow{AB} = (1,3).\ \vec{l}^{\,\circ} = \dfrac{\vec{l}^{\,\circ}}{|\vec{l}^{\,\circ}|} = \dfrac{(1,3)}{\sqrt{10}} = \left(\dfrac{1}{\sqrt{10}}, \dfrac{3}{\sqrt{10}}\right).$

$\dfrac{\partial f}{\partial l} = \mathrm{grad}f(1,2) \cdot \vec{l}^{\,\circ} = (2,4)\left(\dfrac{1}{\sqrt{10}}, \dfrac{3}{\sqrt{10}}\right) = \dfrac{14}{\sqrt{10}} = \dfrac{7}{5}\sqrt{10}.$

习 题 6

1. 设 $u = f(x^2 - y^2, \mathrm{e}^{xy})$，求 $\dfrac{\partial u}{\partial x}, \dfrac{\partial u}{\partial y}.$

2. 设 $u = f\left(\dfrac{x}{y}, \dfrac{y}{z}\right)$，求 $\dfrac{\partial u}{\partial x}, \dfrac{\partial u}{\partial y}, \dfrac{\partial u}{\partial z}.$

3. $u = f(x, xy, xyz)$，求 $\dfrac{\partial u}{\partial x}, \dfrac{\partial u}{\partial y}, \dfrac{\partial u}{\partial z}$.

4. 设 $z = xy + xF(u)$，而 $u = \dfrac{y}{x}$，$F(u)$ 为可导函数，证明 $x\dfrac{\partial z}{\partial x} + y\dfrac{\partial z}{\partial y} = z + xy$.

5. 设 $z = \dfrac{y}{f(x^2 - y^2)}$，其中 $f(u)$ 为可导函数，验证 $\dfrac{1}{x}\dfrac{\partial z}{\partial x} + \dfrac{1}{y}\dfrac{\partial z}{\partial y} = \dfrac{z}{y^2}$.

6. 设 $z = f(x^2 + y^2)$，其中 f 具有二阶导数，求 $\dfrac{\partial^2 z}{\partial x^2}, \dfrac{\partial^2 z}{\partial x \partial y}, \dfrac{\partial^2 z}{\partial y^2}$.

7. 设 $z = f(xy, y)$，求 $\dfrac{\partial^2 z}{\partial x^2}, \dfrac{\partial^2 z}{\partial x \partial y}, \dfrac{\partial^2 z}{\partial y^2}$（其中 f 具有二阶连续偏导数）.

8. 设 $\sin y + e^x - xy^2 = 0$，求 $\dfrac{dy}{dx}$.

9. 设 $y = \tan(x + y)$，求 $\dfrac{d^2 y}{dx^2}$.

10. 设 $y = 1 + xe^y$，求 $\dfrac{d^2 y}{dx^2}$.

11. 设 $\dfrac{x}{z} = \ln\dfrac{z}{y}$，求 $\dfrac{\partial z}{\partial x}, \dfrac{\partial z}{\partial y}$.

12. 设 $e^z = xyz$，求 $\dfrac{\partial^2 z}{\partial x^2}$.

13. 设 $f(u, v)$ 具有二阶连续偏导数，$y = f(e^x, \cos x)$，求 $\dfrac{d^2 y}{dx^2}\bigg|_{x=0}$.

14. 设 $z = (x + e^y)^x$，求 $dz\big|_{(1,0)}$.

15. 设 $z = z(x, y)$ 由 $e^z + xyz + x + \cos x = 2$ 确定，求 $dz\big|_{(0,1)}$.

16. 设函数 $f(u, v)$ 可微，$z = z(x, y)$ 由方程 $(x+1)z - y^2 = x^2 f(x - z, y)$ 确定，求 $dz\big|_{(0,1)}$.

17. 设 $\begin{cases} x + y + z = 0 \\ x^2 + y^2 + z^2 = 1 \end{cases}$，求 $\dfrac{dx}{dz}, \dfrac{dy}{dz}$.

18. 设 $y = \sqrt[5]{\dfrac{x-5}{\sqrt[5]{x^2+2}}}$，求 $\dfrac{dy}{dx}$.

19. 设 $y = \dfrac{\sqrt{x+2}\,(3-x)^4}{(x+1)^5}$，求 $\dfrac{dy}{dx}$.

20. 求函数 $u = \sqrt{x^2 + y^2 + z^2}$ 的梯度和在球面 $x^2 + y^2 + z^2 = a^2$ 上任意点 (x, y, z) 处沿球面在该点处外法线（法向量方向向外）方向的方向导数.

微分中值定理与方程根的问题

【知识要点】

(1) **零点定理** 设函数 $f(x)$ 在闭区间 $[a,b]$ 上连续且 $f(a)f(b)<0$,则至少存在一点 $\xi \in (a,b)$,使得 $f(\xi)=0$.

(2) **介值定理** 设函数 $f(x)$ 在闭区间 $[a,b]$ 上连续,则对于其最大值与最小值之间的任何数 c,至少存在一点 $\xi \in (a,b)$,使得 $f(\xi)=c$.

(3) **费马(Fermat)引理** 可导函数的极值点一定是驻点.

(4) **罗尔(Rolle)定理** 设函数 $f(x)$ 在闭区间 $[a,b]$ 上连续、在开区间 (a,b) 内可导,且 $f(a)=f(b)$,则至少存在一点 $\xi \in (a,b)$,使得 $f'(\xi)=0$.

(5) **拉格朗日(Lagrange)中值定理(微分中值定理)** 设函数 $f(x)$ 在闭区间 $[a,b]$ 上连续、在开区间 (a,b) 内可导,则至少存在一点 $\xi \in (a,b)$,使得

$$f(b)-f(a)=f'(\xi)(b-a).$$

推论 $f'(x)\equiv 0 \Rightarrow f(x)\equiv$ 常数.

(6) **柯西(Cauchy)中值定理** 如果 $f(t)$ 及 $g(t)$ 在闭区间 $[a,b]$ 上连续,在开区间 (a,b) 内可导,且 $g'(t)\neq 0$.则至少存在一点 $\xi \in (a,b)$,使得

$$\frac{f(b)-f(a)}{g(b)-g(a)}=\frac{f'(\xi)}{g'(\xi)}$$

(7) **泰勒(Taylor)中值定理** 设函数 $f(x)$ 在含有 x_0 的某个开区间 (a,b) 内有直到 $n+1$ 阶导数,则有泰勒公式:

$$f(x)=f(x_0)+f'(x_0)(x-x_0)+\frac{f''(x_0)}{2!}(x-x_0)^2+\cdots$$

$$+\frac{f^{(n)}(x_0)}{n!}(x-x_0)^n+R_n(x)$$

其中 $R_n(x)=\dfrac{f^{(n+1)}(\xi)}{(n+1)!}(x-x_0)^{n+1}$($\xi$ 在 x_0 和 x 之间)称为拉格朗日型余项.

若令 $\theta=\dfrac{\xi-x_0}{x-x_0}$,则 $\xi=x_0+\theta(x-x_0)$,$R_n(x)=\dfrac{f^{(n+1)}[x_0+\theta(x-x_0)]}{(n+1)!}(x-x_0)^{n+1}$,$0<\theta<1$.

特别地,$x_0=0$ 时的泰勒公式称为带有拉格朗日型余项的麦克劳林公式

$$f(x)=f(0)+f'(0)x+\frac{f''(0)}{2}x^2+\cdots+\frac{f^{(n)}(0)}{n!}x^n+\frac{f^{(n+1)}(\xi)}{(n+1)!}x^{n+1} \text{(ξ 在 0 与 x 之间)}$$

(8) **积分中值定理** 如果函数 $f(x)$ 在闭区间 $[a,b]$ 上连续,则在开区间 (a,b) 内至少存在一个点 ξ,使得

$$\int_a^b f(x)\mathrm{d}x = f(\xi)(b-a) \quad (a<\xi<b)$$

(9) **方程根的问题**.方程 $f(x)=0$ 在某个区间 I 内有根的等价说法是:在区间 I 内至少存在一点 ξ,使得 $f(\xi)=0$;在区间 I 内至少存在一点 ξ,使得 $f'(\xi)=0$ 的等价说法是:方程 $f'(x)=0$ 在区间 I 内至少有一个根.

判别方程根的存在性常用的定理有:零点定理、介值定理、费马引理、微分中值定理(罗尔定理、拉格朗日中值定理、柯西中值定理及泰勒中值定理)以及积分中值定理等.

下面的导数公式对于证明方程根的存在性是有帮助的:

$$F(x)=f(x)g(x), \quad F'(x)=f'(x)g(x)+f(x)g'(x);$$

$$F(x)=\frac{f(x)}{g(x)}, \quad F'(x)=\frac{f'(x)g(x)-f(x)g'(x)}{[g(x)]^2};$$

$$F(x)=f'(x)g(x)-f(x)g'(x), \quad F'(x)=f''(x)g(x)-f(x)g''(x).$$

另外,设 $P(x)$ 是 $p(x)$ 的一个原函数,令 $F(x)=\mathrm{e}^{P(x)}f(x)$,则

$$F'(x)=\mathrm{e}^{P(x)}f'(x)+\mathrm{e}^{P(x)}p(x)f(x)=\mathrm{e}^{P(x)}[f'(x)+p(x)f(x)]$$

这在讨论含有形式 $f'(x)+p(x)f(x)$ 的方程根的问题时是有用的.

【例题】

例 7-1 证明方程 $x^3-4x^2+1=0$ 在 $(0,1)$ 内有且只有一个实根.

证:令 $f(x)=x^3-4x^2+1$,则 $f(x)$ 在 $[0,1]$ 上连续,又 $f(0)=1>0,f(1)=-2<0$,由零点定理,$\exists \xi \in (0,1)$,使得 $f(\xi)=0$,即 $\xi^3-4\xi^2+1=0$,所以方程 $x^3-4x^2+1=0$ 在 $(0,1)$ 内至少有一个根. 又因为 $f'(x)=x(3x-8)<0(0<x<1)$,即 $f(x)$ 在 $[0,1]$ 上单调减少,所以方程在 $(0,1)$ 内有且只有一个实根.

例 7-2 (1) 设函数 $f(x)$ 在 $[a,b]$ 上连续,证明:对任意的 $p,q>0$,都存在 $\xi \in [a,b]$,使得 $(p+q)f(\xi)=pf(a)+qf(b)$.

(2) 设函数 $f(x)$ 在 $[a,b]$ 上非负、连续,证明:存在 $\xi \in [a,b]$,使得 $f(\xi)=\sqrt{f(a)f(b)}$.

证:(1) 不妨设 $f(a) \leqslant f(b)$.则对任意的 $p,q>0$,$f(a) \leqslant \dfrac{pf(a)+qf(b)}{p+q} \leqslant f(b)$. 由介值定理可知,结论成立.

(2) 不妨设 $f(a) \leqslant f(b)$. 则 $f(a) \leqslant \sqrt{f(a)f(b)} \leqslant f(b)$. 由介值定理可知,结论成立.

例 7-3 设函数 $f(x)$ 在 $[a,b]$ 上连续,$a \leqslant x_1 < x_2 < \cdots < x_n \leqslant b$,$k_1,k_2,\cdots,k_n$ 为任意正实数,证明:在 (a,b) 内至少存在一点 ξ,使得 $f(\xi)=\dfrac{\sum\limits_{i=1}^{n}k_i f(x_i)}{\sum\limits_{i=1}^{n}k_i}$.

证:设 M 和 m 分别为 $f(x)$ 在 $[a,b]$ 上的最大值和最小值,则有 $m \leqslant f(x_i) \leqslant M$,($i=1,2,\cdots,n$). 令 $C=\dfrac{\sum\limits_{i=1}^{n}k_i f(x_i)}{\sum\limits_{i=1}^{n}k_i}$,则 $m \leqslant C \leqslant M$. 由介值定理知,在 (a,b) 内至少存在一点 ξ,

使得 $f(\xi)=C$. 从而命题得证.

注：等式表示 $f(x_i)(i=1,2,\cdots,n)$ 的加权平均值.

例 7-4 设函数 $f(x)$ 在 $[0,2a]$ 上连续，且 $f(0)=f(2a)$，证明：在 $[0,a]$ 内至少存在一点 ξ，使得 $f(\xi)=f(\xi+a)$.

证：令 $F(x)=f(x)-f(x+a)$，则 $F(x)$ 在 $[0,a]$ 上连续，且 $F(0)=f(0)-f(a)$，$F(a)=f(a)-f(2a)$. 因为 $f(0)=f(2a)$，所以 $F(a)=-F(0)$.

若 $F(0)=0$，则 $F(a)=0$. 取 $\xi=0$ 或 $\xi=a$，则有 $f(\xi)=f(\xi+a)$；若 $F(0)\neq0$，则 $F(0)F(a)=-[F(0)]^2<0$. 根据零点定理，在 $(0,a)$ 内至少存在一点 ξ，使得 $F(\xi)=0$，即 $f(\xi)=f(\xi+a)$.

例 7-5 设函数 $f(x)$ 在 $[a,b]$ 上连续，且 $f(a)+2f(b)=6$，证明：在 $[a,b]$ 内至少存在一点 ξ，使得 $f(\xi)=2$.

证：$\dfrac{f(a)+2f(b)}{3}$ 为 $f(a),f(b),f(b)$ 的平均值. 设 M 和 m 分别为 $f(x)$ 在 $[a,b]$ 上的最大值和最小值，则有 $m\leqslant f(a)\leqslant M,m\leqslant f(b)\leqslant M$. 从而 $3m\leqslant f(a)+2f(b)\leqslant3M$. 因而有 $3m\leqslant6\leqslant3M,m\leqslant2\leqslant M$. 由 $f(x)$ 的连续性和介值定理可知，在 $[a,b]$ 内至少存在一点 ξ，使得 $f(\xi)=2$. 从而命题得证.

例 7-6 设 $f(x)$ 在 $(0,6)$ 内有定义，且 $f'(x)>0$，则方程 $f(x)=f\left(\dfrac{x+8}{x+1}\right)$ 在 $(0,6)$ 内（　　）.

(A) 无根　　　　(B) 有唯一的根　　　　(C) 有两个以上的根　　　　(D) 以上都不是

解：因为 $f'(x)>0$，所以 $f(x)$ 在 $(0,6)$ 内单调增加. 从而 $f(x)=f\left(\dfrac{x+8}{x+1}\right)\Leftrightarrow x=\dfrac{x+8}{x+1}$. 解之，得 $x=2\sqrt{2},x=-2\sqrt{2}$（舍去）. 故应选(B).

例 7-7 设函数 $f(x)$ 在 $[a,b]$ 上连续，且 $f(x)>0$. 证明方程 $\displaystyle\int_a^x f(t)\mathrm{d}t+\int_b^x\frac{1}{f(t)}\mathrm{d}t=0$ 在 (a,b) 内有且只有一个根.

证：令 $F(x)=\displaystyle\int_a^x f(t)\mathrm{d}t+\int_b^x\frac{1}{f(t)}\mathrm{d}t$，则 $F(x)$ 在 $[a,b]$ 上连续，在 (a,b) 内可导，且 $F(a)=\displaystyle\int_b^a\frac{1}{f(t)}\mathrm{d}t<0,F(b)=\int_a^b f(t)\mathrm{d}t>0$. 根据零点定理，$F(x)=0$ 在 (a,b) 内至少有一个根. 因为 $F'(x)=f(x)+\dfrac{1}{f(x)}>0$，所以 $F(x)=0$ 在 (a,b) 内只有一个根.

例 7-8 设函数 $f(x)$ 在 $[a,b]$ 上连续，在 (a,b) 内具有二阶导数，且 $f(a)=f(b)=f(c)=0(a<c<b)$. 证明：在 (a,b) 内至少存在一点 ξ，使得 $f''(\xi)=0$.

证：对 $f(x)$ 分别在 $[a,c]$ 和 $[c,b]$ 上应用罗尔定理，有 $f'(\xi_1)=0(a<\xi_1<c),f'(\xi_2)=0$ $(c<\xi_2<b)$. 对 $f'(x)$ 在 $[\xi_1,\xi_2]$ 上应用罗尔定理，有 $f''(\xi)=0(a<\xi_1<\xi<\xi_2<b)$.

例 7-9 设函数 $f(x)$ 在 $[0,1]$ 上连续，在 $(0,1)$ 内可导，且 $f(0)=f(1)=0,f\left(\dfrac{1}{2}\right)=1$，证明：对任意的 $0<\alpha<2$，在 $(0,1)$ 内至少存在一点 ξ，使得 $f'(\xi)=\alpha$.

证：令 $F(x)=f(x)-\alpha x$，则 $F(x)$ 在 $[0,1]$ 上连续，在 $(0,1)$ 内可导，且 $F'(x)=f'(x)-\alpha$.

$$F(0)=f(0)-0=0, F(1)=f(1)-\alpha=-\alpha<0, F\left(\frac{1}{2}\right)=f\left(\frac{1}{2}\right)-\frac{\alpha}{2}=1-\frac{\alpha}{2}>0.$$

根据零点定理，存在一点 $\eta\in\left(\frac{1}{2},1\right)$，使得 $F(\eta)=0$. 再在区间 $[0,\eta]$ 上应用罗尔定理知，在 $(0,\eta)$ 内至少存在一点 ξ，使得 $F'(\xi)=0$. 即 $f'(\xi)=\alpha$.

例 7-10 设 $f(x),g(x)$ 在 $[a,b]$ 上连续，证明至少存在一点 $\xi\in(a,b)$，使得

$$f(\xi)\int_{\xi}^{b}g(x)\mathrm{d}x=g(\xi)\int_{a}^{\xi}f(x)\mathrm{d}x.$$

证：令 $\Phi(t)=\int_{a}^{t}f(x)\mathrm{d}x\cdot\int_{t}^{b}g(x)\mathrm{d}x$，则 $\Phi(t)$ 在 $[a,b]$ 上连续，且 $\Phi(a)=\Phi(b)=0$. 由罗尔定理，至少存在一点 $\xi\in(a,b)$，使得 $\Phi'(\xi)=0$. 而 $\Phi'(t)=f(t)\int_{t}^{b}g(x)\mathrm{d}x-g(t)\int_{a}^{t}f(x)\mathrm{d}x$. 故 $f(\xi)\int_{\xi}^{b}g(x)\mathrm{d}x-g(\xi)\int_{a}^{\xi}f(x)\mathrm{d}x=0$，此即所证等式.

例 7-11 设函数 $f(x),g(x)$ 在 $[a,b]$ 上可导，$g'(x)\neq0$，证明：在 (a,b) 内至少存在一点 ξ，使得

$$\frac{f(a)-f(\xi)}{g(\xi)-g(b)}=\frac{f'(\xi)}{g'(\xi)}.$$

证：将要证的等式变形为 $g'(\xi)[f(a)-f(\xi)]-f'(\xi)[g(\xi)-g(b)]=0$.

设 $\Phi(x)=[f(a)-f(x)][g(x)-g(b)]$，则 $\Phi(x)$ 在 $[a,b]$ 上可导，且 $\Phi(a)=\Phi(b)=0$. 由罗尔定理知，在 (a,b) 内至少存在一点 ξ，使得 $\Phi'(\xi)=0$. 即 $g'(\xi)[f(a)-f(\xi)]-f'(\xi)[g(\xi)-g(b)]=0$. 从而命题得证.

例 7-12 设函数 $f(x)$ 在 $[a,b]$ 上连续，在 (a,b) 内有二阶导数. 连接两端点 $A(a,f(a))$ 和 $B(b,f(b))$ 的直线与曲线 $y=f(x)$ 相交于点 $C(c,f(c))$ $(a<c<b)$. 证明：在 (a,b) 内至少存在一点 ξ，使得 $f''(\xi)=0$.

证：对函数 $f(x)$ 分别在 $[a,c]$ 和 $[c,b]$ 上应用拉格朗日中值定理，得

$$\frac{f(c)-f(a)}{c-a}=f'(\xi_1)(a<\xi_1<c),\qquad \frac{f(b)-f(c)}{b-c}=f'(\xi_2)(c<\xi_2<b).$$

因为 $\dfrac{f(c)-f(a)}{c-a}=\dfrac{f(b)-f(c)}{b-c}$，所以 $f'(\xi_1)=f'(\xi_2)$. 对函数 $f'(x)$ 在 $[\xi_1,\xi_2]$ 上应用罗尔定理知，在 (ξ_1,ξ_2) 内至少存在一点 ξ，使得 $f''(\xi)=0$.

例 7-13 设函数 $f(x)$ 在 $[0,1]$ 上具有三阶导数，且 $f(0)=f(1)=0$，证明：在 $(0,1)$ 内至少存在一点 ξ，使得 $6f(\xi)+18\xi f'(\xi)+9\xi^2 f''(\xi)+\xi^3 f'''(\xi)=0$.

证：[可以猜想：方程左边的原函数可能含有 $x^3 f(x)$]设 $F(x)=x^3 f(x)$，则 $F(x)$ 在 $[0,1]$ 上连续，在 $(0,1)$ 内可导，且

$$F'(x)=3x^2 f(x)+x^3 f'(x),$$
$$F''(x)=6x f(x)+6x^2 f'(x)+x^3 f''(x),$$
$$F'''(x)=6f(x)+18x f'(x)+9x^2 f''(x)+x^3 f'''(x).$$
$$F(0)=F(1)=0\Rightarrow\exists\xi_1\in(0,1),\quad F'(\xi_1)=0.$$
$$F'(0)=F'(\xi_1)=0\Rightarrow\exists\xi_2\in(0,\xi_1),\quad F''(\xi_2)=0.$$

$$F''(0) = F'(\xi_2) = 0 \Rightarrow \exists \xi \in (0, \xi_2), \quad F'''(\xi) = 0.$$

例 7-14 设函数 $f(x)$ 在 $[0,1]$ 上可微. 证明: 在 $(0,1)$ 内至少存在一点 ξ, 使得

$$f'(\xi) = 2\xi[f(1) - f(0)].$$

证法 1: 将要证的等式变形为 $\dfrac{f(1)-f(0)}{1-0} = \dfrac{f'(\xi)}{2\xi}$. 令 $g(x) = x^2$, 对 $f(x)$ 和 $g(x)$ 在 $[0,1]$ 上应用柯西中值定理即可证得.

证法 2: 令 $F(x) = f(x) - x^2[f(1) - f(0)]$, 则 $F(x)$ 在 $[0,1]$ 上可微, 且 $F(0) = F(1)$. 由罗尔定理知, 在 $(0,1)$ 内至少存在一点 ξ, 使得 $F'(\xi) = 0$. 即 $f'(\xi) - 2\xi[f(1) - f(0)] = 0$. 从而命题得证.

例 7-15 设函数 $f(x)$ 在 $[a, +\infty)$ 上二阶可微, 且 $f(a) > 0, f'(a) < 0, f''(x) < 0$. 证明: 方程 $f(x) = 0$ 在 $(a, +\infty)$ 上有且仅有一个根.

证: 因为 $f''(x) < 0$, 所以 $f'(x)$ 单调减少, 从而对任意的 $x \in (a, +\infty)$, 都有 $f'(x) < f'(a) < 0$. 由拉格朗日中值定理, 存在 $\xi \in (a, x)$, 使得

$$f(x) = f(a) + f'(\xi)(x-a) < f(a) + f'(a)(x-a).$$

可取充分大的 b, 使得 $f(b) = f(a) + f'(a)(b-a) < 0$. 再由零点定理知, $f(x) = 0$ 在 $(a, +\infty)$ 上至少有一个实根. 又因为 $f'(x) < 0$, 所以 $f(x)$ 单调减少, 所以方程 $f(x) = 0$ 在 $(a, +\infty)$ 上仅有一个实根.

例 7-16 设 a, b 为非零常数, 函数 $f(x)$ 在 $[a, b]$ 上连续、在 (a, b) 内可导. 证明: 在 (a, b) 内至少存在一点 ξ, 使得 $\begin{vmatrix} a & b \\ f(a) & f(b) \end{vmatrix} = [f(\xi) - \xi f'(\xi)](a - b)$.

分析: 将要证的等式进行变形

$$\frac{af(b) - bf(a)}{a - b} = f(\xi) - \xi f'(\xi) \Rightarrow \frac{\dfrac{f(b)}{b} - \dfrac{f(a)}{a}}{\dfrac{1}{b} - \dfrac{1}{a}} = f(\xi) - \xi f'(\xi).$$

对函数 $F(x) = \dfrac{f(x)}{x}$ 和 $G(x) = \dfrac{1}{x}$ 在 $[a, b]$ 上应用柯西中值定理即可证得结论.

例 7-17 设 $a_1, a_2, \cdots, a_n$ 为实数, 且满足 $a_1 - \dfrac{a_2}{3} + \cdots + (-1)^{n-1} \dfrac{a_n}{2n-1} = 0$. 试证: 方程 $a_1\cos x + a_2\cos 3x + \cdots + a_n\cos(2n-1)x = 0$ 在 $\left(0, \dfrac{\pi}{2}\right)$ 内至少有一个实根.

证: $\displaystyle\int_0^{\frac{\pi}{2}} [a_1\cos x + a_2\cos 3x + \cdots + a_n\cos(2n-1)x] dx = a_1 - \dfrac{a_2}{3} + \cdots + (-1)^{2n-1}\dfrac{a_n}{2n-1} = 0.$

由积分中值定理知, 在 $\left(0, \dfrac{\pi}{2}\right)$ 内至少存在一点 ξ, 使得

$$a_1\cos\xi + a_2\cos 3\xi + \cdots + a_n\cos(2n-1)\xi = 0.$$

例 7-18 试证明 $\ln x = \dfrac{x-1}{e}$ 在 $(0, +\infty)$ 内有且只有两个实根.

证: 令 $F(x) = \ln x - \dfrac{x-1}{e}$, 则 $F(x)$ 在 $(0, +\infty)$ 内可微, 且 $F'(x) = \dfrac{1}{x} - \dfrac{1}{e}$. 解 $F'(x) = 0$, 得 $x = e$. 当 $0 < x < e$ 时, $F'(x) > 0$; 当 $x > e$ 时, $F'(x) < 0$, 所以 $F(x)$ 在 $(0, e)$ 内单调增加,

在 $(e,+\infty)$ 内单调减少. 因而 $F(x)$ 在 $x=e$ 处取得最大值 $F(e)=\dfrac{1}{e}>0$. 又因为

$$\lim_{x \to +\infty} F(x) = \lim_{x \to +\infty}\left[\ln x - \frac{x-1}{e}\right] = \lim_{x \to +\infty} x\left[\frac{\ln x}{x} - \frac{1}{e} + \frac{1}{ex}\right]$$

$$= -\infty\left(\text{因为} \lim_{x \to +\infty}\frac{\ln x}{x} = \lim_{x \to +\infty}\frac{1}{x} = 0\right),$$

$\lim\limits_{x \to +0} F(x) = \lim\limits_{x \to +0}\left[\ln x - \dfrac{x-1}{e}\right] = -\infty$, 所以 $F(x)=0$ 在 $(0,e)$ 内和 $(e,+\infty)$ 内分别有且只有一个实根. 从而方程 $\ln x = \dfrac{x-1}{e}$ 在 $(0,+\infty)$ 内有且只有两个实根.

例 7-19 设 $f(x),g(x)$ 在 $[a,b]$ 上有二阶导数, 且 $f(a)=f(b)=g(a)=g(b)=0$, $g''(x)\neq 0$. 证明: (1) 在 (a,b) 内 $g(x)\neq 0$; (2) 在 (a,b) 内至少存在一点 ξ, 使得 $\dfrac{f(\xi)}{g(\xi)}=\dfrac{f''(\xi)}{g''(\xi)}$.

证: (1) 用反证法. 假设存在 $c\in(a,b)$, 使得 $g(c)=0$. 对 $g(x)$ 分别在 $[a,c]$ 和 $[c,b]$ 上应用罗尔定理, 有 $g'(\xi_1)=0(a<\xi_1<c)$, $g'(\xi_2)=0(c<\xi_2<b)$. 对 $g'(x)$ 在 $[\xi_1,\xi_2]$ 上应用罗尔定理, 有 $g''(\xi)=0(a<\xi_1<\xi<\xi_2<b)$. 这与题设矛盾! 所以在 (a,b) 内 $g(x)\neq 0$.

(2) 要证方程 $f(x)g''(x)-f''(x)g(x)=0$ 在 (a,b) 内至少有一个根. 可设 $F(x)=f(x)g'(x)-f'(x)g(x)$.

显然, $F(x)$ 在 $[a,b]$ 上可导, 且 $F(a)=F(b)=0$. 由罗尔定理知, 在 (a,b) 内至少存在一点 ξ, 使得 $F'(\xi)=0$. 即 $f(\xi)g''(\xi)-f''(\xi)g(\xi)=0$. 从而命题得证.

例 7-20 设 $f(x)$ 是 $[-1,1]$ 上的奇函数, 且具有二阶导数, $f(1)=1$, 证明: (1) 存在 $\xi\in(-1,1)$, 使得 $f'(\xi)=1$; (2) 存在 $\eta\in(-1,1)$, 使得 $f'(\eta)+f''(\eta)=1$.

证: (1) 因为 $f(x)$ 是 $[-1,1]$ 上的奇函数, 所以 $f(0)=0$. 由拉格朗日中值定理, 存在 $\xi\in(0,1)$, 使得 $f(1)-f(0)=f'(\xi)$, 即 $f'(\xi)=1$.

(2) 方程 $f'(x)+f''(x)=1$ 两边同乘以 e^x, 有 $f'(x)e^x+f''(x)e^x=e^x$, 这等价于

$$[f'(x)e^x]'=(e^x)', \quad \text{或} \quad \{[f'(x)-1]e^x\}'=0.$$

设 $F(x)=[f'(x)-1]e^x$, 则 $F(x)$ 在 $[-1,1]$ 上可导, 且 $F'(x)=[f''(x)+f'(x)-1]e^x$.

对 (1) 中的 ξ, 有 $F(\xi)=[f'(\xi)-1]e^\xi=0$. 因为 $f(x)$ 是奇函数, 所以 $f'(x)$ 是偶函数, 从而有 $f'(-\xi)=f'(\xi)=1$. 于是 $F(-\xi)=[f'(-\xi)-1]e^\xi=0$. 由罗尔定理, 存在 $\eta\in(-\xi,\xi)\subset(-1,1)$, 使得 $F'(\eta)=[f''(\eta)+f'(\eta)-1]e^\eta=0$, 即 $f'(\eta)+f''(\eta)=1$.

例 7-21 设函数 $f(x)$ 在 $[0,1]$ 上连续, 在 $(0,1)$ 内可导, 且满足 $f(1)-2\displaystyle\int_0^{\frac{1}{2}} xf(x)\mathrm{d}x=0$. 试证: 至少存在一点 $\xi\in(0,1)$, 使得 $f'(\xi)=-\dfrac{f(\xi)}{\xi}$.

证: 将欲证等式化为 $f(\xi)+\xi f'(\xi)=0$. 设 $F(x)=xf(x)$, 则由题设及积分中值定理, 有

$$F(1)=f(1)=2\int_0^{\frac{1}{2}} xf(x)\mathrm{d}x=\eta f(\eta)=F(\eta), \quad \eta\in\left(0,\frac{1}{2}\right).$$

在 $[\eta,1]$ 上应用罗尔定理, 有 $F'(\xi)=0$ $(\eta<\xi<1)$. 即 $f(\xi)+\xi f'(\xi)=0$.

例 7-22　设 $f(x)$ 在 $\left[0,\dfrac{\pi}{2}\right]$ 上具有一阶连续的导数，在 $\left(0,\dfrac{\pi}{2}\right)$ 内有二阶导数，且 $f(0)=0$，

$f(1)=2$，$f\left(\dfrac{\pi}{2}\right)=1$，证明：存在 $\xi\in\left(0,\dfrac{\pi}{2}\right)$，使得 $f'(\xi)+f''(\xi)\tan\xi=0$.

证：$f'(\xi)+f''(\xi)\tan\xi=0$ 可化为 $f'(\xi)\cos\xi+f''(\xi)\sin\xi=0$. 设 $F(x)=f'(x)\sin x$，

则 $F(x)$ 在 $\left[0,\dfrac{\pi}{2}\right]$ 上具有一阶连续的导数，在 $\left(0,\dfrac{\pi}{2}\right)$ 内有二阶导数，且 $F(0)=0$，$F'(x)=$

$f'(x)\cos x+f''(x)\sin x$.

在区间 $[0,1]$ 上应用介值定理，存在 $\eta_1\in(0,1)$，使得 $f(\eta_1)=1$. 由罗尔定理，存在 $\eta_2\in$

$\left(\eta_1,\dfrac{\pi}{2}\right)$，使得 $f'(\eta_2)=0$. 从而 $F(\eta_2)=f'(\eta_2)\sin\eta_2=0$.

$F(x)$ 在区间 $[0,\eta_2]$ 上应用罗尔定理，存在 $\xi\in(0,\eta_2)\subset\left(0,\dfrac{\pi}{2}\right)$，使得 $F'(\xi)=$

$f'(\xi)\cos\xi+f''(\xi)\sin\xi=0$.

因为在 $\left(0,\dfrac{\pi}{2}\right)$ 内，$\cos\xi>0$，所以有 $f'(\xi)+f''(\xi)\tan\xi=0$.

例 7-23　设 $f(x)$ 在 $\left[0,\dfrac{\pi}{2}\right]$ 上连续，在 $\left(0,\dfrac{\pi}{2}\right)$ 内可导，且 $\displaystyle\int_0^{\frac{\pi}{2}}f(x)\cos^2 x\,\mathrm{d}x=0$，证明：

存在 $\xi\in\left(0,\dfrac{\pi}{2}\right)$，使得 $f'(\xi)=2f(\xi)\tan\xi$.

证：考查方程 $f'(x)-2f(x)\tan x=0$. 容易算得，$\ln\cos^2 x$ 是 $-2\tan x$ 的一个原函数.

$\mathrm{e}^{\ln\cos^2 x}=\cos^2 x$. 方程 $f'(x)-2f(x)\tan x=0$ 两边同乘以 $\cos^2 x$，得 $f'(x)\cos^2 x-2f(x)$

$\sin x\cos x=0$. 设 $F(x)=f(x)\cos^2 x$，则 $F'(x)=\left[f'(x)-2f(x)\tan x\right]\cos^2 x$.

因为 $\displaystyle\int_0^{\frac{\pi}{2}}f(x)\cos^2 x\,\mathrm{d}x=0$，所以由积分中值定理，存在 $\eta\in\left(0,\dfrac{\pi}{2}\right)$，使得 $F(\eta)=$

$f(\eta)\cos^2\eta=0$. 又 $F\left(\dfrac{\pi}{2}\right)=0$，所以由罗尔定理，存在 $\xi\in\left(\eta,\dfrac{\pi}{2}\right)$，使得 $F'(\xi)=0$. 即

$\left[f'(\xi)-2f(\xi)\tan\xi\right]\cos^2\xi$. 而 $\cos^2\xi>0$，所以 $f'(\xi)-2f(\xi)\tan\xi=0$.

例 7-24　设函数 $f(x)$ 在 $[0,1]$ 上可导，且 $0<f(x)<1$，$f'(x)\neq 1$，证明：$f(x)=x$ 在

$(0,1)$ 内有且只有一个根.

证：设 $F(x)=f(x)-x$，则 $F(x)$ 在 $[0,1]$ 上可导，且 $F(0)>0$，$F(1)<0$. 由零点定理，

存在 $\xi\in(0,1)$，使得 $F(\xi)=0$. 即 $f(x)$ 在 $(0,1)$ 内有一个根.

假设 $f(x)$ 在 $(0,1)$ 内至少有两个根，即 $F(x)=f(x)-x$ 在 $[0,1]$ 上至少有两个零点，

那么，必存在 $\xi\in(0,1)$，使得 $F'(\xi)=0$，即 $f'(\xi)=1$. 这与题设矛盾. 故 $f(x)$ 在 $(0,1)$ 内只

有一个根.

例 7-25　证明：$\arcsin x+\arccos x=\dfrac{\pi}{2}(-1\leqslant x\leqslant 1)$.

证：设 $f(x)=\arcsin x+\arccos x$，$x\in[-1,1]$.

因为 $f'(x)=\dfrac{1}{\sqrt{1-x^2}}+\left(-\dfrac{1}{\sqrt{1-x^2}}\right)=0$，$x\in(-1,1)$，所以 $f(x)\equiv C$，$x\in[-1,1]$.

又因为 $f(0) = \arcsin 0 + \arccos 0 = 0 + \dfrac{\pi}{2} = \dfrac{\pi}{2}$，即 $C = \dfrac{\pi}{2}$，所以 $\arcsin x + \arccos x = \dfrac{\pi}{2}$.

例 7-26 设 $f(x)$ 在 $[a,b]$ 上连续，在 (a,b) 内有二阶导数，$f(a) = f(b) = 0$，且存在函数 $g(x)$ 满足 $f''(x) + g(x)f'(x) - f(x) = 0$，证明 $f(x) \equiv 0, x \in [a,b]$.

证： 用反证法. 假若 $f(x)$ 在 $[a,b]$ 上不恒为零. 因为 $f(x)$ 在 $[a,b]$ 上连续，所以 $f(x)$ 在 $[a,b]$ 上有最大值和最小值. 那么，要么有正的最大值，要么有负的最小值. 不妨设有正的最大值 $f(x_0) > 0$，则 $x_0 \in (a,b)$，且 $f'(x_0) = 0$. 由题设 $f''(x_0) = f(x_0) > 0$. 这与 $f(x_0)$ 为最大值相矛盾，故 $f(x) \equiv 0, x \in [a,b]$.

例 7-27 设 $f(x)$ 在区间 $[0,1]$ 上有连续的三阶导数，且 $f(0) = f(1)$，证明：存在 $\xi \in [0,1]$，使得 $f'''(\xi) + 24f'\left(\dfrac{1}{2}\right) = 0$.

证： 由泰勒公式，$\exists \xi_1, \xi_2 \in [0,1]$，使得

$$f(0) = f\left(\frac{1}{2}\right) + f'\left(\frac{1}{2}\right)\left(0 - \frac{1}{2}\right) + \frac{1}{2}f''\left(\frac{1}{2}\right)\left(0 - \frac{1}{2}\right)^2 + \frac{1}{6}f'''(\xi_1)\left(0 - \frac{1}{2}\right)^3$$

$$= f\left(\frac{1}{2}\right) - \frac{1}{2}f'\left(\frac{1}{2}\right) + \frac{1}{8}f''\left(\frac{1}{2}\right) - \frac{1}{48}f'''(\xi_1),$$

$$f(1) = f\left(\frac{1}{2}\right) + f'\left(\frac{1}{2}\right)\left(1 - \frac{1}{2}\right) + \frac{1}{2}f''\left(\frac{1}{2}\right)\left(1 - \frac{1}{2}\right)^2 + \frac{1}{6}f'''(\xi_2)\left(1 - \frac{1}{2}\right)^3$$

$$= f\left(\frac{1}{2}\right) + \frac{1}{2}f'\left(\frac{1}{2}\right) + \frac{1}{8}f''\left(\frac{1}{2}\right) + \frac{1}{48}f'''(\xi_2).$$

由 $f(0) = f(1)$ 知，$f'\left(\dfrac{1}{2}\right) + \dfrac{1}{48}[f'''(\xi_1) + f'''(\xi_2)] = 0$. 由介值定理，在 ξ_1 与 ξ_2 之间存在 ξ，使得 $f'''(\xi) = \dfrac{f'''(\xi_1) + f'''(\xi_2)}{2}$. 于是有 $f'\left(\dfrac{1}{2}\right) + \dfrac{1}{24}f'''(\xi) = 0$，即 $f'''(\xi) + 24f'\left(\dfrac{1}{2}\right) = 0$.

例 7-28 设函数 $f(x)$ 在闭区间 $[-1,1]$ 上具有三阶连续导数，且 $f(-1) = 0, f(1) = 1$，$f'(0) = 0$. 证明：在开区间 $(-1,1)$ 内至少存在一点 ξ，使得 $f'''(\xi) = 3$.

证： $f(-1) = f(0) - f'(0) + \dfrac{f''(0)}{2} - \dfrac{f'''(\xi_1)}{6}$，$\quad -1 < \xi_1 < 0$.

$$f(1) = f(0) + f'(0) + \frac{f''(0)}{2} + \frac{f'''(\xi_2)}{6}, \quad 0 < \xi_2 < 1.$$

两式相减，得 $\dfrac{f'''(\xi_1) + f'''(\xi_2)}{6} = 1$，$\dfrac{f'''(\xi_1) + f'''(\xi_2)}{2} = 3$. 显然，3 介于 $f'''(\xi_1)$ 和 $f'''(\xi_2)$ 之间. 由介值定理知，至少存在一点 $\xi \in [\xi_1, \xi_2]$，使得 $f'''(\xi) = 3$. 命题得证.

例 7-29 设 $f(x) = \displaystyle\sum_{k=1}^{n}(a_k \cos kx + b_k \sin kx)$，$a_k, b_k$ 为常数，则 $f(x)$ 在 $[0,2\pi)$ 内（　　）.

(A) 无零点　　　　　　　　　　　　　(B) 至多有 1 个零点

(C) 至多有 2 个零点　　　　　　　　　(D) 至少有 2 个零点

解析： $f(x) = \left[\displaystyle\sum_{k=1}^{n}\left(\dfrac{a_k}{k}\sin kx - \dfrac{b_k}{k}\cos kx\right)\right]'$，$g(x) = \displaystyle\sum_{k=1}^{n}\left(\dfrac{a_k}{k}\sin kx - \dfrac{b_k}{k}\cos kx\right)$ 是周期为 2π 的周期函数，且在 $(-\infty, +\infty)$ 内可导. 因为 $g(x)$ 在一个周期内必有最大值和最小

值.并且它们一定是 $g(x)$ 在 $(-\infty,+\infty)$ 内的最大值和最小值.而 $(-\infty,+\infty)$ 内的可导函数的最大值点和最小值点一定是驻点,因而 $f(x)=g'(x)$ 在一个周期内至少有两个零点.故应选(D).

习　题　7

1. 证明方程 $x^3+6x-1=0$ 在区间 $(0,1)$ 内有唯一的实根.

2. 设函数 $f(x)$ 在 $[a,b]$ 上连续,$a<x_i<b\ (1\leqslant i\leqslant n)$,$\sum\limits_{i=1}^{n}f(x_i)=n$. 证明:在 $[a,b]$ 内至少存在一点 ξ,使得 $f(\xi)=1$.

3. 若方程 $a_0x^n+a_1x^{n-1}+\cdots+a_{n-1}x=0$ 有一个正根 x_0,证明方程
$$a_0nx^{n-1}+a_1(n-1)x^{n-2}+\cdots+a_{n-1}=0$$
必有一个小于 x_0 的正根.

4. 证明方程 $x=a\sin x+b(a,b>0)$ 至少有一个正根,且不超过 $a+b$.

5. 设函数 $f(x)$ 在 $[a,b]$ 上连续,且 $a\leqslant f(x)\leqslant b$. 证明:在 $[a,b]$ 上至少存在一点 ξ,使得 $f(\xi)=\xi$.

6. 设函数 $f(x)$ 在 $(-\infty,+\infty)$ 内连续,且满足 $f[f(x)]=x$. 证明:曲线 $y=f(x)$ 与直线 $y=x$ 至少有一个交点.

7. 设函数 $f(x)$ 在 $[a,b]$ 上连续、在 (a,b) 内可导.证明:在 (a,b) 内至少存在一点 ξ,使得
$$f(b)-f(a)=\xi\left(\ln\frac{b}{a}\right)f'(\xi).$$

8. 设函数 $f(x)$ 在 $[0,1]$ 上连续,且 $f(0)=f(1)$,证明:至少存在一点 $\xi\in\left[0,\dfrac{1}{2}\right]$,使得 $f\left(\xi+\dfrac{1}{2}\right)=f(\xi)$.

9. 设函数 $f(x)$ 在 $[a,b]$ 上连续、在 (a,b) 内可导,且 $f(x)>0$.证明:在 (a,b) 内至少存在一点 ξ,使得 $\ln\dfrac{f(b)}{f(a)}=\dfrac{f'(\xi)}{f(\xi)}(b-a)$.

10. 设函数 $f(x)$ 和 $g(x)$ 在 $[a,b]$ 上连续、在 (a,b) 内可导.证明:在 (a,b) 内至少存在一点 ξ,使得 $\begin{vmatrix} f(a) & f(b) \\ g(a) & g(b) \end{vmatrix}=(b-a)\begin{vmatrix} f(a) & f'(\xi) \\ g(a) & g'(\xi) \end{vmatrix}$.

11. 证明方程 $x^5+px=q(p,q>0)$ 只有一个正根.

12. 方程 $e^x=ax^2+bx+c$ 的根的个数为(　　).

(A) 至多有 1 个根　　　　　　(B) 至多有 2 个根

(C) 至多有 3 个根　　　　　　(D) 可能多于 3 个

13. 设函数 $f(x)$ 在 $(-\infty,+\infty)$ 上连续,且 $\lim\limits_{x\to\infty}\dfrac{f(x)}{x}=0$.证明:方程 $f(x)+x=0$ 至少有一个实根.

14. 讨论方程 $|x|^{\frac{1}{4}}+|x|^{\frac{1}{2}}-\cos x=0$ 在 $(-\infty,+\infty)$ 内有几个实根.

15. 设 $f(x)$ 在 $[a,b]$ 上连续,且 $f(x)<0$,$F(x)=\int_a^x f^2(t)\mathrm{d}t-2\left[\int_b^x f(t)\mathrm{d}t+a-x\right]$. 试证：在 (a,b) 内有且只有一点 ξ,使得 $F(\xi)=0$.

16. 设 $f(x)$ 在 $[a,b]$ 上连续,且 $f(x)>0$.试证：在 (a,b) 内存在唯一一点 ξ,使得 $\int_a^\xi f(x)\mathrm{d}x=\int_\xi^b f(x)\mathrm{d}x=\frac{1}{2}\int_a^b f(x)\mathrm{d}x.$

17. 设函数 $f(x)$ 在 $[0,1]$ 上连续,在 $(0,1)$ 内可导,且满足 $f(1)=3\int_0^{\frac{1}{3}}\mathrm{e}^{x-1}f(x)\mathrm{d}x$.试证：存在一点 $\xi\in(0,1)$,使得 $f(\xi)+f'(\xi)=0$.

18. 设 $f(x)$ 在 $[0,2]$ 上连续,在 $(0,2)$ 内二阶可导,且 $f(0)=f\left(\frac{1}{2}\right)$,$2\int_{\frac{1}{2}}^1 f(x)\mathrm{d}x=f(2)$.试证：存在 $\xi\in(0,2)$,使得 $f''(\xi)=0$.

19. 设函数 $f(x)$ 在 $[a,b]$ 上有 n 阶导数,且 $f(a)=f(b)=f'(b)=f''(b)=\cdots=f^{(n-1)}(b)=0$.证明：在 (a,b) 内至少存在一点 ξ,使得 $f^{(n)}(\xi)=0$.

20. 证明：(1) $\arctan x+\operatorname{arccot} x=\frac{\pi}{2}$;(2) $\arctan x+\arctan\frac{1}{x}=\frac{\pi}{2}$.

21. 设函数 $f(x)$ 在 $[a,b]$ 上连续,在 (a,b) 内具有二阶连续导数.证明：在 (a,b) 内至少存在一点 ξ,使得 $f(a)+f(b)-2f\left(\frac{a+b}{2}\right)=\frac{(b-a)^2}{4}f''(\xi)$.

第 8 讲

重 积 分

【知识要点】

1. 二重积分

1）二重积分的定义

2）二重积分的几何意义

当 $f(x,y) \geqslant 0$ 时，$\iint\limits_{D} f(x,y)\mathrm{d}\sigma$ 表示以曲面 $z = f(x,y)$ 为顶、以 xOy 面上的区域 D 为底的曲顶柱体的体积.

当 $f(x,y) \leqslant 0$ 时，$\iint\limits_{D} f(x,y)\mathrm{d}\sigma$ 表示以曲面 $z = f(x,y)$ 为顶、以 xOy 面上的区域 D 为底的曲顶柱体的体积的负值.

当 $f(x,y)$ 在 xOy 面上的区域 D 上有正有负时，$\iint\limits_{D} f(x,y)\mathrm{d}\sigma$ 表示以曲面 $z = f(x,y)$ 为顶、以 xOy 面上的区域 D 为底的曲顶柱体位于 xOy 面上方的体积减去位于 xOy 面下方的体积，即曲顶柱体体积的代数和.

3）二重积分的物理意义

当 $\rho(x,y) \geqslant 0$ 时，$\iint\limits_{D} \rho(x,y)\mathrm{d}\sigma$ 表示面密度函数为 $\rho(x,y)$ 的平面薄片 D 的质量.

4）二重积分的性质

二重积分与定积分有类似的性质，特别地，有 $\iint\limits_{D} \mathrm{d}\sigma = \sigma$，其中 σ 为 D 的面积.

（二重积分中值定理）设函数 $f(x,y)$ 在闭区域 D 上连续，σ 为 D 的面积，则在 D 上至少存在一点 (ξ,η)，使得 $\iint\limits_{D} f(x,y)\mathrm{d}\sigma = f(\xi,\eta)\sigma$.

5）对称区域上奇偶函数的二重积分

设区域 D 关于 x 轴对称，若 $f(x,y)$ 是 y 的奇函数，即 $f(x,-y) = -f(x,y)$，则 $\iint\limits_{D} f(x,y)\mathrm{d}x\,\mathrm{d}y = 0$.

解释：先对 y 积分时，积分区间关于 $y = 0$ 对称.

设区域 D 关于 x 轴对称，区域 D_1 为区域 D 在 x 轴上方（或下方）的部分，$f(x,y)$ 是 y 的偶函数，即 $f(x,-y) = f(x,y)$，则 $\iint\limits_{D} f(x,y)\mathrm{d}x\,\mathrm{d}y = 2\iint\limits_{D_1} f(x,y)\mathrm{d}x\,\mathrm{d}y$，如图 8-1 所示.

积分区域 D 关于 y 轴对称的情形类似.

6）二重积分的计算法

（1）利用直角坐标计算二重积分.

（i）$D: a \leqslant x \leqslant b, \varphi_1(x) \leqslant y \leqslant \varphi_2(x)$. $\iint\limits_{D} f(x, y) \mathrm{d}\sigma = \int_a^b \mathrm{d}x \int_{\varphi_1(x)}^{\varphi_2(x)} f(x, y) \mathrm{d}y$，如图 8-2 所示.

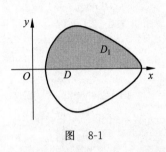

图 8-1

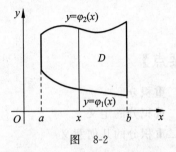

图 8-2

（ii）$D: c \leqslant y \leqslant d, \psi_1(y) \leqslant x \leqslant \psi_2(y)$. $\iint\limits_{D} f(x, y) \mathrm{d}\sigma = \int_c^d \mathrm{d}y \int_{\psi_1(y)}^{\psi_2(y)} f(x, y) \mathrm{d}x$，如图 8-3 所示.

（2）利用极坐标计算二重积分（图 8-4）.

$$
\iint\limits_{D} f(x, y) \mathrm{d}x \mathrm{d}y = \iint\limits_{D} f(r\cos\theta, r\sin\theta) r \mathrm{d}r \mathrm{d}\theta
$$
$$
= \int_{\alpha}^{\beta} \mathrm{d}\theta \int_{\varphi_1(\theta)}^{\varphi_2(\theta)} f(r\cos\theta, r\sin\theta) r \mathrm{d}r.
$$

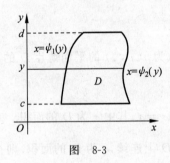

图 8-3

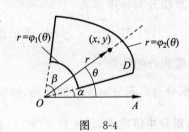

图 8-4

2. 三重积分

1）三重积分的定义

2）三重积分的物理意义

三重积分不再具有几何意义，而其物理意义为：当 $\rho(x, y, z) \geqslant 0$ 时，$\iiint\limits_{\Omega} \rho(x, y, z) \mathrm{d}v$ 表示占有空间区域 Ω、密度函数为 $\rho(x, y, z)$ 的立体物件的质量.

3）三重积分的性质

三重积分与二重积分有类似的性质，特别地，$\iiint\limits_{\Omega} \mathrm{d}v$ 表示空间区域 Ω 的体积.

4）对称区域上奇偶函数的三重积分

设空间区域 Ω 关于 xOy 坐标面对称，若函数 $f(x,y,z)$ 是 z 的奇函数，即 $f(x,y,-z)=-f(x,y,z)$，则 $\iiint\limits_{\Omega}f(x,y,z)\mathrm{d}v=0$.

设空间区域 Ω 关于 xOy 坐标面对称，若函数 $f(x,y,z)$ 是 z 的偶函数，即 $f(x,y,-z)=f(x,y,z)$，则 $\iiint\limits_{\Omega}f(x,y,z)\mathrm{d}v=2\iiint\limits_{\Omega_1}f(x,y,z)\mathrm{d}v$，其中 Ω_1 为 xOy 坐标面上面（或下面）的部分.

关于 yOz 面和 zOx 面对称的空间区域上的奇（偶）函数的三重积分的情形类似.

5）三重积分的计算法

（1）三重积分的平行线计算法. 设空间区域 Ω 为曲端柱体：$z_1(x,y)\leqslant z\leqslant z_2(x,y)$，$(x,y)\in D$. $f(x,y,z)$ 在 Ω 上连续. Ω 可看作由无穷多条平行于 z 轴的直线段构成的. 先在 D 内任意点 (x,y) 所对应的直线段上积分 $\int_{z_1(x,y)}^{z_2(x,y)}f(x,y,z)\mathrm{d}z$，然后让 (x,y) 取遍 D 内所有点，将所有这些平行线段上的积分累积起来，即再计算 D 上的二重积分，可得 $f(x,y,z)$ 在 Ω 上的三重积分

$$\iiint\limits_{\Omega}f(x,y,z)\mathrm{d}v=\iint\limits_{D}\left[\int_{z_1(x,y)}^{z_2(x,y)}f(x,y,z)\mathrm{d}z\right]\mathrm{d}x\mathrm{d}y.$$

上式右端常记为 $\iint\limits_{D}\mathrm{d}x\mathrm{d}y\int_{z_1(x,y)}^{z_2(x,y)}f(x,y,z)\mathrm{d}z$.

$\iiint\limits_{\Omega}f(x,y,z)\mathrm{d}v$ 也记为 $\iiint\limits_{\Omega}f(x,y,z)\mathrm{d}x\mathrm{d}y\mathrm{d}z$.

（2）三重积分的平行截面计算法. 设空间区域 Ω 介于平面 $z=c$，$z=d(c<d)$ 之间. 对任意的 $z\in(c,d)$，过点 $(0,0,z)$ 且垂直于 z 轴的平面与区域 Ω 的截面记为 Σ_z，Σ_z 在 xOy 面上的投影区域为 D_z. 见图 8-6.

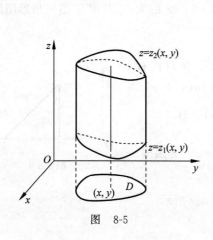

图　8-5

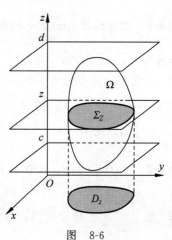

图　8-6

空间区域 Ω 可看作由垂直于 z 轴的无穷多个截面 $\Sigma_z(c\leqslant z\leqslant d)$ 构成的. 先计算每一个截面 Σ_z 上的积分 $\iint\limits_{D_z}f(x,y,z)\mathrm{d}x\mathrm{d}y$，然后再将全部截面上的积分累积起来，即可得到空

间区域 Ω 上的三重积分

$$\iiint\limits_{\Omega} f(x,y,z)\mathrm{d}V = \int_c^d \left[\iint\limits_{D_z} f(x,y,z)\mathrm{d}x\,\mathrm{d}y\right]\mathrm{d}z = \int_c^d \mathrm{d}z \iint\limits_{D_z} f(x,y,z)\mathrm{d}x\,\mathrm{d}y.$$

（3）三重积分的球面坐标计算法. 设空间区域 Ω 介于半平面 $\theta=\alpha$ 与 $\theta=\beta(0\leqslant\alpha<\beta\leqslant 2\pi)$ 之间[图 8-7(a)]. 任意与 zOx 平面夹角（图 8-7 中所示方向）为 θ 的半平面与 Ω 的截面介于该半平面上的两射线 $\varphi=\varphi_1(\theta)$ 与 $\varphi=\varphi_2(\theta)$ $(0\leqslant\varphi_1(\theta)\leqslant\varphi_2(\theta)\leqslant\pi)$ 之间[图 8-7(b)]，该半平面内的任意射线 $\varphi=\varphi(\theta)$ 含在该截面内的那段线段上的点到原点的距离 r 满足 $0\leqslant r_1(\theta,\varphi)\leqslant r\leqslant r_2(\theta,\varphi)$. 进行球面坐标变换后，有

$$\iiint\limits_{\Omega} f(x,y,z)\mathrm{d}v = \iiint\limits_{\Omega} f(r\sin\varphi\cos\theta,r\sin\varphi\sin\theta,r\cos\varphi)r^2\sin\varphi\,\mathrm{d}r\,\mathrm{d}\varphi\,\mathrm{d}\theta$$

$$= \int_\alpha^\beta \mathrm{d}\theta \int_{\varphi_1(\theta)}^{\varphi_2(\theta)} \sin\varphi\,\mathrm{d}\varphi \int_{r_1(\theta,\varphi)}^{r_2(\theta,\varphi)} f(r\sin\varphi\cos\theta,r\sin\varphi\sin\theta,r\cos\varphi)r^2\,\mathrm{d}r.$$

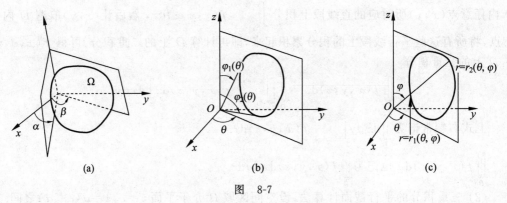

（a）　　　　　　　　（b）　　　　　　　　（c）

图 8-7

【例题】

例 8-1　比较积分 $\iint\limits_{D}\ln(x+y)\mathrm{d}\sigma$ 与 $\iint\limits_{D}[\ln(x+y)]^2\mathrm{d}\sigma$ 的大小，其中 D 是三角形闭区域，三顶点各为 $(1,0),(1,1),(2,0)$.

解：三角形斜边方程为 $x+y=2$，如图 8-8 所示. 在 D 内有 $1\leqslant x+y\leqslant 2<\mathrm{e}$，故 $0<\ln(x+y)<1$，于是 $\ln(x+y)>[\ln(x+y)]^2$，因此 $\iint\limits_{D}\ln(x+y)\mathrm{d}\sigma>\iint\limits_{D}[\ln(x+y)]^2\mathrm{d}\sigma$.

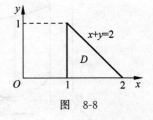

图 8-8

例 8-2　计算 $\iint\limits_{D} xy\,\mathrm{d}\sigma$，其中 D 由 $y^2=x$ 和 $y=x-2$ 围成.

解：解 $\begin{cases} y^2=x \\ y=x-2 \end{cases}$　得交点 $(1,-1),(4,2)$，如图 8-9 所示.

$$\iint\limits_{D} xy\,\mathrm{d}\sigma = \int_{-1}^2 \mathrm{d}y \int_{y^2}^{y+2} xy\,\mathrm{d}x = \int_{-1}^2 y\left[\frac{1}{2}x^2\right]_{y^2}^{y+2}\mathrm{d}y$$

$$= \frac{1}{2}\int_{-1}^2 [y^3+4y^2+4y-y^5]\mathrm{d}y = \frac{1}{2}\left[\frac{1}{4}y^4+\frac{4}{3}y^3+2y^2-\frac{1}{6}y^6\right]_{-1}^2 = \frac{45}{8}.$$

例 8-3 交换积分次序：$I = \int_0^1 \mathrm{d}x \int_{-\sqrt{x}}^{\sqrt{x}} f(x,y)\mathrm{d}y + \int_1^4 \mathrm{d}x \int_{x-2}^{\sqrt{x}} f(x,y)\mathrm{d}y$

解：两个二次积分的积分区域合在一起 D：$y^2 \leqslant x \leqslant y+2, -1 \leqslant y \leqslant 2$. 于是

$$I = \iint\limits_D f(x,y)\mathrm{d}x\mathrm{d}y = \int_{-1}^2 \mathrm{d}y \int_{y^2}^{y+2} f(x,y)\mathrm{d}x.$$

例 8-4 求 $\iint\limits_D x^2 \mathrm{e}^{-y^2} \mathrm{d}x\mathrm{d}y$，其中 D 是以 $(0,0),(1,1),(0,1)$ 为顶点的三角形,如图 8-10 所示.

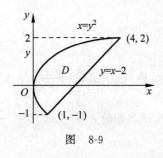

图 8-9   图 8-10

解：先对 y 后对 x 积分.

$$\iint\limits_D x^2 \mathrm{e}^{-y^2} \mathrm{d}x\mathrm{d}y = \int_0^1 \mathrm{d}x \int_x^1 x^2 \mathrm{e}^{-y^2} \mathrm{d}y = \int_0^1 \left[x^2 \int_x^1 \mathrm{e}^{-y^2} \mathrm{d}y \right] \mathrm{d}x$$

因为 $\int \mathrm{e}^{-y^2} \mathrm{d}y$ 无法用初等函数表示,所以二重积分无法计算下去.

先对 x 后对 y 积分.

$$\iint\limits_D x^2 \mathrm{e}^{-y^2} \mathrm{d}x\mathrm{d}y = \int_0^1 \mathrm{d}y \int_0^y x^2 \mathrm{e}^{-y^2} \mathrm{d}x = \int_0^1 \left[\mathrm{e}^{-y^2} \int_0^y x^2 \mathrm{d}x \right] \mathrm{d}y = \int_0^1 \mathrm{e}^{-y^2} \cdot \frac{y^3}{3} \mathrm{d}y$$

$$= \int_0^1 \mathrm{e}^{-y^2} \cdot \frac{y^2}{6} \mathrm{d}y^2 \xlongequal{u=y^2} \frac{1}{6} \int_0^1 \mathrm{e}^{-u} \cdot u \,\mathrm{d}u = -\frac{1}{6} \int_0^1 u \,\mathrm{d}\mathrm{e}^{-u}$$

$$= -\frac{1}{6} \left[u\mathrm{e}^{-u} \big|_0^1 - \int_0^1 \mathrm{e}^{-u} \mathrm{d}u \right] = -\frac{1}{6} \left[\mathrm{e}^{-1} + \mathrm{e}^{-u} \big|_0^1 \right] = \frac{1}{6} \left(1 - \frac{2}{\mathrm{e}} \right).$$

例 8-5 计算 $\iint\limits_D \sqrt{\dfrac{1-x^2-y^2}{1+x^2+y^2}} \,\mathrm{d}x\mathrm{d}y$，其中 D 是由圆周 $x^2+y^2=1$ 及两坐标轴所围成的在第一象限内的闭区域.

解：作变换 $x = r\cos\theta, y = r\sin\theta$,

$$原式 = \iint\limits_D \sqrt{\frac{1-r^2}{1+r^2}} \,r\mathrm{d}r\mathrm{d}\theta = \int_0^{\frac{\pi}{2}} \mathrm{d}\theta \int_0^1 \sqrt{\frac{1-r^2}{1+r^2}} \,r\mathrm{d}r = \frac{\pi}{2} \int_0^1 \sqrt{\frac{1-r^2}{1+r^2}} \,r\mathrm{d}r$$

$$\xlongequal{u=r^2} \frac{\pi}{4} \int_0^1 \sqrt{\frac{1-u}{1+u}} \,\mathrm{d}u = \frac{\pi}{4} \int_0^1 \frac{1-u}{\sqrt{1-u^2}} \,\mathrm{d}u$$

$$= \frac{\pi}{4} \left[\int_0^1 \frac{\mathrm{d}u}{\sqrt{1-u^2}} - \int_0^1 \frac{u\,\mathrm{d}u}{\sqrt{1-u^2}} \right] = \frac{\pi}{4} \left(\arcsin u \Big|_0^1 + \frac{1}{2} \int_0^1 \frac{\mathrm{d}(1-u^2)}{\sqrt{1-u^2}} \right)$$

$$= \frac{\pi}{4} \left(\frac{\pi}{2} + \sqrt{1-u^2} \,\Big|_0^1 \right) = \frac{\pi}{4} \left(\frac{\pi}{2} - 1 \right).$$

例 8-6 设 D 是由 $y=\sqrt{1-x^2}$，$y=x$，$y=-x$ 围成的有界区域，如图 8-11 所示，计算二重积分 $\iint\limits_{D}\dfrac{x^2-xy-y^2}{x^2+y^2}\mathrm{d}x\,\mathrm{d}y$.

解法 1：作变换 $x=r\cos\theta$，$y=r\sin\theta$，

$$\text{原式}=\iint\limits_{D}(\cos^2\theta-\cos\theta\sin\theta-\sin^2\theta)r\,\mathrm{d}r\,\mathrm{d}\theta$$

$$=\int_{\frac{\pi}{4}}^{\frac{3\pi}{4}}(\cos^2\theta-\cos\theta\sin\theta-\sin^2\theta)\mathrm{d}\theta\int_0^1 r\,\mathrm{d}r$$

$$=\frac{1}{2}\int_{\frac{\pi}{4}}^{\frac{3\pi}{4}}\left(\cos2\theta-\frac{1}{2}\sin2\theta\right)\mathrm{d}\theta=\frac{1}{4}\left[\sin2\theta+\frac{1}{2}\cos2\theta\right]\Big|_{\frac{\pi}{4}}^{\frac{3\pi}{4}}=-\frac{1}{2}.$$

解法 2（利用对称性）：积分区域关于 y 轴对称. 被积函数 $\dfrac{xy}{x^2+y^2}$ 是变量 x 的奇函数. 如果先对 x 后对 y 积分，则 x 的积分限是对称区间. 故其积分为零，从而 $\iint\limits_{D}\dfrac{xy}{x^2+y^2}\mathrm{d}x\,\mathrm{d}y=0$. 故

$$\text{原式}=\iint\limits_{D}\frac{x^2-y^2}{x^2+y^2}\mathrm{d}x\,\mathrm{d}y. \text{ 进行极坐标变换，有}$$

$$\text{原式}=\iint\limits_{D}\cos2\theta\,r\,\mathrm{d}r\,\mathrm{d}\theta=\frac{1}{2}\int_{\frac{\pi}{4}}^{\frac{3\pi}{4}}\cos2\theta\,\mathrm{d}\theta=\frac{1}{4}\sin2\theta\Big|_{\frac{\pi}{4}}^{\frac{3\pi}{4}}=-\frac{1}{2}.$$

例 8-7 计算 $\iint\limits_{D}|1-x^2-y^2|\,\mathrm{d}x\,\mathrm{d}y$，其中 D：$x^2+y^2\leqslant4$，如图 8-12 所示.

解：$\iint\limits_{D}|1-x^2-y^2|\,\mathrm{d}x\,\mathrm{d}y$

$$=\iint\limits_{x^2+y^2\leqslant1}(1-x^2-y^2)\mathrm{d}x\,\mathrm{d}y+\iint\limits_{1\leqslant x^2+y^2\leqslant4}(x^2+y^2-1)\mathrm{d}x\,\mathrm{d}y$$

$$=\int_0^{2\pi}\mathrm{d}\theta\int_0^1(1-r^2)r\,\mathrm{d}r+\int_0^{2\pi}\mathrm{d}\theta\int_1^2(r^2-1)r\,\mathrm{d}r$$

$$=2\pi\left[\frac{r^2}{2}-\frac{r^4}{4}\right]_0^1+2\pi\left[\frac{r^4}{4}-\frac{r^2}{2}\right]_1^2=2\pi\left(\frac{1}{2}-\frac{1}{4}+4-2-\frac{1}{4}+\frac{1}{2}\right)=5\pi.$$

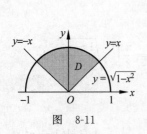

图 8-11

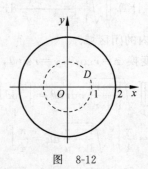

图 8-12

例 8-8 计算三重积分 $\iiint\limits_{\Omega}z\,\mathrm{d}x\,\mathrm{d}y\,\mathrm{d}z$，其中 Ω 为三个坐标面及平面 $x+y+z=1$ 所围成的闭区域，如图 8-13 所示.

解法 1（平行线计算法）：Ω 为曲顶柱体：$0 \leqslant z \leqslant 1 - x - y,(x,y) \in D_{xy}: x \geqslant 0, y \geqslant 0,$
$x + y \leqslant 1.$

$$\iiint\limits_{\Omega} z\,\mathrm{d}x\,\mathrm{d}y\,\mathrm{d}z = \iint\limits_{D_{xy}} \left[\int_0^{1-x-y} z\,\mathrm{d}z \right] \mathrm{d}\sigma = \iint\limits_{D_{xy}} \left[\frac{1}{2}(1-x-y)^2 \right] \mathrm{d}x\,\mathrm{d}y$$

$$= \frac{1}{2} \int_0^1 \left[\int_0^{1-x} (1 - 2x + x^2 - 2y + 2xy + y^2)\mathrm{d}y \right] \mathrm{d}x = \cdots$$

解法 2（平行截面计算法）：对任意的 $z \in [0,1]$，过 z 轴上的点 $(0,0,z)$ 且平行于 xOy
面的截面为 Σ_z. 易知，Σ_z 的面积为 $\sigma_z = \frac{1}{2}(1-z)^2$，如图 8-14 所示.

$$\iiint\limits_{\Omega} z\,\mathrm{d}x\,\mathrm{d}y\,\mathrm{d}z = \int_0^1 \left[\iint\limits_{\Sigma_z} z\,\mathrm{d}x\,\mathrm{d}y \right] \mathrm{d}z$$

$$= \int_0^1 z \left[\iint\limits_{\Sigma_z} \mathrm{d}x\,\mathrm{d}y \right] \mathrm{d}z = \int_0^1 z\sigma_z \mathrm{d}z = \int_0^1 z \cdot \frac{1}{2}(1-z)^2 \mathrm{d}z = \frac{1}{24}.$$

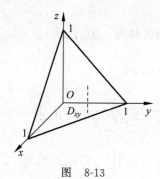

图 8-13

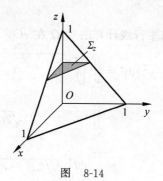

图 8-14

例 8-9 计算 $I = \iiint\limits_{\Omega} z\,\mathrm{d}x\,\mathrm{d}y\,\mathrm{d}z$，其中 Ω 是球 $x^2 + y^2 + z^2 \leqslant 4$ 在抛物面 $x^2 + y^2 = 3z$ 上方的部分.

解（平行线计算法）：解 $\begin{cases} x^2 + y^2 + z^2 = 4 \\ x^2 + y^2 = 3z \end{cases}$ 得两曲面的交线为 $\begin{cases} x^2 + y^2 = 3 \\ z = 1 \end{cases}$. Ω 在 xOy 面上

的投影区域为：$D_{xy}: x^2 + y^2 \leqslant 3$，如图 8-15 所示.

$$I = \iiint\limits_{\Omega} z\,\mathrm{d}x\,\mathrm{d}y\,\mathrm{d}z = \iint\limits_{D_{xy}} \left[\int_{\frac{x^2+y^2}{3}}^{\sqrt{4-x^2-y^2}} z\,\mathrm{d}z \right] \mathrm{d}x\,\mathrm{d}y = \iint\limits_{D_{xy}} \left[\frac{4-x^2-y^2}{2} - \frac{(x^2+y^2)^2}{18} \right] \mathrm{d}x\,\mathrm{d}y.$$

作变量代换 $\begin{cases} x = r\cos\theta \\ y = r\sin\theta \end{cases}$，$I = \int_0^{2\pi} \left[\int_0^{\sqrt{3}} \left(2 - \frac{r^2}{2} - \frac{r^4}{18} \right) r\,\mathrm{d}r \right] \mathrm{d}\theta = \frac{13}{4}\pi.$

例 8-10 计算 $\iiint\limits_{\Omega} (x^2 + y^2)\mathrm{d}v$，其中 Ω 是 $x^2 + y^2 + z^2 \leqslant 2a^2$ 与 $z \geqslant \sqrt{x^2 + y^2}$ 的公共部分.

解法 1（利用球面坐标计算）：作球面坐标变换

$$x = r\sin\varphi\cos\theta, \quad y = r\sin\varphi\sin\theta \quad z = r\cos\varphi.$$

$$\iiint\limits_{\Omega}(x^2 + y^2)\mathrm{d}v = \iiint\limits_{\Omega}r^4\sin^3\varphi\,\mathrm{d}r\,\mathrm{d}\varphi\,\mathrm{d}\theta$$

$$= \int_0^{2\pi}\mathrm{d}\theta\int_0^{\frac{\pi}{4}}\sin^3\varphi\,\mathrm{d}\varphi\int_0^{\sqrt{2}a}r^4\,\mathrm{d}r = \left(\frac{16\sqrt{2}}{15} - \frac{4}{3}\right)\pi a^5$$

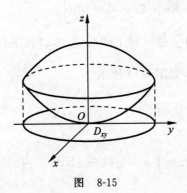

图 8-15

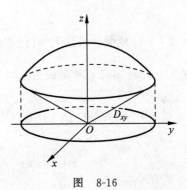

图 8-16

解法 2（平行线计算法）：Ω 在 xOy 面上的投影区域为：$D_{xy}: x^2 + y^2 \leqslant a^2$.

$$\iiint\limits_{\Omega}(x^2 + y^2)\mathrm{d}v = \iint\limits_{D_{xy}}\left[\int_{\sqrt{x^2+y^2}}^{\sqrt{2a^2-x^2-y^2}}(x^2 + y^2)\mathrm{d}z\right]\mathrm{d}x\,\mathrm{d}y$$

$$= \iint\limits_{D_{xy}}(x^2 + y^2)\left(\sqrt{2a^2 - x^2 - y^2} - \sqrt{x^2 + y^2}\right)\mathrm{d}x\,\mathrm{d}y$$

$$= \int_0^{2\pi}\mathrm{d}\theta\int_0^a\left(\sqrt{2a^2 - r^2} - r\right)r^3\,\mathrm{d}r = 2\pi\left[\int_0^a\sqrt{2a^2 - r^2}\,r^3\,\mathrm{d}r - \frac{1}{5}a^5\right].$$

后续计算比较麻烦，因而不宜采用此法.

习 题 8

1. 比较下列各组积分值的大小：

(1) $I_1 = \iint\limits_{D}(x + y)^2\mathrm{d}\sigma$，$I_2 = \iint\limits_{D}(x + y)^3\mathrm{d}\sigma$，$D$ 由 x 轴，y 轴和直线 $x + y = 1$ 围成.

(2) $I_1 = \iint\limits_{D}(x + y)^2\mathrm{d}\sigma$，$I_2 = \iint\limits_{D}(x + y)^3\mathrm{d}\sigma$，$D$：$(x - 2)^2 + (y - 1)^2 \leqslant 2$.

(3) $I_1 = \iint\limits_{D}\ln(x + y)\mathrm{d}\sigma$，$I_2 = \iint\limits_{D}[\ln(x + y)]^2\mathrm{d}\sigma$，$D = \{(x, y) \mid 3 \leqslant x \leqslant 5, 0 \leqslant y \leqslant 1\}$.

2. 计算下列二重积分：

(1) $\iint\limits_{D}(x^2 + y^2)\mathrm{d}\sigma$，其中 $D = \{(x, y) \mid |x| \leqslant 1, |y| \leqslant 1\}$；

(2) $\iint\limits_{D}(3x + 2y)\mathrm{d}\sigma$，其中 D 是由两坐标轴及直线 $x + y = 2$ 所围成；

(3) $\iint\limits_{D}(x^3+3x^2y+y^3)\,\mathrm{d}\sigma$,其中 $D=\{(x,y)\,|\,0\leqslant x\leqslant 1,0\leqslant y\leqslant 1\}$;

(4) $\iint\limits_{D}x\cos(x+y)\,\mathrm{d}\sigma$,其中 D 是顶点分别为 $(0,0)$,$(\pi,0)$ 和 (π,π) 的三角形闭区域;

(5) $\iint\limits_{D}x\sqrt{y}\,\mathrm{d}\sigma$,其中 D 是由两条抛物线 $y=\sqrt{x}$,$y=x^2$ 所围成的闭区域;

(6) $\iint\limits_{D}xy^2\,\mathrm{d}\sigma$,其中 D 是由圆周 $x^2+y^2=4$ 及 y 轴所围成的右半闭区域;

(7) $\iint\limits_{D}\mathrm{e}^{x+y}\,\mathrm{d}\sigma$,其中 $D=\{(x,y)\,|\,|x|+|y|\leqslant 1\}$;

(8) $\iint\limits_{D}(x^2+y^2-x)\,\mathrm{d}\sigma$,其中 D 是由直线 $y=2$,$y=x$ 及 $y=2x$ 所围成的闭区域;

(9) $\iint\limits_{D}\ln(1+x^2+y^2)\,\mathrm{d}\sigma$,$D=\{(x,y)\,|\,x^2+y^2\leqslant 1,x\geqslant 0,y\geqslant 0\}$.

3. 改换下列二次积分的积分次序:

(1) $\int_0^2\mathrm{d}y\int_{y^2}^{2y}f(x,y)\mathrm{d}x$;   (2) $\int_0^1\mathrm{d}y\int_{-\sqrt{1-y^2}}^{\sqrt{1-y^2}}f(x,y)\mathrm{d}x$;

(3) $\int_1^2\mathrm{d}x\int_{2-x}^{\sqrt{2x-x^2}}f(x,y)\mathrm{d}y$;   (4) $\int_1^{\mathrm{e}}\mathrm{d}x\int_0^{\ln x}f(x,y)\mathrm{d}y$;

(5) $\int_0^{\pi}\mathrm{d}x\int_{-\sin\frac{x}{2}}^{\sin x}f(x,y)\mathrm{d}y$.

4. 将 $\iint\limits_{D}f(x,y)\mathrm{d}x\,\mathrm{d}y$ 化为极坐标形式的二次积分,其中 D 分别如下:

(1) $D=\{(x,y)\,|\,x^2+y^2\leqslant a^2,a>0\}$;

(2) $D=\{(x,y)\,|\,x^2+y^2\leqslant 2y\}$;

(3) $D=\{(x,y)\,|\,a^2\leqslant x^2+y^2\leqslant b^2,b>a>0\}$;

(4) $D=\{(x,y)\,|\,0\leqslant x\leqslant 1,0\leqslant y\leqslant x^2\}$;

(5) $D=\{(x,y)\,|\,0\leqslant x\leqslant 1,0\leqslant y\leqslant 1\}$;

(6) $D=\{(x,y)\,|\,0\leqslant x\leqslant 1,1-x\leqslant y\leqslant\sqrt{1-x^2}\}$.

5. 将下列二次积分化为极坐标形式的二次积分.

(1) $\int_0^1\mathrm{d}x\int_0^1f(x,y)\mathrm{d}y$;   (2) $\int_0^2\mathrm{d}y\int_y^{\sqrt{3}y}f(\sqrt{x^2+y^2})\,\mathrm{d}x$;

(3) $\int_0^1\mathrm{d}y\int_{1-y}^{\sqrt{1-y^2}}f(x,y)\mathrm{d}x$.

6. 计算下列三重积分:

(1) $\iiint\limits_{\Omega}\dfrac{\mathrm{d}x\,\mathrm{d}y\,\mathrm{d}z}{(1+x+y+z)^3}$,其中 Ω 是由三个坐标面及平面 $x+y+z=1$ 所围成的闭

区域;

(2) $\iiint\limits_{\Omega} xyz\,\mathrm{d}x\,\mathrm{d}y\,\mathrm{d}z$,其中 Ω 是由三个坐标面及球面 $x^2+y^2+z^2=1$ 所围成的在第一卦限的闭区域;

(3) $\iiint\limits_{\Omega} z\,\mathrm{d}v$,其中 Ω: $x^2+y^2\leqslant z\leqslant\sqrt{2-x^2-y^2}$;

(4) $\iiint\limits_{\Omega}(x^2+y^2)\mathrm{d}v$,其中区域 Ω 由抛物面 $x^2+y^2=2z$ 及平面 $z=2$ 所围成;

(5) $\iiint\limits_{\Omega}(x^2+y^2+z^2)\mathrm{d}v$,$\Omega$: $x^2+y^2+z^2\leqslant1$;

(6) $\iiint\limits_{\Omega}\sqrt{x^2+y^2+z^2}\,\mathrm{d}v$,$\Omega$: $x^2+y^2+z^2\leqslant z$.

第 **9** 讲

函 数 极 限

【知识要点】

在本节的讨论中,为了叙述方便,我们用 $x \to @$ 表示 $x \to x_0, x \to x_0^-, x \to x_0^+, x \to \infty,$
$x \to -\infty$ 和 $x \to +\infty$ 中的一类.

1. 函数极限运算法则

1) 四则运算法则与幂指函数极限的运算法则

设 $\lim_{x \to @} f(x)$ 和 $\lim_{x \to @} g(x)$ 都存在,则:

(1) $\lim_{x \to @} [f(x) \pm g(x)] = \lim_{x \to @} f(x) \pm \lim_{x \to @} g(x)$.

(2) $\lim_{x \to @} [f(x)g(x)] = \lim_{x \to @} f(x) \cdot \lim_{x \to @} g(x)$;特别地,$\lim_{x \to @} [Cf(x)] = C \lim_{x \to @} f(x)$($C$
为常数).

(3) $\lim_{x \to @} \dfrac{f(x)}{g(x)} = \dfrac{\lim_{x \to @} f(x)}{\lim_{x \to @} g(x)} (\lim_{x \to @} g(x) \neq 0)$.

(4) $\lim_{x \to @} [f(x)]^{g(x)} = [\lim_{x \to @} f(x)]^{\lim_{x \to @} g(x)}$ （右式要有意义）.

2) $\lim_{x \to x_0} f(x)$ 存在 $\Leftrightarrow \lim_{x \to x_0^-} f(x)$ 和 $\lim_{x \to x_0^+} f(x)$ 都存在且相等

3) 夹逼准则

(1) 设 $g(x) \leqslant f(x) \leqslant h(x)$,且 $\lim_{x \to @} g(x) = \lim_{x \to @} h(x) = A$,则 $\lim_{x \to @} f(x) = A$.

特别地,若 $|f(x)| \leqslant g(x), \lim_{x \to @} g(x) = 0$,则 $\lim_{x \to @} f(x) = 0$.

(2) 设 $g(x, y) \leqslant f(x, y) \leqslant h(x, y)$,且 $\lim_{(x,y) \to @} g(x, y) = \lim_{(x,y) \to @} h(x, y) = A$,则
$\lim_{(x,y) \to @} f(x, y) = A$.

特别地,若 $|f(x, y)| \leqslant g(x, y), \lim_{(x,y) \to @} g(x, y) = 0$,则 $\lim_{(x,y) \to @} f(x, y) = 0$.

(3) $\lim_{x \to @} f(x) = a \Rightarrow \lim_{x \to @} |f(x)| = |a|$. 但反之不成立,如 $f(x) = \begin{cases} 1, & x \geqslant 0, \\ -1, & x < 0. \end{cases}$
$\lim_{x \to 0} f(x)$ 不存在,但 $\lim_{x \to 0} |f(x)| = 1$.

2. 函数极限的单调有界原理

若函数 $f(x)$ 在 $[a, +\infty)$ 上单调有界,则 $\lim_{x \to +\infty} f(x)$ 存在.

3. 两个重要极限

(1) $\lim_{x \to 0} \dfrac{\sin x}{x} = 1$;   (2) $\lim_{x \to \infty} \left(1 + \dfrac{1}{x}\right)^x = e$

推论 $\quad \lim\limits_{x\to 0}\dfrac{\tan x}{x}=1,\lim\limits_{x\to 0}\dfrac{\arcsin x}{x}=1,\lim\limits_{x\to 0}\dfrac{\arctan x}{x}=1;$

$$\lim_{x\to 0}(1+x)^{\frac{1}{x}}=e,\quad \lim_{x\to 0}\dfrac{e^x-1}{x}=1,\quad \lim_{x\to 0}\dfrac{\ln(1+x)}{x}=1.$$

4. 无穷小的比较

设 $\lim\limits_{x\to @}f(x)=\lim\limits_{x\to @}g(x)=0$，即 $f(x)$ 和 $g(x)$ 是当 $x\to @$ 时的无穷小.

(1) 若 $\lim\limits_{x\to @}\dfrac{f(x)}{g(x)}=0$，则称当 $x\to @$ 时 $f(x)$ 是比 $g(x)$ 高阶的无穷小，$g(x)$ 是比 $f(x)$ 低阶的无穷小，记为 $f(x)=o[g(x)](x\to @)$.

(2) 若 $\lim\limits_{x\to @}\dfrac{f(x)}{g(x)}=C\neq 0$，则称当 $x\to @$ 时 $f(x)$ 是与 $g(x)$ 同阶的无穷小.

特别地，若 $\lim\limits_{x\to 0}\dfrac{f(x)}{x^k}=C\neq 0(k>0)$ 则称当 $x\to 0$ 时 $f(x)$ 是 x 的 k 阶无穷小.

(3) 若 $\lim\limits_{x\to @}\dfrac{f(x)}{g(x)}=1$，则称当 $x\to @$ 时 $f(x)$ 是与 $g(x)$ 等价的无穷小，记为 $f(x)\sim g(x)(x\to @)$.

5. 等价无穷小

常用等价无穷小关系：当 $x\to 0$ 时，

$$\sin x\sim x;\quad \tan x\sim x;\quad \arcsin x\sim x;\quad \arctan x\sim x;\quad 1-\cos x\sim\frac{1}{2}x^2;$$

$$\ln(1+x)\sim x;\quad e^x-1\sim x;\quad (1+x)^\alpha-1\sim \alpha x(\alpha\neq 0)$$

6. 洛必达法则

1) $\dfrac{0}{0}$ 型与 $\dfrac{\infty}{\infty}$ 型未定式

设 $x\to @$ 时，$f(x)$ 和 $F(x)$ 同为无穷小或同为无穷大，且 $\lim\limits_{x\to @}\dfrac{f'(x)}{F'(x)}$ 存在，则

$$\lim_{x\to @}\dfrac{f(x)}{F(x)}=\lim_{x\to @}\dfrac{f'(x)}{F'(x)}.$$

2) $0\cdot\infty$ 型，$\infty-\infty$ 型，0^0，1^∞，∞^0 型未定式

特别提示：

(i) $\lim\limits_{x\to +\infty}\arctan x=\dfrac{\pi}{2}$；$\lim\limits_{x\to -\infty}\arctan x=-\dfrac{\pi}{2}$；$\lim\limits_{x\to\infty}\arctan x$ 不存在.

(ii) $\lim\limits_{x\to 0^+}e^{\frac{1}{x}}=+\infty$；$\quad\lim\limits_{x\to 0^-}e^{\frac{1}{x}}=0$；$\lim\limits_{x\to 0}e^{\frac{1}{x}}$ 不存在.

（iii）每次应用洛必达法则之前必须检查是否为 $\dfrac{0}{0}$ 或 $\dfrac{\infty}{\infty}$ 型未定式.

（iv）如果 $\lim\limits_{x \to @} \dfrac{f'(x)}{F'(x)}$ 不存在也不为 ∞，并不能推定 $\lim\limits_{x \to @} \dfrac{f(x)}{g(x)}$ 不存在也不为 ∞. 如 $\lim\limits_{x \to \infty} \dfrac{x + \sin x}{x + \cos x}$.

7. 泰勒公式

设函数 $f(x)$ 在点 $x = 0$ 处有 n 阶导数，则有

$$f(x) = f(0) + f'(0)x + \frac{f''(0)}{2}x^2 + \cdots + \frac{f^{(n)}(0)}{n!}x^n + o(x^n)\ (x \to 0).$$

此公式称为带佩亚诺型余项的麦克劳林公式，简称为泰勒公式.

当 $x \to 0$ 时，有

$$\frac{1}{1-x} = 1 + x + x^2 + \cdots + x^n + o(x^n);$$

$$\mathrm{e}^x = 1 + x + \frac{x^2}{2!} + \cdots + \frac{x^n}{n!} + o(x^n);$$

$$\sin x = x - \frac{x^3}{3!} + \frac{x^5}{5!} - \cdots + (-1)^{n-1}\frac{x^{2n-1}}{(2n-1)!} + o(x^{2n});$$

$$\cos x = 1 - \frac{x^2}{2!} + \frac{x^4}{4!} - \frac{x^6}{6!} + \cdots + (-1)^n\frac{x^{2n}}{(2n)!} + o(x^{2n+1});$$

$$\ln(1+x) = x - \frac{x^2}{2} + \frac{x^3}{3} - \cdots + (-1)^{n-1}\frac{x^n}{n} + o(x^n);$$

$$(1+x)^m = 1 + mx + \frac{m(m-1)}{2!}x^2 + \cdots + \frac{m(m-1)\cdots(m-n+1)}{n!}x^n + o(x^n).$$

在用泰勒公式求极限时，会用到高阶无穷小的运算如下（容易证明）：

当 $x \to 0$ 时，

$$o(x^m) \pm o(x^n) = o(x^{\min(m,n)});\quad o(x^m)o(x^n) = o(x^{m+n});$$

$$ko(x^n) = o(kx^n) = o(x^n),\ k \neq 0;\quad x^m o(x^n) = o(x^{m+n}).$$

注：$o(x^n) - o(x^n) \neq 0$，如 $x^2 = o(x)$，$x^3 = o(x)$，但 $x^2 - x^3 = o(x) - o(x)$ 不恒为 0.

8. 求极限运算纲领

（1）根据乘积极限的运算法则，求极限时，若有某个乘积因子的极限非零，则可先求出它的极限. 如：

$$\lim_{x \to 0}\frac{\tan x - \sin x}{x^3 \cos x^2} = \lim_{x \to 0}\frac{\tan x - \sin x}{x^3} \cdot \lim_{x \to 0}\frac{1}{\cos x^2} = \lim_{x \to 0}\frac{\tan x - \sin x}{x^3}.$$

（2）若某个乘积因子是无穷小，可用简单的等价无穷小代换. 即

若 $\lim\limits_{x \to @} f(x) = \lim\limits_{x \to @} g(x) = 0$，$\lim\limits_{x \to @} \dfrac{f(x)}{g(x)} = 1$，则：

（i）$\lim\limits_{x \to @} \dfrac{f(x)}{h(x)} = \lim\limits_{x \to @} \dfrac{f(x)}{g(x)} \cdot \dfrac{g(x)}{h(x)} = \lim\limits_{x \to @} \dfrac{g(x)}{h(x)}$；

（ii）$\lim\limits_{x \to @} f(x)h(x) = \lim\limits_{x \to @} \dfrac{f(x)}{g(x)} \cdot g(x)h(x) = \lim\limits_{x \to @} g(x)h(x)$.

(3) 若有带根式的无穷小或无穷大乘积因子,则可先将根式有理化. 如

$$
\lim_{x\to 0}\frac{\sqrt{1+x}-\sqrt{1-x}}{e^x-\cos x}=\lim_{x\to 0}\frac{(\sqrt{1+x}-\sqrt{1-x})(\sqrt{1+x}+\sqrt{1-x})}{(e^x-\cos x)(\sqrt{1+x}+\sqrt{1-x})}
$$

$$
=\lim_{x\to 0}\frac{2x}{(e^x-\cos x)(\sqrt{1+x}+\sqrt{1-x})}=\lim_{x\to 0}\frac{x}{e^x-\cos x}.
$$

(4) 分子分母同除以最低阶无穷小或最高阶无穷大,如

$$
\lim_{x\to\infty}\frac{a_0 x^m+a_1 x^{m-1}+\cdots+a_m}{b_0 x^n+b_1 x^{n-1}+\cdots+b_n}=\begin{cases}\dfrac{a_0}{b_0}, & m=n\\[2mm] 0, & m<n\\[2mm] \infty, & m>n\end{cases}.
$$

$$
\lim_{x\to+\infty}\frac{\sqrt{x+\sqrt{x}}}{\sqrt{x+\sqrt{x+\sqrt{x}}}+\sqrt{x}}=\lim_{x\to+\infty}\frac{\sqrt{1+\sqrt{\dfrac{1}{x}}}}{\sqrt{1+\sqrt{\dfrac{1}{x}+\sqrt{\dfrac{1}{x^3}}}}+1}=\frac{1}{2}.
$$

$$
\lim_{x\to\infty}\frac{x-\sin x}{x+\cos x}=\lim_{x\to\infty}\frac{1-\dfrac{\sin x}{x}}{1+\dfrac{\cos x}{x}}=1.
$$

(5) 有时候,直接用洛必达法则求极限时,求导运算会使极限变得更复杂. 也许倒代换

会有帮助,如 $\lim\limits_{x\to 0}\dfrac{e^{-\frac{1}{x^2}}}{x^{100}}$ 为 $\dfrac{0}{0}$ 型未定式. 直接用洛必达法则,有 $\lim\limits_{x\to 0}\dfrac{e^{-\frac{1}{x^2}}}{x^{100}}=\lim\limits_{x\to 0}\dfrac{e^{-\frac{1}{x^2}}\cdot\dfrac{2}{x^3}}{100\cdot x^{99}}=$

$\lim\limits_{x\to 0}\dfrac{e^{-\frac{1}{x^2}}}{50\cdot x^{102}}$,更复杂了,若做倒代换 $t=\dfrac{1}{x^2}$,并应用洛必达法则,有

$$
\lim_{x\to 0}\frac{e^{-\frac{1}{x^2}}}{x^{100}}=\lim_{t\to+\infty}\frac{t^{50}}{e^t}=\lim_{t\to+\infty}\frac{50t^{49}}{e^t}=\cdots=\lim_{t\to+\infty}\frac{50!}{e^t}=0.
$$

(6) 洛必达法则是由柯西中值定理推导出来的. 有时候用洛必达法则并不能奏效,而直接用柯西中值定理或拉格朗日中值定理反而很容易求得极限.

(7) 导数是用极限定义的,因而利用导数的定义也可以求某些极限.

9. 多元函数的极限问题

多元函数的极限比较复杂. 有些多元函数的极限经过变量代换后可化为一元函数的极限,可用一元函数极限的计算方法求出. 另外一些多元函数的极限可用夹逼准则求出.

多元函数极限存在的充要条件是:动点沿任意路径变化时,函数的极限都存在并且相等. 反过来,如果动点沿某条路径变化时,函数的极限不存在,或者,动点沿两条不同的路径变化时,函数的极限不同,则该多元函数的极限不存在.

【例题】

例 9-1　求 $\lim\limits_{x\to 0}\dfrac{\arctan x-x}{\ln(1+2x^3)}$.

解法 1：原式 $= \lim\limits_{x \to 0} \dfrac{\arctan x - x}{2x^3} \xlongequal{\text{洛必达法则}} \lim\limits_{x \to 0} \dfrac{\dfrac{1}{1+x^2} - 1}{6x^2}$

$$= \lim\limits_{x \to 0} \dfrac{-x^2}{6x^2(1+x^2)} = -\dfrac{1}{6} \lim\limits_{x \to 0} \dfrac{1}{(1+x^2)} = -\dfrac{1}{6}.$$

解法 2：原式 $\xlongequal{\text{洛必达法则}} \lim\limits_{x \to 0} \dfrac{\dfrac{1}{1+x^2} - 1}{\dfrac{6x^2}{1+2x^3}} = \lim\limits_{x \to 0} \dfrac{-x^2(1+2x^2)}{6x^2(1+x^2)} = -\dfrac{1}{6}.$

例 9-2　求 $\lim\limits_{x \to 0} \dfrac{\tan x - \sin x}{x^2(e^x - 1)}$.

解法 1：原式 $= \lim\limits_{x \to 0} \dfrac{\tan x (1 - \cos x)}{x^2 \cdot x} = \lim\limits_{x \to 0} \dfrac{x \cdot \dfrac{1}{2}x^2}{x^3} = \dfrac{1}{2}.$

解法 2：原式 $= \lim\limits_{x \to 0} \dfrac{\tan x - \sin x}{x^3} = \lim\limits_{x \to 0} \dfrac{\sec^2 x - \cos x}{3x^2} = \lim\limits_{x \to 0} \dfrac{1 - \cos^3 x}{3x^2 \cos^2 x}$

$$= \lim\limits_{x \to 0} \dfrac{1 - \cos^3 x}{3x^2} = \lim\limits_{x \to 0} \dfrac{3 \cos^2 x \sin x}{6x} = \dfrac{1}{2}.$$

例 9-3　求 $\lim\limits_{x \to 0} \dfrac{e^{x^2} - \cos x}{\ln \cos x}$.

解：$\lim\limits_{x \to 0} \dfrac{e^{x^2} - \cos x}{\ln \cos x} = \lim\limits_{x \to 0} \dfrac{2x e^{x^2} + \sin x}{-\dfrac{\sin x}{\cos x}} = -\lim\limits_{x \to 0} \dfrac{2x e^{x^2}}{\sin x} - 1 = -3.$

例 9-4　求 $\lim\limits_{x \to \infty} \left(\dfrac{2x+1}{2x+3} \right)^{x+2}$.

解法 1：此极限为 1^∞ 型未定式.

原式 $= \lim\limits_{x \to \infty} \left[\left(1 + \dfrac{-2}{2x+3} \right)^{\frac{2x+3}{-2}} \right]^{\frac{-2(x+2)}{2x+3}} = \dfrac{1}{e}.$

解法 2：原式 $= e^{\lim\limits_{x \to \infty} (x+2) \ln \left(\frac{2x+1}{2x+3} \right)} = e^{\lim\limits_{x \to \infty} (x+2) \left(-\frac{2}{2x+3} \right)} = e^{-\lim\limits_{x \to \infty} \frac{2(x+2)}{2x+3}} = e^{-1}.$

例 9-5　求 $\lim\limits_{x \to \infty} \left(\cos \dfrac{1}{x} \right)^{x^2}$.

解：原式 $= e^{\lim\limits_{x \to \infty} x^2 \ln \left(\cos \frac{1}{x} \right)} \xlongequal{t = \frac{1}{x}} e^{\lim\limits_{t \to 0} \frac{\ln(\cos t)}{t^2}} \xlongequal{\text{洛必达法则}} e^{\lim\limits_{t \to 0} \frac{-\sin t}{2t \cos t}} = e^{-\frac{1}{2}} = \dfrac{1}{\sqrt{e}}.$

例 9-6　求 $\lim\limits_{x \to 0} \left(\dfrac{\sin x}{x} \right)^{\frac{1}{x^2}}$.

解：原式 $= e^{\lim\limits_{x \to 0} \frac{1}{x^2} \ln \left(1 + \frac{\sin x - x}{x} \right)} = e^{\lim\limits_{x \to 0} \frac{\sin x - x}{x^3}} = e^{\lim\limits_{x \to 0} \frac{\cos x - 1}{3x^2}} = e^{-\frac{1}{6}}.$

例 9-7　求 $\lim\limits_{x \to 0} \left(\dfrac{1 + \tan x}{1 + \sin x} \right)^{\frac{1}{x^3}}$.

解：原式 $= e^{\lim\limits_{x \to 0} \frac{1}{x^3} \ln \left(1 + \frac{\tan x - \sin x}{1 + \sin x} \right)} = e^{\lim\limits_{x \to 0} \frac{1}{x^3} \cdot \frac{\tan x - \sin x}{1 + \sin x}} = e^{\lim\limits_{x \to 0} \frac{\tan x - \sin x}{x^3}}$

$$= \mathrm{e}^{\lim\limits_{x \to 0} \frac{\tan x (1 - \cos x)}{x^3}} = \mathrm{e}^{\lim\limits_{x \to 0} \frac{1 - \cos x}{x^2}} = \mathrm{e}^{\lim\limits_{x \to 0} \frac{\sin x}{2x}} = \mathrm{e}^{\frac{1}{2}} = \sqrt{\mathrm{e}}.$$

例 9-8　设 $a_1, a_2, \cdots, a_n > 0$，求 $\lim\limits_{x \to 0} \left(\dfrac{1}{n} \sum\limits_{k=1}^{n} a_k^x \right)^{\frac{1}{x}}$.

解：此极限为 1^∞ 型未定式. 因为

$$\lim_{x \to 0} \frac{1}{x} \ln \left(\frac{1}{n} \sum_{k=1}^{n} a_k^x \right) \xlongequal{\text{洛必达法则}} \lim_{x \to 0} \frac{\sum\limits_{k=1}^{n} a_k^x \ln a_k}{\sum\limits_{k=1}^{n} a_k^x}$$

$$= \frac{\sum\limits_{k=1}^{n} \ln a_k}{n} = \frac{\ln(a_1 a_2 \cdots a_n)}{n} = \ln \sqrt[n]{a_1 a_2 \cdots a_n}.$$

故原式 $= \sqrt[n]{a_1 a_2 \cdots a_n}$.

例 9-9　求 $\lim\limits_{x \to 0^+} x^{\sin x}$.

解：此极限为 0^0 型未定式.

$$原式 = \mathrm{e}^{\lim\limits_{x \to 0^+} \sin x \ln x} = \mathrm{e}^{\lim\limits_{x \to 0^+} (x \ln x)} = \mathrm{e}^{\lim\limits_{x \to 0^+} \frac{\ln x}{\frac{1}{x}}} = \mathrm{e}^{\lim\limits_{x \to 0^+} \frac{\frac{1}{x}}{-\frac{1}{x^2}}} = \mathrm{e}^{-\lim\limits_{x \to 0^+} x} = \mathrm{e}^0 = 1.$$

例 9-10　求 $\lim\limits_{x \to +\infty} x^{\sin \frac{1}{x}}$.

解：此极限为 ∞^0 型未定式.

$$原式 = \mathrm{e}^{\lim\limits_{x \to +\infty} \sin \frac{1}{x} \cdot \ln x} = \mathrm{e}^{\lim\limits_{x \to +\infty} \frac{\ln x}{x}} = \mathrm{e}^{\lim\limits_{x \to +\infty} \frac{1}{x}} = \mathrm{e}^0 = 1.$$

例 9-11　求 $\lim\limits_{x \to +\infty} (1 + 2^x + 3^x)^{\frac{1}{x}}$.

解：
$$\lim_{x \to +\infty} (1 + 2^x + 3^x)^{\frac{1}{x}} = \lim_{x \to +\infty} \left\{ 3^x \left[\left(\frac{1}{3} \right)^x + \left(\frac{2}{3} \right)^x + 1 \right] \right\}^{\frac{1}{x}}$$

$$= \lim_{x \to +\infty} 3 \left[\left(\frac{1}{3} \right)^x + \left(\frac{2}{3} \right)^x + 1 \right]^{\frac{1}{x}} = 3.$$

例 9-12　求 $\lim\limits_{x \to 0} \left(\dfrac{\ln(1+x)}{x} \right)^{\frac{1}{\mathrm{e}^x - 1}}$.

解：设 $f(x) = \left[\dfrac{\ln(1+x)}{x} \right]^{\frac{1}{\mathrm{e}^x - 1}}$，则 $\ln f(x) = \dfrac{1}{\mathrm{e}^x - 1} \ln \left[\dfrac{\ln(1+x)}{x} \right]$.

$$\lim_{x \to 0} \ln f(x) = \lim_{x \to 0} \frac{1}{\mathrm{e}^x - 1} \ln \left[\frac{\ln(1+x)}{x} \right] = \lim_{x \to 0} \frac{1}{x} \ln \left[1 + \frac{\ln(1+x) - x}{x} \right]$$

$$= \lim_{x \to 0} \frac{\ln(1+x) - x}{x^2} = \lim_{x \to 0} \frac{\frac{1}{1+x} - 1}{2x} = -\frac{1}{2}.$$

$$\lim_{x \to 0} f(x) = \mathrm{e}^{-\frac{1}{2}}.$$

例 9-13　求 $\lim\limits_{x \to 0} \cot x \left(\dfrac{1}{\sin x} - \dfrac{1}{x} \right)$.

解：原式 $=\lim\limits_{x\to0}\cot x \cdot \dfrac{x-\sin x}{x\sin x}=\lim\limits_{x\to0}\dfrac{x-\sin x}{x^3}$

$=\lim\limits_{x\to0}\dfrac{(x-\sin x)'}{(x^3)'}=\lim\limits_{x\to0}\dfrac{1-\cos x}{3x^2}=\lim\limits_{x\to0}\dfrac{\sin x}{6x}=\dfrac{1}{6}.$

例 9-14 求 $\lim\limits_{x\to\infty}\left[x-x^2\ln\left(1+\dfrac{1}{x}\right)\right].$

解：原式 $\xlongequal{x=\frac{1}{t}}\lim\limits_{t\to0}\left[\dfrac{1}{t}-\dfrac{\ln(1+t)}{t^2}\right]=\lim\limits_{t\to0}\dfrac{t-\ln(1+t)}{t^2}$

$\xlongequal{洛必达法则}\lim\limits_{t\to0}\dfrac{1-\dfrac{1}{1+t}}{2t}=\lim\limits_{t\to0}\dfrac{1}{2(1+t)}=\dfrac{1}{2}.$

例 9-15 求 $\lim\limits_{x\to+\infty}\dfrac{x^2\sin\dfrac{1}{x}}{\sqrt{2x^2-1}}.$

解：原式 $=\lim\limits_{x\to+\infty}\dfrac{x}{\sqrt{2x^2-1}}.$ 分子分母同除以 x，得，原式 $=\lim\limits_{x\to+\infty}\dfrac{1}{\sqrt{2-\dfrac{1}{x^2}}}=\dfrac{1}{\sqrt{2}}.$

注：如果对 $\lim\limits_{x\to+\infty}\dfrac{x}{\sqrt{2x^2-1}}$ 应用两次洛必达法则，将有

$$\lim\limits_{x\to+\infty}\dfrac{x}{\sqrt{2x^2-1}}=\lim\limits_{x\to+\infty}\dfrac{1}{\dfrac{4x}{2\sqrt{2x^2-1}}}=\lim\limits_{x\to+\infty}\dfrac{\sqrt{2x^2-1}}{2x}=\lim\limits_{x\to+\infty}\dfrac{x}{\sqrt{2x^2-1}}.$$

例 9-16 求 $\lim\limits_{x\to0}\dfrac{\sqrt{1+x}+\sqrt{1-x}-2}{x^2}.$

解法 1：原式 $=\lim\limits_{x\to0}\dfrac{(\sqrt{1+x}+\sqrt{1-x}-2)(\sqrt{1+x}+\sqrt{1-x}+2)}{x^2(\sqrt{1+x}+\sqrt{1-x}+2)}$

$=\lim\limits_{x\to0}\dfrac{\sqrt{1-x^2}-1}{2x^2}=\lim\limits_{x\to0}\dfrac{(\sqrt{1-x^2}-1)(\sqrt{1-x^2}+1)}{2x^2(\sqrt{1-x^2}+1)}$

$=-\lim\limits_{x\to0}\dfrac{x^2}{2x^2(\sqrt{1-x^2}+1)}=-\dfrac{1}{4}.$

解法 2：原式 $\xlongequal{洛必达法则}\lim\limits_{x\to0}\dfrac{\dfrac{1}{2}(1+x)^{-\frac{1}{2}}-\dfrac{1}{2}(1-x)^{-\frac{1}{2}}}{2x}$

$\xlongequal{洛必达法则}\lim\limits_{x\to0}\dfrac{-\dfrac{1}{4}(1+x)^{-\frac{3}{2}}-\dfrac{1}{4}(1-x)^{-\frac{3}{2}}}{2}=-\dfrac{1}{4}.$

解法 3：原式 $\xlongequal{洛必达法则}\lim\limits_{x\to0}\dfrac{\dfrac{1}{2\sqrt{1+x}}-\dfrac{1}{2\sqrt{1-x}}}{2x}=\lim\limits_{x\to0}\dfrac{\sqrt{1-x}-\sqrt{1+x}}{4x\sqrt{1-x^2}}$

$$=\lim_{x\to 0}\frac{\sqrt{1-x}-\sqrt{1+x}}{4x}=\lim_{x\to 0}\frac{(\sqrt{1-x}-\sqrt{1+x})(\sqrt{1-x}+\sqrt{1+x})}{4x(\sqrt{1-x}+\sqrt{1+x})}$$

$$=\lim_{x\to 0}\frac{-2x}{4x(\sqrt{1-x}+\sqrt{1+x})}=-\frac{1}{4}.$$

例 9-17 求 $\lim\limits_{x\to+\infty}\left(\sqrt{x+\sqrt{x+\sqrt{x}}}-\sqrt{x}\right)$.

解：原式 $=\lim\limits_{x\to+\infty}\dfrac{\left(\sqrt{x+\sqrt{x+\sqrt{x}}}-\sqrt{x}\right)\left(\sqrt{x+\sqrt{x+\sqrt{x}}}+\sqrt{x}\right)}{\left(\sqrt{x+\sqrt{x+\sqrt{x}}}+\sqrt{x}\right)}$

$$=\lim_{x\to+\infty}\frac{\sqrt{x+\sqrt{x}}}{\sqrt{x+\sqrt{x+\sqrt{x}}}+\sqrt{x}}=\lim_{x\to+\infty}\frac{\sqrt{1+\sqrt{\dfrac{1}{x}}}}{\sqrt{1+\sqrt{\dfrac{1}{x}+\sqrt{\dfrac{1}{x^3}}}}+1}=\frac{1}{2}.$$

例 9-18 求 $\lim\limits_{x\to 0}\left(\dfrac{1}{x^2}-\cot^2 x\right)$.

解：原式 $=\lim\limits_{x\to 0}\dfrac{\tan^2 x-x^2}{x^2\tan^2 x}=\lim\limits_{x\to 0}\dfrac{(\tan x+x)(\tan x-x)}{x^4}$

$$=\lim_{x\to 0}\left(\frac{\tan x}{x}+1\right)\cdot\lim_{x\to 0}\frac{\tan x-x}{x^3}=2\lim_{x\to 0}\frac{\tan x-x}{x^3}$$

$$\xrightarrow{\text{洛必达法则}}2\lim_{x\to 0}\frac{\sec^2 x-1}{3x^2}=\frac{2}{3}\lim_{x\to 0}\frac{\tan^2 x}{x^2}=\frac{2}{3}.$$

例 9-19 求 $\lim\limits_{x\to 0}\dfrac{1}{x^2}\ln\dfrac{\sin x}{x}$.

解：$\lim\limits_{x\to 0}\dfrac{1}{x^2}\ln\dfrac{\sin x}{x}=\lim\limits_{x\to 0}\dfrac{1}{x^2}\ln\left(1+\dfrac{\sin x-x}{x}\right)=\lim\limits_{x\to 0}\dfrac{\sin x-x}{x^3}$

$$=\lim_{x\to 0}\frac{\cos x-1}{3x^2}=\lim_{x\to 0}\frac{-\dfrac{x^2}{2}}{3x^2}=-\frac{1}{6}.$$

例 9-20 已知当 $x\to 0$ 时，$1-\cos x\cos 2x\cos 3x$ 与 ax^n 是等价无穷小，求 a 和 n 的值.

解：由题设及洛必达法则，$1=\lim\limits_{x\to 0}\dfrac{1-\cos x\cos 2x\cos 3x}{ax^n}$

$$=\lim_{x\to 0}\frac{\sin x}{nax^{n-1}}\cos 2x\cos 3x+2\lim_{x\to 0}\frac{\sin 2x}{nax^{n-1}}\cos x\cos 3x+3\lim_{x\to 0}\frac{\sin 3x}{nax^{n-1}}\cos x\cos 2x$$

$$=\frac{1}{na}\lim_{x\to 0}x^{2-n}+\frac{4}{na}\lim_{x\to 0}x^{2-n}+\frac{9}{na}\lim_{x\to 0}x^{2-n}=\frac{14}{na}\lim_{x\to 0}x^{2-n}.$$

故 $a=7, n=2$.

例 9-21 $\lim\limits_{x\to 0}\dfrac{x-e^{\frac{1}{x}}}{x+e^{\frac{1}{x}}}=$ _____.

(A) 0   (B) 1   (C) -1 (D) 不存在

分析：当 $x \to 0^+$ 时，$\dfrac{1}{x} \to +\infty$，$e^{\frac{1}{x}} \to +\infty$，$e^{-\frac{1}{x}} \to 0$. 所论极限为 $\dfrac{\infty}{\infty}$ 型未定式.

$$\lim_{x \to 0^+} \frac{x - e^{\frac{1}{x}}}{x + e^{\frac{1}{x}}} = \lim_{x \to 0^+} \frac{x e^{-\frac{1}{x}} - 1}{x e^{-\frac{1}{x}} + 1} = -1.$$

当 $x \to 0^-$ 时，$\dfrac{1}{x} \to -\infty$，$e^{\frac{1}{x}} \to 0^+$. 所论极限为 $\dfrac{0}{0}$ 型未定式. 经过尝试可知，在这种情形下直接应用洛必达法则求不出所给极限.

下面我们比较当 $x \to 0^-$ 时的两个无穷小：x 与 $e^{\frac{1}{x}}$，即计算 $\lim\limits_{x \to 0^-} \dfrac{e^{\frac{1}{x}}}{x}$. 若直接用洛必达法则，则有 $\lim\limits_{x \to 0^-} \dfrac{e^{\frac{1}{x}}}{x} = \lim\limits_{x \to 0^-} \dfrac{(e^{\frac{1}{x}})'}{(x)'} = -\lim\limits_{x \to 0^-} \dfrac{e^{\frac{1}{x}}}{x^2}$. 显然，这样是求不出来的. 但下面的变形是简单有效的.

$$\lim_{x \to 0^-} \frac{e^{\frac{1}{x}}}{x} = \lim_{x \to 0^-} \frac{\frac{1}{x}}{e^{-\frac{1}{x}}} \xlongequal{\frac{\infty}{\infty} \text{型，应用洛必达法则}} \lim_{x \to 0^-} \frac{\left(\frac{1}{x}\right)'}{e^{-\frac{1}{x}}\left(-\frac{1}{x}\right)'} = 0.$$

于是 $\lim\limits_{x \to 0^-} \dfrac{x - e^{\frac{1}{x}}}{x + e^{\frac{1}{x}}} = \lim\limits_{x \to 0^-} \dfrac{1 - \dfrac{e^{\frac{1}{x}}}{x}}{1 + \dfrac{e^{\frac{1}{x}}}{x}} = 1$. 因为左右极限不相等，所以极限不存在，故选项（D）正确.

例 9-22 求 $\lim\limits_{x \to \infty} \dfrac{(2x+1)^{20}(3x+2)^{30}}{(5x+3)^{50}}$.

解：原式 $= \lim\limits_{x \to \infty} \left(\dfrac{2x+1}{5x+3}\right)^{20} \left(\dfrac{3x+2}{5x+3}\right)^{30} = \left(\dfrac{2}{5}\right)^{20} \left(\dfrac{3}{5}\right)^{30}$.

例 9-23 求 $\lim\limits_{x \to 1}\left(\dfrac{m}{1-x^m} - \dfrac{n}{1-x^n}\right)$（$m, n$ 为大于 1 的正整数）.

解：$1 - x^m = (1-x)(1 + x + x^2 + \cdots + x^{m-1}) = (1-x)\sum\limits_{k=1}^{m} x^{k-1}$，$1 - x^n = (1-x)\sum\limits_{k=1}^{n} x^{k-1}$.

$$\lim_{x \to 1}\left(\frac{m}{1-x^m} - \frac{n}{1-x^n}\right) = \lim_{x \to 1} \frac{m - n - mx^n + nx^m}{(1-x^m)(1-x^n)} = \lim_{x \to 1} \frac{m - n - mx^n + nx^m}{(1-x)^2 \sum\limits_{k=1}^{m} x^{k-1} \cdot \sum\limits_{k=1}^{n} x^{k-1}}$$

$$= \lim_{x \to 1} \frac{m - n - mx^n + nx^m}{(1-x)^2 mn} = \lim_{x \to 1} \frac{-mnx^{n-1} + mnx^{m-1}}{-2mn(1-x)} = \lim_{x \to 1} \frac{x^{m-1} - x^{n-1}}{2(x-1)}$$

$$= \lim_{x \to 1} \frac{(m-1)x^{m-2} - (n-1)x^{n-2}}{2} = \frac{m-n}{2}.$$

例 9-24 求 $\lim\limits_{x \to \infty}\left(\sin \dfrac{1}{x} \cdot \arctan x\right)$.

解：$\lim\limits_{x \to \infty} \sin \dfrac{1}{x} = 0$，$|\arctan x| < \dfrac{\pi}{2}$. 故 $\lim\limits_{x \to \infty} \sin \dfrac{1}{x} \arctan x = 0$.

例 9-25　$\lim\limits_{x\to+\infty}\dfrac{x^3+x^2+1}{2^x+x^3}(\sin x+\cos x)$.

解：因为$\lim\limits_{x\to+\infty}\dfrac{x^3+x^2+1}{2^x+x^3}=\lim\limits_{x\to+\infty}\dfrac{3x^2+2x}{2^x\ln 2+3x^2}=\lim\limits_{x\to+\infty}\dfrac{6x+2}{2^x(\ln 2)^2+6x}=\lim\limits_{x\to+\infty}\dfrac{6}{2^x(\ln 2)^3+6}=0$,

$|\sin x+\cos x|\leqslant 2$,所以$\lim\limits_{x\to+\infty}\dfrac{x^3+x^2+1}{2^x+x^3}(\sin x+\cos x)=0$.

例 9-26　求极限：(1) $\lim\limits_{x\to 0}\dfrac{\displaystyle\int_0^x\tan t^2\,\mathrm{d}t}{\sin x^3}$;　(2) $\lim\limits_{x\to 0}\dfrac{\displaystyle\int_0^{x^2}\sin^{\frac{3}{2}}t\,\mathrm{d}t}{\displaystyle\int_0^x t(t-\sin t)\,\mathrm{d}t}$.

(3) $\lim\limits_{x\to+\infty}\dfrac{\displaystyle\int_1^x\left[t^2(\mathrm{e}^{\frac{1}{t}}-1)-t\right]\mathrm{d}t}{x^2\ln\left(1+\dfrac{1}{x}\right)}$.

解：(1) 极限为$\dfrac{0}{0}$型未定式.

原式$=\lim\limits_{x\to 0}\dfrac{\displaystyle\int_0^x\tan t^2\,\mathrm{d}t}{x^3}=\lim\limits_{x\to 0}\dfrac{\left(\displaystyle\int_0^x\tan t^2\,\mathrm{d}t\right)'}{(x^3)'}=\lim\limits_{x\to 0}\dfrac{\tan x^2}{3x^2}=\dfrac{1}{3}$.

(2) 极限为$\dfrac{0}{0}$型未定式. 应用洛必达法则, 有

原式$=\lim\limits_{x\to 0}\dfrac{\sin^{\frac{3}{2}}x^2\cdot 2x}{x(x-\sin x)}=2\lim\limits_{x\to 0}\dfrac{x^3}{x-\sin x}=2\lim\limits_{x\to 0}\dfrac{3x^2}{1-\cos x}=2\lim\limits_{x\to 0}\dfrac{6x}{\sin x}=12$.

(3) 因为$\lim\limits_{t\to+\infty}t^2\left[(\mathrm{e}^{\frac{1}{t}}-1)-\dfrac{1}{t}\right]\xlongequal{t=\frac{1}{u}}\lim\limits_{u\to 0}\dfrac{\mathrm{e}^u-1-u}{u^2}=\lim\limits_{u\to 0}\dfrac{\mathrm{e}^u-1}{2u}=\dfrac{1}{2}$,　所以

$\lim\limits_{x\to+\infty}\displaystyle\int_1^x\left[t^2(\mathrm{e}^{\frac{1}{t}}-1)-t\right]\mathrm{d}t=+\infty$.而$\lim\limits_{x\to+\infty}x^2\ln\left(1+\dfrac{1}{x}\right)=\lim\limits_{x\to+\infty}x^2\cdot\dfrac{1}{x}=\lim\limits_{x\to+\infty}x=+\infty$,故所求

极限为$\dfrac{\infty}{\infty}$型未定式, 可以应用洛必达法则.

$\lim\limits_{x\to+\infty}\dfrac{\displaystyle\int_1^x\left[t^2(\mathrm{e}^{\frac{1}{t}}-1)-t\right]\mathrm{d}t}{x^2\ln\left(1+\dfrac{1}{x}\right)}=\lim\limits_{x\to+\infty}\dfrac{\displaystyle\int_1^x\left[t^2(\mathrm{e}^{\frac{1}{t}}-1)-t\right]\mathrm{d}t}{x}=\lim\limits_{x\to+\infty}\left[x^2(\mathrm{e}^{\frac{1}{x}}-1)-x\right]=\dfrac{1}{2}$.

例 9-27　(确定极限式中的未知常数)(1) 设当$x\to 0$时,$\displaystyle\int_0^x\dfrac{t^2\,\mathrm{d}t}{\sqrt{\beta+3t}}\sim\alpha x-\sin x$. 求

α,β. (2) 已知$\lim\limits_{x\to 0}\dfrac{\displaystyle\int_b^x\dfrac{\ln(1+t^3)}{t}\,\mathrm{d}t}{ax-\sin x}=c(\neq 0)$,求$a,b,c$.

解：(1) 由题设,知$\lim\limits_{x\to 0}\dfrac{\displaystyle\int_0^x\dfrac{t^2\,\mathrm{d}t}{\sqrt{\beta+3t}}}{\alpha x-\sin x}=1$,即$\lim\limits_{x\to 0}\dfrac{\dfrac{1}{x}\displaystyle\int_0^x\dfrac{t^2\,\mathrm{d}t}{\sqrt{\beta+3t}}}{\alpha-\dfrac{\sin x}{x}}=1$. 因为$\lim\limits_{x\to 0}\dfrac{1}{x}\displaystyle\int_0^x\dfrac{t^2\,\mathrm{d}t}{\sqrt{\beta+3t}}=$

$$\lim_{x\to 0}\frac{x^2}{\sqrt{\beta+3x}}=0，所以\lim_{x\to 0}\left(\alpha-\frac{\sin x}{x}\right)=0，由此，知 \alpha=\lim_{x\to 0}\frac{\sin x}{x}=1.$$

$$\lim_{x\to 0}\frac{\left(\int_0^x\frac{t^2\,dt}{\sqrt{\beta+3t}}\right)'}{(x-\sin x)'}=\lim_{x\to 0}\frac{\frac{x^2}{\sqrt{\beta+3x}}}{1-\cos x}=\lim_{x\to 0}\frac{\frac{x^2}{\sqrt{\beta+3x}}}{\frac{x^2}{2}}=\frac{2}{\sqrt{\beta}}=1，由此，得 \beta=4.$$

（2）因为$\lim_{x\to 0}(ax-\sin x)=0$，由题设，知$\lim_{x\to 0}\int_b^x\frac{\ln(1+t^3)\,dt}{t}=0.$ 而$\frac{\ln(1+t^3)}{t}>0$，故 $b=0.$

$$\lim_{x\to 0}\frac{\left(\int_0^x\frac{\ln(1+t^3)\,dt}{t}\right)'}{(ax-\sin x)'}=\lim_{x\to 0}\frac{\frac{\ln(1+x^3)}{x}}{a-\cos x}=\lim_{x\to 0}\frac{x^2}{a-\cos x}=c\neq 0.$$

因为$\lim_{x\to 0}x^2=0$，所以$\lim_{x\to 0}(a-\cos x)=0$，所以 $a=\lim_{x\to 0}\cos x=1.$ 于是

$$c=\lim_{x\to 0}\frac{\int_0^x\frac{\ln(1+t^3)\,dt}{t}}{x-\sin x}=\lim_{x\to 0}\frac{x^2}{1-\cos x}=\lim_{x\to 0}\frac{2x}{\sin x}=2.$$

例 9-28 设 $p(x)$ 是多项式，且$\lim_{x\to\infty}\frac{p(x)-x^3}{x^2}=2，\lim_{x\to 0}\frac{p(x)}{x}=1$，求 $p(x).$

解：因为$\lim_{x\to\infty}\frac{p(x)-x^3}{x^2}=2$，所以可设 $p(x)=x^3+ax^2+bx+c$（其中 a,b,c 为待定系数）．于是

$$\lim_{x\to\infty}\frac{p(x)-x^3}{x^2}=\lim_{x\to\infty}\frac{ax^2+bx+c}{x^2}=a=2.$$

又因为$\lim_{x\to 0}\frac{p(x)}{x}=1$，即$\lim_{x\to 0}\frac{x^3+2x^2+bx+c}{x}=\lim_{x\to 0}\left(b+\frac{c}{x}\right)=1$，从而得 $b=1,c=0.$ 故 $p(x)=x^3+2x^2+x.$

例 9-29 （已知某个极限求另外一个极限）（1）已知$\lim_{x\to 0}\frac{\sin 6x+xf(x)}{x^3}=0$，求 $\lim_{x\to 0}\frac{6+f(x)}{x^2}$；

（2）已知$\lim_{x\to 0}\frac{\ln\left[1+\frac{f(x)}{\sin x}\right]}{a^x-1}=c(c>0,a\neq 1)$，求$\lim_{x\to 0}\frac{f(x)}{x^2}$；

（3）设 $f(x)$ 是三次多项式，且$\lim_{x\to 2a}\frac{f(x)}{x-2a}=\lim_{x\to 4a}\frac{f(x)}{x-4a}=1,a\neq 0$，求$\lim_{x\to 3a}\frac{f(x)}{x-3a}$；

（4）已知$\lim_{x\to 0}\frac{\sqrt{1+f(x)\sin 2x}-1}{e^{3x}-1}=2$，求$\lim_{x\to 0}f(x).$

解：（1）**解法 1**：$\lim_{x\to 0}\frac{6+f(x)}{x^2}=\lim_{x\to 0}\left[\frac{6+f(x)}{x^2}-\frac{\sin 6x+xf(x)}{x^3}\right]$

$$=\lim_{x\to 0}\frac{6x-\sin 6x}{x^3}=\lim_{x\to 0}\frac{6-6\cos 6x}{3x^2}=6\lim_{x\to 0}\frac{\sin 6x}{x}=36.$$

解法 2：因为 $\lim\limits_{x\to0}\dfrac{\sin6x+xf(x)}{x^3}=0$，所以 $\sin6x+xf(x)=o(x^3)$，$f(x)=-\dfrac{\sin6x}{x}+o(x^2)$，

$$\lim\limits_{x\to0}\frac{6+f(x)}{x^2}=\lim\limits_{x\to0}\frac{6-\dfrac{\sin6x}{x}+o(x^2)}{x^2}=\lim\limits_{x\to0}\frac{6x-\sin6x}{x^3}=6\lim\limits_{x\to0}\frac{\sin6x}{x}=36.$$

（2）由题设知，必有 $\lim\limits_{x\to0}\dfrac{f(x)}{\sin x}=0$，于是 $\lim\limits_{x\to0}\dfrac{\ln\left[1+\dfrac{f(x)}{\sin x}\right]}{a^x-1}=\lim\limits_{x\to0}\dfrac{\dfrac{f(x)}{\sin x}}{e^{x\ln a}-1}=\lim\limits_{x\to0}\dfrac{f(x)}{x^2\ln a}=c$，

$\lim\limits_{x\to0}\dfrac{f(x)}{x^2}=c\ln a.$

（3）由题设知，必有 $f(2a)=f(4a)=0$．于是，可设 $f(x)=c(x-2a)(x-4a)(x-b)$．

$\lim\limits_{x\to2a}\dfrac{f(x)}{x-2a}=\lim\limits_{x\to2a}c(x-4a)(x-b)=-2ac(2a-b)=1.$

$\lim\limits_{x\to4a}\dfrac{f(x)}{x-4a}=\lim\limits_{x\to4a}c(x-2a)(x-b)=2ac(4a-b)=1.$

解得 $b=3a$，$c=\dfrac{1}{2a^2}$．于是 $f(x)=\dfrac{1}{2a^2}(x-2a)(x-4a)(x-3a)$．

$\lim\limits_{x\to3a}\dfrac{f(x)}{x-3a}=\lim\limits_{x\to3a}\dfrac{1}{2a^2}(x-2a)(x-4a)=-\dfrac{1}{2}.$

（4）当 $x\to0$ 时，$\sqrt{1+f(x)\sin2x}-1\sim\dfrac{1}{2}f(x)\sin2x\sim xf(x)$，$e^{3x}-1\sim3x$，

$$\lim\limits_{x\to0}\frac{\sqrt{1+f(x)\sin2x}-1}{e^{3x}-1}=\lim\limits_{x\to0}\frac{xf(x)}{3x}=\frac{1}{3}\lim\limits_{x\to0}f(x)=2,\lim\limits_{x\to0}f(x)=6.$$

例 9-30 已知 $f(x)$ 是周期为 5 的连续函数，且在 $x=1$ 的某个邻域内满足关系式 $f(1+\sin x)-3f(1-\sin x)=8x+\alpha(x)$，其中 $\alpha(x)$ 是当 $x\to0$ 时比 x 高阶的无穷小，且 $f(x)$ 在 $x=1$ 处可导．求 $f'(6)$．

解：由题设可知，$f(6)=f(1)$，$f'(6)=f'(1)$．

$$\lim\limits_{x\to0}[f(1+\sin x)-3f(1-\sin x)]=\lim\limits_{x\to0}[8x+\alpha(x)],$$

即有　$-2f(1)=0$，$f(1)=0$，从而 $f(6)=0$．

又　$\lim\limits_{x\to0}\dfrac{f(1+\sin x)-3f(1-\sin x)}{x}=8+\lim\limits_{x\to0}\dfrac{\alpha(x)}{x}=8$，

及　$\lim\limits_{x\to0}\dfrac{f(1+\sin x)-3f(1-\sin x)}{x}=\lim\limits_{x\to0}\dfrac{f(1+\sin x)-3f(1-\sin x)}{\sin x}$，

$\xlongequal{t=\sin x}\lim\limits_{t\to0}\dfrac{f(1+t)-f(1)}{t}+3\lim\limits_{x\to0}\dfrac{f(1-t)-f(1)}{-t}=f'(1)+3f'(1)=4f'(1).$

故　$4f'(1)=8$，$f'(1)=2$，$f'(6)=2$．

例 9-31　（利用微分中值定理求极限）求下列极限：

（1）$\lim\limits_{x\to0}\dfrac{\tan(\sin x)-\tan x}{\sin x-x}$；（2）$\lim\limits_{x\to0}\dfrac{\tan(\sin x)-\tan x}{\sin(\sin x)-\sin x}$．

解：(1) 对函数 $f(t) = \tan t$ 在以 x 和 $\sin x$ 为端点的区间上应用拉格朗日中值定理，得

$$\tan(\sin x) - \tan x = \sec^2 \xi (\sin x - x),$$

其中 ξ 在 x 和 $\sin x$ 之间. 于是，

$$\text{原式} = \lim_{\xi \to 0} \sec^2 \xi = 1.$$

(2) 对任意的 $x \neq 0$，函数 $f(t) = \tan t$ 和 $F(t) = \sin t$ 在以 x 和 $\sin x$ 为端点的闭区间上连续、可导，根据柯西中值定理，在该区间内存在一点 ξ，使得

$$\frac{\tan(\sin x) - \tan x}{\sin(\sin x) - \sin x} = \frac{\sec^2 \xi}{\cos \xi} = \sec^3 \xi.$$

当 $x \to 0$ 时，$\xi \to 0$，$\sec^3 \xi \to 1$，于是

$$\lim_{x \to 0} \frac{\tan(\sin x) - \tan x}{\sin(\sin x) - \sin x} = \lim_{\xi \to 0} \sec^3 \xi = 1.$$

例 9-32 求极限 $\lim\limits_{x \to 0} \dfrac{\frac{1}{2} x^2 + 1 - \sqrt{1 + x^2}}{(\cos x - e^{x^2}) \sin x^2}$.

解：当 $x \to 0$ 时，$\sin x^2 \sim x^2$.

$$\sqrt{1 + x^2} = (1 + x^2)^{\frac{1}{2}} = 1 + \frac{1}{2} x^2 + \frac{1}{2} \frac{1}{2} \left(\frac{1}{2} - 1 \right) x^4 + o(x^4)$$

$$= 1 + \frac{1}{2} x^2 - \frac{1}{8} x^4 + o(x^4)$$

$$\cos x = 1 - \frac{x^2}{2!} + o(x^3). \quad e^{x^2} = 1 + x^2 + o(x^2).$$

$$\lim_{x \to 0} \frac{\frac{1}{2} x^2 + 1 - \sqrt{1 + x^2}}{(\cos x - e^{x^2}) \sin x^2} = \lim_{x \to 0} \frac{\frac{1}{2} x^2 + 1 - \left[1 + \frac{1}{2} x^2 - \frac{1}{8} x^4 + o(x^4) \right]}{\left\{ 1 - \frac{x^2}{2!} + o(x^3) - \left[1 + x^2 + o(x^2) \right] \right\} x^2}$$

$$= \lim_{x \to 0} \frac{\frac{1}{8} x^4 - o(x^4)}{-\frac{3 x^4}{2} + o(x^4)} = \lim_{x \to 0} \frac{\frac{1}{8} - \frac{o(x^4)}{x^4}}{-\frac{3}{2} + \frac{o(x^4)}{x^4}} = -\frac{1}{12}.$$

例 9-33 求极限：(1) $\lim\limits_{x \to 0} \dfrac{e^{x^2} - e^{2 - 2\cos x}}{x^4}$；　(2) $\lim\limits_{x \to 0} \dfrac{e^x - e^{\frac{x}{x+1}}}{x^2}$.

解：(1) $\lim\limits_{x \to 0} \dfrac{e^{x^2} - e^{2 - 2\cos x}}{x^4} = \lim\limits_{x \to 0} \dfrac{e^{x^2}(1 - e^{2 - 2\cos x - x^2})}{x^4} = -\lim\limits_{x \to 0} \dfrac{2 - 2\cos x - x^2}{x^4}$

$$= -\lim_{x \to 0} \frac{2\sin x - 2x}{4x^3} = -\lim_{x \to 0} \frac{\cos x - 1}{6x^2} = \lim_{x \to 0} \frac{\frac{1}{2} x^2}{6x^2} = \frac{1}{12}.$$

(2) $\lim\limits_{x \to 0} \dfrac{e^x - e^{\frac{x}{x+1}}}{x^2} = \lim\limits_{x \to 0} \dfrac{e^x (1 - e^{\frac{x}{x+1} - x})}{x^2} = -\lim\limits_{x \to 0} \dfrac{\frac{x}{x+1} - x}{x^2} = -\lim\limits_{x \to 0} \dfrac{-x^2}{(x+1) x^2} = 1.$

例 9-34 当 $x \to 0^+$ 时，$\sqrt[3]{x^2 + 2\sqrt{x}}$ 是 x 的 _____ 阶无穷小.

解：$\sqrt[3]{x^2+2\sqrt{x}}=x^{\frac{1}{6}}\sqrt[3]{x^{\frac{3}{2}}+2}$，$\lim\limits_{x\to 0^+}\dfrac{\sqrt[3]{x^2+2\sqrt{x}}}{x^{\frac{1}{6}}}=\lim\limits_{x\to 0^+}\sqrt[3]{x^{\frac{3}{2}}+2}=\sqrt{2}$. 故 $\sqrt[3]{x^2+2\sqrt{x}}$

是 x 的 $\dfrac{1}{6}$ 阶无穷小.

例 9-35 设 $a_1=x(\cos\sqrt{x}-1)$，$a_2=\sqrt{x}\ln(1+\sqrt[3]{x})$，$a_3=\sqrt[3]{x+1}-1$，当 $x\to 0^+$ 时，以上三个无穷小按照从低阶到高阶的排序是( ).

(A) a_1,a_2,a_3 (B) a_2,a_3,a_1

(C) a_2,a_1,a_3 (D) a_3,a_2,a_1

解：当 $x\to 0^+$ 时，$a_1=x(\cos\sqrt{x}-1)\sim-\dfrac{x^2}{2}$，$a_2=\sqrt{x}\ln(1+\sqrt[3]{x})\sim x^{\frac{5}{6}}$，$a_3=\sqrt[3]{x+1}-1\sim\dfrac{x}{3}$. 故应选(B).

例 9-36 求 $\lim\limits_{\substack{x\to 0\\y\to 0}}(x^2+y^2)\sin\dfrac{1}{x^2+y^2}$.

解：$\lim\limits_{\substack{x\to 0\\y\to 0}}(x^2+y^2)\sin\dfrac{1}{x^2+y^2}\xlongequal{u=x^2+y^2}\lim\limits_{u\to 0}u\sin\dfrac{1}{u}=0$. (有界函数与无穷小的乘积为无穷小)

例 9-37 求证 $\lim\limits_{\substack{x\to 0\\y\to 0}}\dfrac{\sin(x^2 y)}{x^2+y^2}=0$.

证：$|\sin(x^2 y)|\leqslant|x^2 y|$. 因为 $\left|\dfrac{\sin(x^2 y)}{x^2+y^2}\right|\leqslant\dfrac{x^2|y|}{x^2+y^2}\leqslant\dfrac{x^2|y|}{x^2}=|y|$，而 $\lim\limits_{\substack{x\to 0\\y\to 0}}|y|=0$，所以 $\lim\limits_{\substack{x\to 0\\y\to 0}}\dfrac{\sin(x^2 y)}{x^2+y^2}=0$. (夹逼准则)

例 9-38 $\lim\limits_{\substack{x\to 0\\y\to 0}}\dfrac{\sqrt{xy+1}-1}{xy}=\lim\limits_{\substack{x\to 0\\y\to 0}}\dfrac{xy+1-1}{xy(\sqrt{xy+1}+1)}=\lim\limits_{\substack{x\to 0\\y\to 0}}\dfrac{1}{\sqrt{xy+1}+1}=\dfrac{1}{2}$.

例 9-39 证明 $\lim\limits_{\substack{x\to 0\\y\to 0}}\dfrac{xy}{x^2+y^2}$ 不存在.

证：$\lim\limits_{\substack{x\to 0\\y=kx}}\dfrac{xy}{x^2+y^2}=\lim\limits_{x\to 0}\dfrac{kx^2}{x^2+k^2x^2}=\dfrac{k}{1+k^2}$，其值随 k 的不同而变化，即沿不同路径的极限不同，故二重极限不存在.

习 题 9

1. 求下列极限：

(1) $\lim\limits_{x\to 0}\dfrac{\sin x-\tan x}{(\sqrt[3]{1+x^2}-1)(\sqrt{1+\sin x}-1)}$；

(2) $\lim\limits_{x\to 0}\dfrac{\left(1-\dfrac{1}{2}x^2\right)^{\frac{2}{3}}-1}{x\ln(1+x)}$；

(3) $\lim\limits_{x\to 0}(1-2\tan^2 x)^{\cot^2 x}$;

(4) $\lim\limits_{x\to\infty}\left(\dfrac{3+x}{6+x}\right)^{\frac{x-1}{2}}$;

(5) $\lim\limits_{x\to 0}\dfrac{\mathrm{e}^{3x}-\mathrm{e}^{2x}-\mathrm{e}^{x}+1}{\sqrt[3]{1-x^2}-1}$;

(6) $\lim\limits_{x\to 0}\dfrac{\tan x-x}{x-\sin x}$;

(7) $\lim\limits_{x\to\frac{\pi}{2}}\dfrac{\ln\sin x}{(\pi-2x)^2}$;

(8) $\lim\limits_{x\to 0}\dfrac{\ln(1+x^2)}{\sec x-\cos x}$;

(9) $\lim\limits_{x\to 0^+}x^{\tan x}$;

(10) $\lim\limits_{x\to 0}\left[\dfrac{1}{\ln(1+x)}-\dfrac{1}{x}\right]$;

(11) $\lim\limits_{x\to+\infty}\left(\dfrac{2\arctan x}{\pi}\right)^x$;

(12) $\lim\limits_{x\to+\infty}\dfrac{\left(\int_1^x\mathrm{e}^{t^2}\,\mathrm{d}t\right)^2}{\int_0^{2x}\mathrm{e}^{2t^2}\,\mathrm{d}t}$;

(13) $\lim\limits_{x\to+\infty}(\sqrt[x]{x}-1)\arctan x$;

(14) $\lim\limits_{x\to 0}\dfrac{\mathrm{e}-\mathrm{e}^{\cos x}}{\sqrt[3]{1+x^2}-1}$;

2. 设 $f(x)$ 在 $[0,+\infty)$ 连续, 且满足 $\lim\limits_{x\to+\infty}\dfrac{f(x)}{x^2}=1$, 求 $\lim\limits_{x\to+\infty}\dfrac{\mathrm{e}^{-2x}\int_0^x\mathrm{e}^{2t}f(t)\,\mathrm{d}t}{f(x)}$.

3. (1) 设函数 $f(x)=\arctan x$, 若 $f(x)=xf'(\xi)$, 则 $\lim\limits_{x\to 0}\dfrac{\xi^2}{x^2}=$ _____.

(2) 已知极限 $\lim\limits_{x\to 0}\dfrac{x-\arctan x}{x^k}=c$, 其中 c,k 为常数, 且 $c\neq 0$, 则 $k=$ _____,

$c=$ _____.

4. 设 $\cos x-1=x\sin\alpha(x)$, 其中 $|\alpha(x)|<\dfrac{\pi}{2}$, 则当 $x\to 0$ 时, $\alpha(x)$ 是 ( ).

(A) 比 x 高阶的无穷小

(B) 比 x 低阶的无穷小

(C) 与 x 同阶但不等价的无穷小

(D) 与 x 等价的无穷小

5. (1) 设 $f(x)=\cos x-\mathrm{e}^x\lim\limits_{x\to 0}f(x)$, 则 $f(x)=$ _____.

(2) 设 $f(x)=\dfrac{1}{1+x^2}+4x\int_0^1 f(x)\,\mathrm{d}x$, 则 $f(x)=$ _____.

6. 求极限: (1) $\lim\limits_{\substack{x\to+\infty\\y\to a}}\left(1+\dfrac{1}{xy}\right)^{\frac{x^2}{x+y}}$ $(a\neq 0)$;

(2) $\lim\limits_{(x,y)\to(0,2)}\dfrac{\sin(xy)}{x}$;

(3) $\lim\limits_{(x,y)\to(0,0)}xy\sin\dfrac{1}{x^2+y^2}$.

7. 证明: (1) $\lim\limits_{(x,y)\to(0,0)}\dfrac{x^2|y|^{\frac{3}{2}}}{x^4+y^2}=0$;

(2) $\lim\limits_{(x,y)\to(0,0)}\dfrac{x^3+y^3}{x^2+y^2}=0$.

8. 证明极限 $\lim\limits_{(x,y)\to(0,0)}\dfrac{x^2+y^2}{x^2+y^2+(x-y)^2}$ 不存在.

第 **10** 讲

函数及其图形的特性分析与极值

【知识要点】

1. 单调性判别法

若函数的导数在某区间上除有限个点为零外,均为正(或均为负),则函数单调增加(↑)[或单调减少(↓)]. 如 $f(x)=x^3$.

若多元函数对某个变量,譬如 x 的偏导数在 x 的某个变化区间上除有限个点为零外,均为正(或均为负),则函数关于变量 x 单调增加(或单调减少).

2. 曲线的凹凸

曲线 $y=f(x)$ 在区间 I 上凹(凸)的充分必要条件为下列条件之一(图 10-1):

(1) 对 I 上任意两点 x_1,x_2,及任意实数 λ,μ:$0<\lambda,\mu<1,\lambda+\mu=1$,恒有 $f(\lambda x_1+\mu x_2)<(>)\lambda f(x_1)+\mu f(x_2)$.

(2) 对 I 上任意两点 x_1,x_2,恒有 $f\left(\dfrac{x_1+x_2}{2}\right)<(>)\dfrac{f(x_1)+f(x_2)}{2}$.

(3) $f'(x)\uparrow(\downarrow)(x\in I)$.

(4) 除 I 内有限个点为零外,$f''(x)>(<)0$.

(5) 曲线上任意点 (x_0,y_0) 处的切线总是位于曲线弧的下(上)方,即 $f(x)>(<)y_0+f'(x_0)(x-x_0)$.

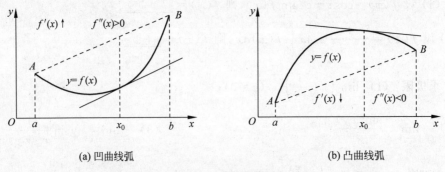

(a) 凹曲线弧   (b) 凸曲线弧

图 10-1 凹凸曲线弧

3. 曲线的拐点

连续曲线上凹凸弧的分界点称为曲线的拐点. 跟零点、驻点和极值点不同,曲线拐点的坐标是由横坐标和纵坐标构成的.

具有二阶导数的函数的曲线在其拐点 $(x_0,f(x_0))$ 的横坐标 x_0 处,$f''(x_0)=0$.

二阶导数不存在的点也可能对应曲线上的拐点.

二阶导数等于零的点不一定对应曲线上的拐点,如 $y=x^4$.

4. 函数的极值

可导函数的极值点一定是驻点;驻点不一定是极值点;不可导的点也可能是极值点.

极值点一定是驻点或导数不存在的点.

(极值的判定定理) (1) 若 $f(x)$ 在 x_0 的某左邻域内单调增加(减少),在 x_0 的某右邻域内单调减少(增加),则 x_0 是 $f(x)$ 的极大(极小)值点.

(2) 设 $f(x)$ 在 x_0 连续.若在 x_0 的某左去心邻域内 $f'(x)>0(<0)$,在 x_0 的某右去心邻域内 $f'(x)<0(>0)$,则 x_0 是极大(极小)值点.

(3) 若 $f'(x_0)=0$,$f''(x_0)>0(<0)$,则 x_0 是极小(极大)值点.

(4) 凹(凸)曲线的函数的驻点一定是极小(极大)值点.

5. 多元函数的极值

(多元函数极值的必要条件) 具有偏导数的多元函数在其极值点处的各偏导数为零.

一阶偏导数同时为零的点称为多元函数的驻点.

偏导数都存在的函数的极值点一定是驻点;但驻点不一定是极值点;偏导数不存在的点也可能是极值点.

(二元函数取得极值的充分条件) 设函数 $z=f(x,y)$ 在点 (x_0,y_0) 的某邻域内连续,有二阶连续偏导数,且 (x_0,y_0) 是函数 $f(x,y)$ 的驻点,即 $f_x(x_0,y_0)=0$,$f_y(x_0,y_0)=0$. 令 $f_{xx}(x_0,y_0)=A$,$f_{xy}(x_0,y_0)=B$,$f_{yy}(x_0,y_0)=C$,则 $f(x,y)$ 在点 (x_0,y_0) 处是否取得极值的条件如下:

(i) 当 $AC-B^2>0$ 时有极值. 当 $A<0$ 时有极大值,当 $A>0$ 时有极小值.

(ii) 当 $AC-B^2<0$ 时没有极值.

(iii) 当 $AC-B^2=0$ 时可能有极值,也可能没有极值,还需另作讨论.

6. 最大值与最小值

(最大值最小值定理) 闭区间(域)上连续的函数在该区间(域)上一定能取得它的最大值和最小值.

最值点必为驻点或(偏)导数不存在的点或边界点.

极值点一定是区间(域)内部的点. 最值点可能是区间(域)内部的点也可能是区间端点(边界点).

1) 有界闭区间上一元连续函数最大最小值的求法

求出全部驻点和导数不存在的点以及区间端点的函数值,比较其大小,则可得最大最小值.

2) 多元可导函数的条件极值—拉格朗日乘数法

求函数 $u=f(x,y,z)$ 在约束条件 $\varphi(x,y,z)=0$ 下的极值.

构造拉格朗日函数 $F(x,y,z)=f(x,y,z)+\lambda\varphi(x,y,z)$ [λ 称为拉格朗日乘数(或乘子)],解方程组 $\begin{cases} F_x=f_x+\lambda\varphi_x=0 \\ F_y=f_y+\lambda\varphi_y=0 \\ F_z=f_z+\lambda\varphi_z=0 \\ \varphi(x,y,z)=0 \end{cases}$ 得驻点. 可以根据实际问题分析判定所求得的驻点是否为

极值点. 此法称为拉格朗日乘数法. 注意, 拉格朗日乘数法难以从数学上分析其是否为极值点.

拉格朗日乘数法可以推广到约束条件多于一个的极值问题, 如求函数 $u=f(x,y,z)$ 满足约束条件 $\varphi(x,y,z)=0, \psi(x,y,z)=0$ 的极值, 应设拉格朗日函数

$$F(x,y,z)=f(x,y,z)+\lambda\varphi(x,y,z)+\mu\psi(x,y,z).$$

然后解 $\begin{cases} F_x = f_x + \lambda\varphi_x + \mu\psi_x = 0 \\ F_y = f_y + \lambda\varphi_y + \mu\psi_y = 0 \\ F_z = f_z + \lambda\varphi_z + \mu\psi_z = 0 \\ \varphi(x,y,z) = 0 \\ \psi(x,y,z) = 0 \end{cases}$ 得驻点.

3) 有界闭区域上多元连续函数的极值

(1) 求出全部驻点和偏导数不存在的点及其函数值;

(2) 利用拉格朗日乘数法求出边界约束条件下的驻点及其函数值;

(3) 比较(1)和(2)中计算得到的函数值, 可得所论闭区域上的最大最小值.

7. 渐近线

若 $\lim\limits_{x\to+\infty} f(x)=A$ 或 $\lim\limits_{x\to-\infty} f(x)=A$, 则直线 $y=A$ 为曲线 $y=f(x)$ 的水平渐近线.

若 $\lim\limits_{x\to x_0^+} f(x)=\infty$ 或 $\lim\limits_{x\to x_0^-} f(x)=\infty$, 则直线 $x=x_0$ 为曲线 $y=f(x)$ 的铅直渐近线.

若 $\lim\limits_{x\to+\infty}[f(x)-ax-b]=0$ 或 $\lim\limits_{x\to-\infty}[f(x)-ax-b]=0, (a\neq0)$, 则直线 $y=ax+b$ 为曲线 $y=f(x)$ 的斜渐近线.

$$\lim_{\substack{x\to+\infty\\(x\to-\infty)}}[f(x)-ax-b]=0\Rightarrow\lim_{\substack{x\to+\infty\\(x\to-\infty)}}x\left[\frac{f(x)}{x}-a-\frac{b}{x}\right]=0\Rightarrow\lim_{\substack{x\to+\infty\\(x\to-\infty)}}\left[\frac{f(x)}{x}-a\right]=0.$$

$y=ax+b$ 为曲线 $y=f(x)$ 的斜渐近线 $\Leftrightarrow a=\lim\limits_{\substack{x\to+\infty\\(x\to-\infty)}}\dfrac{f(x)}{x}, b=\lim\limits_{\substack{x\to+\infty\\(x\to-\infty)}}[f(x)-ax].$

【例题】

例 10-1 试分析函数 $y=x^3-3x^2-9x+5$ 及其曲线的性态.

解: 函数的定义域为 $(-\infty, +\infty)$. $y'=3x^2-6x-9=3(x+1)(x-3)$. 解 $y'=0$ 得驻点 $x_1=-1, x_2=3$. $y''=6x-6=6(x-1)$. 解 $y''=0$, 得 $x_3=1$.

以 $x_1=-1, x_2=3, x_3=1$ 为端点划分定义域, 并列表如下:

x	$(-\infty,-1)$	-1	$(-1,1)$	1	$(1,3)$	3	$(3,+\infty)$
y'	$+$	0	$-$	$-$	$-$	0	$+$
y''	$-$	$-$	$-$	0	$+$	$+$	$+$
y	↗	极大值 10	↘	拐点 $(1,-6)$	↘	极小值 -22	↗

单调增加区间: $(-\infty,-1], [3,+\infty)$; 单调减少区间: $[-1,3]$;

凹区间: $[1,+\infty)$; 凸区间: $(-\infty,1]$; 拐点: $(1,-6)$;

极值: $f_{\max}(-1)=10; f_{\min}(3)=-22$.

例 10-2 设函数 $f(x)$ 在 $(-\infty, +\infty)$ 内连续,其导函数的图形如图 10-2 所示,则(　　).

(A) 函数 $f(x)$ 有 2 个极值点,曲线 $y = f(x)$ 有 2 个拐点

(B) 函数 $f(x)$ 有 2 个极值点,曲线 $y = f(x)$ 有 3 个拐点

(C) 函数 $f(x)$ 有 3 个极值点,曲线 $y = f(x)$ 有 1 个拐点

(D) 函数 $f(x)$ 有 3 个极值点,曲线 $y = f(x)$ 有 2 个拐点

解:由图 10-2 可知:

① $f'(x)$ 在 $(-\infty, x_2)$ 内单调减少且 $f'(x_1) = 0$,故函数 $f(x)$ 在 $x = x_1$ 处取得极大值,曲线 $y = f(x)$ 在 $(-\infty, x_2)$ 内凸.

② $f'(x)$ 在 (x_2, x_4) 内单调增加且 $f'(x_3) = 0$,故函数 $f(x)$ 在 $x = x_3$ 处取得极小值,曲线 $y = f(x)$ 在 (x_2, x_4) 内凹.

③ 由①②可知,$(x_2, f(x_2))$ 是曲线的拐点.

④ $f'(x)$ 在 (x_4, x_5) 内单调减少,即曲线在 (x_4, x_5) 内凸,故 $(x_4, f(x_4))$ 是曲线的拐点.又 $f'(x)$ 在 $(x_5, +\infty)$ 内单调增加,故曲线在 $(x_5, +\infty)$ 内凹,所以 $(x_5, f(x_5))$ 是曲线的拐点.

⑤ 由于在 $(x_3, +\infty)$ 内 $f'(x) \geqslant 0$,故函数 $f(x)$ 在 $(x_3, +\infty)$ 内无极值.

综上,函数 $f(x)$ 有 2 个极值点,曲线 $y = f(x)$ 有 3 个拐点.故应选(B).

例 10-3 设 $f''(x) > 0$,试比较 $f'(0)$,$f'(1)$,$f(1) - f(0)$ 的大小.

解:由拉格朗日中值定理,存在 $\xi \in [0, 1]$,使得 $f(1) - f(0) = f'(\xi)$.因为 $f''(x) > 0$,所以 $f'(x)$ 单调增加.从而有 $f'(0) < f(1) - f(0) = f'(\xi) < f'(1)$.

例 10-4 已知函数 $f(x)$ 在 $[a, +\infty)$ 上有二阶导数.$f(a) = 0$,$f'(x) > 0$,$f''(x) > 0$.设 $b > a$.曲线 $y = f(x)$ 在 $(b, f(b))$ 处的切线与 x 轴的交点为 $(x_0, 0)$,如图 10-3 所示,证明 $a < x_0 < b$.

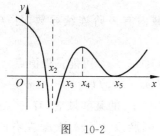

图 10-2

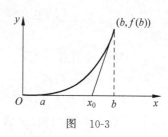

图 10-3

证:由题设,$f(x)$ 和 $f'(x)$ 都在 $[a, +\infty)$ 上单调增加,且当 $x > a$ 时,$f(x) > f(a) = 0$.曲线 $y = f(x)$ 在 $(b, f(b))$ 处的切线方程为 $y = f(b) + f'(b)(x - b)$.其与 x 轴的交点为 $x_0 = b - \dfrac{f(b)}{f'(b)}$.因为 $f(b) > 0$,$f'(b) > 0$,所以 $x_0 < b$.又据拉格朗日中值定理,存在 $\xi \in (a, b)$,使得 $f(b) - f(a) = f'(\xi)(b - a)$.而 $f(a) = 0$,$f'(\xi) < f'(b)$,所以 $\dfrac{f(b)}{f'(b)} < b - a$,从而 $x_0 > a$.

例 10-5 设函数 $y = y(x)$ 由参数方程 $\begin{cases} x = \dfrac{1}{3}t^3 + t + \dfrac{1}{3} \\ y = \dfrac{1}{3}t^3 - t + \dfrac{1}{3} \end{cases}$ 确定,求 $y = y(x)$ 的极值和曲

线 $y=y(x)$ 的凹凸区间及拐点.

解：x 是 t 的单调增加函数,且当 $t\to-\infty$ 时 $x\to-\infty$,当 $t\to+\infty$ 时 $x\to+\infty$.

$\dfrac{\mathrm{d}y}{\mathrm{d}x}=\dfrac{t^2-1}{t^2+1}$,解 $\dfrac{\mathrm{d}y}{\mathrm{d}x}=0$ 得 $t=\pm1$.而当 $t<-1$ 或 $t>1$ 时,$\dfrac{\mathrm{d}y}{\mathrm{d}x}>0$；当 $-1<t<1$ 时,$\dfrac{\mathrm{d}y}{\mathrm{d}x}<0$,所

以 $y=y(x)$ 当 $t=-1$ 时取得极大值 1,当 $t=1$ 时取得极小值 $-\dfrac{1}{3}$.

$$\frac{\mathrm{d}^2y}{\mathrm{d}x^2}=\frac{\mathrm{d}}{\mathrm{d}x}\left(\frac{\mathrm{d}y}{\mathrm{d}x}\right)=\frac{4t}{(t^2+1)^2}\frac{1}{t^2+1}=\frac{4t}{(t^2+1)^3}.$$

解 $\dfrac{\mathrm{d}^2y}{\mathrm{d}x^2}=0$ 得 $t=0$,对应的点为 $\left(\dfrac{1}{3},\dfrac{1}{3}\right)$.因为当 $t<0$ 即 $x<\dfrac{1}{3}$ 时,$\dfrac{\mathrm{d}^2y}{\mathrm{d}x^2}<0$；当 $t>0$ 即 $x>$

$\dfrac{1}{3}$ 时,$\dfrac{\mathrm{d}^2y}{\mathrm{d}x^2}>0$,所以 $y=y(x)$ 的凸区间为 $\left(-\infty,\dfrac{1}{3}\right)$,凹区间为 $\left(\dfrac{1}{3},+\infty\right)$.由此可知,曲线

$y=y(x)$ 的拐点为 $\left(\dfrac{1}{3},\dfrac{1}{3}\right)$.

例 10-6 设函数 $y=y(x)$ 由方程 $y\ln y-x+y=0$ 确定,试判断曲线 $y=y(x)$ 在 $(1,1)$
附近的凹凸性.

解：方程两边求对 x 的导数,

$$\ln y\frac{\mathrm{d}y}{\mathrm{d}x}+\frac{\mathrm{d}y}{\mathrm{d}x}-1+\frac{\mathrm{d}y}{\mathrm{d}x}=0,\quad \frac{\mathrm{d}y}{\mathrm{d}x}=\frac{1}{2+\ln y},$$

$$\frac{\mathrm{d}^2y}{\mathrm{d}x^2}=\frac{\mathrm{d}}{\mathrm{d}x}\left(\frac{1}{2+\ln y}\right)=\frac{\mathrm{d}}{\mathrm{d}y}\left(\frac{1}{2+\ln y}\right)\frac{\mathrm{d}y}{\mathrm{d}x}=-\frac{1}{y(2+\ln y)^3}.$$

因为在 $(1,1)$ 附近,$y>0,\ln y>-1$,所以 $\dfrac{\mathrm{d}^2y}{\mathrm{d}x^2}<0$,故曲线 $y=y(x)$ 在 $(1,1)$ 附近凸.

例 10-7 设函数 $y=f(x)$ 在 $x=x_0$ 的某邻域内有三阶连续导数,且 $f''(x_0)=0$,
$f'''(x_0)\neq0$,则（　　）.

(A) $x=x_0$ 一定是极值点　　　　　　　　(B) $x=x_0$ 可能是极值点

(C) $(x_0,f(x_0))$ 一定是拐点　　　　　　(D) $(x_0,f(x_0))$ 可能不是拐点

解：若 $f'''(x_0)>0$.因为 $f'''(x)$ 在 x_0 连续,所以在 x_0 的某邻域内,有 $f'''(x)>0$.由此
可知,$f''(x)$ 在该邻域内单调增加.又因为 $f''(x_0)=0$,所以 $f''(x)$ 在 x_0 左右两侧异号,故
$(x_0,f(x_0))$ 一定是拐点.类似地,若 $f'''(x_0)<0$,则 $(x_0,f(x_0))$ 也一定是拐点.故应
选(C).

例 10-8 设 $f(x)$ 有二阶连续导数,且 $f'(0)=0$,$\lim\limits_{x\to0}\dfrac{f''(x)}{|x|}=1$,则（　　）.

(A) $f(0)$ 是 $f(x)$ 的极大值　　　　　　(B) $f(0)$ 是 $f(x)$ 的极小值

(C) 点 $(0,f(0))$ 是曲线 $y=f(x)$ 的拐点　　(D) 以上都不是

解：由题设知,$f''(0)=\lim\limits_{x\to0}f''(x)=\lim\limits_{x\to0}\dfrac{f''(x)}{|x|}|x|=0$.且当 $|x|$ 很小但不等于 0 时,
$f''(x)>0$,故曲线 $y=f(x)$ 在点 $(0,f(0))$ 邻近凹.又因 $f'(0)=0$,即 $x=0$ 是 $f(x)$ 的驻
点,所以 $f(0)$ 是极小值.故应选(B).

例 10-9 求 $f(x)=(x-4)\sqrt[3]{(x+1)^2}$ 的极值.

解：$f(x)$ 的定义域为 $(-\infty,+\infty)$. $f'(x)=\sqrt[3]{(x+1)^2}+\dfrac{2}{3}\dfrac{x-4}{\sqrt[3]{x+1}}=\dfrac{5(x-1)}{3\sqrt[3]{x+1}}$. 解 $f'(x)=0$ 得驻点 $x=1$. 另外 $f'(-1)$ 不存在. 因为当 $x<-1$ 时,$f'(x)>0$；当 $-1<x<1$ 时,$f'(x)<0$；当 $x>1$ 时,$f'(x)>0$,所以 $f(x)$ 在 $x=-1$ 处取得极大值 $f(-1)=0$,在 $x=1$ 处取得极小值 $f(1)=-3\sqrt[3]{4}$.

例 10-10　求函数 $f(x)=x^3-3x^2-9x+5$ 在区间 $[-2,6]$ 上的最大值和最小值.

解：$f'(x)=3x^2-6x-9=3(x-3)(x+1)$. 解 $f'(x)=0$ 得驻点 $x=3,-1$. 没有导数不存在的点.

$f(3)=-22,f(-1)=10,f(-2)=3,f(6)=59$. 比较,得最大值 $f(6)=59$,最小值 $f(3)=-22$.

例 10-11　函数 $f(x)=\begin{cases} x\mathrm{e}^{-x^2}, & x\geqslant 0 \\ x^2-2x, & x<0 \end{cases}$　（　　）.

（A）有最大值 $\dfrac{1}{\sqrt{2e}}$ 和最小值 0

（B）有最大值 $\dfrac{1}{\sqrt{2e}}$,但无最小值

（C）有最小值 0,但无最大值

（D）无最大值也无最小值

解：$f'(x)=\begin{cases} (1-2x^2)\mathrm{e}^{-x^2}, & x>0 \\ 2x-2, & x<0 \end{cases}$. 解 $f'(x)=0$ 得 $x=\dfrac{\sqrt{2}}{2}$. （注意：$x=1>0$ 不是驻点.）

当 $x<0$ 时,$f'(x)<0$；当 $0<x<\dfrac{\sqrt{2}}{2}$ 时,$f'(x)>0$；当 $x>\dfrac{\sqrt{2}}{2}$ 时,$f'(x)<0$. 故 $f(x)$ 在 $x=0$ 取得极小值 $f(0)=0$；在 $x=\dfrac{\sqrt{2}}{2}$ 取得极大值 $f\left(\dfrac{\sqrt{2}}{2}\right)=\dfrac{1}{\sqrt{2e}}$. 因为

$$\lim_{x\to+\infty}f(x)=\lim_{x\to+\infty}x\mathrm{e}^{-x^2}=\lim_{x\to+\infty}\frac{x}{\mathrm{e}^{x^2}}=\lim_{x\to+\infty}\frac{1}{2x\mathrm{e}^{x^2}}=0,$$

$$\lim_{x\to-\infty}f(x)=\lim_{x\to-\infty}(x^2-2x)=\lim_{x\to-\infty}x^2\left(1-\frac{2}{x}\right)=+\infty,$$

所以 $f(x)$ 有最小值 $f(0)=0$,但无最大值. 故应选（C）.

例 10-12　求椭圆 $x^2-xy+y^2=3$ 上纵坐标最大和最小的点.

解：方程 $x^2-xy+y^2=3$ 两边求对 x 的导数,得 $2x-y-xy'+2yy'=0$. 令 $y'=0$ 得 $y=2x$. 代入所给椭圆方程,得驻点 $x=\pm 1$,对应所给椭圆上的点 $(-1,-2)$ 和 $(1,2)$. 因而所给椭圆上纵坐标最大的点为 $(1,2)$,纵坐标最小的点为 $(-1,-2)$.

例 10-13　求函数 $f(x,y)=x^3-y^3+3x^2+3y^2-9x$ 的极值.

解：$\begin{cases} f_x=3x^2+6x-9=0 \\ f_y=-3y^2+6y=0 \end{cases} \Rightarrow \begin{cases} x^2+2x-3=0 \\ y^2-2y=0 \end{cases} \Rightarrow \begin{cases} (x-1)(x+3)=0 \\ y(y-2)=0 \end{cases}$.

得驻点 $(1,0),(1,2),(-3,0),(-3,2)$.

$$f_{xx}=6x+6,\quad f_{xy}=0,\quad f_{yy}=-6y+6.$$

在点 $(1,0)$ 处：$A=f_{xx}(1,0)=12,B=f_{xy}(1,0)=0,C=f_{yy}(1,0)=6$.

因为 $AC-B^2=12\times6-0>0,A>0$,所以 $f(x,y)$ 在点 $(1,0)$ 处取得极小值 $f(1,0)=-5$.

在点 $(1,2)$ 处:$A=f_{xx}(1,2)=12,B=f_{xy}(1,2)=0,C=f_{yy}(1,2)=-6$.

因为 $AC-B^2=12\times(-6)-0<0$,所以 $f(1,2)$ 不是极值.

在点 $(-3,0)$ 处:$A=f_{xx}(-3,0)=-12,B=f_{xy}(-3,0)=0,C=f_{yy}(-3,0)=6$.

因为 $AC-B^2=-12\times6-0<0$,所以 $f(-3,0)$ 不是极值.

在点 $(-3,2)$ 处:$A=f_{xx}(-3,2)=-12,B=f_{xy}(-3,2)=0,C=f_{yy}(-3,2)=-6$.

因为 $AC-B^2=-12\times(-6)-0>0,A<0$,

所以 $f(x,y)$ 在点 $(-3,2)$ 处取得极大值 $f(-3,2)=31$.

例 10-14　求表面积为 $2a^2$ 体积最大的长方体的边长.

解:设长方体的边长为 x,y,z,则 $xy+yz+xz=a^2$,体积为 $V=xyz$.

设拉格朗日函数 $F(x,y,z)=xyz+\lambda(xy+yz+xz-a^2)$.

解$\begin{cases}F_x=yz+\lambda(y+z)=0\\F_y=xz+\lambda(x+z)=0\\F_z=xy+\lambda(y+x)=0\\xy+yz+xz=a^2\end{cases}$,前三个方程两两相减,结合最后一个方程,得 $x=y=z=\dfrac{a}{\sqrt{3}}$.

显然,表面积一定的长方体中一定存在体积最大的,没有体积最小的.而拉格朗日函数只有一个驻点,因而这个驻点一定是体积最大的点,即表面积一定的长方体中立方体的体积最大.

例 10-15　求 $u=xy+2yz$ 在 $x^2+y^2+z^2=10$ 下的最值.

解:设 $F(x,y,z)=xy+2yz+\lambda(x^2+y^2+z^2-10)$.解方程组 $\begin{cases}F_x=y+2\lambda x=0\\F_y=x+2z+2\lambda y=0\\F_z=2y+2\lambda z=0\\x^2+y^2+z^2=10\end{cases}$.

由第一和第三个方程,得 $\lambda(z-2x)=0$.$\lambda=0$ 或 $z=2x$.当 $\lambda=0$ 时,$y=0$.代入第二个方程,得 $x=-2z$.将 $y=0$,$x=-2z$ 代入最后一个方程,得 $z=\pm\sqrt{2}$.此时得驻点 $(2\sqrt{2},0,-\sqrt{2}),(-2\sqrt{2},0,\sqrt{2})$.

将 $z=2x$ 代入第二个方程,得 $5x+2\lambda y=0$.再与第一个方程联立 $\begin{cases}y+2\lambda x=0\\5x+2\lambda y=0\end{cases}$.解之,

得 $y=\pm\sqrt{5}\,x$.将 $y=\pm\sqrt{5}\,x,z=2x$ 代入约束条件,得 $x=\pm1$.于是得驻点 $(1,\sqrt{5},2)$,$(-1,\sqrt{5},-2),(1,-\sqrt{5},2),(-1,-\sqrt{5},-2)$.

$u(2\sqrt{2},0,-\sqrt{2})=u(-2\sqrt{2},0,\sqrt{2})=0$.$u(1,\sqrt{5},2)=5\sqrt{5}$,$u(-1,\sqrt{5},-2)=-5\sqrt{5}$,$u(1,-\sqrt{5},2)=-5\sqrt{5}$,$u(-1,-\sqrt{5},-2)=5\sqrt{5}$.

因而,最大值为 $5\sqrt{5}$,最小值为 $-5\sqrt{5}$.

例 10-16　求曲线 $y=\dfrac{x^2}{2x-1}$ 的渐近线.

解:因为函数 $y=\dfrac{x^2}{2x-1}$ 在点 $x=\dfrac{1}{2}$ 处无定义,且 $\lim\limits_{x\to\frac{1}{2}}\dfrac{x^2}{2x-1}=\infty$,所以曲线有铅直渐近

线 $x=\dfrac{1}{2}$.

因为 $\lim\limits_{x\to\infty}\dfrac{x^2}{2x-1}=\infty$,所以曲线无水平渐近线.

因为 $a=\lim\limits_{x\to\infty}\dfrac{y}{x}=\lim\limits_{x\to\infty}\dfrac{x^2}{x(2x-1)}=\lim\limits_{x\to\infty}\dfrac{1}{2-\dfrac{1}{x}}=\dfrac{1}{2}$,

$$b=\lim_{x\to\infty}\left(\dfrac{x^2}{2x-1}-ax\right)=\lim_{x\to\infty}\left(\dfrac{x^2}{2x-1}-\dfrac{x}{2}\right)=\lim_{x\to\infty}\dfrac{x}{2(2x-1)}=\dfrac{1}{4}.$$

所以曲线有斜渐近线 $y=\dfrac{1}{2}x+\dfrac{1}{4}$.

例 10-17　设 $f(x)$ 在 $[0,+\infty)$ 上非负连续,在 $(0,+\infty)$ 内可导,且 $f(0)=0,f(x)\geqslant f'(x)$,证明 $f(x)\equiv0$.

证：设 $F(x)=f(x)\mathrm{e}^{-x}$,则 $F'(x)=f'(x)\mathrm{e}^{-x}-f(x)\mathrm{e}^{-x}=[f'(x)-f(x)]\mathrm{e}^{-x}\leqslant0.$ 故 $F(x)$ 在 $[0,+\infty)$ 上单调减少,从而 $F(x)\leqslant F(0)=0.$ 故必有 $f(x)\leqslant0.$ 由题设知 $f(x)\equiv0.$

例 10-18　设 $f_x(x,y)<0,f_y(x,y)>0$,则使 $f(x_1,y_1)<f(x_2,y_2)$ 成立的是(　　).

(A) $x_1<x_2,y_1<y_2$　　　　　　　(B) $x_1<x_2,y_1>y_2$

(C) $x_1>x_2,y_1<y_2$　　　　　　　(D) $x_1>x_2,y_1>y_2$

解：若将直角坐标系定为"上北下南、左西右东",则函数 $z=f(x,y)$ 向右减少、向上增加,曲面 $z=f(x,y)$ "西北"高、"东南"低.而选项(C)中的点 (x_1,y_1) 位于点 (x_2,y_2) 的东南,因而选(C).

习　题　10

1. 求函数 $f(x)=x^3-6x-2$ 的单调区间、凹凸区间、极值和拐点,并指出其零点的个数.

2. 设函数 $f(x)$ 在 $(-\infty,+\infty)$ 内连续,其二阶导数的图形如图所示,则曲线 $y=f(x)$ 的拐点的个数为(　　)

(A) 0　　　　　　　　　　(B) 1

(C) 2　　　　　　　　　　(D) 3

第 2 题图

3. 设 $(1,3)$ 是曲线 $y=ax^3+bx^2$ 的拐点,则(　　).

(A) $a=\dfrac{3}{2},b=\dfrac{9}{2}$　　　　　　(B) $a=-\dfrac{3}{2},b=\dfrac{9}{2}$

(C) $a=\dfrac{3}{2},b=-\dfrac{9}{2}$　　　　　　(D) $a=-\dfrac{3}{2},b=-\dfrac{9}{2}$

4. 设曲线 $y=k(x^2-3)^2$ 在拐点处的法线通过原点,则 $k=\underline{\qquad}$.

5. 求下列函数在指定区间上的最大值和最小值：

(1) $2x^3-3x^2-80,-1\leqslant x\leqslant4$;　　(2) $y=x+\sqrt{1-x},-5\leqslant x\leqslant1$;

(3) $y=x^2-\dfrac{54}{x}$，$x<0$；   (4) $y=\dfrac{x}{x^2+1}$，$x\geqslant0$.

6. 求函数 $f(x,y)=x^2+y^2-2x$ 在圆 L：$x^2+(y-1)^2=2$ 上的最值.

7. 设函数 $f(x)$ 具有二阶连续导数，且 $f(x)>0$，$f'(0)=0$，则函数 $z=f(x)\ln f(y)$ 在点 $(0,0)$ 处取得极小值的一个充分条件是(   ).

    (A) $f(0)>1$，$f''(0)>0$ (B) $f(0)>1$，$f''(0)<0$

    (C) $f(0)<1$，$f''(0)>0$ (D) $f(0)<1$，$f''(0)<0$

8. 求函数 $z=x^2-y^2$ 在闭区域 $x^2+4y^2\leqslant4$ 上的最大值和最小值.

9. 求函数 $f(x,y)=xe-\dfrac{x^2+y^2}{2}$ 的极值.

10. 抛物面 $z=x^2+y^2$ 被平面 $x+y+z=1$ 截成一个椭圆，求这椭圆上到原点最近和最远的点.

11. 将长为 $2\,\text{m}$ 的铁丝分成 3 段，以此围成圆、正方形和正三角形，三个图形的面积之和是否存在最小值？若存在，求出最小值.

函数的连续性与可导性

【知识要点】

1. 一元函数的连续性

1）一元函数连续的概念

函数 $f(x)$ 在点 $x=x_0$ 连续 $\Leftrightarrow \lim\limits_{x \to x_0} f(x) = f(x_0)$.

函数 $f(x)$ 在点 $x=x_0$ 处左连续 $\Leftrightarrow \lim\limits_{x \to x_0^-} f(x) = f(x_0)$.

函数 $f(x)$ 在点 $x=x_0$ 处右连续 $\Leftrightarrow \lim\limits_{x \to x_0^+} f(x) = f(x_0)$.

$f(x)$ 在点 $x=x_0$ 连续 $\Leftrightarrow f(x)$ 在点 $x=x_0$ 左连续且右连续.

若函数 $f(x)$ 在点 $x=x_0$ 连续, 则函数 $|f(x)|$ 在点 $x=x_0$ 处连续. 但反之不成立, 如

$$f(x) = \begin{cases} 1, & x \geqslant 0 \\ -1, & x < 0 \end{cases} \text{ 在 } x=0 \text{ 处不连续, 但 } |f(x)| \equiv 1 \text{ 在 } x=0 \text{ 处连续.}$$

2）一元函数间断点的几种常见类型

（1）跳跃间断点: 左右极限都存在但不相等.

（2）可去间断点: $\lim\limits_{x \to x_0} f(x) = A$ 存在但 $f(x_0)$ 不存在, 或者 $f(x_0)$ 存在但 $f(x_0) \neq A$.

对于可去间断点, 只要改变（原来有定义时）或者补充（原来无定义时）间断点处函数的定义, 则可使其变为连续点.

（3）无穷间断点. 如果 $\lim\limits_{x \to x_0} f(x) = \infty$, 则称 $x=x_0$ 是 $f(x)$ 的无穷间断点.

（4）振荡间断点. 如果当 $x \to x_0$ 时, $f(x)$ 的值振荡并且不趋向于任何确定的数, 则称 $x=x_0$ 是 $f(x)$ 的振荡间断点.

跳跃间断点与可去间断点统称为第一类间断点. 非第一类的间断点都称为第二类间断点. 无穷间断点和振荡间断点都是第二类间断点.

函数的间断点通常包含在初等函数无定义的点和分段函数的分段点中.

2. 一元函数的可导性

1）导数的定义

$$y' \Big|_{x=x_0} = f'(x_0) = \lim_{x \to x_0} \frac{f(x) - f(x_0)}{x - x_0}$$

$$= \lim_{\Delta x \to 0} \frac{f(x_0 + \Delta x) - f(x_0)}{\Delta x} = \lim_{h \to 0} \frac{f(x_0 + h) - f(x_0)}{h}.$$

左导数：$f'_-(x_0) = \lim\limits_{x \to x_0^-} \dfrac{f(x) - f(x_0)}{x - x_0}$.

右导数：$f'_+(x_0) = \lim\limits_{x \to x_0^+} \dfrac{f(x) - f(x_0)}{x - x_0}$.

$f'(x_0)$ 存在 $\Leftrightarrow f'_-(x_0) = f'_+(x_0)$.

注：我们常用的导数公式只适用于初等函数，即若函数在点 x 的左右邻域内的表达式相同，且为初等函数，我们才可以用导数公式求函数在点 x 处的导数. 如果在该点某左邻域和右邻域内函数的表达式不同，则不能直接用求导公式，通常要用导数的定义求. 见本讲例题.

但是，有如下定理：

(i) 如果函数 $f(x)$ 在 $x = x_0$ 左连续，且 $\lim\limits_{x \to x_0^-} f'(x)$ 存在或为 ∞，则 $f'_-(x_0) = \lim\limits_{x \to x_0^-} f'(x)$；

(ii) 如果函数 $f(x)$ 在 $x = x_0$ 右连续，且 $\lim\limits_{x \to x_0^+} f'(x)$ 存在或为 ∞，则 $f'_+(x_0) = \lim\limits_{x \to x_0^+} f'(x)$.

证明：只需证(1). 由假设知，存在区间 $[a, x_0]$，使得 $f(x)$ 在 $[a, x_0]$ 上连续，在 (a, x_0) 内可导. 对任意的 $x \in (a, x_0)$，在区间 $[x, x_0]$ 上应用拉格朗日中值定理，存在 $\xi \in (x, x_0)$，使得 $\dfrac{f(x) - f(x_0)}{x - x_0} = f'(\xi)$，于是 $f'_-(x_0) = \lim\limits_{x \to x_0^-} \dfrac{f(x) - f(x_0)}{x - x_0} = \lim\limits_{x \to x_0^-} f'(\xi)$. 因为 $\xi \in (x, x_0)$，所以当 $x \to x_0^-$ 时，$\xi \to x_0^-$. 从而 $f'_-(x_0) = \lim\limits_{\xi \to x_0^-} f'(\xi) = \lim\limits_{x \to x_0^-} f'(x)$.

2）导数的几何意义

设函数 $y = f(x)$ 在点 x_0 处可导，则函数的曲线在 $(x_0, f(x_0))$ 处的切线方程为 $y = f(x_0) + f'(x_0)(x - x_0) = f(x_0) + \mathrm{d}y\Big|_{x = x_0}$，切线斜率为 $k = f'(x_0)$.

3）可导与连续的关系

可导一定连续，连续不一定可导，不连续一定不可导.

例如，$f(x) = |x|$ 在 $x = 0$ 处连续但不可导.

注：可导函数的曲线必有切线；有切线的曲线，其函数不一定可导，如函数 $y = \sqrt[3]{x}$ 在 $x = 0$ 处不可导，但曲线 $y = \sqrt[3]{x}$ 在点 $(0,0)$ 处有切线 $x = 0$，如图 11-1 所示.

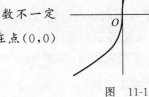

图 11-1

3. 多元函数的连续性与可导性

1）多元连续函数的概念

函数 $f(x, y)$ 在点 (x_0, y_0) 处连续 $\Leftrightarrow \lim\limits_{\substack{x \to x_0 \\ y \to y_0}} f(x, y) = f(x_0, y_0)$

$\Leftrightarrow \lim\limits_{\substack{\Delta x \to 0 \\ \Delta y \to 0}} f(x_0 + \Delta x, y_0 + \Delta y) = f(x_0, y_0)$

$\Leftrightarrow \lim\limits_{(x, y) \to (x_0, y_0)} f(x, y) = f(x_0, y_0)$

$\Leftrightarrow \lim\limits_{\rho \to 0} f(x, y) = f(x_0, y_0) \left(\rho = \sqrt{(x - x_0)^2 + (y - y_0)^2} \right)$

$\Leftrightarrow \lim\limits_{\rho \to 0} f(x_0 + \Delta x, y_0 + \Delta y) = f(x_0, y_0) \left(\rho = \sqrt{(\Delta x)^2 + (\Delta y)^2} \right)$

2）偏导数

多元函数中只有一个自变量变化而其他变量不变时，这个多元函数实质上就成了一元

函数. 此时它对变量的导数被称为偏导数. 以二元函数 $z=f(x,y)$ 为例, 如下:

$$\frac{\partial z}{\partial x}=\lim_{\Delta x\to 0}\frac{f(x+\Delta x,y)-f(x,y)}{\Delta x},\qquad \frac{\partial z}{\partial y}=\lim_{\Delta y\to 0}\frac{f(x,y+\Delta y)-f(x,y)}{\Delta y}.$$

$$\frac{\partial z}{\partial x}\bigg|_{(x_0,y_0)}=f_x(x_0,y_0)=f_x(x,y)\bigg|_{(x_0,y_0)}=\frac{\mathrm{d}f(x,y_0)}{\mathrm{d}x}\bigg|_{x=x_0},$$

$$\frac{\partial z}{\partial y}\bigg|_{(x_0,y_0)}=f_y(x_0,y_0)=f_y(x,y)\bigg|_{(x_0,y_0)}=\frac{\mathrm{d}f(x_0,y)}{\mathrm{d}y}\bigg|_{y=y_0}.$$

3）全微分

设 $z=f(x,y),\Delta z=f(x+\Delta x,y+\Delta y)-f(x,y),\rho=\sqrt{(\Delta x)^2+(\Delta y)^2}$, 则
函数 $f(x,y)$ 在点 (x,y) 处可微

$$\Leftrightarrow \lim_{\rho\to 0}\frac{\Delta z-[f_x(x,y)\Delta x+f_y(x,y)\Delta y]}{\rho}=0（全微分的定义）$$

$$\Leftrightarrow \Delta z-[f_x(x,y)\Delta x+f_y(x,y)\Delta y]=o(\rho)$$

$$\Leftrightarrow \Delta z=f_x(x,y)\Delta x+f_y(x,y)\Delta y+o(\rho)\left(=\frac{\partial z}{\partial x}\Delta x+\frac{\partial z}{\partial y}\Delta y+o(\rho)\right)$$

$\Leftrightarrow$ 存在常数 A,B, 使得 $\Delta z=A\Delta x+B\Delta y+o(\rho)$.［此时, 必有 $A=f_x(x,y),B=f_y(x,y)$］

若函数 $f(x,y)$ 在点 (x,y) 处可微, 则 $\mathrm{d}z=\dfrac{\partial z}{\partial x}\Delta x+\dfrac{\partial z}{\partial y}\Delta y$ 称为函数 $z=f(x,y)$ 的全微分.

因为 $\mathrm{d}x=\Delta x,\mathrm{d}y=\Delta y$, 所以 $\mathrm{d}z=\dfrac{\partial z}{\partial x}\mathrm{d}x+\dfrac{\partial z}{\partial y}\mathrm{d}y$.

注：只有当函数 $f(x,y)$ 在点 (x,y) 处可微时, $\mathrm{d}z=\dfrac{\partial z}{\partial x}\mathrm{d}x+\dfrac{\partial z}{\partial y}\mathrm{d}y$ 才是函数 $z=f(x,y)$ 的全微分, 否则, $\mathrm{d}z=\dfrac{\partial z}{\partial x}\mathrm{d}x+\dfrac{\partial z}{\partial y}\mathrm{d}y$ 不是函数 $z=f(x,y)$ 的全微分.

推广：设函数 $u=f(x,y,z)$ 可微, 则 $\mathrm{d}u=\dfrac{\partial u}{\partial x}\mathrm{d}x+\dfrac{\partial u}{\partial y}\mathrm{d}y+\dfrac{\partial u}{\partial z}\mathrm{d}z$.

4）多元函数的偏导数存在可微与连续的关系

（1）可微的函数一定连续（由可微的定义直接可得）.

（2）可微的函数一定各偏导数都存在（由可微的定义直接可得）. 连续函数的偏导数不一定存在, 如函数 $z=\sqrt{x^2+y^2}$, 其图形为开口向上的圆锥面, 如图 11-2 所示. 显然, $z=\sqrt{x^2+y^2}$ 在 $(0,0)$ 处连续, 当 $y=0$ 时, $z=|x|$, $\dfrac{\partial z}{\partial x}\bigg|_{(0,0)}$ 不存在；当 $x=0$ 时, $z=|y|$, $\dfrac{\partial z}{\partial y}\bigg|_{(0,0)}$ 不存在.

（3）偏导数存在的函数不一定连续. 考查函数 $f(x,y)=\begin{cases}1,&x=0\text{ 或 }y=0\\0,&\text{其他}\end{cases}$.（图 11-3）

因为 $f(x,0)=1$, 所以 $f_x(x,0)=0,f_x(0,0)=0$；

因为 $f(0,y)=1$, 所以 $f_y(0,y)=0,f_y(0,0)=0$.

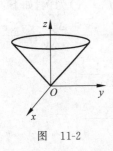

图 11-2

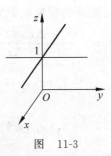

图 11-3

即函数在$(0,0)$处的两个偏导数都存在,但函数在$(0,0)$处不连续.

(4) 连续函数不一定可微;偏导数存在的函数不一定可微.这是因为,函数连续和各偏导数存在是函数可微的必要条件.但函数连续不能确保各偏导数存在,而各偏导数存在也不能确保函数连续,因而连续函数不一定可微;偏导数存在的函数不一定可微.

(5) 可以证明(超出本课程教学要求):**各偏导数都连续的函数一定可微**.

【例题】

例 11-1 指出下列函数的间断点及其类型:

(1) $f(x)=\dfrac{x^2-4}{x^2+x-6}$;

(2) $f(x)=\begin{cases} x+2, & x\geqslant 0 \\ x-2, & x<0 \end{cases}$;

(3) $f(x)=\dfrac{x}{\tan x}$;

(4) $f(x)=\lim\limits_{n\to\infty}\dfrac{x^{2n}-x}{x^{2n}+1}$.

解:(1) $f(x)=\dfrac{x^2-4}{x^2+x-6}=\dfrac{(x-2)(x+2)}{(x-2)(x+3)}$.这是初等函数,其在点 $x=2,x=-3$ 处无定义,因而其间断点为 $x=2,x=-3$.

因为 $\lim\limits_{x\to 2}f(x)=\lim\limits_{x\to 2}\dfrac{(x-2)(x+2)}{(x-2)(x+3)}=\lim\limits_{x\to 2}\dfrac{x+2}{x+3}=\dfrac{4}{5}$存在,所以 $x=2$ 是可去间断点.

因为 $\lim\limits_{x\to -3}f(x)=\lim\limits_{x\to -3}\dfrac{x+2}{x+3}=\infty$,所以 $x=-3$ 是无穷间断点.

(2) 这是分段函数,$x=0$ 是函数的分段点.

$f(0^-)=\lim\limits_{x\to 0^-}f(x)=\lim\limits_{x\to 0^-}(x-2)=-2,\ f(0^+)=\lim\limits_{x\to 0^+}f(x)=\lim\limits_{x\to 0^+}(x+2)=2,$

因为 $f(0^-)\neq f(0^+)$,所以 $x=0$ 是跳跃间断点.

(3) 这是初等函数,$x=\dfrac{k\pi}{2}(k=0,\pm 1,\pm 2,\cdots)$ 是函数无定义的点,因而是间断点.

因为 $\lim\limits_{x\to 0}f(x)=\lim\limits_{x\to 0}\dfrac{x}{\tan x}=1$,所以 $x=0$ 是可去间断点.

当 $k\neq 0$ 时,因为 $\lim\limits_{x\to k\pi}\dfrac{x}{\tan x}=\infty$,所以 $x=k\pi(k=\pm 1,\pm 2,\cdots)$ 是无穷间断点.

因为 $\lim\limits_{x\to k\pi+\frac{\pi}{2}}\dfrac{x}{\tan x}=0$,所以 $x=k\pi+\dfrac{\pi}{2}(k=0,\pm 1,\pm 2,\cdots)$ 是可去间断点.

(4) $f(x)=\lim\limits_{n\to\infty}\dfrac{x^{2n}-x}{x^{2n}+1}=\begin{cases}1, & x\leqslant-1 \text{ 或 } x>1 \\ -x, & -1<x<1 \\ 0, & x=1\end{cases}$.

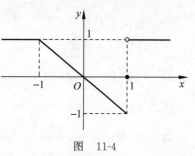

图 11-4

分段点为 $x=1$ 和 $x=-1$. 易知，$x=-1$ 为连续点，$x=1$ 为跳跃间断点，如图 11-4 所示.

例 11-2 函数 $f(x)=\lim\limits_{t\to0}\left(1+\dfrac{\sin t}{x}\right)^{\frac{x^2}{t}}$ 在 $(-\infty, +\infty)$ 内（ ）.

(A) 连续 (B) 有可去间断点

(C) 有跳跃间断点 (D) 有无穷间断点

解：$f(x)=\lim\limits_{t\to0}\left(1+\dfrac{\sin t}{x}\right)^{\frac{x^2}{t}}=\lim\limits_{t\to0}\left[\left(1+\dfrac{\sin t}{x}\right)^{\frac{x}{\sin t}}\right]^{\frac{x\sin t}{t}}=e^x, x\neq0$. 易知 $f(x)$ 有可去间断点 $x=0$. 故应选 (B).

例 11-3 讨论函数 $f(x)=\begin{cases}x\sin\dfrac{1}{x}, & x\neq0 \\ 0, & x=0\end{cases}$ 在 $x=0$ 处的连续性与可导性.

解：因为 $\lim\limits_{x\to0}f(x)=\lim\limits_{x\to0}x\sin\dfrac{1}{x}=0=f(0)$，所以函数 $f(x)$ 在 $x=0$ 处连续.

因为 $\lim\limits_{x\to0}\dfrac{f(x)-f(0)}{x-0}=\lim\limits_{x\to0}\dfrac{x\sin\dfrac{1}{x}}{x}=\lim\limits_{x\to0}\sin\dfrac{1}{x}$ 不存在，所以函数 $f(x)$ 在 $x=0$ 处不可导.

例 11-4 讨论函数 $f(x)=\begin{cases}x^2\sin\dfrac{1}{x}, & x\neq0 \\ 0, & x=0\end{cases}$ 在 $x=0$ 处的连续性与可导性以及导函数的连续性与可导性.

解：因为 $\lim\limits_{x\to0}f(x)=\lim\limits_{x\to0}x^2\sin\dfrac{1}{x}=0=f(0)$，所以函数 $f(x)$ 在 $x=0$ 处连续.

因为 $\lim\limits_{x\to0}\dfrac{f(x)-f(0)}{x-0}=\lim\limits_{x\to0}\dfrac{x^2\sin\dfrac{1}{x}}{x}=\lim\limits_{x\to0}x\sin\dfrac{1}{x}=0$，所以函数 $f(x)$ 在 $x=0$ 处可导，且 $f'(0)=0$.

$$f'(x)=\begin{cases}2x\sin\dfrac{1}{x}-\cos\dfrac{1}{x}, & x\neq0 \\ 0, & x=0\end{cases}.$$

因为 $\lim\limits_{x\to0}2x\sin\dfrac{1}{x}=0$，而 $\lim\limits_{x\to0}\cos\dfrac{1}{x}$ 不存在，所以 $\lim\limits_{x\to0}f'(x)=\lim\limits_{x\to0}\left(2x\sin\dfrac{1}{x}-\cos\dfrac{1}{x}\right)$ 不存在.

故函数 $f'(x)$ 在 $x=0$ 处不连续，从而也不可导.

例 11-5 函数 $f(x)=\begin{cases} x\sin\dfrac{1}{x}, & x>0 \\ \sin x, & x\leqslant 0 \end{cases}$ 在 $x=0$ 处( ).

(A) 极限不存在　　　　　　　　　　(B) 极限存在但不连续

(C) 连续但不可导　　　　　　　　　　(D) 可导

解：$f(0^{+})=\lim\limits_{x\to 0^{+}}f(x)=\lim\limits_{x\to 0}x\sin\dfrac{1}{x}=0$，$f(0^{-})=\lim\limits_{x\to 0^{-}}f(x)=\lim\limits_{x\to 0}\sin x=0$.

因为 $f(0^{+})=f(0^{-})=f(0)$，所以 $f(x)$ 在 $x=0$ 处连续.

因为 $f'_{+}(0)=\lim\limits_{x\to 0^{+}}\dfrac{f(x)-f(0)}{x}=\lim\limits_{x\to 0}\sin\dfrac{1}{x}$ 不存在，所以 $f(x)$ 在 $x=0$ 处不可导，故应选(C).

注：因为 $f(x)$ 左连续，且 $\lim\limits_{x\to 0^{-}}f'(x)=\lim\limits_{x\to 0}\cos x=1$，所以 $f'_{-}(0)=\lim\limits_{x\to 0^{-}}f'(x)=1$.

例 11-6 设 $f(x)$ 在 $x=1$ 处连续，且 $\lim\limits_{x\to 1}\dfrac{f(x)}{x-1}=2$，则 $f'(1)=$ _____.

解：$f(1)=\lim\limits_{x\to 1}f(x)=\lim\limits_{x\to 1}(x-1)\dfrac{f(x)}{x-1}=0$.

$$f'(1)=\lim\limits_{x\to 1}\dfrac{f(x)-f(1)}{x-1}=\lim\limits_{x\to 1}\dfrac{f(x)}{x-1}=2.$$

例 11-7 (1) 设 $\varphi(x)$ 在点 $x=a$ 处连续，$f(x)=(x-a)\varphi(x)$，求 $f'(a)$；

(2) 设函数 $f(x)=(e^{x}-1)(e^{2x}-2)\cdots(e^{nx}-n)$，求 $f'(0)$.

解：(1) 首先指出，下列解法是错误的：

$f'(x)=\varphi(x)+(x-a)\varphi'(x)$，$f'(a)=\varphi(a)$. 这是因为，$\varphi'(x)$ 不一定存在.

正确的做法如下：

$$f'(a)=\lim\limits_{x\to a}\dfrac{f(x)-f(a)}{x-a}=\lim\limits_{x\to a}\dfrac{(x-a)\varphi(x)}{x-a}=\lim\limits_{x\to a}\varphi(x)=\varphi(a).$$

(2) $f'(0)=\lim\limits_{x\to 0}\dfrac{f(x)-f(0)}{x}=\lim\limits_{x\to 0}\dfrac{e^{x}-1}{x}(e^{2x}-2)\cdots(e^{nx}-n)=(-1)^{n-1}(n-1)!$.

例 11-8 (利用导数的定义求极限)

(1) 设 $f'(x_0)=A$，则 $\lim\limits_{h\to 0}\dfrac{f(x_0-2h)-f(x_0)}{h}=$ _____.

(2) 设 $f'(0)=2$，则 $\lim\limits_{x\to 0}\dfrac{f(x)-f(-2x)}{3x}=$ _____.

(3) 设 $f''(0)$ 存在，则 $\lim\limits_{h\to 0}\dfrac{f(h)+f(-h)-2f(0)}{h^{2}}=$ _____.

解：(1) 首先指出，下列解法是错误的.

因为 $f'(x_0)$ 存在，所以函数 $f(x)$ 在点 x_0 处连续，即有 $\lim\limits_{h\to 0}f(x_0-2h)=f(x_0)$. 故所求极限为 $\dfrac{0}{0}$ 型未定式，应用洛必达法则，有

$$\lim\limits_{h\to 0}\dfrac{f(x_0-2h)-f(x_0)}{h}=-2\lim\limits_{h\to 0}f'(x_0-2h)=-2f'(x_0)=-2A.$$

注意到，在上述计算过程中，$\lim\limits_{h\to 0}f'(x_0-2h)=f'(x_0)\Leftrightarrow f'(x_0)$在点$x_0$处连续. 然而从题设中得不到这一条件. 因而上述算式是错误的.

正确的做法如下：

$$\lim_{h\to 0}\frac{f(x_0-2h)-f(x_0)}{h}=-2\lim_{h\to 0}\frac{f(x_0-2h)-f(x_0)}{-2h}.\ 令\ \Delta x=-2h，则由导数的$$

定义，

$$\lim_{h\to 0}\frac{f(x_0-2h)-f(x_0)}{h}=-2\lim_{\Delta x\to 0}\frac{f(x_0+\Delta x)-f(x_0)}{\Delta x}=-2f'(x_0)=-2A.$$

（2）原式$=\lim\limits_{x\to 0}\left[\dfrac{f(x)-f(0)}{3x}-\dfrac{f(-2x)-f(0)}{3x}\right]$

$$=\frac{1}{3}\lim_{x\to 0}\frac{f(x)-f(0)}{x}+\frac{2}{3}\lim_{x\to 0}\frac{f(-2x)-f(0)}{-2x}=\frac{1}{3}f'(0)+\frac{2}{3}f'(0)=f'(0)=2.$$

（3）此极限为$\dfrac{0}{0}$型未定式. 因为$f''(0)$存在，所以$f'(x)$在$x=0$处连续.

应用洛必达法则，有

$$原式=\lim_{h\to 0}\frac{f'(h)-f'(-h)}{2h}=\frac{1}{2}\left[\lim_{h\to 0}\frac{f'(h)-f(0)}{h}+\lim_{h\to 0}\frac{f'(-h)-f(0)}{-h}\right]=f''(0).$$

注：本题的 3 个极限均为$\dfrac{0}{0}$型未定式，但不能直接用洛必达法则，因为应用洛必达法则时，（1）题要求导函数在x_0处连续，（2）题要求导函数在$x=0$处连续，而（3）题要求二阶导函数在$x=0$处连续. 作为填空题，只要求给出结论即可. 此时，可假设满足洛必达法则的条件，而应用洛必达法则求极限，即计算如下：

$$\lim_{h\to 0}\frac{f(x_0-2h)-f(x_0)}{h}=-2\lim_{h\to 0}f'(x_0-2h)=-2f'(x_0)=-2A.$$

$$\lim_{x\to 0}\frac{f(x)-f(-2x)}{3x}=\lim_{x\to 0}\frac{f'(x)+2f'(-2x)}{3}=f'(0)=2.$$

$$\lim_{h\to 0}\frac{f(h)+f(-h)-2f(0)}{h^2}=\lim_{h\to 0}\frac{f'(h)-f'(-h)}{2h}=\lim_{h\to 0}\frac{f''(h)+f''(-h)}{2}=f''(0).$$

例 11-9　设恒有$f(x+y)=f(x)+f(y)+2xy，x,y\in(-\infty,\infty)$，且$f'(0)=1$. 求$f(x)$.

解：$f(0)=f(0+0)=f(0)+f(0)\Rightarrow f(0)=0$

$$f'(x)=\lim_{y\to 0}\frac{f(x+y)-f(x)}{y}=\lim_{y\to 0}\frac{f(y)+2xy}{y}$$

$$=\lim_{y\to 0}\frac{f(y)-f(0)}{y}+2x=f'(0)+2x=1+2x.$$

故$f(x)=x+x^2$.

例 11-10　设$f(x,y)=\begin{cases}\dfrac{xy}{x^2+y^2}&(x,y)\neq(0,0)\\[2mm]0&(x,y)=(0,0)\end{cases}$，求$f_x(0,0),f_y(0,0)$.

解法 1：$f_x(0,0)=\lim\limits_{\Delta x\to 0}\dfrac{f(0+\Delta x,0)-f(0,0)}{\Delta x}=\lim\limits_{\Delta x\to 0}\dfrac{0-0}{\Delta x}=0.$

$$f_y(0,0) = \lim_{\Delta y \to 0} \frac{f(0,0+\Delta y) - f(0,0)}{\Delta y} = \lim_{\Delta y \to 0} \frac{0-0}{\Delta y} = 0.$$

解法 2：因为 $f(x,0)=0$，所以 $f_x(x,0)=0$，$f_x(0,0)=0$；因为 $f(0,y)=0$，所以 $f_y(0,y)=0$，$f_y(0,0)=0$.

例 11-11 $f(x,y) = \begin{cases} \dfrac{xy}{\sqrt{x^2+y^2}}, & (x,y) \neq (0,0) \\ 0, & (x,y) = (0,0) \end{cases}$ 在点 $(0,0)$ 处（ ）.

(A) 连续，可微 (B) 连续，不可微

(C) 不连续，可微 (D) 不连续，不可微

解：$|xy| \leqslant \dfrac{1}{2}(x^2+y^2)$，$\dfrac{|xy|}{\sqrt{x^2+y^2}} \leqslant \dfrac{1}{2}\sqrt{x^2+y^2}$.

因为 $\lim\limits_{\substack{x\to 0 \\ y\to 0}} f(x,y) = \lim\limits_{\substack{x\to 0 \\ y\to 0}} \dfrac{xy}{\sqrt{x^2+y^2}} = 0 = f(0,0)$. 所以函数 $f(x,y)$ 在点 $(0,0)$ 处连续.

因为 $f(x,0)=0$，所以 $f_x(x,0)=0$，$f_x(0,0)=0$；

因为 $f(0,y)=0$，所以 $f_y(0,y)=0$，$f_y(0,0)=0$.

$$\lim_{\substack{\Delta x \to 0 \\ \Delta y \to 0}} \frac{f(0+\Delta x, 0+\Delta y) - f(0,0) - f_x(0,0)\Delta x - f_y(0,0)\Delta y}{\sqrt{(\Delta x)^2 + (\Delta y)^2}}$$

$$= \lim_{\substack{\Delta x \to 0 \\ \Delta y \to 0}} \frac{\dfrac{\Delta x \Delta y}{\sqrt{(\Delta x)^2 + (\Delta y)^2}}}{\sqrt{(\Delta x)^2 + (\Delta y)^2}} = \lim_{\substack{\Delta x \to 0 \\ \Delta y \to 0}} \frac{\Delta x \Delta y}{(\Delta x)^2 + (\Delta y)^2}.$$

因为当 $(\Delta x, \Delta y)$ 沿直线 $\Delta y = k\Delta x$ 趋于 $(0,0)$ 时，$\lim\limits_{\substack{\Delta x \to 0 \\ \Delta y = k\Delta x}} \dfrac{\Delta x \Delta y}{(\Delta x)^2 + (\Delta y)^2} = \dfrac{k}{1+k^2}$，其值随 k 的不同而不同，所以上述极限不存在，故函数在点 $(0,0)$ 处不可微. 故应选(B).

例 11-12 函数 $f(x,y) = \begin{cases} (x^2+y^2)\sin\dfrac{1}{x^2+y^2}, & (x,y) \neq (0,0) \\ 0, & (x,y) = (0,0) \end{cases}$ 在点 $(0,0)$ 处（ ）.

(A) 连续，可微 (B) 连续，不可微

(C) 不连续，可微 (D) 不连续，不可微

解：因为 $\lim\limits_{\substack{x\to 0 \\ y\to 0}} f(x,y) = \lim\limits_{\substack{x\to 0 \\ y\to 0}} (x^2+y^2)\sin\dfrac{1}{x^2+y^2} = 0 = f(0,0)$，所以函数 $f(x,y)$ 在点 $(0,0)$ 处连续.

$$f_x(0,0) = \lim_{h\to 0} \frac{f(0+h,0) - f(0,0)}{h} = \lim_{h\to 0} \frac{h^2\sin\dfrac{1}{h^2}}{h} = \lim_{h\to 0} h\sin\frac{1}{h^2} = 0,$$

$$f_y(0,0) = \lim_{h\to 0} \frac{f(0,0+h) - f(0,0)}{h} = \lim_{h\to 0} \frac{h^2\sin\dfrac{1}{h^2}}{h} = \lim_{h\to 0} h\sin\frac{1}{h^2} = 0,$$

因为 $\lim\limits_{\substack{h\to 0 \\ k\to 0}} \dfrac{f(0+h, 0+k) - f(0,0) - f_x(0,0)h - f_y(0,0)k}{\sqrt{h^2+k^2}}$

$$=\lim_{\substack{h \to 0 \\ k \to 0}} \frac{(h^2+k^2)\sin\dfrac{1}{h^2+k^2}}{\sqrt{h^2+k^2}}=\lim_{\substack{h \to 0 \\ k \to 0}}\sqrt{h^2+k^2}\sin\frac{1}{h^2+k^2}=0,$$

所以函数 $f(x,y)$ 在点 $(0,0)$ 处可微. 故应选 (A).

例 11-13　设二元函数 $f(x,y)$ 在 $(0,0)$ 处连续，则下列选项中**不是** $f(x,y)$ 在 $(0,0)$ 处可微的充分条件的是（　　）.

(A) $\displaystyle\lim_{(x,y)\to(0,0)}\frac{f(x,y)}{\sqrt{x^2+y^2}}=0$；

(B) $\displaystyle\lim_{(x,y)\to(0,0)}\frac{f(x,y)}{x^2+y^2}$ 存在；

(C) $\displaystyle\lim_{(x,y)\to(0,0)}\frac{f(x,y)}{|x|+|y|}$ 存在；

(D) $\displaystyle\lim_{(x,y)\to(0,0)}f_x(x,y)=f_x(0,0)$；　$\displaystyle\lim_{(x,y)\to(0,0)}f_y(x,y)=f_y(0,0)$.

解：(A) 由条件知，$f(x,y)=o\left(\sqrt{x^2+y^2}\right)$，$f(0,0)=\displaystyle\lim_{(x,y)\to(0,0)}f(x,y)=0$. 于是

$$\Delta z=f(x,y)-f(0,0)=f(x,y)=0\Delta x+0\Delta y+o\left(\sqrt{x^2+y^2}\right).$$

由微分的定义可知，函数 $f(x,y)$ 在 $(0,0)$ 处可微.

(B) 由条件知，$f(0,0)=\displaystyle\lim_{(x,y)\to(0,0)}f(x,y)=0$.

因为 $\displaystyle\lim_{(x,y)\to(0,0)}\frac{f(x,y)}{\sqrt{x^2+y^2}}=\lim_{(x,y)\to(0,0)}\frac{f(x,y)}{x^2+y^2}\sqrt{x^2+y^2}$

$$=\lim_{(x,y)\to(0,0)}\frac{f(x,y)}{x^2+y^2}\lim_{(x,y)\to(0,0)}\sqrt{x^2+y^2}=0,$$

所以 $\Delta z=f(x,y)=o\left(\sqrt{x^2+y^2}\right)=0\Delta x+0\Delta y+o\left(\sqrt{x^2+y^2}\right)$.

故函数 $f(x,y)$ 在 $(0,0)$ 处可微.

(D) 此项说明，函数 $f(x,y)$ 的两个偏导数都在 $(0,0)$ 处连续，因而函数 $f(x,y)$ 在 $(0,0)$ 处可微.

(C) 此项条件不能保证 $f(x,y)$ 在 $(0,0)$ 处可微. 因为若取 $f(x,y)=|x|+|y|$，则 $\displaystyle\lim_{(x,y)\to(0,0)}\frac{f(x,y)}{|x|+|y|}=1$ 且 $f(x,0)=|x|$. 显然 $f_x(0,0)$ 不存在，从而函数 $f(x,y)$ 在 $(0,0)$ 处不可微.

例 11-14　设 $z=f(x,y)$ 满足 $\displaystyle\lim_{\substack{x \to 0 \\ y \to 1}}\frac{f(x,y)-2x+y-2}{\sqrt{x^2+(y-1)^2}}=0$，求 $\left.\mathrm{d}z\right|_{(0,1)}$.

解：由题设 $f(x,y)-2x+y-2=o\left(\sqrt{x^2+(y-1)^2}\right)$，$\displaystyle\lim_{\substack{x \to 0 \\ y \to 1}}[f(x,y)-2x+y-2]=0$.

即 $\displaystyle\lim_{\substack{x \to 0 \\ y \to 1}}[f(x,y)-1]=0$，$f(0,1)=\displaystyle\lim_{\substack{x \to 0 \\ y \to 1}}f(x,y)=1$.

于是 $f(x,y)-f(0,1)=2(x-0)-(y-1)+o\left(\sqrt{x^2+(y-1)^2}\right)$. 故 $\left.\mathrm{d}z\right|_{(0,1)}=2\mathrm{d}x-\mathrm{d}y$.

习 题 11

1. 设函数 $f(x)=\begin{cases} \mathrm{e}^x, & x<0 \\ x+a, & x\geqslant 0 \end{cases}$ 在 $(-\infty,+\infty)$ 内连续,则 $a=$ _____.

2. 设 $f(x)=\begin{cases} x\sin\dfrac{1}{x}, & x\neq 0 \\ a, & x=0 \end{cases}$ 在 $x=0$ 处连续,则 $a=$ _____.

3. 指出下列函数的间断点,并指出其类型:

(1) $f(x)=\dfrac{|x|}{x}$;   (2) $f(x)=\dfrac{x^2-1}{x^2-3x+2}$;

(3) $f(x)=\dfrac{\tan x}{x}$;   (4) $f(x)=\dfrac{x}{\sin x}$.

4. 函数 $f(x)=\dfrac{|x|^x-1}{x(x+1)\ln|x|}$ 的可去间断点的个数为(   ).

    (A) 0   (B) 1   (C) 2   (D) 3

5. 函数 $f(x)=\dfrac{x^2-x}{x^2-1}\sqrt{1+\dfrac{1}{x^2}}$ 的无穷间断点的个数为(   ).

    (A) 0   (B) 1   (C) 2   (D) 3

6. 函数 $f(x)=\dfrac{x-x^3}{\sin\pi x}$ 的可去间断点的个数为(   ).

    (A) 1   (B) 2   (C) 3   (D) 无穷多个

7. 设 $f(x)=\begin{cases} \mathrm{e}^x, & x<0 \\ a+bx, & x\geqslant 0 \end{cases}$ 在 $x=0$ 处可导,则(   )

    (A) a,b 任意   (B) $a=0,b$ 任意

    (C) a 任意,$b=1$ (D) $a=1,b=1$

8. 讨论下列函数在 $x=0$ 处的可导性:

(1) $f(x)=|\sin x|$;   (2) $f(x)=|\cos x|$;

(3) $f(x)=|x(x-1)|$;   (4) $f(x)=\sqrt{|x|^3}$.

9. 讨论函数 $f(x)=\begin{cases} \dfrac{x}{1+\mathrm{e}^{\frac{1}{x}}}, & x\neq 0 \\ 0, & x=0 \end{cases}$ 在 $x=0$ 处的连续性与可导性.

10. 设 $f(x)=(x-1)|(x-2)\cdots(x-n)|$($n$ 为正整数),求 $f'(1)$.

11. 设 $f(x)$ 在 $x=0$ 处可导,且 $f(0)=0,f'(0)=1,F(x)=f(x)(1+|\sin x|)$,求 $F'(0)$.

12. 证明函数 $f(x,y)=\begin{cases} \dfrac{x^2y^2}{(x^2+y^2)^{\frac{3}{2}}}, & x^2+y^2\neq 0 \\ 0, & x^2+y^2=0 \end{cases}$ 在 $(0,0)$ 处连续且偏导数存在但不

可微.

13. 二元函数 $f(x,y)$ 在 $(0,0)$ 处可微的一个充分条件是(　　).

(A) $\lim\limits_{(x,y)\to(0,0)}[f(x,y)-f(0,0)]=0$

(B) $\lim\limits_{x\to 0}\dfrac{f(x,0)-f(0,0)}{x}=0,\lim\limits_{y\to 0}\dfrac{f(0,y)-f(0,0)}{y}=0$

(C) $\lim\limits_{(x,y)\to(0,0)}\dfrac{f(x,y)-f(0,0)}{\sqrt{x^2+y^2}}=0$

(D) $\lim\limits_{x\to 0}[f'_x(x,0)-f'_x(0,0)]=0,\text{且}\lim\limits_{y\to 0}[f'_y(0,y)-f'_y(0,0)]=0$

14. 如果 $f(x,y)$ 在 $(0,0)$ 处连续,那么下列命题正确的是(　　).

(A) 若极限 $\lim\limits_{\substack{x\to 0\\ y\to 0}}\dfrac{f(x,y)}{|x|+|y|}$ 存在,则 $f(x,y)$ 在 $(0,0)$ 处可微

(B) 若极限 $\lim\limits_{\substack{x\to 0\\ y\to 0}}\dfrac{f(x,y)}{x^2+y^2}$ 存在,则 $f(x,y)$ 在 $(0,0)$ 处可微

(C) 若 $f(x,y)$ 在 $(0,0)$ 处可微,则极限 $\lim\limits_{\substack{x\to 0\\ y\to 0}}\dfrac{f(x,y)}{|x|+|y|}$ 存在

(D) 若 $f(x,y)$ 在 $(0,0)$ 处可微,则极限 $\lim\limits_{\substack{x\to 0\\ y\to 0}}\dfrac{f(x,y)}{x^2+y^2}$ 存在

第 12 讲

积分的几何应用

【知识要点】

1. 平面图形的面积

1）利用定积分求平面图形的面积

由两条连续曲线 $y=f_1(x)$ 和 $y=f_2(x)$ 以及两条直线 $x=a$ 和 $x=b\,(a<b)$ 所围成的平面图形的面积为 $A=\int_a^b |f_2(x)-f_1(x)| \mathrm{d}x$ ，如图 12-1 所示.

由连续曲线 $r=r(\theta)$ 和两条射线 $\theta=\alpha,\theta=\beta(\alpha<\beta)$ 所围的曲边扇形的面积为 $A=\dfrac{1}{2}\int_\alpha^\beta r^2(\theta)\mathrm{d}\theta$ ，如图 12-2 所示.

2）利用二重积分求平面图形的面积

平面区域 D 的面积为 $A=\iint\limits_D \mathrm{d}\sigma$.

由连续曲线 $r=r(\theta)$ 和两条射线 $\theta=\alpha,\theta=\beta(\alpha<\beta)$ 所围的曲边扇形的面积为 $A=\dfrac{1}{2}\int_\alpha^\beta r^2(\theta)\mathrm{d}\theta$ ，如图 12-2 所示.

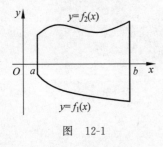

图 12-1

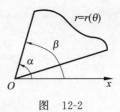

图 12-2

2. 立体的体积

1）利用定积分计算平行截面面积已知的立体的体积

假设一个立体介于分别过 x 轴上的 a,b 两点且与 x 轴垂直的两个平面之间，其体积为 V ，如图 12-3 所示.过区间 $[a,b]$ 内任一点 x ，作与 x 轴垂直的平面.该平面截立体所得截面的面积 $A(x)$ 在 $[a,b]$ 上连续，则立体的体积为

$$V=\int_a^b A(x)\mathrm{d}x$$

2）利用定积分计算旋转体的体积

由连续曲线 $y=f(x)$ 及两条直线 $x=a$ 和 $x=b(a<b)$ 与 x 轴所围成的平面图形（图 12-4）绕 x 轴旋转而成的旋转体的体积为

$$V=\pi\int_a^b\big[f(x)\big]^2\mathrm{d}x$$

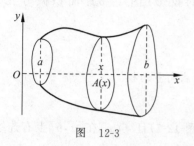

图　12-3

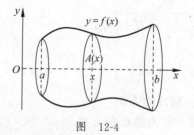

图　12-4

平面图形 $0\leqslant a\leqslant x\leqslant b,0\leqslant y\leqslant f(x)$（图 12-5）绕 y 轴旋转得到的旋转体可以看作由无穷多条平行线段绕 y 轴旋转所成的圆柱面构成的.而由过 x 轴上的点 x 且平行于 y 轴的线段绕 y 轴旋转所成的圆柱面的侧面积为 $2\pi xf(x)$，故旋转体的体积为

$$V=2\pi\int_a^b xf(x)\mathrm{d}x$$

3）利用二重积分计算曲顶柱体的体积

设立体是以曲面 $z=f_1(x,y)$ 为底，以曲面 $z=f_2(x,y)\big[f_1(x,y)\leqslant f_2(x,y)\big]$ 为顶的曲端柱体，其在 xOy 平面上的投影区域为 D（图 12-6），则该曲端柱体的体积为

$$V=\iint\limits_D\big[f_2(x,y)-f_1(x,y)\big]\mathrm{d}\sigma$$

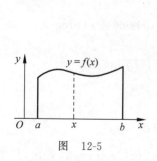

图　12-5

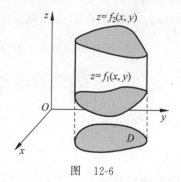

图　12-6

特别地，以 xOy 平面上的区域 D 为底、以曲面 $z=f(x,y)(\geqslant 0)$ 为顶的曲顶柱体的体积为

$$V=\iint\limits_D f(x,y)\mathrm{d}\sigma$$

4）利用三重积分计算立体的体积

空间区域 Ω 的体积为

$$V=\iiint\limits_\Omega\mathrm{d}V$$

3. 曲面的面积

曲面 $z = f(x, y)$，$(x, y) \in D$ 的面积为

$$S = \iint\limits_{D} \sqrt{1 + \left(\frac{\partial f}{\partial x}\right)^2 + \left(\frac{\partial f}{\partial y}\right)^2} \, d\sigma$$

其中 D 为曲面 $z = f(x, y)$ 在 xOy 坐标面上的投影（图 12-6）. 面积微分元 $dS = \sqrt{1 + \left(\frac{\partial f}{\partial x}\right)^2 + \left(\frac{\partial f}{\partial y}\right)^2} \, d\sigma$

注：$\sqrt{1 + \left(\frac{\partial f}{\partial x}\right)^2 + \left(\frac{\partial f}{\partial y}\right)^2}$ 是曲面 $z = f(x, y)$ 的法向量的模.

4. 曲线的弧长

设平面曲线 C 的方程为 $y = f(x)$ $(a \leqslant x \leqslant b)$（图 12-7）且 $f(x)$ 在 $[a, b]$ 上有连续的导函数，则曲线 C 的弧长为

$$s = \int_a^b \sqrt{1 + y'^2} \, dx = \int_a^b \sqrt{1 + [f'(x)]^2} \, dx$$

弧微分元 $ds = \sqrt{1 + (y')^2} \, dx = \sqrt{(dx)^2 + (dy)^2}$.

设曲线 C 由参数方程 $x = x(t)$，$y = y(t)$ $(\alpha \leqslant t \leqslant \beta)$ 表示，其中，$x'(t)$，$y'(t)$ 在 $[\alpha, \beta]$ 上连续且 $[x'(t)]^2 + [y'(t)]^2 \neq 0$（曲线 C 是光滑的），则曲线 C 的弧长

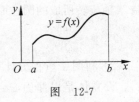

图 12-7

$$s = \int_\alpha^\beta \sqrt{[x'(t)]^2 + [y'(t)]^2} \, dt$$

弧微分元 $ds = \sqrt{[x'(t)]^2 + [y'(t)]^2} \, dt$.

设平面曲线 C 的极坐标方程为 $r = r(\theta)$ $(\alpha \leqslant \theta \leqslant \beta)$，且 $r(\theta)$ 在 $[\alpha, \beta]$ 上有连续的导函数，令 $x = r(\theta) \cos\theta$，$y = r(\theta) \sin\theta$，则

$$\frac{dx}{d\theta} = r'(\theta)\cos\theta - r(\theta)\sin\theta, \qquad \frac{dy}{d\theta} = r'(\theta)\sin\theta + r(\theta)\cos\theta$$

$$ds = \sqrt{\left(\frac{dx}{d\theta}\right)^2 + \left(\frac{dy}{d\theta}\right)^2} \, d\theta = \sqrt{r'^2(\theta) + r^2(\theta)} \, d\theta$$

于是平面曲线 C 的弧长为

$$s = \int_\alpha^\beta \sqrt{r'^2(\theta) + r^2(\theta)} \, d\theta$$

设空间曲线 C 由参数方程 $x = x(t)$，$y = y(t)$，$z = z(t)$ $(\alpha \leqslant t \leqslant \beta)$ 表示，其中，$x'(t)$，$y'(t)$，$z'(t)$ 在 $[\alpha, \beta]$ 上连续且 $[x'(t)]^2 + [y'(t)]^2 + [z'(t)]^2 \neq 0$（曲线 C 是光滑的），则曲线 C 的弧长

$$s = \int_\alpha^\beta \sqrt{[x'(t)]^2 + [y'(t)]^2 + [z'(t)]^2} \, dt$$

弧微分元 $ds = \sqrt{[x'(t)]^2 + [y'(t)]^2 + [z'(t)]^2} \, dt$.

【例题】

例 12-1 计算由 $y = x^2$ 和 $x = y^2$ 围成的平面图形（图 12-8）的面积.

解：曲线的交点为 $(0,0),(1,1)$.

$$A = \int_0^1 (\sqrt{x} - x^2) \, dx = \left[\frac{2}{3} x^{\frac{3}{2}} - \frac{x^3}{3} \right]_0^1 = \frac{1}{3}$$

例 12-2 求摆线的一拱 $\begin{cases} x = a(t - \sin t) \\ y = a(1 - \cos t) \end{cases}$, $(a > 0)$, $t \in [0, 2\pi]$（图 12-9）的弧长以及其与

x 轴所围图形的面积 A.

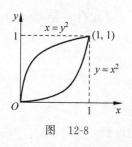

图 12-8

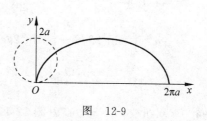

图 12-9

解：$x: 0 \to 2\pi a \Leftrightarrow t: 0 \to 2\pi$.

$$\frac{dx}{dt} = a(1 - \cos t), \qquad \frac{dy}{dt} = a \sin t$$

所求的弧长为

$$s = \int_0^{2\pi} \sqrt{[x'(t)]^2 + [y'(t)]^2} \, dt = \int_0^{2\pi} \sqrt{a^2(1 - \cos t)^2 + a^2 \sin^2 t} \, dt$$

$$= a \int_0^{2\pi} \sqrt{2(1 - \cos t)} \, dt = 2a \int_0^{2\pi} \sin \frac{t}{2} \, dt = 8a$$

所求面积为

$$A = \int_0^{2\pi a} y \, dx = \int_0^{2\pi} a(1 - \cos t) \, d[a(t - \sin t)]$$

$$= \int_0^{2\pi} a^2 (1 - \cos t)^2 \, dt = a^2 \int_0^{2\pi} (1 - 2\cos t + \cos^2 t) \, dt$$

$$= a^2 \int_0^{2\pi} \left(1 - 2\cos t + \frac{1 + \cos 2t}{2} \right) dt = a^2 \int_0^{2\pi} \left(\frac{3}{2} - 2\cos t + \frac{1}{2} \cos 2t \right) dt = 3\pi a^2$$

例 12-3 求星形线 $\begin{cases} x = a\cos^3\theta \\ y = a\sin^3\theta \end{cases}$（直角坐标方程 $x^{\frac{2}{3}} + y^{\frac{2}{3}} =$

$a^{\frac{2}{3}}$，图 12-10）的周长及其所围图形的面积.

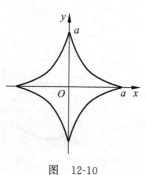

图 12-10

解：θ 的取值范围为 $[0, 2\pi]$. 由于图形关于 x 轴和 y 轴都对称，故曲线的周长等于其在第一象限部分弧长的 4 倍，图形的面积等于其在第一象限部分面积的 4 倍.

$$\frac{dx}{d\theta} = -3a\cos^2\theta\sin\theta, \qquad \frac{dy}{d\theta} = 3a\sin^2\theta\cos\theta$$

所求的曲线周长为

$$s = 4\int_0^{\frac{\pi}{2}} \sqrt{\left(\frac{dx}{d\theta}\right)^2 + \left(\frac{dy}{d\theta}\right)^2} \, d\theta = 4\int_0^{\frac{\pi}{2}} \sqrt{(-3a\cos^2\theta\sin\theta)^2 + (3a\sin^2\theta\cos\theta)^2} \, d\theta$$

$$= 12a \int_0^{\frac{\pi}{2}} \sin\theta\cos\theta\, d\theta = 6a$$

所求的面积为 $A = 4\int_0^a y(x)\, dx$. 因为 $x = 0$ 时, $\theta = \dfrac{\pi}{2}$; $x = a$ 时, $\theta = 0$, 所以

$$A = 4\int_{\frac{\pi}{2}}^0 a\sin^3\theta\, d(a\cos^3\theta) = 12a^2 \int_0^{\frac{\pi}{2}} \sin^4\theta\cos^2\theta\, d\theta$$

$$= 12a^2 \int_0^{\frac{\pi}{2}} \left(\frac{1-\cos 2\theta}{2}\right)^2 \frac{1+\cos 2\theta}{2}\, d\theta = \frac{3}{2}a^2 \int_0^{\frac{\pi}{2}} \sin^2 2\theta(1-\cos 2\theta)\, d\theta$$

$$= \frac{3}{2}a^2 \left[\int_0^{\frac{\pi}{2}} \sin^2 2\theta\, d\theta - \int_0^{\frac{\pi}{2}} \sin^2 2\theta\cos 2\theta\, d\theta\right]$$

$$= \frac{3}{2}a^2 \left[\int_0^{\frac{\pi}{2}} \frac{1-\cos 4\theta}{2}\, d\theta - \frac{1}{2}\int_0^{\frac{\pi}{2}} \sin^2 2\theta\, d\sin 2\theta\right] = \frac{3}{8}\pi a^2$$

例 12-4 求双纽线 $r^2 = a^2\cos 2\theta$（图 12-11）所围图形的面积.

解法 1（利用定积分）：由双纽线的方程可知, $\cos 2\theta \geqslant 0$. 因而 θ 的取值范围为 $\left[-\dfrac{\pi}{4}, \dfrac{\pi}{4}\right] \cup \left[\dfrac{3\pi}{4}, \dfrac{5\pi}{4}\right]$. 所求的面积为

$$A = 4\int_0^{\frac{\pi}{4}} \frac{1}{2}a^2\cos 2\theta\, d\theta = a^2$$

解法 2（利用二重积分）：

$$A = \iint_D d\sigma = 4\int_0^{\frac{\pi}{4}} d\theta \int_0^{a\sqrt{\cos 2\theta}} r\, dr = 4\int_0^{\frac{\pi}{4}} \frac{1}{2}a^2\cos 2\theta\, d\theta = a^2$$

注：双纽线的周长不能够用本课程所学方法计算出来.

例 12-5 求心形线 $r = a(1+\cos\theta)(a > 0)$（图 12-12）的周长及其所围图形的面积.

解：θ 的取值范围为 $[0, 2\pi]$. 曲线关于 x 轴对称.

所求的周长为

$$s = 2\int_0^{\pi} \sqrt{\left(\frac{dr}{d\theta}\right)^2 + r^2(\theta)}\, d\theta = 2\int_0^{\pi} \sqrt{a^2\sin^2\theta + a^2(1+\cos\theta)^2}\, d\theta$$

$$= 2\sqrt{2}a \int_0^{\pi} \sqrt{1+\cos\theta}\, d\theta = 4a\int_0^{\pi} \cos\frac{\theta}{2}\, d\theta = 8a$$

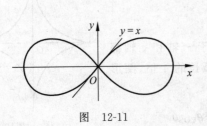

图 12-11

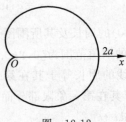

图 12-12

所求的面积为

$$A = \frac{1}{2}\int_0^{2\pi} r^2(\theta)\, d\theta = \frac{1}{2}\int_0^{2\pi} a^2(1+\cos\theta)^2\, d\theta = \frac{a^2}{2}\int_0^{2\pi} (1+\cos^2\theta + 2\cos\theta)\, d\theta$$

$$=\frac{a^2}{2}\left(2\pi+\int_0^{2\pi}\frac{1+\cos2\theta}{2}\mathrm{d}\theta\right)=\frac{a^2}{2}\left(2\pi+\int_0^{2\pi}\frac{1+\cos2\theta}{2}\mathrm{d}\theta\right)=\frac{3}{2}\pi a^2.$$

例 12-6 求阿基米德螺线 $r=a\theta(a>0)$ 相应于 θ 从 0 到 2π 的一段的弧长及其与射线 $\theta=0$ 所围图形(图 12-13)的面积.

解：所求弧长为

$$s=\int_0^{2\pi}\sqrt{\left(\frac{\mathrm{d}r}{\mathrm{d}\theta}\right)^2+r^2(\theta)}\,\mathrm{d}\theta=a\int_0^{2\pi}\sqrt{1+\theta^2}\,\mathrm{d}\theta\xlongequal{\theta=\tan t}a\int_0^{\arctan(2\pi)}\sec^3t\,\mathrm{d}t.$$

记 $I=\int_0^{\arctan(2\pi)}\sec^3t\,\mathrm{d}t$，则

$$I=\int_0^{\arctan(2\pi)}\sec t\,\mathrm{d}\tan t=\sec t\tan t\Big|_0^{\arctan(2\pi)}-\int_0^{\arctan(2\pi)}\tan^2t\sec t$$

$$=2\pi\sec[\arctan(2\pi)]-\int_0^{\arctan(2\pi)}\tan^2t\sec t\,\mathrm{d}t$$

$$=2\pi\sec[\arctan(2\pi)]-\int_0^{\arctan(2\pi)}\sec^3t\,\mathrm{d}t+\int_0^{\arctan(2\pi)}\sec t\,\mathrm{d}t$$

$$=2\pi\sec[\arctan(2\pi)]-I+[\ln(\sec t+\tan t)]_0^{\arctan(2\pi)}$$

$$=2\pi\sec[\arctan(2\pi)]-I+\ln\{\sec[\arctan(2\pi]+2\pi\}.$$

$$I=\pi\sec[\arctan(2\pi)]+\frac{1}{2}\ln\{\sec[\arctan(2\pi)]+2\pi\}.$$

令 $\theta=\arctan(2\pi)$，则 $\tan\theta=2\pi$，$\sec[\arctan(2\pi)]=\sec\theta=\sqrt{1+\tan^2\theta}=\sqrt{1+4\pi^2}$. 于是

$$s=a\pi\sqrt{1+4\pi^2}+\frac{a}{2}\ln(\sqrt{1+4\pi^2}+2\pi).$$

所求面积为

$$A=\frac{1}{2}\int_0^{2\pi}r^2(\theta)\mathrm{d}\theta=\frac{1}{2}\int_0^{2\pi}a^2\theta^2\mathrm{d}\theta=\frac{1}{2}\int_0^{2\pi}a^2\theta^2\mathrm{d}\theta=\frac{4}{3}\pi^3a^2.$$

例 12-7 求球 $x^2+y^2+z^2\leqslant2a^2$ 与圆锥体 $z\geqslant\sqrt{x^2+y^2}$(图 12-14)公共部分的体积.

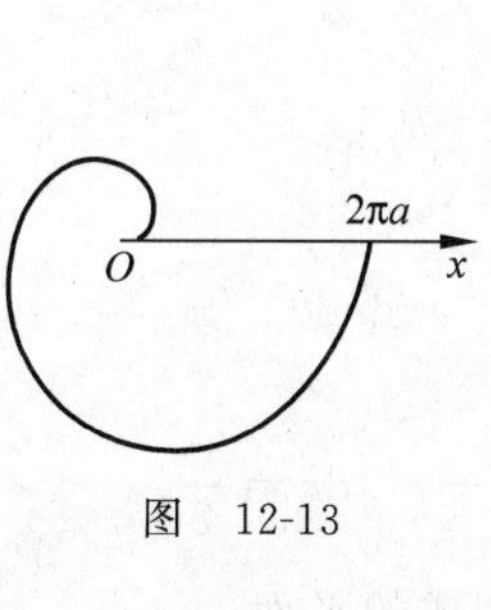

图 12-13

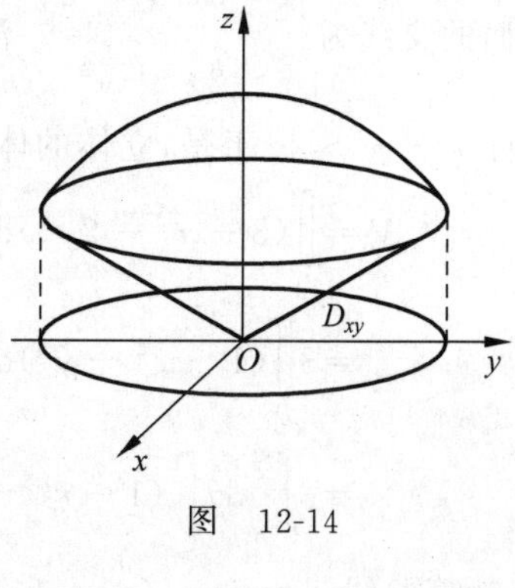

图 12-14

解法 1(利用球面坐标计算)：作变换 $x=r\sin\varphi\cos\theta$，$y=r\sin\varphi\sin\theta$，$z=r\cos\varphi$. 所求体积为

$$V=\iiint_\Omega\mathrm{d}v=\iiint_\Omega r^2\sin\varphi\,\mathrm{d}\theta\mathrm{d}\varphi\mathrm{d}r=\int_0^{2\pi}\mathrm{d}\theta\int_0^{\frac{\pi}{4}}\mathrm{d}\varphi\int_0^{\sqrt{2}a}r^2\sin\varphi\,\mathrm{d}r$$

$$= 2\pi \int_0^{\frac{\pi}{4}} \sin\varphi \cdot \frac{(\sqrt{2}a)^3}{3} d\varphi = \frac{4}{3}\pi(\sqrt{2}-1)a^3.$$

解法 2（利用二重积分计算）：Ω 在 xOy 面上的投影区域为 D_{xy}：$x^2 + y^2 \leqslant a^2$，如图 12-14 所示.

$$V = \iint_{D_{xy}} (\sqrt{2a^2 - x^2 - y^2} - \sqrt{x^2 + y^2}) \, dx \, dy$$

$$= \int_0^{2\pi} d\theta \int_0^a (\sqrt{2a^2 - r^2} - r) r \, dr = 2\pi \left[-\frac{1}{3}(2a^2 - r^2)^{\frac{3}{2}} - \frac{1}{3}r^3 \right]_0^a = \frac{4}{3}\pi(\sqrt{2}-1)a^3.$$

解法 3（利用定积分计算）：立体可看作由 yOz 面上的圆 $y^2 + z^2 = 2a^2$、直线 $z = y$ 和 z 轴围成的第一象限的平面图形绕 z 轴旋转而成的旋转体，如图 12-15 所示，其体积为

$$V = \pi \int_0^a z^2 \, dz + \pi \int_a^{\sqrt{2}a} (2a^2 - z^2) \, dz$$

$$= \frac{1}{3}\pi a^3 + 2\pi(\sqrt{2}-1)a^3 - \frac{1}{3}\pi(2\sqrt{2}-1)a^3 = \frac{4}{3}\pi(\sqrt{2}-1)a^3.$$

例 12-8 计算抛物面 $z = 3 - x^2 - 2y^2$ 和抛物面 $z = 2x^2 + y^2$ 围成的立体的体积. 如图 12-16 所示.

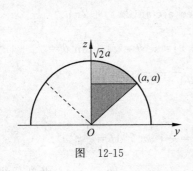

图 12-15

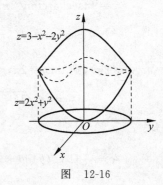

图 12-16

解：两曲面的交线为 $\begin{cases} z = 3 - x^2 - 2y^2 \\ z = 2x^2 + y^2 \end{cases}$ 消去 z，得投影柱面 $x^2 + y^2 = 1$. 立体在 xOy 面的投影区域为 D：$x^2 + y^2 \leqslant 1$. 于是，立体的体积为

$$V = \iint_D (3 - x^2 - 2y^2) d\sigma - \iint_D (2x^2 + y^2) d\sigma$$

$$= 3\iint_D (1 - x^2 - y^2) d\sigma = 3\iint_D (1 - r^2) r \, dr \, d\theta$$

$$= 3\int_0^{2\pi} d\theta \int_0^1 (1 - r^2) r \, dr = 6\pi \int_0^1 (r - r^3) dr = \frac{3\pi}{2}.$$

例 12-9 计算曲线 $y = \sin x (0 \leqslant x \leqslant \pi)$ 与 x 轴所围成的平面图形（图 12-17）分别绕 x 轴和 y 轴旋转而成的旋转体的体积.

解：绕 x 轴旋转而成的旋转体的体积为

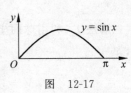

图 12-17

$$V_x = \pi \int_0^\pi \sin^2 x \, dx = \pi \int_0^\pi \frac{1 - \cos 2x}{2} dx = \frac{\pi^2}{2}.$$

绕 y 轴旋转而成的旋转体的体积为

$$V_y = 2\pi \int_0^\pi x \sin x \, \mathrm{d}x = -2\pi \int_0^\pi x \, \mathrm{d}\cos x$$

$$= -2\pi \left(x \cos x \Big|_0^\pi - \int_0^\pi \cos x \, \mathrm{d}x \right)$$

$$= -2\pi(-\pi - \sin x \Big|_0^\pi) = 2\pi^2.$$

例 12-10　一平面经过半径为 R 的圆柱体的底圆中心,并与底面交成角 α(图 12-18),计算这个平面截圆柱体所得立体的体积.

解:建立如图 12-18 所示的坐标系.取底圆直径为 x 轴、底圆中心为原点.过 $x \in [-R, R]$ 且与 x 轴垂直的平面截立体,得一直角三角形,其直角边分别为 y 和 $y \tan\alpha$.该三角形的面积为

$$A(x) = \frac{1}{2} y^2 \tan\alpha = \frac{1}{2}(R^2 - x^2)\tan\alpha.$$

于是,立体的体积为

$$V = 2\int_0^R A(x)\,\mathrm{d}x = 2\int_0^R \frac{1}{2}(R^2 - x^2)\tan\alpha\,\mathrm{d}x = \frac{2}{3}R^3\tan\alpha.$$

例 12-11　计算以半径为 R 的圆为底,平行且等于底圆直径的线段为顶,高为 h 的正劈锥体(图 12-19)的体积.

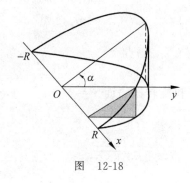

图　12-18

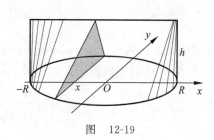

图　12-19

解:建立如图 12-19 所示的坐标系.取底圆直径为 x 轴.过 $x \in [-R, R]$ 且与 x 轴垂直的平面截立体,得一等腰三角形,其底边长为 $2\sqrt{R^2 - x^2}$.该三角形的面积为 $A(x) = h\sqrt{R^2 - x^2}$.于是,立体的体积为

$$V = 2\int_0^R A(x)\,\mathrm{d}x = 2\int_0^R h\sqrt{R^2 - x^2}\,\mathrm{d}x \xlongequal{x = R\sin t} 2R^2 h \int_0^{\frac{\pi}{2}} \cos^2 t \, \mathrm{d}t$$

$$= R^2 h \int_0^{\frac{\pi}{2}} (1 + \cos 2t)\,\mathrm{d}t = \frac{1}{2}\pi R^2 h.$$

例 12-12　求星形线 $x^{\frac{2}{3}} + y^{\frac{2}{3}} = a^{\frac{2}{3}}\ (a > 0)$ 绕 x 轴旋转而成的旋转体的体积.

解:因为 $y^{\frac{2}{3}} = a^{\frac{2}{3}} - x^{\frac{2}{3}}$,所以 $y^2 = (a^{\frac{2}{3}} - x^{\frac{2}{3}})^3$,$x \in [-a, a]$.旋转体的体积为

$$V = \pi \int_{-a}^a (a^{\frac{2}{3}} - x^{\frac{2}{3}})^3 \, \mathrm{d}x = 2\pi \int_0^a (a^{\frac{2}{3}} - x^{\frac{2}{3}})^3 \, \mathrm{d}x$$

$$\xlongequal{t=\sqrt[3]{x}} 6\pi\int_0^{\sqrt[3]{a}}(a^{\frac{2}{3}}-t^2)^3t^2\mathrm{d}t=6\pi\int_0^{\sqrt[3]{a}}(a^2t^2-3a^{\frac{4}{3}}t^4+3a^{\frac{2}{3}}t^6-t^8)\,\mathrm{d}t$$

$$=6\pi\left[\frac{1}{3}a^2t^3-\frac{3}{5}a^{\frac{4}{3}}t^5+\frac{3}{7}a^{\frac{2}{3}}t^7-\frac{1}{9}t^9\right]_0^{\sqrt[3]{a}}=\frac{32}{105}\pi a^3.$$

例 12-13 求摆线的一拱 $\begin{cases}x=a(t-\sin t)\\y=a(1-\cos t)\end{cases}(a>0),t\in[0,2\pi]$ 与 x 轴所围成的图形绕 x 轴旋转而成的旋转体的体积.

解：绕 x 轴旋转而成的旋转体的体积为

$$V_x=\int_0^{2\pi a}\pi y^2(x)\mathrm{d}x=\pi\int_0^{2\pi}a^2(1-\cos t)^2\cdot a(1-\cos t)\mathrm{d}t$$

$$=\pi a^3\int_0^{2\pi}(1-3\cos t+3\cos^2 t-\cos^3 t)\mathrm{d}t=5\pi^2 a^3.$$

例 12-14 过原点作曲线 $y=\sqrt{x-1}$ 的切线，求由此曲线、切线及 x 轴所围图形(图 12-20)绕 x 轴旋转一周所得的旋转体的体积及表面积.

解：设切点为 (x_0,y_0)，则 $\dfrac{1}{2\sqrt{x_0-1}}=\dfrac{\sqrt{x_0-1}}{x_0}$. 解得

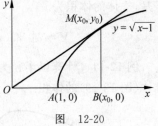

图 12-20

$x_0=2,y_0=1$. 所求的旋转体的体积等于由直角三角形 OBM 绕 x 轴旋转一周所得的圆锥体的体积减去由平面图形 ABM 绕 x 轴旋转一周所得的旋转体的体积，即 $V=\dfrac{2}{3}\pi-\pi\int_1^2(x-$

$1)\mathrm{d}x=\dfrac{2}{3}\pi-\dfrac{\pi}{2}=\dfrac{\pi}{6}.$

旋转体的表面由圆锥面 $x=\sqrt{y^2+z^2},y^2+z^2\leqslant 1$ 和旋转抛物面 $x=y^2+z^2+1,y^2+z^2\leqslant 1$ 构成. 其在 yOz 面上的投影为 $D:y^2+z^2\leqslant 1$.

对圆锥面 $x=\sqrt{y^2+z^2},y^2+z^2\leqslant 1,\dfrac{\partial x}{\partial y}=\dfrac{y}{\sqrt{y^2+z^2}},\dfrac{\partial x}{\partial z}=\dfrac{z}{\sqrt{y^2+z^2}}.$

该圆锥面的面积为

$$S_1=\iint\limits_D\sqrt{1+\left(\frac{\partial x}{\partial y}\right)^2+\left(\frac{\partial x}{\partial z}\right)^2}\,\mathrm{d}y\mathrm{d}z=\sqrt{2}\iint\limits_D\mathrm{d}y\mathrm{d}z=\sqrt{2}\,\pi.$$

对旋转抛物面 $x=y^2+z^2+1,y^2+z^2\leqslant 1,\dfrac{\partial x}{\partial y}=2y,\dfrac{\partial x}{\partial z}=2z.$

该旋转抛物面的面积为

$$S_2=\iint\limits_D\sqrt{1+\left(\frac{\partial x}{\partial y}\right)^2+\left(\frac{\partial x}{\partial z}\right)^2}\,\mathrm{d}y\mathrm{d}z=\iint\limits_D\sqrt{1+4y^2+4z^2}\,\mathrm{d}x\mathrm{d}y$$

作变换 $y=r\cos\theta,z=r\sin\theta.$

$$S_2=\iint\limits_D\sqrt{1+4r^2}\,r\mathrm{d}r\mathrm{d}\theta=\int_0^{2\pi}\mathrm{d}\theta\int_0^1\sqrt{1+4r^2}\,r\mathrm{d}r=\frac{\pi}{4}\int_0^1\sqrt{1+4r^2}\,\mathrm{d}(1+4r^2)$$

$$=\frac{\pi}{4}\cdot\frac{2}{3}(1+4r^2)^{\frac{3}{2}}\bigg|_0^1=\frac{\pi}{6}(5\sqrt{5}-1).$$

因此,所求旋转体的表面积为 $S=S_1+S_2=\sqrt{2}\,\pi+\dfrac{\pi}{6}(5\sqrt{5}-1)=\dfrac{\pi}{6}(5\sqrt{5}+6\sqrt{2}-1).$

习　题　12

1. 计算下列平面图形的面积:

(1) 由抛物线 $y^2=2x$ 和直线 $y=x-4$ 所围成;

(2) 由 $y=\sin x$、$y=\cos x\left(0\leqslant x\leqslant\dfrac{5\pi}{4}\right)$ 及 y 轴所围成.

2. 计算下列立体的体积:

(1) $\sqrt{x^2+y^2}\leqslant z\leqslant 6-x^2-y^2$;

(2) $\dfrac{1}{4}(x^2+y^2)\leqslant z\leqslant\sqrt{5-x^2-y^2}.$

3. 求摆线的一拱 $\begin{cases}x=a(t-\sin t)\\ y=a(1-\cos t)\end{cases}(a>0),t\in[0,2\pi]$ 与 x 轴所围图形分别绕 x 轴和 y 轴旋转而成的旋转体的体积.

4. 计算曲线 $y=\cos x\left(0\leqslant x\leqslant\dfrac{\pi}{2}\right)$ 与两坐标轴所围成的平面图形分别绕 x 轴和 y 轴旋转而成的旋转体的体积.

5. 计算下列曲面的面积:

(1) 旋转抛物面 $z=x^2+y^2$ 在平面 $z=1$ 下面那部分的面积;

(2) 球面 $x^2+y^2+z^2=a^2$ 含在圆柱面 $x^2+y^2=ax$ 内的部分曲面;

(3) 锥面 $z=\sqrt{x^2+y^2}$ 被柱面 $z^2=2x$ 所割下的那部分曲面;

(4) 两个圆柱面 $x^2+y^2=R^2$ 与 $y^2+z^2=R^2$ 所围立体的表面.

6. 计算下列曲线的弧长:

(1) 曲线 $y=\ln x$ 相应于 $\sqrt{3}\leqslant\theta\leqslant\sqrt{8}$ 的一段;

(2) 对数螺线 $r=e^{a\theta}$ 相应于 $0\leqslant\theta\leqslant2\pi$ 的一段.

第 13 讲

微分的几何应用

【知识要点】

1. 平面曲线的切线与法线

平面曲线 $x=x(t)$，$y=y(t)$（$x(t)$，$y(t)$ 均可导）在相应于 $t=t_0$ 点 (x_0,y_0) 处的切向量为 $\vec{T}=(x'(t_0),y'(t_0))(x'^2(t_0)+y'^2(t_0)\neq 0)$，切线方程为

$$\frac{x-x_0}{x'(t_0)}=\frac{y-y_0}{y'(t_0)}, \quad 即\ y-y_0=\frac{y'(t_0)}{x'(t_0)}(x-x_0)(x'(t_0)\neq 0) \quad 或$$

$$x-x_0=\frac{x'(t_0)}{y'(t_0)}(y-y_0)(y'(t_0)\neq 0).$$

设函数 $f(x)$ 在点 $(x_0,f(x_0))$ 处可导，则平面曲线 $y=f(x)$ 在 $(x_0,f(x_0))$ 处的切向量为 $\vec{T}=(1,f'(x_0))$，切线方程为

$$y=f(x_0)+f'(x_0)(x-x_0)$$

曲线 $y=f(x)$ 在 $(x_0,f(x_0))$ 处的法线是指过点 $(x_0,f(x_0))$ 与切线垂直的直线，其方向向量即法向量为 $\vec{T}=(f'(x_0),-1)$.

2. 空间曲线的切线与法平面

（1）空间曲线 $x=x(t)$，$y=y(t)$，$z=z(t)$（$x(t)$，$y(t)$，$z(t)$ 均可导）在相应于 $t=t_0$ 点 (x_0,y_0,z_0) 处的切向量为 $\vec{T}=(x'(t_0),y'(t_0),z'(t_0))(x'^2(t_0)+y'^2(t_0)+z'^2(t_0)\neq 0)$. 曲线在该点处的切线方程为

$$\frac{x-x_0}{x'(t_0)}=\frac{y-y_0}{y'(t_0)}=\frac{z-z_0}{z'(t_0)}$$

曲线在该点处的法平面方程为

$$x'(t_0)(x-x_0)+y'(t_0)(y-y_0)+z'(t_0)(z-z_0)=0$$

（2）空间曲线 $\begin{cases} F(x,y,z)=0 \\ G(x,y,z)=0 \end{cases}$ 在点 (x_0,y_0,z_0) 处的切向量为

$$\vec{T}=\left(\frac{\mathrm{d}x}{\mathrm{d}x},\frac{\mathrm{d}y}{\mathrm{d}x},\frac{\mathrm{d}z}{\mathrm{d}x}\right)\Bigg|_{(x_0,y_0,z_0)}=\left(1,\frac{\mathrm{d}y}{\mathrm{d}x},\frac{\mathrm{d}z}{\mathrm{d}x}\right)\Bigg|_{(x_0,y_0,z_0)}$$

3. 曲面的切平面与法线

曲面 $F(x,y,z)=0$ 上点 (x_0,y_0,z_0) 处的法向量为

$$\vec{n}=(F_x(x_0,y_0,z_0),F_y(x_0,y_0,z_0),F_z(x_0,y_0,z_0))$$

曲面 $F(x,y,z)=0$ 上点 (x_0,y_0,z_0) 处的切平面方程为

$$F_x(x_0,y_0,z_0)(x-x_0)+F_y(x_0,y_0,z_0)(y-y_0)+F_z(x_0,y_0,z_0)(z-z_0)=0$$

曲面 $F(x,y,z)=0$ 上点 (x_0,y_0,z_0) 处的法线方程为

$$\frac{x-x_0}{F_x(x_0,y_0,z_0)}=\frac{y-y_0}{F_y(x_0,y_0,z_0)}=\frac{z-z_0}{F_z(x_0,y_0,z_0)}$$

特别地,曲面 $z=f(x,y)$ 上点 $(x_0,y_0,f(x_0,y_0))$ 处的法向量为

$$\vec{n}=(f_x(x_0,y_0),f_y(x_0,y_0),-1)$$

4. 等值线与等值面

平面曲线 $F(x,y)=C$(C 为任意常数)是函数 $z=F(x,y)$ 的等值线(如地势图中的等高线),其法向量为 $\vec{n}=\left(\dfrac{\partial F}{\partial x},\dfrac{\partial F}{\partial y}\right)=\mathrm{grad}F(x,y)$. 即函数 $F(x,y)$ 的梯度方向为其等值线的一个法向量,如图 13-1 所示.

特别地,曲线 $y=f(x)$ 的法向量为 $\vec{n}=(f'(x),-1)$.

曲面 $F(x,y,z)=C$(C 为任意常数)是函数 $u=F(x,y,z)$ 的等值面,其法向量为 $\mathrm{grad}F(x,y,z)=(F_x(x,y,z),F_y(x,y,z),F_z(x,y,z))$.

梯度与等值线(面)的法向量平行.其方向由数值较低的等值线(面)指向数值较高的等值线(面).

5. 曲率

曲率是描述曲线局部弯曲程度的量.

曲率 $k=\left|\dfrac{\mathrm{d}\alpha}{\mathrm{d}s}\right|$ 表示单位弧长的曲线上的切线的转角.

设 $y=f(x)$ 二阶可导.因为 $\tan\alpha=y'$,$\alpha=\arctan y'$,$\mathrm{d}\alpha=\dfrac{1+y'^2}{y'}\mathrm{d}x$,$\mathrm{d}s=\sqrt{1+y'^2}\,\mathrm{d}x$.

所以 $k=\dfrac{|y''|}{(1+y'^2)^{\frac{3}{2}}}$.

设曲线 C 在点 M 处的曲率为 $k(k\neq0)$.在点 M 处的曲线的法线上,在曲线凹的一侧取一点 D,使 $|DM|=\dfrac{1}{k}=\rho$.以 D 为圆心、ρ 为半径的圆称为曲线在点 M 处的曲率圆,如图 13-2 所示.

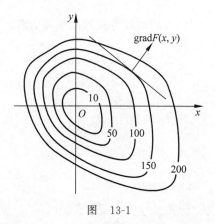

图 13-1

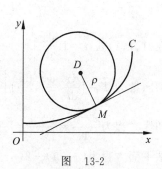

图 13-2

【例题】

例 13-1 求曲线 $\begin{cases} x = \arctan t \\ y = \ln\sqrt{1+t^2} \end{cases}$ 上对应于 $t=1$ 的点处的法线方程.

解: $t=1$ 相应于点 $\left(\dfrac{\pi}{4}, \dfrac{\ln 2}{2}\right)$. $\dfrac{\mathrm{d}y}{\mathrm{d}x} = \dfrac{\dfrac{1}{2}\dfrac{2t}{1+t^2}}{\dfrac{1}{1+t^2}} = t$, $\dfrac{\mathrm{d}y}{\mathrm{d}x}\bigg|_{t=1} = 1$. 即曲线上相应于 $t=1$ 的

点处的切线的斜率为 1,法线的斜率则为 -1.因而所求的法线方程为 $y = \dfrac{\ln 2}{2} - \left(x - \dfrac{\pi}{4}\right)$,即

$y = -x + \dfrac{\ln 2}{2} + \dfrac{\pi}{4}$.

例 13-2 求曲线 $\tan\left(x + y + \dfrac{\pi}{4}\right) = \mathrm{e}^y$ 在点 $(0,0)$ 处的切线方程.

解: $\tan\left(x + y + \dfrac{\pi}{4}\right) = \mathrm{e}^y$ 两边求对 x 的导数,有 $\sec^2\left(x + y + \dfrac{\pi}{4}\right)(1 + y') = \mathrm{e}^y y'$. 将点 $(0,0)$ 代入,得 $y'(0) = -2$.故所求的切线方程为 $y = -2x$.

例 13-3 曲线 $r = \theta$ 在点 $(r, \theta) = \left(\dfrac{\pi}{4}, \dfrac{\pi}{4}\right)$ 处的切线的斜率为 _____.

解: 曲线 $r = \theta$ 的参数方程为 $x = \theta\cos\theta, y = \theta\sin\theta$.

$$\frac{\mathrm{d}y}{\mathrm{d}x} = \frac{\sin\theta + \theta\cos\theta}{\cos\theta - \theta\sin\theta}, \frac{\mathrm{d}y}{\mathrm{d}x}\bigg|_{\theta=\frac{\pi}{4}} = \frac{\sin\theta + \theta\cos\theta}{\cos\theta - \theta\sin\theta} = \frac{4+\pi}{4-\pi}.$$

即所求切线的斜率为 $\dfrac{4+\pi}{4-\pi}$.

例 13-4 设曲线 $y = x^2$ 与曲线 $y = a\ln x(a \neq 0)$ 相切,则 $a =$ _____.

解: 设切点为 (x_0, y_0). 由题设,$2x_0 = \dfrac{a}{x_0}$,$x_0 = \sqrt{\dfrac{a}{2}}$. 代入两曲线方程,有 $x_0^2 = a\ln x_0$,

即 $\dfrac{a}{2} = a\ln\sqrt{\dfrac{a}{2}}$. 解得 $a = 2\mathrm{e}$.

例 13-5 求曲线 Γ: $x = t, y = t^2, z = t^3$ 在 $(1,1,1)$ 处的切线方程和法平面方程.

解: $\dfrac{\mathrm{d}x}{\mathrm{d}t} = 1, \dfrac{\mathrm{d}y}{\mathrm{d}t} = 2t, \dfrac{\mathrm{d}z}{\mathrm{d}t} = 3t^2$.

在 $(1,1,1)$ 处,$t=1$. $\dfrac{\mathrm{d}x}{\mathrm{d}t}\bigg|_{t=1} = 1, \dfrac{\mathrm{d}y}{\mathrm{d}t}\bigg|_{t=1} = 2, \dfrac{\mathrm{d}z}{\mathrm{d}t}\bigg|_{t=1} = 3$.

切向量为 $\vec{T} = \left(\dfrac{\mathrm{d}x}{\mathrm{d}t}, \dfrac{\mathrm{d}y}{\mathrm{d}t}, \dfrac{\mathrm{d}z}{\mathrm{d}t}\right)\bigg|_{t=1} = (1,2,3)$.

切线方程为 $\dfrac{x-1}{1} = \dfrac{y-1}{2} = \dfrac{z-1}{3}$,

法平面方程为 $(x-1) + 2(y-1) + 3(z-1) = 0$,即 $x + 2y + 3z - 6 = 0$.

例 13-6 求球面 $x^2 + y^2 + z^2 = 6$ 与平面 $x + y + z = 0$ 的交线在点 $(1,-2,1)$ 处的切线

及法平面方程.

解：将所给方程的两边对 x 求导并移项,得 $\begin{cases} y\dfrac{\mathrm{d}y}{\mathrm{d}x}+z\dfrac{\mathrm{d}z}{\mathrm{d}x}=-x \\ \dfrac{\mathrm{d}y}{\mathrm{d}x}+\dfrac{\mathrm{d}z}{\mathrm{d}x}=-1 \end{cases}$.

在点 $(1,-2,1)$ 处, $\begin{cases} -2\dfrac{\mathrm{d}y}{\mathrm{d}x}\Big|_{(1,-2,1)}+\dfrac{\mathrm{d}z}{\mathrm{d}x}\Big|_{(1,-2,1)}=-1 \\ \dfrac{\mathrm{d}y}{\mathrm{d}x}\Big|_{(1,-2,1)}+\dfrac{\mathrm{d}z}{\mathrm{d}x}\Big|_{(1,-2,1)}=-1 \end{cases}$. 解得 $\dfrac{\mathrm{d}y}{\mathrm{d}x}\Big|_{(1,-2,1)}=0,\dfrac{\mathrm{d}z}{\mathrm{d}x}\Big|_{(1,-2,1)}=-1$.

由此得切向量 $\vec{T}=\left(\dfrac{\mathrm{d}x}{\mathrm{d}x},\dfrac{\mathrm{d}y}{\mathrm{d}x},\dfrac{\mathrm{d}z}{\mathrm{d}x}\right)\Big|_{(1,-2,1)}=(1,0,-1)$.

所求切线方程为 $\dfrac{x-1}{1}=\dfrac{y+2}{0}=\dfrac{z-1}{-1}$,

法平面方程为 $(x-1)+0(y+2)-(z-1)=0$,即 $x-z=0$.

例 13-7　求球面 $x^2+y^2+z^2=14$ 在点 $(1,2,3)$ 处的切平面和法线方程.

解：令 $F(x,y,z)=x^2-y^2+z^2-14$,

$F_x|_{(1,2,3)}=2x|_{(1,2,3)}=2$,　$F_y|_{(1,2,3)}=2y|_{(1,2,3)}=4$,　$F_z|_{(1,2,3)}=2z|_{(1,2,3)}=6$.

球面在点 $(1,2,3)$ 处的切平面的法向量为 $\vec{n}=(2,4,6)$ 或 $\vec{n}=(1,2,3)$.

切平面方程为 $(x-1)+2(y-2)+3(z-3)=0$,即 $x+2y+3z-14=0$.

法线方程为 $\dfrac{x-1}{1}=\dfrac{y-2}{2}=\dfrac{z-3}{3}$ 或 $\dfrac{x}{1}=\dfrac{y}{2}=\dfrac{z}{3}$.

例 13-8　求曲面 $z-\mathrm{e}^z+2xy=3$ 在点 $(1,2,0)$ 处的切平面及法线方程.

解：令 $F(x,y,z)=z-\mathrm{e}^z+2xy-3$,

$F'_x|_{(1,2,0)}=2y|_{(1,2,0)}=4$,　$F'_y|_{(1,2,0)}=2x|_{(1,2,0)}=2$,　$F'_z|_{(1,2,0)}=1-\mathrm{e}^z|_{(1,2,0)}=0$,

法向量为 $\vec{n}=(4,2,0)$.

切平面方程为 $4(x-1)+2(y-2)+0(z-0)=0$ 即 $2x+y-4=0$.

法线方程为 $\dfrac{x-1}{2}=\dfrac{y-2}{1}=\dfrac{z-0}{0}$.

例 13-9　曲线 $y=x^2+x(x<0)$ 上曲率为 $\dfrac{\sqrt{2}}{2}$ 的点的坐标是_____.

解：$y'=2x+1,y''=2$. 由题设, $k=\dfrac{|y''|}{(1+y'^2)^{\frac{3}{2}}}=\dfrac{2}{[1+(2x+1)^2]^{\frac{3}{2}}}=\dfrac{\sqrt{2}}{2}$. 解之,得

$x=-1,y=0$. 即所求点的坐标为 $(-1,0)$.

例 13-10　曲线 $\begin{cases} x=t^2+7 \\ y=t^2+4t+1 \end{cases}$ 上对应于 $t=1$ 处的曲率半径为_____.

解：$\dfrac{\mathrm{d}y}{\mathrm{d}x}=\dfrac{2t+4}{2t}=1+\dfrac{2}{t},\dfrac{\mathrm{d}^2y}{\mathrm{d}x^2}=\dfrac{-\dfrac{2}{t^2}}{2t}=-\dfrac{1}{t^3}\cdot\dfrac{\mathrm{d}y}{\mathrm{d}x}\Big|_{t=1}=3,\dfrac{\mathrm{d}^2y}{\mathrm{d}x^2}\Big|_{t=1}=-1$.

于是曲线对应于 $t=1$ 处的曲率为 $k=\dfrac{|y''|}{(1+y'^2)^{\frac{3}{2}}}=\dfrac{1}{[1+3^2]^{\frac{3}{2}}}=\dfrac{1}{10\sqrt{10}}$. 曲率半径为

$\rho = \dfrac{1}{k} = 10\sqrt{10}$.

例 13-11　求曲线 $y = \ln x$ 上曲率最大的点.

解：$y' = \dfrac{1}{x}$，$y'' = -\dfrac{1}{x^2}$. 曲线 $y = \ln x$ 上点 (x, y) 处的曲率为 $k = \dfrac{|y''|}{(1+y'^2)^{\frac{3}{2}}} = \dfrac{\dfrac{1}{x^2}}{\left(1+\dfrac{1}{x^2}\right)^{\frac{3}{2}}}$.

令 $t = \dfrac{1}{x^2}$，则 $k = \dfrac{t}{(1+t)^{\frac{3}{2}}}$. $\dfrac{\mathrm{d}k}{\mathrm{d}t} = \dfrac{(1+t)^{\frac{3}{2}} - \dfrac{3}{2}t\sqrt{1+t}}{(1+t)^3}$. 解 $\dfrac{\mathrm{d}k}{\mathrm{d}t} = 0$，得 $t = 2$. 即 $x = \dfrac{\sqrt{2}}{2}$，$y = $

$-\dfrac{1}{2}\ln 2$，$k = \dfrac{2\sqrt{3}}{9}$. 由曲线 $y = \ln x$ 的图形可知，曲线有曲率最大的点. 因而 $\left(\dfrac{\sqrt{2}}{2}, -\dfrac{1}{2}\ln 2\right)$ 就

是曲线 $y = \ln x$ 上曲率最大的点.

例 13-12　设 $y = y(x)$ 是一向上凸的连续曲线. 其上任意点处的曲率为 $\dfrac{1}{\sqrt{1+y'^2}}$. 且此

曲线上 $(0, 1)$ 点处的切线方程为 $y = x + 1$. 求该曲线的方程，并求函数 $y = y(x)$ 的极值.

解：由题设知，$y'' < 0$，$\dfrac{-y''}{(1+y'^2)^{\frac{3}{2}}} = \dfrac{1}{\sqrt{1+y'^2}} \Rightarrow y'' = -(1+y'^2) \Rightarrow \dfrac{1+y'^2}{y''} = -1 \Rightarrow$

$\arctan y' = -x + C$. 另由题设知，$y'(0) = 1$. 得，$C = \dfrac{\pi}{4}$. 于是 $\arctan y' = \dfrac{\pi}{4} - x$，$y' =$

$\tan\left(\dfrac{\pi}{4} - x\right)$，$y = \ln\cos\left(\dfrac{\pi}{4} - x\right) + C_2$. 又因为曲线过 $(0, 1)$ 点，所以 $C_2 = 1 + \dfrac{1}{2}\ln 2$. 曲线方程

为 $y = \ln\cos\left(\dfrac{\pi}{4} - x\right) + 1 + \dfrac{\pi}{2}\ln 2 \left(-\dfrac{\pi}{2} < x < \dfrac{\pi}{2}\right)$，解 $y' = 0$，得 $x = \dfrac{\pi}{4}$. 因为曲线上凸（$y'' < 0$），

所以函数 $y = y(x)$ 在 $x = \dfrac{\pi}{4}$ 处取得极大值 $1 + \dfrac{1}{2}\ln 2$.

习　题　13

1. 曲线 $\begin{cases} x = \cos t + \cos^2 t \\ y = 1 + \sin t \end{cases}$ 上对应于 $t = \dfrac{\pi}{4}$ 处的法线的斜率为 _____.

2. 曲线 $\begin{cases} x = \displaystyle\int_0^{1-t} \mathrm{e}^{-u^2}\,\mathrm{d}u \\ y = t^2 \ln(2 - t^2) \end{cases}$ 在 $(0, 0)$ 点的切线方程为 _____.

3. 求曲线 $y = 1 - x\mathrm{e}^y$ 在点 $(0, 0)$ 处的法线方程.

4. 求曲线 $x = \dfrac{t}{1+t}$，$y = \dfrac{1+t}{t}$，$z = t^2$ 对应于 $t_0 = 1$ 的点处的切线方程和法平面方程.

5. 求曲线 $\begin{cases} x^2 + y^2 + z^2 - 3x = 0 \\ 2x - 3y + 5z = 0 \end{cases}$ 在点 $(1, 1, 1)$ 处的切线方程和法平面方程.

6. 求抛物线 $y = x^2$ 在其顶点处的曲率和曲率半径.

7. 求星形线 $x = a\cos^3 t$, $y = a\sin^3 t$ 在任意点处的曲率.

8. 求椭圆 $4x^2 + y^2 = 4$ 上曲率为 2 的点.

9. 求曲线 $y = \ln x$ 上曲率半径最小的点.

第 14 讲

曲线积分与曲面积分

【知识要点】

1. 对弧长的曲线积分 $\int_L f(x,y)\mathrm{d}s$

$\int_L f(x,y)\mathrm{d}s$ 表示分布在平面曲线 L 上、分布密度函数为 $f(x,y)$ 的量值.

(1) 设函数 $f(x,y)$ 在平面光滑曲线 L: $\begin{cases} x = x(t) \\ y = y(t) \end{cases}$ $(\alpha \leqslant t \leqslant \beta)$ ($x'(t)$ 与 $y'(t)$ 在 $[\alpha,\beta]$ 上连续,且 $[x'(t)]^2 + [y'(t)]^2 \neq 0$)上连续,则

$$\int_L f(x,y)\mathrm{d}s = \int_\alpha^\beta f[x(t),y(t)] \sqrt{[x'(t)]^2 + [y'(t)]^2}\,\mathrm{d}t$$

(2) 设函数 $f(x,y)$ 在平面光滑曲线 L: $y = y(x)(a \leqslant x \leqslant b)$ 上连续,则

$$\int_L f(x,y)\mathrm{d}s = \int_a^b f[x,y(x)] \sqrt{1 + [y'(x)]^2}\,\mathrm{d}x$$

(3) 设函数 $f(x,y,z)$ 在空间光滑曲线 Γ: $x = x(t), y = y(t), z = z(t)(\alpha \leqslant t \leqslant \beta)$ 上连续,则

$$\int_\Gamma f(x,y,z)\mathrm{d}s = \int_\alpha^\beta f[x(t),y(t),z(t)] \sqrt{[x'(t)]^2 + [y'(t)]^2 + [z'(t)]^2}\,\mathrm{d}t$$

注:(1) 若曲线 L 是封闭的,则记为 $\oint_L f(x,y)\mathrm{d}s$.

(2) 光滑曲线 L 的弧长为 $s = \int_L \mathrm{d}s$.

(3) 以平面光滑曲线 L 为底边,曲线 $z = f(x,y) \geqslant 0((x,y) \in L)$ 为顶边的柱面的侧面积为 $S = \int_L f(x,y)\mathrm{d}s$(对弧长的曲线积分的几何意义).顶边曲线是以平面曲线 L 为准线、以平行于 z 轴的直线为母线的柱面与曲面 $z = f(x,y)$ 的交线,如图 14-1 所示.

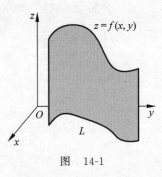

图 14-1

(4) $\int_L f(x,y)\mathrm{d}s = \int_\alpha^\beta f[x(t),y(t)] |\vec{T}|\,\mathrm{d}t$,其中 $\vec{T} = (x'(t),y'(t))$ 为曲线 L 的切向量;

$\int_\Gamma f(x,y,z)\mathrm{d}s = \int_\alpha^\beta f[x(t),y(t),z(t)] |\vec{T}|\,\mathrm{d}t$,其中 $\vec{T} = (x'(t),y'(t),z'(t))$ 为曲线 Γ 的切向量.

2. 对面积的曲面积分 $\iint\limits_{\Sigma} f(x,y,z)\mathrm{d}S$

$\iint\limits_{\Sigma} f(x,y,z)\mathrm{d}S$ 表示分布在曲面 Σ 上、分布密度函数为 $f(x,y,z)$ 的量值.

当 Σ 为封闭曲面时, $\iint\limits_{\Sigma} f(x,y,z)\mathrm{d}S$ 记为 $\oiint\limits_{\Sigma} f(x,y,z)\mathrm{d}S.$ $\iint\limits_{\Sigma}\mathrm{d}S$ 表示曲面 Σ 的面积.

设 $f(x,y,z)$ 在光滑曲面(法向量非零且连续) $\Sigma: z=z(x,y), (x,y)\in D(D$ 称为 Σ 在 xOy 面上的投影区域)上连续, 则

$$\iint\limits_{\Sigma} f(x,y,z)\mathrm{d}S = \iint\limits_{D} f[x,y,z(x,y)]\sqrt{1+\left(\frac{\partial z}{\partial x}\right)^2+\left(\frac{\partial z}{\partial y}\right)^2}\,\mathrm{d}x\,\mathrm{d}y$$

$$= \iint\limits_{D} f[x,y,z(x,y)]\,|\vec{n}|\,\mathrm{d}x\,\mathrm{d}y,$$

其中 $\vec{n}=\left(\dfrac{\partial z}{\partial x},\dfrac{\partial z}{\partial y},-1\right)$ 为曲面 Σ 的法向量.

3. 有向曲线积分(对坐标的曲线积分)

$$\int_L P\mathrm{d}x+Q\mathrm{d}y = \int_L \vec{F}\cdot\mathrm{d}\vec{r}\,(L\ \text{为平面曲线})$$

或 $\displaystyle\int_{\Gamma} P\mathrm{d}x+Q\mathrm{d}y+R\mathrm{d}z = \int_{\Gamma} \vec{F}\cdot\mathrm{d}\vec{r}\,(\Gamma\ \text{为空间曲线})$

力 $\vec{F}=(P(x,y),Q(x,y))$ 使物体沿平面有向光滑曲线 L 移动所做的功为

$$W = \int_L (\vec{F}\cdot\vec{T}^{\circ})\mathrm{d}s = \int_L \vec{F}\cdot\mathrm{d}\vec{r} = \int_L P\mathrm{d}x+Q\mathrm{d}y$$

其中, $P=P(x,y), Q=Q(x,y), \vec{r}=(x,y), \mathrm{d}\vec{r}=(\mathrm{d}x,\mathrm{d}y)$.

当 L 为闭曲线时, $\displaystyle\int_L$ 记为 $\displaystyle\oint_L$.

设平面有向光滑曲线 $L: x=x(t), y=y(t)$ ($t=\alpha$ 为始点, $t=\beta$ 为终点), 则

$$\int_L P(x,y)\mathrm{d}x+Q(x,y)\mathrm{d}y = \int_{\alpha}^{\beta}\{P[x(t),y(t)]x'(t)+Q[x(t),y(t)]y'(t)\}\mathrm{d}t$$

设平面有向光滑曲线 $L: y=y(x)$ ($x=a$ 为始点, $x=b$ 为终点), 则

$$\int_L P(x,y)\mathrm{d}x+Q(x,y)\mathrm{d}y = \int_{a}^{b}\{P[x,y(x)]+Q[x,y(x)]y'(x)\}\mathrm{d}x$$

设平面有向光滑曲线 $L: x=x(y)$ ($y=a$ 为始点, $y=b$ 为终点), 则

$$\int_L P(x,y)\mathrm{d}x+Q(x,y)\mathrm{d}y = \int_{a}^{b}\{P[x(y),y]x'(y)+Q[x(y),y]\}\mathrm{d}y$$

设空间有向光滑曲线 $\Gamma: x=x(t), y=y(t), z=z(t)$ ($t=\alpha$ 为始点, $t=\beta$ 为终点), 则

$$\int_{\Gamma} P(x,y,z)\mathrm{d}x+Q(x,y,z)\mathrm{d}y+R(x,y,z)\mathrm{d}z$$

$$= \int_{\alpha}^{\beta}\{P[x(t),y(t),z(t)]x'(t)+Q[x(t),y(t),z(t)]y'(t)$$

$$+ R[x(t),y(t),z(t)]z'(t)\}\mathrm{d}t$$

注: 计算有向曲线积分 $\displaystyle\int_L P(x,y)\mathrm{d}x+Q(x,y)\mathrm{d}y$ 时, 要考虑曲线 L 的始点和终点.

颠倒曲线 L 的始点和终点得到的曲线记为 $-L$. 显然有

$$\int_{-L} P(x,y)\mathrm{d}x + Q(x,y)\mathrm{d}y = -\int_{L} P(x,y)\mathrm{d}x + Q(x,y)\mathrm{d}y$$

4. 格林公式

1) 正向边界曲线

沿一条曲线行走时有两个相反的方向. 规定了方向的曲线称为有向曲线. 区域 D 的正向边界曲线是指, 当沿正向边界曲线行走时, 总位于区域 D 的右边缘, 如图 14-2 所示.

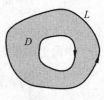

图　14-2

2) 格林公式

设 L 是闭区域 D 的正向边界曲线, 函数 $P(x,y)$ 和 $Q(x,y)$ 在 D 上具有一阶连续偏导数, 则有格林公式

$$\oint_{L} P(x,y)\mathrm{d}x + Q(x,y)\mathrm{d}y = \iint_{D}\left(\frac{\partial Q}{\partial x} - \frac{\partial P}{\partial y}\right)\mathrm{d}x\,\mathrm{d}y$$

特别地, 设 L 是闭区域 D 的正向边界曲线, 则区域 D 的面积

$$A = \oint_{L} x\mathrm{d}y = -\oint_{L} y\mathrm{d}x = \frac{1}{2}\oint_{L} x\mathrm{d}y - y\mathrm{d}x$$

3) 有向曲线积分与路径无关的条件

设 D 是单连通区域(无洞无缝的区域), 函数 $P(x,y)$ 和 $Q(x,y)$ 在 D 上具有一阶连续偏导数, 则有向曲线积分 $\int_{L} P(x,y)\mathrm{d}x + Q(x,y)\mathrm{d}y$ 与路径无关(沿任意闭曲线的积分为零) $\Leftrightarrow \dfrac{\partial P}{\partial y} = \dfrac{\partial Q}{\partial x}$.

设平面有向曲线 L 的始点为 (x_0,y_0), 终点为 (x_1,y_1), 若曲线积分 $\int_{L} P(x,y)\mathrm{d}x + Q(x,y)\mathrm{d}y$ 与路径无关, 则记为 $\displaystyle\int_{(x_0,y_0)}^{(x_1,y_1)} P(x,y)\mathrm{d}x + Q(x,y)\mathrm{d}y$.

5. 有向曲面积分(对坐标的曲面积分)

一般的曲面有两侧, 指定了正侧的曲面称为有向曲面.

曲面上任一点处的法向量有两个方向. 与曲面正侧方向一致的法向量称为曲面正侧的法向量.

设流速场 $\vec{v} = (P,Q,R)$, 曲面 Σ 正侧单位法向量为 $\vec{n}^{o}$, 则单位时间内流向曲面正侧的流量为

$$\iint_{\Sigma} \vec{v} \cdot \mathrm{d}\vec{S} = \iint_{\Sigma} (\vec{v} \cdot \vec{n}^{o})\mathrm{d}S = \iint_{\Sigma} P\mathrm{d}y\mathrm{d}z + Q\mathrm{d}z\mathrm{d}x + R\mathrm{d}x\mathrm{d}y$$

$$= \pm \iint_{D_{yz}} P\mathrm{d}y\mathrm{d}z \pm \iint_{D_{zx}} Q\mathrm{d}z\mathrm{d}x \pm \iint_{D_{xy}} R\mathrm{d}x\mathrm{d}y$$

其中, D_{yz}, D_{zx}, D_{xy} 分别为有向光滑曲面 Σ 在三个坐标面上的投影区域. 式中的"$\pm$"按如下规则确定.

当曲面 Σ 的正侧法向量与 x 轴正向的夹角不超过 $90°$ 时, $\pm \displaystyle\iint_{D_{yz}} P\mathrm{d}y\mathrm{d}z$ 的前面取"$+$"号, 否则取"$-$"号.

当曲面 Σ 的正侧法向量与 y 轴正向的夹角不超过 $90°$ 时，$\pm\iint\limits_{D_{zx}}Q\mathrm{d}z\mathrm{d}x$ 的前面取"$+$"号，否则取"$-$"号.

当曲面 Σ 的正侧法向量与 z 轴正向的夹角不超过 $90°$ 时，$\pm\iint\limits_{D_{xy}}R\mathrm{d}x\mathrm{d}y$ 的前面取"$+$"号，否则取"$-$"号.

$\iint\limits_{\Sigma}\vec{v}\cdot\mathrm{d}\vec{S}$ 称为有向曲面积分或对坐标的曲面积分.

当 Σ 为封闭曲面时，$\iint\limits_{\Sigma}$ 记为 $\oiint\limits_{\Sigma}$.

注：(1) $-\Sigma$ 表示 Σ 的反侧，则

$$\iint\limits_{-\Sigma}P\mathrm{d}y\mathrm{d}z+Q\mathrm{d}z\mathrm{d}x+R\mathrm{d}x\mathrm{d}y=-\iint\limits_{\Sigma}P\mathrm{d}y\mathrm{d}z+Q\mathrm{d}z\mathrm{d}x+R\mathrm{d}x\mathrm{d}y$$

除此之外的性质与其他类型的积分类似.

(2) 在物理学中，设磁场强度 $\vec{B}$，则穿向曲面 Σ 正侧的磁通量为 $\Phi=\iint\limits_{\Sigma}\vec{B}\cdot\mathrm{d}\vec{S}$；设电场强度 $\vec{E}$，则穿向曲面 Σ 正侧的电通量为 $\Phi=\iint\limits_{\Sigma}\vec{E}\cdot\mathrm{d}\vec{S}$.

6. 高斯公式

设空间闭区域 Ω 由分片光滑的闭曲面 Σ 围成，函数 $P(x,y,z)$、$Q(x,y,z)$、$R(x,y,z)$ 在 Ω 上具有一阶连续偏导数，Σ 的正向为外侧，则有高斯公式

$$\oiint\limits_{\Sigma}P\mathrm{d}y\mathrm{d}z+Q\mathrm{d}z\mathrm{d}x+R\mathrm{d}x\mathrm{d}y=\iiint\limits_{\Omega}\left(\frac{\partial P}{\partial x}+\frac{\partial Q}{\partial y}+\frac{\partial R}{\partial z}\right)\mathrm{d}x\mathrm{d}y\mathrm{d}z=\iiint\limits_{\Omega}\mathrm{div}(P,Q,R)\mathrm{d}v,$$

其中，$\mathrm{div}(P,Q,R)=\dfrac{\partial P}{\partial x}+\dfrac{\partial Q}{\partial y}+\dfrac{\partial R}{\partial z}$ 称为流速场 $\vec{v}=(P,Q,R)$ 的散度.

7. 斯托克斯公式

设 Γ 为分段光滑的空间有向闭曲线，Σ 是以 Γ 为边界的分片光滑的有向曲面，Γ 的正向与 Σ 的正侧符合右手螺旋规则（拇指方向为 Σ 的正侧），如图 14-3 所示. 函数 $P(x,y,z),Q(x,y,z),R(x,y,z)$ 在包含曲面 Σ 在内的一个空间区域内具有一阶连续偏导数，则有公式

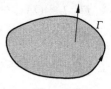

图　14-3

$$\oint_{\Gamma}P(x,y,z)\mathrm{d}x+Q(x,y,z)\mathrm{d}y+R(x,y,z)\mathrm{d}z$$

$$=\iint\limits_{\Sigma}\left(\frac{\partial R}{\partial y}-\frac{\partial Q}{\partial z}\right)\mathrm{d}y\mathrm{d}z+\left(\frac{\partial P}{\partial z}-\frac{\partial R}{\partial x}\right)\mathrm{d}z\mathrm{d}x+\left(\frac{\partial Q}{\partial x}-\frac{\partial P}{\partial y}\right)\mathrm{d}x\mathrm{d}y.$$

旋度：$\mathrm{rot}(P,Q,R)=\left(\dfrac{\partial R}{\partial y}-\dfrac{\partial Q}{\partial z},\dfrac{\partial P}{\partial z}-\dfrac{\partial R}{\partial x},\dfrac{\partial Q}{\partial x}-\dfrac{\partial P}{\partial y}\right)=\begin{vmatrix}\vec{i}&\vec{j}&\vec{k}\\[4pt]\dfrac{\partial}{\partial x}&\dfrac{\partial}{\partial y}&\dfrac{\partial}{\partial z}\\[4pt]P&Q&R\end{vmatrix}.$

【例题】

例 14-1　计算 $I = \int_L \sqrt{y}\, ds$，其中 L 是 $y = x^2$ 上从 $(0,0)$ 到 $(1,1)$ 的一段．

解：$\displaystyle\int_L \sqrt{y}\, ds = \int_0^1 \sqrt{x^2}\, \sqrt{1 + (x^2)'^2}\, dx = \int_0^1 x\, \sqrt{1 + 4x^2}\, dx$

$\displaystyle = \frac{1}{8}\int_0^1 \sqrt{1 + 4x^2}\, d(1 + 4x^2) = \frac{1}{12}(1 + 4x^2)^{\frac{3}{2}}\Big|_0^1 = \frac{1}{12}(5\sqrt{5} - 1).$

例 14-2　求 $I = \int_L y\, ds$，其中 L 为 $y^2 = 4x$ 上从 $(1, -2)$ 到 $(1, 2)$ 的一段，如图 14-4 所示．

解：$I = \displaystyle\int_{-2}^2 y\, \sqrt{1 + \frac{y^2}{4}}\, dy = 0.$

例 14-3　计算 $I = \oint_L e^{\sqrt{x^2 + y^2}}\, ds$，其中 L 为由圆周 $x^2 + y^2 = a^2$，直线 $y = x$ 及 x 轴在第一象限中所围图形的边界，如图 14-5 所示．

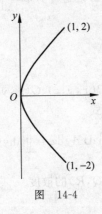

图 14-4

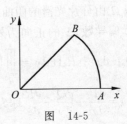

图 14-5

解：$L = OA + OB + AB$，

$OA：y = 0, 0 \leqslant x \leqslant a.$

$OB：y = x, 0 \leqslant x \leqslant \dfrac{\sqrt{2}\, a}{2}.$

$AB：x = a\cos t, y = a\sin t, 0 \leqslant t \leqslant \dfrac{\pi}{4}.$

$I = \left(\displaystyle\int_{OA} + \int_{OB} + \int_{AB}\right) e^{\sqrt{x^2 + y^2}}\, ds = \left(\int_{OA} + \int_{OB} + \int_{AB}\right) e^{\sqrt{x^2 + y^2}}\, ds$

$\displaystyle = \int_0^a e^x\, dx + \int_0^{\frac{\sqrt{2}}{2}a} e^{\sqrt{2}x}\, \sqrt{2}\, dx + a\int_0^{\frac{\pi}{4}} e^a\, dt = 2(e^a - 1) + \frac{\pi}{4} a e^a.$

例 14-4　求 $I = \int_\Gamma xyz\, ds$，其中 Γ 是螺旋线 $x = a\cos\theta, y = a\sin\theta, z = k\theta$ 相应于 $0 \leqslant \theta \leqslant 2\pi$ 的一段．

解：$I = \displaystyle\int_0^{2\pi} a^2\cos\theta\sin\theta \cdot k\theta\, \sqrt{a^2 + k^2}\, d\theta = -\frac{1}{2}\pi k a^2\, \sqrt{a^2 + k^2}.$

例 14-5　求 $I = \int_{\Gamma} x^2 \, \mathrm{d}s$，其中 Γ 为圆周 $\begin{cases} x^2 + y^2 + z^2 = a^2 \\ x + y + z = 0 \end{cases}$.

解：由对称性，知 $\int_{\Gamma} x^2 \, \mathrm{d}s = \int_{\Gamma} y^2 \, \mathrm{d}s = \int_{\Gamma} z^2 \, \mathrm{d}s$. 故

$$I = \frac{1}{3} \int_{\Gamma} (x^2 + y^2 + z^2) \, \mathrm{d}s = \frac{a^2}{3} \int_{\Gamma} \mathrm{d}s = \frac{2\pi a^3}{3} \left(\int_{\Gamma} \mathrm{d}s = 2\pi a, \text{球面大圆周长} \right).$$

例 14-6　计算 $\iint_{\Sigma} (x + y + z) \, \mathrm{d}s$，其中 Σ 为平面 $y + z = 5$ 含在柱面 $x^2 + y^2 = 25$ 内部的部分.

解：积分曲面 Σ：$z = 5 - y$，投影域：$D_{xy} = \{(x, y) \mid x^2 + y^2 \leqslant 25\}$.

$$\mathrm{d}S = \sqrt{1 + \left(\frac{\partial z}{\partial x}\right)^2 + \left(\frac{\partial z}{\partial y}\right)^2} \, \mathrm{d}x \, \mathrm{d}y = \sqrt{2} \, \mathrm{d}x \, \mathrm{d}y,$$

$$\iint_{\Sigma} (x + y + z) \, \mathrm{d}S = \sqrt{2} \iint_{D_{xy}} (x + 5) \, \mathrm{d}x \, \mathrm{d}y = \sqrt{2} \int_0^{2\pi} \mathrm{d}\theta \int_0^5 (r\cos\theta + 5) r \, \mathrm{d}r = 125\sqrt{2}\,\pi.$$

例 14-7　设球面 Σ：$x^2 + y^2 + z^2 = R^2$，计算 $\iint_{\Sigma} (x^2 + y^2) \, \mathrm{d}S$.

解：由球面的对称性可知，$\iint_{\Sigma} x^2 \, \mathrm{d}S = \iint_{\Sigma} y^2 \, \mathrm{d}S = \iint_{\Sigma} z^2 \, \mathrm{d}S$.

$$\iint_{\Sigma} (x^2 + y^2) \, \mathrm{d}S = \frac{2}{3} \iint_{\Sigma} (x^2 + y^2 + z^2) \, \mathrm{d}S = \frac{2}{3} R^2 \iint_{\Sigma} \mathrm{d}S = \frac{2}{3} R^2 \cdot 4\pi R^2 = \frac{8}{3} \pi R^4.$$

例 14-8　计算 $\int_L xy \, \mathrm{d}x$，其中 L 为抛物线 $y^2 = x$ 从 $A(1, -1)$ 到 $B(1, 1)$ 的一段. 如图 14-6 所示.

解：$\int_L xy \, \mathrm{d}x = \int_{-1}^1 y^2 y (y^2)' \, \mathrm{d}y = 2 \int_{-1}^1 y^4 \, \mathrm{d}y = \frac{4}{5}$.

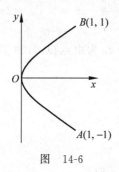

图　14-6

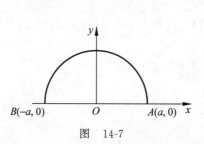

图　14-7

例 14-9　如图 14-7 所示，计算 $\int_L y^2 \, \mathrm{d}x$，其中 L 为

(1) 半径为 a、圆心为原点、按逆时针方向绕行的上半圆周；

(2) 从点 $A(a, 0)$ 沿 x 轴到点 $B(-a, 0)$ 的直线段.

解：(1) 因为 L：$\begin{cases} x = a\cos\theta \\ y = a\sin\theta \end{cases}$，$\theta$ 从 0 变到 π.

原式 $= \int_0^\pi a^2 \sin^2\theta(-a\sin\theta)\mathrm{d}\theta = a^3\int_0^\pi(1-\cos^2\theta)\mathrm{d}(\cos\theta) = -\dfrac{4}{3}a^3$.

(2) $L: y=0, x$ 从 a 变到 $-a$，原式 $= \int_a^{-a} 0\mathrm{d}x = 0$.

例 14-10 计算 $\oint_L \dfrac{x\mathrm{d}y - y\mathrm{d}x}{x^2+y^2}$，其中 L 为一条无重点、分段光滑且不经过原点的连续闭曲线，L 的方向为逆时针方向.

解：记 L 所围成的闭区域为 D，令 $P = \dfrac{-y}{x^2+y^2}, Q = \dfrac{x}{x^2+y^2}$，则当 $x^2+y^2 \neq 0$ 时，有 $\dfrac{\partial Q}{\partial x} = \dfrac{y^2-x^2}{(x^2+y^2)^2} = \dfrac{\partial P}{\partial y}$.

(1) 当 $(0,0) \notin D$ 时，$\dfrac{\partial Q}{\partial x}, \dfrac{\partial P}{\partial y}$ 在 D 内连续，故可用格林公式，得到 $\oint_L \dfrac{x\mathrm{d}y - y\mathrm{d}x}{x^2+y^2} = 0$.

(2) 当 $(0,0) \in D$ 时，作位于 D 内圆周 $l: x^2+y^2 = r^2$，如图 14-8 所示，此处 r 为确定的正数，其中 l 的方向取逆时针方向. 记 D_1 由 L 和 l 所围成，D_1 的正向边界曲线为 $L+(-l)$. 因为 $\dfrac{\partial Q}{\partial x}, \dfrac{\partial P}{\partial y}$ 在 D_1 内连续，所以可用格林公式，得

$$\oint_{L+(-l)} \frac{x\mathrm{d}y - y\mathrm{d}x}{x^2+y^2} = \iint_{D_1}\left(\frac{\partial Q}{\partial x} - \frac{\partial P}{\partial y}\right)\mathrm{d}x\mathrm{d}y = 0,$$

$$\oint_L \frac{x\mathrm{d}y - y\mathrm{d}x}{x^2+y^2} - \oint_l \frac{x\mathrm{d}y - y\mathrm{d}x}{x^2+y^2} = 0.$$

于是 $\oint_L \dfrac{x\mathrm{d}y - y\mathrm{d}x}{x^2+y^2} = \oint_l \dfrac{x\mathrm{d}y - y\mathrm{d}x}{x^2+y^2}$. 将圆周 l 表示为 $x = r\cos\theta, y = r\sin\theta, \theta$ 从 0 到 2π，则 $\mathrm{d}x = -r\sin\theta\mathrm{d}\theta, \mathrm{d}y = r\cos\theta\mathrm{d}\theta$. 于是

$$\oint_L \frac{x\mathrm{d}y - y\mathrm{d}x}{x^2+y^2} = \oint_l \frac{x\mathrm{d}y - y\mathrm{d}x}{x^2+y^2} = \int_0^{2\pi} \frac{r^2\cos^2\theta + r^2\sin^2\theta}{r^2}\mathrm{d}\theta = \int_0^{2\pi}\mathrm{d}\theta = 2\pi.$$

例 14-11 计算 $\int_L (x^2+2xy)\mathrm{d}x + (x^2+y^4)\mathrm{d}y$. 其中 L 为由点 $O(0,0)$ 到点 $B(1,1)$ 的曲线弧 $y = \sin\dfrac{\pi x}{2}$. 如图 14-9 所示.

解：$\dfrac{\partial P}{\partial y} = \dfrac{\partial}{\partial y}(x^2+2xy) = 2x, \dfrac{\partial Q}{\partial x} = \dfrac{\partial}{\partial x}(x^2+y^4) = 2x$.

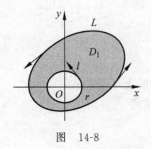

图 14-8

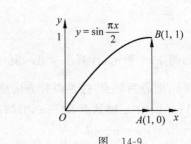

图 14-9

因为 $\dfrac{\partial P}{\partial y},\dfrac{\partial Q}{\partial x}$ 连续且 $\dfrac{\partial P}{\partial y}=\dfrac{\partial Q}{\partial x}$，所以原积分与路径无关. 从而

$$\int_L (x^2+2xy)\mathrm{d}x+(x^2+y^4)\mathrm{d}y=\Big(\int_{OA}+\int_{AB}\Big)(x^2+2xy)\mathrm{d}x+(x^2+y^4)\mathrm{d}y$$

$$=\int_{(0,0)}^{(1,1)}(x^2+2xy)\mathrm{d}x+(x^2+y^4)\mathrm{d}y=\int_0^1 x^2\mathrm{d}x+\int_0^1(1+y^4)\mathrm{d}y=\frac{23}{15}.$$

例 14-12　设曲线积分 $\displaystyle\int_L xy^2\mathrm{d}x+y\varphi(x)\mathrm{d}y$ 与路径无关，其中 φ 具有连续的导数，且 $\varphi(0)=0$，计算 $\displaystyle\int_{(0,0)}^{(1,1)}xy^2\mathrm{d}x+y\varphi(x)\mathrm{d}y$.

解：$P(x,y)=xy^2,Q(x,y)=y\varphi(x),\dfrac{\partial P}{\partial y}=\dfrac{\partial}{\partial y}(xy^2)=2xy,\dfrac{\partial Q}{\partial x}=\dfrac{\partial}{\partial x}[y\varphi(x)]=y\varphi'(x)$，

因为积分与路径无关，所以 $\dfrac{\partial P}{\partial y}=\dfrac{\partial Q}{\partial x}$. $y\varphi'(x)=2xy$ 知 $\varphi(x)=x^2+c$. 由 $\varphi(0)=0$，知 $c=0$，得 $\varphi(x)=x^2$. 故

$$I=\int_{(0,0)}^{(1,1)}xy^2\mathrm{d}x+y\varphi(x)\mathrm{d}y=\int_{(0,0)}^{(1,1)}xy^2\mathrm{d}x+yx^2\mathrm{d}y$$

$$=\int_{(0,0)}^{(1,0)}xy^2\mathrm{d}x+yx^2\mathrm{d}y+\int_{(1,0)}^{(1,1)}xy^2\mathrm{d}x+yx^2\mathrm{d}y$$

$$=0+\int_0^1 y\mathrm{d}y=\frac{1}{2}.$$

例 14-13　计算 $\displaystyle\int_L(\mathrm{e}^x\sin y-my)\mathrm{d}x+(\mathrm{e}^x\cos y-mx)\mathrm{d}y$. L 为摆线 $x=a(t-\sin t),y=a(1-\cos t)$ 上对应于从 $t=0$ 到 $t=\pi$ 的一段，如图 14-10 所示.

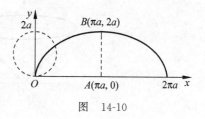

图　14-10

解：因为 $\dfrac{\partial Q}{\partial x}=\mathrm{e}^x\cos y-m=\dfrac{\partial P}{\partial y}$，所以积分与路径无关，

$$\int_L(\mathrm{e}^x\sin y-my)\mathrm{d}x+(\mathrm{e}^x\cos y-mx)\mathrm{d}y$$

$$=\int_{OA+AB}(\mathrm{e}^x\sin y-my)\mathrm{d}x+(\mathrm{e}^x\cos y-mx)\mathrm{d}y$$

$$=\int_0^{2a}(\mathrm{e}^{a\pi}\cos y-ma\pi)\mathrm{d}y=\mathrm{e}^{a\pi}\sin2a-2ma^2\pi.$$

例 14-14　计算 $\displaystyle\iint_\Sigma xyz\mathrm{d}x\mathrm{d}y$，其中 Σ 是球面 $x^2+y^2+z^2=1$ 外侧在 $x\geqslant0,y\geqslant0$ 的部分.

解：把 Σ 分成 Σ_1 和 Σ_2 两部分. Σ_1：$z=\sqrt{1-x^2-y^2}$，Σ_2：$z=-\sqrt{1-x^2-y^2}$，Σ_1 和 Σ_2 在 xOy 上的投影为 D_{xy}：$x^2+y^2\leqslant1,x\geqslant0,y\geqslant0$.

$$\iint_\Sigma xyz\mathrm{d}x\mathrm{d}y=\iint_{\Sigma_1}xyz\mathrm{d}x\mathrm{d}y+\iint_{\Sigma_2}xyz\mathrm{d}x\mathrm{d}y$$

$$= \iint_{D_{xy}} xy\sqrt{1-x^2-y^2}\,\mathrm{d}x\,\mathrm{d}y - \iint_{D_{xy}} xy\left(-\sqrt{1-x^2-y^2}\right)\mathrm{d}x\,\mathrm{d}y$$

$$= 2\iint_{D_{xy}} xy\sqrt{1-x^2-y^2}\,\mathrm{d}x\,\mathrm{d}y = 2\iint_{D_{xy}} r^2\sin\theta\cos\theta\sqrt{1-r^2}\,r\,\mathrm{d}r\,\mathrm{d}\theta$$

$$= 2\int_0^{\frac{\pi}{2}} \sin\theta\cos\theta\,\mathrm{d}\theta \int_0^1 r^3\sqrt{1-r^2}\,\mathrm{d}r = \frac{2}{15}.$$

例 14-15　计算 $\displaystyle\iint_{\Sigma} x^2\,\mathrm{d}y\,\mathrm{d}z + y^2\,\mathrm{d}z\,\mathrm{d}x + z^2\,\mathrm{d}x\,\mathrm{d}y$，其中 Σ 为锥面 $z=\sqrt{x^2+y^2}$ 位于平面 $z=h\,(h>0)$ 下面部分的下侧.

解：一种解法是分别计算三个曲面积分 $\displaystyle\iint_{\Sigma} x^2\,\mathrm{d}y\,\mathrm{d}z,\iint_{\Sigma} y^2\,\mathrm{d}z\,\mathrm{d}x,\iint_{\Sigma} z^2\,\mathrm{d}x\,\mathrm{d}y$. 但这样计算比较麻烦. 我们采用高斯公式进行计算. 但曲面 Σ 不是封闭曲面，为利用高斯公式，补充曲面 Σ_1：$z=h\,(x^2+y^2\leqslant h^2)$，其上侧为正侧. $\Sigma+\Sigma_1$ 构成封闭曲面，围成空间区域 Ω，如图 14-11 （a）所示. 由高斯公式，

$$I = \iint_{\Sigma+\Sigma_1} x^2\,\mathrm{d}y\,\mathrm{d}z + y^2\,\mathrm{d}z\,\mathrm{d}x + z^2\,\mathrm{d}x\,\mathrm{d}y = \iiint_{\Omega}\left[\frac{\partial(x^2)}{\partial x} + \frac{\partial(y^2)}{\partial y} + \frac{\partial(z^2)}{\partial z}\right]\mathrm{d}v = 2\iiint_{\Omega}(x+y+z)\,\mathrm{d}v.$$

根据对称性可知 $\displaystyle\iiint_{\Omega} x\,\mathrm{d}v = \iiint_{\Omega} y\,\mathrm{d}v = 0.$

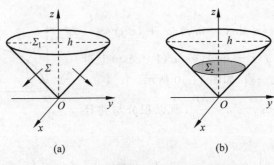

| (a) | (b) |

图　14-11

利用平行截面法计算上述三重积分. 对任意的 $z\in[0,h]$，过点 $(0,0,z)$ 且垂直于 z 轴的平面截区域 Ω 的截面为 Σ_z：$x^2+y^2\leqslant z^2$，其面积为 πz^2.

$$I = 2\iiint_{\Omega} z\,\mathrm{d}v = 2\int_0^h z\,\mathrm{d}z\iint_{\Sigma_z}\mathrm{d}x\,\mathrm{d}y = 2\int_0^h \pi z^3\,\mathrm{d}z = \frac{\pi}{2}z^4\Big|_0^h = \frac{\pi}{2}h^4.$$

在 Σ_1 上，$z=h$，$\mathrm{d}z=0$，于是

$$\iint_{\Sigma_1} x^2\,\mathrm{d}y\,\mathrm{d}z + y^2\,\mathrm{d}z\,\mathrm{d}x + z^2\,\mathrm{d}x\,\mathrm{d}y = \iint_{\Sigma_1} h^2\,\mathrm{d}x\,\mathrm{d}y = \pi h^4.$$

$$\iint_{\Sigma_1} x^2\,\mathrm{d}y\,\mathrm{d}z + y^2\,\mathrm{d}z\,\mathrm{d}x + z^2\,\mathrm{d}x\,\mathrm{d}y = \left(\iint_{\Sigma+\Sigma_1} - \iint_{\Sigma_1}\right) x^2\,\mathrm{d}y\,\mathrm{d}z + y^2\,\mathrm{d}z\,\mathrm{d}x + z^2\,\mathrm{d}x\,\mathrm{d}y$$

$$= I - I_1 = \frac{1}{2}\pi h^4 - \pi h^4 = -\frac{1}{2}\pi h^4.$$

习　题　14

1. 计算 $\int_L (x+y)\mathrm{d}s$，其中 L 为连接 $(1,0)$ 和 $(0,1)$ 两点的直线段.

2. 计算 $\oint_L x\mathrm{d}s$，其中 L 为由直线 $y=x$ 及抛物线 $y=x^2$ 所围成的区域的整个边界.

3. 计算 $\int_L y^2\mathrm{d}s$，其中 L 为摆线的一拱 $x=a(t-\sin t)$，$y=a(1-\cos t)(0\leqslant t\leqslant 2\pi)$.

4. 计算 $\iint\limits_{\Sigma}(x^2+y^2)\mathrm{d}S$，其中 Σ 分别是

(1) 圆锥面 $z=\sqrt{x^2+y^2}$ 及平面 $z=1$ 所围成的区域的整个边界曲面；

(2) 圆锥面 $z^2=3(x^2+y^2)$ 被平面 $z=0$ 和 $z=3$ 所截得的部分.

5. 计算 $\iint\limits_{\Sigma} x\mathrm{d}S$，其中 Σ 为旋转抛物面 $z=\dfrac{1}{2}(x^2+y^2)(0\leqslant z\leqslant 1)$.

6. 计算 $\int_L(x^2-y^2)\mathrm{d}x$，其中 L 是抛物线 $y=x^2$ 上从点 $(0,0)$ 到点 $(2,4)$ 的一段弧.

7. 计算 $\oint_L\dfrac{(x+y)\mathrm{d}x-(x-y)\mathrm{d}y}{x^2+y^2}$，其中 L 为圆周 $x^2+y^2=a^2$（按逆时针方向绕行）.

8. 计算 $\iint\limits_{\Sigma} x^2 y^2 z\mathrm{d}x\mathrm{d}y$，其中 Σ 为球面 $x^2+y^2+z^2=R^2$ 的下半部分的下侧.

9. 计算 $\oiint\limits_{\Sigma} xz\mathrm{d}x\mathrm{d}y+xy\mathrm{d}y\mathrm{d}z+yz\mathrm{d}z\mathrm{d}x$，其中 Σ 为由 $x+y+z=1$ 与三个坐标面围成的立体的整个边界的外侧.

10. 计算 $\oiint\limits_{\Sigma} x^2\mathrm{d}y\mathrm{d}z+y^2\mathrm{d}z\mathrm{d}x+z^2\mathrm{d}x\mathrm{d}y$，其中 Σ 为上半球面 $z=\sqrt{1-x^2-y^2}$ 的上侧.

11. 计算 $\oiint\limits_{\Sigma} x\mathrm{d}y\mathrm{d}z+y\mathrm{d}z\mathrm{d}x+z\mathrm{d}x\mathrm{d}y$，其中 Σ 为圆柱体 $x^2+y^2\leqslant 9(0\leqslant z\leqslant 3)$ 的整个边界的外侧.

第15讲

积分的物理应用

【知识要点】

为了方便,我们用 Q 表示区间、曲线、曲面、平面区域和空间区域,$|Q|$ 表示 Q 的测度即 Q 的大小.用 P 表示 Q 中的点,用 $\int_Q f(P)\mathrm{d}P$ 表示函数 $f(P)$ 在 Q 上的积分.特别地,当 Q 为 x 轴的区间 $[a,b]$ 时,$|Q|=b-a$,$\int_Q f(P)\mathrm{d}P$ 表示 $\int_a^b f(x)\mathrm{d}x$;当 Q 为 xOy 平面上的曲线 L 时,$|Q|$ 表示 L 的弧长,$\int_Q f(P)\mathrm{d}P$ 表示 $\int_L f(x,y)\mathrm{d}s$;当 Q 为空间曲线 Γ 时,$|Q|$ 表示 Γ 的弧长,$\int_Q f(P)\mathrm{d}P$ 表示 $\int_\Gamma f(x,y,z)\mathrm{d}s$;当 Q 为 xOy 平面上的区域 D 时,$|Q|$ 表示 D 的面积,$\int_Q f(P)\mathrm{d}P$ 表示 $\iint_D f(x,y)\mathrm{d}\sigma$;当 Q 为曲面 Σ 时,$|Q|$ 表示 Σ 的面积,$\int_Q f(P)\mathrm{d}P$ 表示 $\iint_\Sigma f(x,y,z)\mathrm{d}S$;当 Q 为空间区域 Ω 时,$|Q|$ 表示 Ω 的体积,$\int_Q f(P)\mathrm{d}P$ 表示 $\iiint_\Omega f(x,y,z)\mathrm{d}v$.

1. 质量、质心与转动惯量

设质量 M 分布在 Q 上,其密度函数 $f(P)$ 在 Q 上连续,u 表示 x,y,z 中的一个坐标,$\bar u$ 表示质心的 u 坐标,Q 中的点 P 到直线 l 的距离为 $r(P)$,对转轴 l 的转动惯量分别为 J_l,则

$$M=\int_Q f(P)\mathrm{d}P; \quad \bar u=\frac1M\int_Q uf(P)\mathrm{d}P; \quad J_l=\int_Q r^2(P)f(P)\mathrm{d}P$$

Q 的形心坐标等于均匀分布的质量重心坐标,即密度恒为常数时的重心坐标.即 Q 的形心的 u 坐标为 $\bar u=\dfrac{\displaystyle\int_Q u\mathrm{d}P}{|Q|}$.

2. 功

1) 单一路线的变力做功

力 $\vec F(x,y)=(P(x,y),Q(x,y))$ 使物体沿平面有向光滑曲线 L 移动所做的功为

$$W=\int_L P(x,y)\mathrm{d}x+Q(x,y)\mathrm{d}y=\int_L \vec F_T(x,y)\mathrm{d}s$$

其中,$\vec F_T(x,y)$ 为力 $\vec F(x,y)$ 沿切线方向的分量.

力 $\vec F(x,y,z)=(P(x,y,z),Q(x,y,z),R(x,y,z))$ 使物体沿空间有向光滑曲线 Γ

移动所做的功为

$$W = \int_{\Gamma} P(x,y,z)\mathrm{d}x + Q(x,y,z)\mathrm{d}y + R(x,y,z)\mathrm{d}z = \int_{\Gamma} \vec{F}_T(x,y,z)\mathrm{d}s$$

其中, $\vec{F}_T(x,y,z)$ 为力 $\vec{F}(x,y,z)$ 沿切线方向的分量.

2) 复合路线的做功问题

这类问题是指诸如将水吸出水池克服重力所做的功等问题. 因为不同水位的水被吸出水池所经过的路程不同, 因而称为复合路线的做功问题.

3. 液体的压力

设液体的密度为 ρ, 重力加速度为 g, 液面的 z 坐标为 h_0, 曲面 Σ 浸没入液体中, 则其一侧所受的液压为

$$P = \rho g \iint_{\Sigma} (h_0 - z)\mathrm{d}S$$

4. 引力

设质量 M 分布在 Q 上, 其密度函数 $f(P)$ 在 Q 上连续, 质点 P_0 为 Q 外一点, 其质量为 m, Q 中的点 P 到点 P_0 的距离为 $|P_0P|$, G 为万有引力常数, 则 Q 对 P_0 的引力沿坐标轴 u 的分量为

$$F_u = Gm \int_G \frac{|u - u_0|}{|P_0P|^3} f(P)\mathrm{d}P \text{（其中 } u_0 \text{ 是点 } P_0 \text{ 的 } u \text{ 坐标）}$$

【例题】

例 15-1　将一长度为 $2l$、线密度为 ρ 的均匀细直棒置于 x 轴的区间 $[-l,l]$ 上, (1) 求细直棒绕 y 轴旋转的转动惯量；(2) 设点 $(0,a)(a>0)$ 处有一质量为 m 的质点, 如图 15-1 所示, 求细直棒对该质点的引力；(3) 若细直棒无限长, 求细直棒对该质点的引力 (设万有引力常数为 G).

解：(1) 绕 y 轴旋转的转动惯量为 $J_y = \int_{-l}^{l} x^2 \rho \mathrm{d}x = \frac{2}{3}\rho l^3$.

(2) 由对称性知, 细直棒对该质点的引力沿 x 轴方向的分量为 0. 于是, 细直棒对该质点的引力沿 y 轴方向, 其大小为

$$F_y = G\rho m \int_{-l}^{l} \frac{a\,\mathrm{d}x}{(a^2+x^2)^{\frac{3}{2}}} = 2G\rho m a \int_0^l \frac{\mathrm{d}x}{(a^2+x^2)^{\frac{3}{2}}}$$

$$\xrightarrow{x=a\tan t} \frac{2G\rho m}{a} \int_0^{\arctan \frac{l}{a}} \cos t\,\mathrm{d}t = \frac{2G\rho m}{a} \sin\left(\arctan \frac{l}{a}\right) = \frac{2G\rho m}{a} \frac{a}{\sqrt{a^2+l^2}}$$

(3) 若细直棒无限长, 则细直棒对该质点的引力大小为

$$F = \lim_{l \to +\infty} \frac{2G\rho m}{a} \frac{l}{\sqrt{a^2+l^2}} = \frac{2G\rho m}{a}$$

例 15-2　将一质量为 M 的均匀细金属圆环置于 xOy 平面上. 圆的方程为 $L: x^2 + y^2 = R^2$,

(1) 求圆环分别绕 z 轴和 x 轴旋转的转动惯量；

(2) 设点 $(0,0,a)(a>0)$ 处有一质量为 m 的质点, 如图 15-2 所示, 求圆环对该质点的

引力(设万有引力常数为 G).

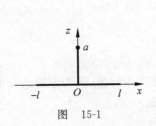

图　15-1

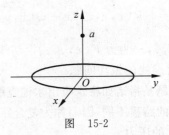

图　15-2

解：圆环的周长为 $2\pi R$，密度为 $\rho=\dfrac{M}{2\pi R}$.

(1) 绕 z 轴旋转的转动惯量为

$$J_z=\int_L(x^2+y^2)\frac{M}{2\pi R}\mathrm{d}s=\frac{M}{2\pi R}\int_L R^2\mathrm{d}s=\frac{MR}{2\pi}\int_L\mathrm{d}s=\frac{MR}{2\pi}\cdot 2\pi R=MR^2$$

显然，绕 x 轴旋转的转动惯量 J_x 等于绕 y 轴旋转的转动惯量 J_y，即

$$\int_L y^2\frac{M}{2\pi R}\mathrm{d}s=\int_L x^2\frac{M}{2\pi R}\mathrm{d}s$$

于是

$$J_x=\int_L y^2\frac{M}{2\pi R}\mathrm{d}s=\frac{1}{2}\int_L(x^2+y^2)\frac{M}{2\pi R}\mathrm{d}s$$

$$=\frac{M}{4\pi R}\int_L R^2\mathrm{d}s=\frac{MR}{4\pi}\int_L\mathrm{d}s=\frac{MR}{4\pi}\cdot 2\pi R=\frac{1}{2}MR^2.$$

(2) 由对称性知，圆环对该质点的引力沿 x 轴和 y 轴方向的分量皆为 0. 于是，圆环对该质点的引力沿 z 轴方向，其大小为

$$F=G\rho m\int_L\frac{a\,\mathrm{d}s}{(x^2+y^2+a^2)^{\frac{3}{2}}}=\frac{G\rho ma}{(R^2+a^2)^{\frac{3}{2}}}\int_L\mathrm{d}s=\frac{2\pi G\rho mRa}{(R^2+a^2)^{\frac{3}{2}}}$$

例 15-3　设有一质量为 M 的均匀半球 Ω：$0\leqslant z\leqslant\sqrt{R^2-x^2-y^2}$，如图 15-3 所示. (1)求其质心的坐标；(2)求其绕 z 轴旋转的转动惯量.

解：(1) 设其质心为 $(\bar{x},\bar{y},\bar{z})$，则 $\bar{x}=0$，$\bar{y}=0$.

$$\bar{z}=\frac{\iiint\limits_{\Omega}z\,\mathrm{d}v}{\dfrac{2\pi}{3}R^3}=\frac{3\iiint\limits_{\Omega}z\,\mathrm{d}v}{2\pi R^3}=\frac{3}{2\pi R^3}\int_0^{2\pi}\mathrm{d}\theta\int_0^{\frac{\pi}{2}}\mathrm{d}\varphi\int_0^R r^3\cos\varphi\sin\varphi\,\mathrm{d}r=\frac{3R}{8}$$

即质心的坐标为 $\left(0,0,\dfrac{3R}{8}\right)$.

(2) 半球体的密度为 $\rho=\dfrac{M}{\dfrac{2\pi}{3}R^3}=\dfrac{3M}{2\pi R^3}$. 绕 z 轴旋转的转动惯量为

$$J_z=\iiint\limits_{\Omega}(x^2+y^2)\rho\,\mathrm{d}v=\rho\iiint\limits_{\Omega}(r^2\sin^2\varphi\cos^2\theta+r^2\sin^2\varphi\sin^2\theta)r^2\sin\varphi\,\mathrm{d}r\,\mathrm{d}\varphi\,\mathrm{d}\theta$$

$$=\rho\iiint\limits_{\Omega}r^4\sin^3\varphi\,\mathrm{d}r\,\mathrm{d}\varphi\,\mathrm{d}\theta$$

$$=\rho\int_0^{2\pi}\mathrm{d}\theta\int_0^{\frac{\pi}{2}}\sin^3\varphi\,\mathrm{d}\varphi\int_0^R r^4\,\mathrm{d}r=\frac{2\pi\rho R^5}{5}\int_0^{\frac{\pi}{2}}(\cos^2\varphi-1)\mathrm{d}\cos\varphi$$

$$=\frac{2\pi\rho R^5}{5}\left[\frac{1}{3}\cos^3\varphi-\cos\varphi\right]_0^{\frac{\pi}{2}}=\frac{4\pi\rho R^5}{15}=\frac{2MR^2}{5}.$$

例 15-4　设有一旋转抛物面型薄片 Σ：$z=x^2+y^2$，$z\leqslant1$，密度函数为 $\rho(x,y,z)=$ $\dfrac{1}{\sqrt{1+4x^2+4y^2}}$，如图 15-4 所示.（1）求其质量；（2）求其质心的坐标；（3）求其绕 z 轴旋转的转动惯量；（4）若该曲面内盛满了水，求要把池内的水全部吸出所做的功 W；（5）若该曲面内盛满了水，求曲面所受的水压力（设水的密度为 μ，重力加速度 g）.

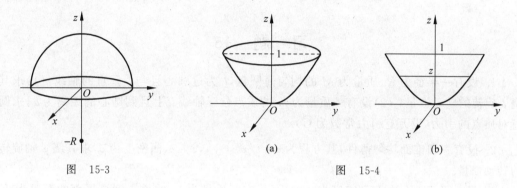

图　15-3　　　　　　　　　　　　　　　　　（a）　　　　（b）　　图　15-4

解：（1）旋转抛物面 Σ：$z=x^2+y^2$，$z\leqslant1$ 在 xOy 面上的投影区域为 D：$x^2+y^2\leqslant1$. $z=x^2+y^2$，$\dfrac{\partial z}{\partial x}=2x$，$\dfrac{\partial z}{\partial y}=2y$. 所求的质量为

$$M=\iint\limits_{\Sigma}\rho(x,y,z)\mathrm{d}S=\iint\limits_{D}\frac{1}{\sqrt{1+4x^2+4y^2}}\sqrt{1+\left(\frac{\partial z}{\partial x}\right)^2+\left(\frac{\partial z}{\partial y}\right)^2}\,\mathrm{d}x\,\mathrm{d}y=\iint\limits_{D}\mathrm{d}x\,\mathrm{d}y=\pi$$

（2）设其质心为 $(\bar{x},\bar{y},\bar{z})$，由对称性可知 $\bar{x}=0$，$\bar{y}=0$.

$$\bar{z}=\frac{1}{M}\iint\limits_{\Sigma}z\rho(x,y,z)\mathrm{d}S=\frac{1}{M}\iint\limits_{D}(x^2+y^2)\frac{1}{\sqrt{1+4x^2+4y^2}}\sqrt{1+\left(\frac{\partial z}{\partial x}\right)^2+\left(\frac{\partial z}{\partial y}\right)^2}\,\mathrm{d}x\,\mathrm{d}y$$

$$=\frac{1}{M}\iint\limits_{D}(x^2+y^2)\mathrm{d}x\,\mathrm{d}y=\frac{1}{M}\int_0^{2\pi}\mathrm{d}\theta\int_0^1 r^3\,\mathrm{d}r=\frac{\pi}{2M}=\frac{1}{2}$$

即质心的坐标为 $\left(0,0,\dfrac{1}{2}\right)$.

（3）绕 z 轴旋转的转动惯量为

$$J_z=\iint\limits_{\Sigma}(x^2+y^2)\rho(x,y,z)\mathrm{d}S=\iint\limits_{D}(x^2+y^2)\frac{1}{\sqrt{1+4x^2+4y^2}}\sqrt{1+\left(\frac{\partial z}{\partial x}\right)^2+\left(\frac{\partial z}{\partial y}\right)^2}\,\mathrm{d}x\,\mathrm{d}y$$

$$=\iint\limits_{D}(x^2+y^2)\mathrm{d}x\,\mathrm{d}y=\int_0^{2\pi}\mathrm{d}\theta\int_0^1 r^3\,\mathrm{d}r=\frac{\pi}{2}$$

（4）把池内的水吸出所做的功就是克服重力所做的功. 高度为 z 的水面面积为 πz. 将这层水吸出所做的功为 $\mu\pi z(1-z)g\,\mathrm{d}z$，于是，把池内的水全部吸出所做的功为

$$W=\int_0^1\mu\pi gz(1-z)\mathrm{d}z=\pi\mu g\int_0^1(z-z^2)\mathrm{d}z=\frac{\pi\mu g}{6}$$

(5) 曲面上任一点 (x,y,z) 处的压强为 $p=\mu(1-z)g$. 曲面所受的水压力为

$$P=\iint\limits_{\Sigma}\mu g(1-z)\mathrm{d}S=\mu g\iint\limits_{D}(1-x^2-y^2)\sqrt{1+\left(\frac{\partial z}{\partial x}\right)^2+\left(\frac{\partial z}{\partial y}\right)^2}\,\mathrm{d}x\,\mathrm{d}y$$

$$=\mu g\iint\limits_{D}(1-x^2-y^2)\sqrt{1+4x^2+4y^2}\,\mathrm{d}x\,\mathrm{d}y$$

$$=\mu g\int_0^{2\pi}\mathrm{d}\theta\int_0^1(1-r^2)\sqrt{1+4r^2}\,r\,\mathrm{d}r\xlongequal{u=r^2}\pi\mu g\int_0^1(1-u)\sqrt{1+4u}\,\mathrm{d}u$$

$$\xlongequal{\sqrt{1+4u}=t}\frac{\pi\mu g}{8}\int_1^{\sqrt5}(5t^2-t^4)\mathrm{d}t=\frac{(25\sqrt5-11)\pi\mu g}{60}$$

习 题 15

1. 设有一半径为 R、质量为 M 的均匀薄圆盘,l 为过圆心且与 l 垂直的轴线,(1)求其绕 l 旋转的转动惯量;(2)设有一质量为 m 的质点位于轴线 l 上且到圆心的距离为 a,求圆盘对质点的引力(设万有引力常数为 G).

2. 设有一圆锥面均匀薄件,其方程为 $z=\sqrt{x^2+y^2}$,$z\le2$,面密度为 ρ,求其绕 z 轴旋转的转动惯量.

3. 设一平面上分布有面密度为 ρ 的质量,有一质量为 m 的质点到该平面的距离为 a,求该平面对质点的引力(设万有引力常数为 G).

4. 一圆柱形蓄水池高 h 米,底圆半径为 R 米,池内盛满了水. 求要把池内的水全部吸出所做的功 W(设水的密度为 1,重力加速度为 g).

5. 一个横放着的半径为 R 的圆柱形水桶内盛有半桶水,试计算桶的一个底面所受的压力 P(设水的密度为 1,重力加速度为 g).

6. 一圆锥形蓄水池,高为 h,口径为 R,盛满水,(1)求将池内水(水的密度为 ρ)抽出所做的功;(2)试计算池壁所受的压力 P(设水的密度为 1,重力加速度为 g).

数 列 极 限

【知识要点】

(1) 重要极限：① $\lim\limits_{n\to\infty}\left(1+\dfrac{1}{n}\right)^{n}=\mathrm{e}$；② 若 $\lim\limits_{n\to\infty}x_n=0$，则 $\lim\limits_{n\to\infty}(1+x_n)^{\frac{1}{x_n}}=\mathrm{e}$.

(2) 数列极限的夹逼准则.

设 $x_n\leqslant z_n\leqslant y_n$ 且 $\lim\limits_{n\to\infty}x_n=\lim\limits_{n\to\infty}y_n=a$，则 $\lim\limits_{n\to\infty}z_n=a$.

(3) 单调有界原理：单调有界数列一定有极限.

数列单调性的证明方法：

① 由关系式直接看出.

② 证明 $x_{n+1}-x_n\geqslant 0$ 或 $x_{n+1}-x_n\leqslant 0$.

③ 证明 $\dfrac{x_{n+1}}{x_n}\geqslant 1$（或 $\leqslant 1$）.

④ 证明 $\dfrac{x_{n+1}-x_n}{x_n-x_{n-1}}>0$，即证明 $x_{n+1}-x_n$ 与 x_n-x_{n-1} 同号.

⑤ 设 $x_n=f(n)$，证明函数 $f(x)(x\geqslant 1)$ 单调.

数列有界的证明方法：

① 由关系式直接看出.

② 利用求函数极值的方法证明有最大值、最小值.

(4) 海涅定理：若 $\lim\limits_{x\to\infty}f(x)=A$，则 $\lim\limits_{n\to\infty}f(n)=A$.

求数列未定式的极限时，原则上不能直接应用洛必达法则，而应先将洛必达法则应用于相应的函数极限上，然后由海因定理得到数列的极限. 如求 $\lim\limits_{n\to\infty}\sqrt[n]{n}$ 的步骤如下：

因为 $\lim\limits_{x\to+\infty}x^{\frac{1}{x}}=\mathrm{e}^{\lim\limits_{x\to+\infty}\frac{\ln x}{x}}\xlongequal{\text{洛必达法则}}\mathrm{e}^{\lim\limits_{x\to+\infty}\frac{1}{x}}=1$，所以 $\lim\limits_{n\to\infty}\sqrt[n]{n}=1$.

(5) 子数列收敛性：一个收敛数列的任意子数列仍收敛于原数列的极限.

注：若一个数列的某个子列发散或一个数列有两个子列收敛于不同的极限，则原数列发散.

(6) 有界数列与无穷小的乘积为无穷小.

(7) 设 $\lim\limits_{n\to\infty}\left|\dfrac{x_n}{x_{n-1}}\right|=l<1$，则 $\lim\limits_{n\to\infty}x_n=0$. 如 $\lim\limits_{n\to\infty}\dfrac{a^n}{n!}=0$.

(8) 利用定积分与二重积分求极限.

$$\int_0^1 f(x)\,\mathrm{d}x = \lim_{n\to\infty}\frac{1}{n}\sum_{i=0}^{n-1}f\left(\frac{i}{n}\right)=\lim_{n\to\infty}\frac{1}{n}\sum_{i=1}^{n}f\left(\frac{i}{n}\right).$$

(9) 施笃尔兹(Stolz)定理.

设 $\lim\limits_{n\to\infty}a_n=a$ (或 $+\infty$),则 $\lim\limits_{n\to\infty}\dfrac{a_1+a_2+\cdots+a_n}{n}=a$.

推论 1 设 $a_n>0$,且 $\lim\limits_{n\to\infty}a_n=a$ (或 $+\infty$),则 $\lim\limits_{n\to\infty}\sqrt[n]{a_1a_2\cdots a_n}=a$.

证:由施笃尔兹定理,$\lim\limits_{n\to\infty}\dfrac{\ln a_1+\ln a_2+\cdots+\ln a_n}{n}=\ln a$. 即 $\lim\limits_{n\to\infty}\ln\sqrt[n]{a_1a_2\cdots a_n}=\ln a$,从而

$\lim\limits_{n\to\infty}\sqrt[n]{a_1a_2\cdots a_n}=a$. 如 $\lim\limits_{n\to\infty}\dfrac{1+\dfrac{1}{2}+\cdots+\dfrac{1}{n}}{n}=0$,$\lim\limits_{n\to\infty}\sqrt[n]{n!}=+\infty$.

推论 2 设 $a_n>0$,且 $\lim\limits_{n\to\infty}a_n=a$ (或 $+\infty$),则 $\lim\limits_{n\to\infty}\dfrac{n}{\dfrac{1}{a_1}+\dfrac{1}{a_2}+\cdots+\dfrac{1}{a_n}}=a$.

推论 3 若 $a_n>0$ 且 $\lim\limits_{n\to\infty}\dfrac{a_{n+1}}{a_n}=a$ (或 $+\infty$),则 $\lim\limits_{n\to\infty}\sqrt[n]{a_n}=a$.

证:记 $b_1=a_1,b_n=\dfrac{a_{n+1}}{a_n}(n>1)$,则 $\lim\limits_{n\to\infty}b_n=a$.

$\lim\limits_{n\to\infty}\sqrt[n]{a_n}=\lim\limits_{n\to\infty}\sqrt[n]{a_1\cdot\dfrac{a_2}{a_1}\cdot\dfrac{a_3}{a_2}\cdot\cdots\cdot\dfrac{a_n}{a_{n-1}}}=\lim\limits_{n\to\infty}\sqrt[n]{b_1\cdot b_2\cdots b_n}=a$.

推论 4 若 $\lim\limits_{n\to\infty}(a_{n+1}-a_n)=d$ (或 $+\infty$),则 $\lim\limits_{n\to\infty}\dfrac{a_n}{n}=d$.

证:记 $b_1=a_1,b_n=a_{n+1}-a_n(n>1),\lim\limits_{n\to\infty}b_n=d$,则 $\lim\limits_{n\to\infty}\dfrac{a_n}{n}=\lim\limits_{n\to\infty}\dfrac{b_1+b_2+\cdots+b_n}{n}=d$.

【例题】

例 16-1 判断下列说法是否正确:

(1) 若 $\lim\limits_{n\to\infty}x_n=a$,则 $\lim\limits_{n\to\infty}|x_n|=|a|$;

(2) 若 $\lim\limits_{n\to\infty}|x_n|=|a|$,则 $\lim\limits_{n\to\infty}x_n=a$;

(3) 若 $x_n<y_n$,且 $\lim\limits_{n\to\infty}x_n=A$,$\lim\limits_{n\to\infty}y_n=B$,则 $A<B$.

(4) 若 x_n,y_n 都收敛,则 $x_n+y_n,x_ny_n,\dfrac{x_n}{y_n}$ 都收敛;

(5) 若 x_n,y_n 都发散,则 $x_n+y_n,x_ny_n,\dfrac{x_n}{y_n}$ 都发散;

(6) 若 x_n 收敛,y_n 发散,则 $x_n+y_n,x_ny_n,\dfrac{x_n}{y_n}$ 都发散.

解:(1)正确. (2)错误. 如 $x_n=(-1)^n$. (3)错误. 如 $x_n=\dfrac{1}{n+1}$,$y_n=\dfrac{1}{n}$. (4)错误. 若 x_n,y_n

都收敛,则 x_n+y_n,x_ny_n 都收敛,但 $\dfrac{x_n}{y_n}$ 不一定收敛,但若 $\lim\limits_{n\to\infty}y_n\neq 0$,则 $\dfrac{x_n}{y_n}$ 收敛. (5)错误. 如

若 $x_n = (-1)^n$, $y_n = (-1)^{n+1}$, 则 x_n, y_n 都发散, 但 $x_n + y_n = 0$, $x_n y_n = -1$, $\dfrac{x_n}{y_n} = -1$ 都收敛. (6)错误. 若 x_n 收敛, y_n 发散, 则 $x_n + y_n$ 一定发散, 但 $x_n y_n$, $\dfrac{x_n}{y_n}$ 不一定发散, 如若 $x_n \equiv 0$, $y_n = n$, 则 $x_n y_n \equiv 0$, $\dfrac{x_n}{y_n} \equiv 0$, 都收敛.

例 16-2 求 $\lim\limits_{n \to \infty} \left(1 + \dfrac{1}{n} + \dfrac{1}{n^2}\right)^n$.

解: 原式 $= \lim\limits_{n \to \infty} \left[\left(1 + \dfrac{n+1}{n^2}\right)^{\frac{n^2}{n+1}}\right]^{\frac{n+1}{n}} = \mathrm{e}$.

或原式 $= \mathrm{e}^{\lim\limits_{n \to \infty} n \ln\left(1 + \frac{1}{n} + \frac{1}{n^2}\right)}$. 因为 $n \to \infty$ 时, $\dfrac{1}{n} + \dfrac{1}{n^2} \to 0$, 所以 $\ln\left(1 + \dfrac{1}{n} + \dfrac{1}{n^2}\right) \sim \dfrac{1}{n} + \dfrac{1}{n^2}$, 从而

原式 $= \mathrm{e}^{\lim\limits_{n \to \infty} n\left(\frac{1}{n} + \frac{1}{n^2}\right)} = \mathrm{e}$.

例 16-3 求 $\lim\limits_{n \to \infty} \tan^n\left(\dfrac{\pi}{4} + \dfrac{2}{n}\right)$.

解: $\lim\limits_{x \to 0} \dfrac{\ln\tan\left(\dfrac{\pi}{4} + 2x\right)}{x} = \lim\limits_{x \to 0} \dfrac{2\sec^2\left(\dfrac{\pi}{4} + 2x\right)}{\tan\left(\dfrac{\pi}{4} + 2x\right)} = 4$.

由海因定理, 得 $\lim\limits_{n \to \infty} \ln\tan\left(\dfrac{\pi}{4} + \dfrac{2}{n}\right)^n = \lim\limits_{n \to \infty} \dfrac{\ln\tan\left(\dfrac{\pi}{4} + \dfrac{2}{n}\right)}{\dfrac{1}{n}} = 4$, 故 $\lim\limits_{n \to \infty} \tan^n\left(\dfrac{\pi}{4} + \dfrac{2}{n}\right) = \mathrm{e}^4$.

例 16-4 求 $\lim\limits_{n \to \infty} \left(\dfrac{2}{\pi} \arctan n\right)^{\sqrt{n}}$.

解: $\lim\limits_{x \to +\infty} \sqrt{x} \ln\left(\dfrac{2}{\pi} \arctan x\right) = \lim\limits_{x \to +\infty} \dfrac{\ln\left(\dfrac{2}{\pi} \arctan x\right)}{\dfrac{1}{\sqrt{x}}}$

$$= \lim\limits_{x \to +\infty} \dfrac{-2x^{\frac{3}{2}}}{(1 + x^2)\arctan x} = -\dfrac{4}{\pi} \lim\limits_{x \to +\infty} \dfrac{x^{\frac{3}{2}}}{(1 + x^2)} = 0.$$

$\lim\limits_{x \to +\infty} \left(\dfrac{2}{\pi} \arctan x\right)^{\sqrt{x}} = \mathrm{e}^0 = 1$. 由海因定理, 得 $\lim\limits_{n \to \infty} \left(\dfrac{2}{\pi} \arctan n\right)^{\sqrt{n}} = 1$.

例 16-5 设 $f(0) > 0$, $f(x)$ 在 $x = 0$ 处可导, 求 $\lim\limits_{n \to \infty} \left[\dfrac{f\left(\dfrac{1}{n}\right)}{f(0)}\right]^n$.

解: 此极限为 1^∞ 型未定式.

原式 $= \mathrm{e}^{\lim\limits_{n \to \infty} n \ln\left[\frac{f\left(\frac{1}{n}\right)}{f(0)}\right]} = \mathrm{e}^{\lim\limits_{n \to \infty} \frac{\ln f\left(\frac{1}{n}\right) - \ln f(0)}{\frac{1}{n}}} = \mathrm{e}^{\frac{\mathrm{d}\ln f(x)}{\mathrm{d}x}\Big|_{x=0}} = \mathrm{e}^{\frac{f'(0)}{f(0)}}$.

例 16-6 求 $\lim\limits_{n\to\infty}\left(\dfrac{n+\ln n}{n-\ln n}\right)^{\frac{n}{\ln n}}$.

解：因为 $\lim\limits_{n\to\infty}\dfrac{\ln n}{n}=\lim\limits_{x\to+\infty}\dfrac{\ln x}{x}=\lim\limits_{x\to+\infty}\dfrac{1}{x}=0.\ \lim\limits_{n\to\infty}\dfrac{n+\ln n}{n-\ln n}=\lim\limits_{n\to\infty}\dfrac{1+\dfrac{\ln n}{n}}{1-\dfrac{\ln n}{n}}=1.$ 所以极限为

1^{∞} 型未定式.

$$原式=\lim\limits_{n\to\infty}\left[\left(1+\dfrac{2\ln n}{n-\ln n}\right)^{\frac{n-\ln n}{2\ln n}}\right]^{\frac{2}{1-\frac{\ln n}{n}}}=e^{2}.$$

例 16-7 求下列数列的极限：

(1) $\sum\limits_{k=1}^{n}\dfrac{1}{k(k+1)}$；

(2) $\sum\limits_{k=1}^{n}\dfrac{1}{k(k+1)(k+2)}$；

(3) $\prod\limits_{k=2}^{n}\left(1-\dfrac{1}{k^{2}}\right)$；

(4) $\prod\limits_{k=0}^{n}(1+a^{2^{k}})(|a|<1)$；

(5) $\prod\limits_{k=1}^{n}\cos\dfrac{x}{2^{k}}(x\neq0)\left(\prod\limits_{k=1}^{n}a_{k}=a_{1}a_{2}\cdots a_{n}\right).$

解：(1) $\sum\limits_{k=1}^{n}\dfrac{1}{k(k+1)}=\sum\limits_{k=1}^{n}\left(\dfrac{1}{k}-\dfrac{1}{k+1}\right)=1-\dfrac{1}{n+1}.$

$$\lim\limits_{n\to\infty}\sum\limits_{k=1}^{n}\dfrac{1}{k(k+1)}=\lim\limits_{n\to\infty}\left(1-\dfrac{1}{n+1}\right)=1.$$

(2) 设 $\dfrac{1}{k(k+1)(k+2)}=\dfrac{a}{k}+\dfrac{b}{k+1}+\dfrac{c}{k+2}.$

两边同乘以 k，并令 $k=0$，得 $a=\dfrac{1}{2}$；两边同乘以 $k+1$，并令 $k=-1$，得 $b=-1$；两边

同乘以 $k+2$，并令 $k=-2$，得 $c=\dfrac{1}{2}$.

$$\sum\limits_{k=1}^{n}\dfrac{1}{k(k+1)(k+2)}=\sum\limits_{k=1}^{n}\left[\dfrac{1}{2k}-\dfrac{1}{k+1}+\dfrac{1}{2(k+2)}\right]$$
$$=\dfrac{1}{2}\sum\limits_{k=1}^{n}\left(\dfrac{1}{k}-\dfrac{1}{k+1}\right)-\dfrac{1}{2}\sum\limits_{k=1}^{n}\left(\dfrac{1}{k+1}-\dfrac{1}{k+2}\right)$$
$$=\dfrac{1}{2}\left(1-\dfrac{1}{n+1}\right)-\dfrac{1}{2}\left(\dfrac{1}{2}-\dfrac{1}{n+2}\right)=\dfrac{1}{4}-\dfrac{1}{2(n+1)}+\dfrac{1}{2(n+2)}.$$
$$\lim\limits_{n\to\infty}\sum\limits_{k=1}^{n}\dfrac{1}{k(k+1)(k+2)}=\lim\limits_{n\to\infty}\left[\dfrac{1}{4}-\dfrac{1}{2(n+1)}+\dfrac{1}{2(n+2)}\right]=\dfrac{1}{4}.$$

(3) $\prod\limits_{k=2}^{n}\left(1-\dfrac{1}{k^{2}}\right)=\prod\limits_{k=2}^{n}\dfrac{(k-1)(k+1)}{k^{2}}=\dfrac{1\cdot3}{2^{2}}\cdot\dfrac{2\cdot4}{3^{2}}\cdot\dfrac{3\cdot5}{4^{2}}\cdots\dfrac{(n-1)(n+1)}{n^{2}}$

$$=\dfrac{n+1}{2n}.$$

$$\lim\limits_{n\to\infty}\prod\limits_{k=2}^{n}\left(1-\dfrac{1}{k^{2}}\right)=\lim\limits_{n\to\infty}\dfrac{n+1}{2n}=\dfrac{1}{2}.$$

(4) $\displaystyle\prod_{k=0}^{n}(1+a^{2^k})=\frac{1}{1-a}(1-a)\prod_{k=0}^{n}(1+a^{2^k})=\frac{1}{1-a}(1-a^2)\prod_{k=1}^{n}(1+a^{2^k})$

$\displaystyle=\frac{1}{1-a}(1-a^4)\prod_{k=2}^{n}(1+a^{2^k})=\cdots=\frac{1-a^{2^{n+1}}}{1-a}.$

$\displaystyle\lim_{n\to\infty}\prod_{k=0}^{n}(1+a^{2^k})=\lim_{n\to\infty}\frac{1-a^{2^{n+1}}}{1-a}=\frac{1}{1-a}.$

(5) $\displaystyle\prod_{k=1}^{n}\cos\frac{x}{2^k}=\frac{\displaystyle\prod_{k=1}^{n-1}\cos\frac{x}{2^k}}{2\sin\dfrac{x}{2^n}}2\sin\frac{x}{2^n}\cos\frac{x}{2^n}=\frac{\displaystyle\prod_{k=1}^{n-1}\cos\frac{x}{2^k}}{2\sin\dfrac{x}{2^n}}\sin\frac{x}{2^{n-1}}$

$\displaystyle=\frac{\displaystyle\prod_{k=1}^{n-2}\cos\frac{x}{2^k}}{2^2\sin\dfrac{x}{2^n}}2\sin\frac{x}{2^{n-1}}\cos\frac{x}{2^{n-1}}=\frac{\displaystyle\prod_{k=1}^{n-2}\cos\frac{x}{2^k}}{2^2\sin\dfrac{x}{2^n}}\sin\frac{x}{2^{n-2}}=\cdots=\frac{\sin x}{2^n\sin\dfrac{x}{2^n}}.$

$\displaystyle\lim_{n\to\infty}\prod_{k=1}^{n}\cos\frac{x}{2^k}=\lim_{n\to\infty}\frac{\sin x}{2^n\sin\dfrac{x}{2^n}}=\frac{\sin x}{x}.$

例 16-8 求极限 $\displaystyle\lim_{n\to\infty}\sin(\sqrt{n^2+1}\,\pi)$.

解：原式 $=\displaystyle\lim_{n\to\infty}(-1)^n\sin(\sqrt{n^2+1}-n)\pi$

$=\displaystyle\lim_{n\to\infty}(-1)^n\sin\frac{(\sqrt{n^2+1}-n)(\sqrt{n^2+1}+n)}{\sqrt{n^2+1}+n}\pi$

$=\displaystyle\lim_{n\to\infty}(-1)^n\sin\frac{\pi}{\sqrt{n^2+1}+n}=0.$

例 16-9 求极限 $\displaystyle\lim_{n\to\infty}\sum_{k=1}^{n}\frac{k}{n^2+n+k}$.

解：(1) $\displaystyle\sum_{k=1}^{n}\frac{k}{n^2+n+k}>\frac{\displaystyle\sum_{k=1}^{n}k}{n^2+n+n}=\frac{\dfrac{n(n+1)}{2}}{n^2+n+n}=\frac{n+1}{2(n+2)}$,

$\displaystyle\sum_{k=1}^{n}\frac{k}{n^2+n+k}<\frac{\displaystyle\sum_{k=1}^{n}k}{n^2+n}=\frac{\dfrac{n(n+1)}{2}}{n^2+n}=\frac{1}{2}.$

由夹逼准则,可得 $\displaystyle\lim_{n\to\infty}\sum_{k=1}^{n}\frac{k}{n^2+n+k}=\frac{1}{2}$.

例 16-10 (1) 设 $a_i\geqslant 0(1\leqslant i\leqslant k)$,求 $\displaystyle\lim_{n\to\infty}\Big(\sum_{i=1}^{k}a_i^n\Big)^{\frac{1}{n}}$.

(2) 求 $f(x)=\displaystyle\lim_{n\to\infty}\sqrt[n]{1+x^n+\Big(\frac{x^2}{2}\Big)^n}$, $x\geqslant 0$.

(3) 设数列 a_n 单调增加且非负, $\displaystyle\lim_{n\to\infty}a_n=A$. 证明: $\displaystyle\lim_{n\to\infty}\Big(\sum_{i=1}^{n}a_i^n\Big)^{\frac{1}{n}}=\lim_{n\to\infty}a_n=A.$

解: (1) 令 $M = \max\{a_1, a_2, \cdots, a_k\}$,则 $M^n \leqslant \sum_{i=1}^{k} a_i^n \leqslant k M^n$. $M \leqslant \left(\sum_{i=1}^{k} a_i^n\right)^{\frac{1}{n}} \leqslant \sqrt[n]{k} M$.

由夹逼准则,可得 $\lim_{n \to \infty} \left(\sum_{i=1}^{k} a_i^n\right)^{\frac{1}{n}} = M$.

(2) 令 $M = \max\left\{1, x, \dfrac{x^2}{2}\right\}$,则 $M \leqslant \sqrt[n]{1 + x^n + \left(\dfrac{x^2}{2}\right)^n} \leqslant \sqrt[n]{3} M$. 由夹逼准则,可得

$$f(x) = M = \begin{cases} 1, & 0 \leqslant x \leqslant 1 \\ x, & 1 < x \leqslant 2 \\ \dfrac{x^2}{2}, & x > 2 \end{cases}.$$

(3) 由题设,$a_n \leqslant \left(\sum_{i=1}^{n} a_i^n\right)^{\frac{1}{n}} \leqslant \lim_{x \to \infty} \sqrt[n]{n} a_n$. 由夹逼准则,可得 $\lim_{n \to \infty} \left(\sum_{i=1}^{n} a_i^n\right)^{\frac{1}{n}} = \lim_{n \to \infty} a_n = A$.

例 16-11 求极限 $\lim_{n \to \infty} \int_0^1 x^n \arcsin(1 - x^n) \mathrm{d}x$.

解: $0 \leqslant x^n \arcsin(1 - x^n) \leqslant \dfrac{\pi}{2} x^n, 0 \leqslant x \leqslant 1$.

由夹逼准则,可得 $\lim_{n \to \infty} \int_0^1 x^n \arcsin(1 - x^n) \mathrm{d}x = 0$.

例 16-12 证明 $\lim_{n \to \infty} \dfrac{1}{\ln n} \sum_{k=1}^{n} \dfrac{1}{k} = 1$.

解: 由不等式 $\dfrac{1}{n+1} < \ln\left(1 + \dfrac{1}{n}\right) < \dfrac{1}{n}$ 可得 $\ln n + \dfrac{1}{n} < 1 + \dfrac{1}{2} + \cdots + \dfrac{1}{n} < \ln n + 1$.

$1 + \dfrac{1}{n \ln n} < \dfrac{1 + \dfrac{1}{2} + \cdots + \dfrac{1}{n}}{\ln n} < 1 + \dfrac{1}{\ln n}$. 由夹逼准则知 $\lim_{n \to \infty} \dfrac{1 + \dfrac{1}{2} + \cdots + \dfrac{1}{n}}{\ln n} = 1$.

例 16-13 设函数 $f(x)$ 在 $[0, +\infty)$ 内非负、连续且单调减少,$a_n = \sum_{k=1}^{n} f(k) - \int_1^n f(x) \mathrm{d}x, n = 1, 2, \cdots$,证明数列 a_n 收敛.

证: $\int_1^n f(x) \mathrm{d}x = \sum_{k=1}^{n-1} \int_k^{k+1} f(x) \mathrm{d}x$.

$$a_n = \sum_{k=1}^{n} f(k) - \int_1^n f(x) \mathrm{d}x = \sum_{k=1}^{n-1} \int_k^{k+1} f(k) \mathrm{d}x + f(n) - \sum_{k=1}^{n-1} \int_k^{k+1} f(x) \mathrm{d}x$$

$$= \sum_{k=1}^{n-1} \int_k^{k+1} [f(k) - f(x)] \mathrm{d}x + f(n).$$

因为 $f(x)$ 在 $[0, +\infty)$ 内非负且单调减少,所以对任意的 $x \in [k, k+1], k = 1, 2, \cdots, n$,有 $f(k) - f(x) \geqslant 0$,从而 $a_n \geqslant 0$. 又因为 $a_{n+1} - a_n = f(n+1) - \int_n^{n+1} f(x) \mathrm{d}x < 0$,即 a_n 单调减少,根据单调有界原理可知 a_n 收敛.

例 16-14 设数列 x_n 满足 $\ln x_n + \dfrac{1}{x_{n+1}} < 1$,证明 $\lim_{n \to \infty} x_n$ 存在,并求此极限.

解：设 $f(x)=\ln x+\dfrac{1}{x}$，$f'(x)=\dfrac{1}{x}-\dfrac{1}{x^2}$，解 $f'(x)=0$ 得 $x=1$．因为当 $0<x<1$ 时，$f'(x)<0$，当 $x>1$ 时，$f'(x)>0$，所以 $f(x)$ 在 $x=1$ 时取得最小值 1．于是，$\ln x+\dfrac{1}{x}\geqslant 1$．从而 $\ln x_n+\dfrac{1}{x_n}\geqslant 1$．结合条件 $\ln x_n+\dfrac{1}{x_{n+1}}<1$ 可知 $x_n<x_{n+1}$．即 x_n 单调增加．又因为 $\ln x_n+\dfrac{1}{x_{n+1}}<1$，所以 $\ln x_n<1$，$x_n<e$．即 x_n 有界，因而收敛．设 $\lim\limits_{n\to\infty}x_n=a$．由 $\ln x_n+\dfrac{1}{x_{n+1}}<1$ 可知，$\ln a+\dfrac{1}{a}\leqslant 1$；由 $\ln x_n+\dfrac{1}{x_n}\geqslant 1$ 可知，$\ln a+\dfrac{1}{a}\geqslant 1$．因而 $\ln a+\dfrac{1}{a}=1$．由前面的讨论知，$a=1$．即 $\lim\limits_{n\to\infty}x_n=1$．

例 16-15 求下列由递推公式确定的数列的极限：

(1) $x_1=\sqrt{2}$，$x_n=\sqrt{2+x_{n-1}}\,(n=2,3,\cdots)$；

(2) $x_1=1$，$x_n=1+\dfrac{x_{n-1}}{1+x_{n-1}}\,(n=2,3,\cdots)$；

(3) $x_1=2$，$x_n=2+\dfrac{1}{x_{n-1}}\,(n=2,3,\cdots)$；

(4) $x_1=b>0$，$x_n=\dfrac{1}{2}\left(x_{n-1}+\dfrac{a}{x_{n-1}}\right)(a>0,n=2,3,\cdots)$；

(5) $x_1=a$，$x_2=b$，$x_n=\dfrac{1}{2}(x_{n-1}+x_{n-2})(n=3,4,\cdots)$；

(6) $a_0\geqslant b_0>0$，$a_n=\dfrac{1}{2}(a_{n-1}+b_{n-1})$，$b_n=\dfrac{2a_{n-1}b_{n-1}}{a_{n-1}+b_{n-1}}\,(n=1,2,\cdots)$．

注：若数列 x_n 由递推关系式确定，通常有三种方法证明其极限存在并求之：

方法 1：求得数列的通项表达式；

方法 2：先假定 $\lim x_n=A$．在递推关系式中令 $n\to\infty$，解得 A，然后证明 $\lim|x_n-A|=0$；

方法 3：利用单调有界原理．

(1) **解法 1**：假设 $\lim\limits_{n\to\infty}x_n=A$，则有 $\lim\limits_{n\to\infty}x_n=\sqrt{2+\lim\limits_{n\to\infty}x_{n-1}}$．即有 $A=\sqrt{2+A}$．解得 $A=2$，$A=-1$（舍去，因为 $x_n>0$）．

$$|x_n-2|=\left|\sqrt{2+x_{n-1}}-2\right|=\dfrac{|x_{n-1}-2|}{\sqrt{2+x_{n-1}}+2}<\dfrac{|x_{n-1}-2|}{2}$$

即有 $|x_n-2|<\dfrac{|x_{n-1}-2|}{2}$．由递推公式，有

$$|x_n-2|<\dfrac{|x_{n-1}-2|}{2}<\dfrac{|x_{n-2}-2|}{2^2}<\cdots<\dfrac{|x_1-2|}{2^{n-1}}=\dfrac{2-\sqrt{2}}{2^{n-1}}$$

由夹逼准则，知 $\lim\limits_{n\to\infty}x_n=2$．

解法 2：利用单调有界原理．

分析：假设 $\lim\limits_{n\to\infty}x_n=A$，则有 $\lim\limits_{n\to\infty}x_n=\sqrt{2+\lim\limits_{n\to\infty}x_{n-1}}$，即有 $A=\sqrt{2+A}$，解得 $A=2$，$A=-1$（舍去，因为 $x_n>0$）．

下面用归纳法证明 x_n 单调有界.

$0 < x_1 < 2$. 假设 $0 < x_{n-1} < 2$, 由 $x_n = \sqrt{2 + x_{n-1}}$ 知 $0 < x_n < \sqrt{2 + 2} = 2$. 由数学归纳法知, x_n 有界, $x_2 = \sqrt{2 + x_1} = \sqrt{2 + \sqrt{2}} > x_1$.

假设 $x_n > x_{n-1}$, 则 $x_{n+1} = \sqrt{2 + x_n} > \sqrt{2 + x_{n-1}} = x_n$. 由数学归纳法知, x_n 单调增加. 最后根据单调有界原理可知, $\lim\limits_{n \to \infty} x_n$ 存在且等于 2.

还可以如下证明单调性:

因为 $\dfrac{x_{n+1}}{x_n} = \dfrac{\sqrt{2 + x_n}}{x_n} = \sqrt{\dfrac{2}{x_n^2} + \dfrac{1}{x_n}} > \sqrt{\dfrac{2}{4} + \dfrac{1}{2}} = 1$, 所以 $x_n > x_{n-1}$, 即 x_n 单调增加. 或因为 $\dfrac{x_{n+1} - x_n}{x_n - x_{n-1}} = \dfrac{\sqrt{2 + x_n} - \sqrt{2 + x_{n-1}}}{x_n - x_{n-1}} = \dfrac{1}{\sqrt{2 + x_n} + \sqrt{2 + x_{n-1}}} > 0$, 所以 x_n 单调. 再由 $x_2 > x_1$ 知, x_n 单调增加.

(2) **解法 1**: 不难看出, $x_n \geqslant 1$. 假设 $\lim\limits_{n \to \infty} x_n = A$, 则有 $A = 1 + \dfrac{A}{1 + A}$. 解之, 得 $A = \dfrac{1 + \sqrt{5}}{2}$.

$$\left| x_n - A \right| = \left| 1 + \dfrac{x_{n-1}}{1 + x_{n-1}} - \left(1 + \dfrac{A}{1 + A} \right) \right| = \dfrac{\left| x_{n-1} - A \right|}{(1 + x_{n-1})(1 + A)} <$$

$$\dfrac{\left| x_{n-1} - A \right|}{4} < \dfrac{\left| x_{n-2} - A \right|}{4^2} < \cdots < \dfrac{\left| x_1 - A \right|}{4^{n-1}} = \dfrac{A - 1}{4^{n-1}}.$$

由夹逼准则, 知 $\lim\limits_{n \to \infty} x_n = A = \dfrac{1 + \sqrt{5}}{2}$.

解法 2: 利用单调有界原理.

显然, 有 $1 \leqslant x_n \leqslant 2$. 又 $x_{n+1} - x_n = 1 + \dfrac{x_n}{1 + x_n} - \left(1 + \dfrac{x_{n-1}}{1 + x_{n-1}} \right) = \dfrac{x_n - x_{n-1}}{(1 + x_n)(1 + x_{n-1})}$,

$\dfrac{x_{n+1} - x_n}{x_n - x_{n-1}} = \dfrac{1}{(1 + x_n)(1 + x_{n-1})} > 0$, 所以 x_n 单调. 根据单调有界原理可知, $\lim\limits_{n \to \infty} x_n$ 存在. 设 $\lim\limits_{n \to \infty} x_n = A$, 则有 $A = 1 + \dfrac{A}{1 + A}$. 解之, 得 $A = \dfrac{1 + \sqrt{5}}{2}$.

(3) 不难看出, $2 \leqslant x_n \leqslant 3$. 假设 $\lim\limits_{n \to \infty} x_n = A$. 则有 $A = 2 + \dfrac{1}{A}$. 解之, 得 $A = 1 + \sqrt{2}$.

$$\left| x_n - A \right| = \left| 2 + \dfrac{1}{x_{n-1}} - \left(2 + \dfrac{1}{A} \right) \right| = \dfrac{\left| x_{n-1} - A \right|}{x_{n-1} A} < \dfrac{\left| x_{n-1} - A \right|}{4} <$$

$$\dfrac{\left| x_{n-2} - A \right|}{4^2} < \cdots < \dfrac{\left| x_1 - A \right|}{4^{n-1}} = \dfrac{A - 2}{4^{n-1}} = \dfrac{\sqrt{2} - 1}{4^{n-1}}.$$

由夹逼准则, 知 $\lim\limits_{n \to \infty} x_n = 1 + \sqrt{2}$. 不难验证, 数列不单调.

(4) 显然 $x_n \geqslant 0$. 从而 $x_n = \dfrac{1}{2} \left(x_{n-1} + \dfrac{a}{x_{n-1}} \right) \geqslant \sqrt{x_{n-1} \cdot \dfrac{a}{x_{n-1}}} = \sqrt{a}$. 又 $\dfrac{x_n}{x_{n-1}} = \dfrac{1}{2} \left(1 + \dfrac{a}{x_{n-1}^2} \right) \leqslant 1$ (因为 $x_{n-1} \geqslant \sqrt{a}$), 即 x_n 单调减少. 根据单调有界原理可知, $\lim\limits_{n \to \infty} x_n$ 存在.

设 $\lim\limits_{n\to\infty}x_n=A$，则有 $A=\dfrac{1}{2}\Big(2+\dfrac{a}{A}\Big)$．解之，得 $A=\sqrt{a}$，即 $\lim\limits_{n\to\infty}x_n=\sqrt{a}$．

（5）对递推公式取极限后得到一个恒等式，无任何价值．另外，容易证明，数列不单调．但

$$x_n-x_{n-1}=-\frac{x_{n-1}-x_{n-2}}{2}=\Big(-\frac{1}{2}\Big)^{n-2}(x_2-x_1)=(b-a)\Big(-\frac{1}{2}\Big)^{n-2}$$

$$x_n=x_1+\sum_{k=2}^{n}(x_k-x_{k-1})=a+\sum_{k=2}^{n}(b-a)\Big(-\frac{1}{2}\Big)^{k-2}=a+\frac{2}{3}(b-a)\Big[1-\Big(-\frac{1}{2}\Big)^{n-1}\Big]$$

$$\lim_{n\to\infty}x_n=\frac{a+2b}{3}$$

（6）$a_nb_n=a_{n-1}b_{n-1}=\cdots=a_0b_0$

$$a_n=\frac{1}{2}(a_{n-1}+b_{n-1})\geqslant\sqrt{a_{n-1}b_{n-1}}=\sqrt{a_0b_0}$$

$$b_n=\frac{2a_{n-1}b_{n-1}}{a_{n-1}+b_{n-1}}\leqslant\sqrt{a_{n-1}b_{n-1}}=\sqrt{a_0b_0}$$

于是，有 $a_n\geqslant b_n$．从而 $a_n=\dfrac{1}{2}(a_{n-1}+b_{n-1})\leqslant a_{n-1}$，$b_n=\dfrac{2a_{n-1}b_{n-1}}{a_{n-1}+b_{n-1}}\geqslant\dfrac{2a_{n-1}b_{n-1}}{2a_{n-1}}=b_{n-1}$．即 a_n 单调减少，b_n 单调增加．又 a_n 有下界，b_n 有上界，从而 a_n 和 b_n 都有极限．

对 $a_n=\dfrac{1}{2}(a_{n-1}+b_{n-1})$ 取极限，得 $a=b$．再对 $a_nb_n=a_0b_0$ 取极限，得 $a=b=\sqrt{a_0b_0}$，因而 $\lim\limits_{n\to\infty}a_n=\lim\limits_{n\to\infty}b_n=\sqrt{a_0b_0}$．

例 16-16　设数列满足 $0<x_1<\pi$，$x_{n+1}=\sin x_n\ (n=1,2,\cdots)$．（1）证明 $\lim\limits_{n\to\infty}x_n$ 存在，并求该极限；（2）计算 $\lim\limits_{n\to\infty}\Big(\dfrac{x_{n+1}}{x_n}\Big)^{\frac{1}{x_n^2}}$．

解：（1）因为 $0<x_{n+1}<x_n\ (n=1,2,\cdots)$，即 x_n 单调减少且有界，所以 $\lim\limits_{n\to\infty}x_n$ 存在．设 $\lim\limits_{n\to\infty}x_n=a$，则有 $a=\sin a$．由此，得 $a=0$，即 $\lim\limits_{n\to\infty}x_n=0$．

（2）$\lim\limits_{n\to\infty}\Big(\dfrac{x_{n+1}}{x_n}\Big)^{\frac{1}{x_n^2}}=\lim\limits_{n\to\infty}\Big(\dfrac{\sin x_n}{x_n}\Big)^{\frac{1}{x_n^2}}=\lim\limits_{x\to0}\Big(\dfrac{\sin x}{x}\Big)^{\frac{1}{x^2}}$

$$=\mathrm{e}^{\lim\limits_{x\to0}\frac{1}{x^2}\ln\big(1+\frac{\sin x-x}{x}\big)}=\mathrm{e}^{\lim\limits_{x\to0}\frac{\sin x-x}{x^3}}$$

$$=\mathrm{e}^{\lim\limits_{x\to0}\frac{\cos x-1}{3x^2}}=\mathrm{e}^{-\frac{1}{6}}.$$

例 16-17　利用积分的极限形式求下列极限：

（1）$\lim\limits_{n\to\infty}\sum\limits_{k=1}^{n}\dfrac{1}{n+k}$；

（2）$\lim\limits_{n\to\infty}\sum\limits_{k=1}^{n}\dfrac{1}{\sqrt{n^2+k^2}}$；

（3）$\lim\limits_{n\to\infty}\sum\limits_{k=1}^{n}\dfrac{k\sin\dfrac{k\pi}{n}}{nk+1}$；

（4）$\lim\limits_{n\to\infty}\dfrac{\sum\limits_{k=1}^{n}k^p}{n^{p+1}}$；

（5）$\lim\limits_{n\to\infty}\dfrac{\sqrt[n]{n!}}{n}$．

解：(1) 原式 $=\lim\limits_{n\to\infty}\dfrac{1}{n}\sum\limits_{k=1}^{n}\dfrac{1}{1+\dfrac{k}{n}}=\displaystyle\int_{0}^{1}\dfrac{\mathrm{d}x}{1+x}=\ln 2.$

(2) 原式 $=\lim\limits_{n\to\infty}\dfrac{1}{n}\sum\limits_{k=1}^{n}\dfrac{1}{\sqrt{1+\left(\dfrac{k}{n}\right)^{2}}}=\displaystyle\int_{0}^{1}\dfrac{\mathrm{d}x}{\sqrt{1+x^{2}}}=\left[\ln\left(x+\sqrt{1+x^{2}}\right)\right]_{0}^{1}=\ln(1+\sqrt{2}).$

(3) 令 $a_{n}=\sum\limits_{k=1}^{n}\dfrac{\sin\dfrac{k\pi}{n}}{n+\dfrac{1}{k}}$；则 $\sum\limits_{k=1}^{n}\dfrac{\sin\dfrac{k\pi}{n}}{n+1}<a_{n}<\sum\limits_{k=1}^{n}\dfrac{\sin\dfrac{k\pi}{n}}{n}.$ 而

$$\lim\limits_{n\to\infty}\sum\limits_{k=1}^{n}\dfrac{\sin\dfrac{k\pi}{n}}{n}=\lim\limits_{n\to\infty}\dfrac{1}{n}\sum\limits_{k=1}^{n}\sin\dfrac{k\pi}{n}=\int_{0}^{1}\sin\pi x\,\mathrm{d}x=\dfrac{2}{\pi},$$

$$\lim\limits_{n\to\infty}\sum\limits_{k=1}^{n}\dfrac{\sin\dfrac{k\pi}{n}}{n+1}=\lim\limits_{n\to\infty}\dfrac{n}{n+1}\cdot\dfrac{1}{n}\sum\limits_{k=1}^{n}\sin\dfrac{k\pi}{n}=\lim\limits_{n\to\infty}\dfrac{1}{n}\sum\limits_{k=1}^{n}\sin\dfrac{k\pi}{n}=\int_{0}^{1}\sin\pi x\,\mathrm{d}x=\dfrac{2}{\pi}.$$

所以，原式 $=\dfrac{2}{\pi}.$

(4) 原式 $=\lim\limits_{n\to\infty}\dfrac{1}{n}\sum\limits_{k=1}^{n}\left(\dfrac{k}{n}\right)^{p}=\displaystyle\int_{0}^{1}x^{p}\,\mathrm{d}x=\dfrac{1}{p+1}.$

(5) $\lim\limits_{n\to\infty}\ln\dfrac{\sqrt[n]{n!}}{n}=\lim\limits_{n\to\infty}\dfrac{1}{n}\sum\limits_{k=1}^{n}(\ln k-\ln n)=\lim\limits_{n\to\infty}\dfrac{1}{n}\sum\limits_{k=1}^{n}\ln\dfrac{k}{n}=\displaystyle\int_{0}^{1}\ln x\,\mathrm{d}x=[x\ln x]_{0}^{1}-\int_{0}^{1}\mathrm{d}x$

$\qquad=-\lim\limits_{x\to 0^{+}}x\ln x-1=-\lim\limits_{x\to 0^{+}}\dfrac{\ln x}{\dfrac{1}{x}}-1\xlongequal{\text{洛必达法则}}-1.$

原式 $=\lim\limits_{n\to\infty}\mathrm{e}^{\ln\frac{\sqrt[n]{n!}}{n}}=\mathrm{e}^{\lim\limits_{n\to\infty}\ln\frac{\sqrt[n]{n!}}{n}}=\mathrm{e}^{-1}=\dfrac{1}{\mathrm{e}}.$

例 16-18 $\lim\limits_{n\to\infty}\sum\limits_{i=1}^{n}\sum\limits_{j=1}^{n}\dfrac{n}{(n+i)(n^{2}+j^{2})}=(\qquad).$

(A) $\displaystyle\int_{0}^{1}\mathrm{d}x\int_{0}^{x}\dfrac{1}{(1+x)(1+y^{2})}\mathrm{d}y$ $\qquad$ (B) $\displaystyle\int_{0}^{1}\mathrm{d}x\int_{0}^{x}\dfrac{1}{(1+x)(1+y)}\mathrm{d}y$

(C) $\displaystyle\int_{0}^{1}\mathrm{d}x\int_{0}^{1}\dfrac{1}{(1+x)(1+y)}\mathrm{d}y$ $\qquad$ (D) $\displaystyle\int_{0}^{1}\mathrm{d}x\int_{0}^{1}\dfrac{1}{(1+x)(1+y^{2})}\mathrm{d}y$

解：$\lim\limits_{n\to\infty}\sum\limits_{i=1}^{n}\sum\limits_{j=1}^{n}\dfrac{n}{(n+i)(n^{2}+j^{2})}=\lim\limits_{n\to\infty}\dfrac{1}{n^{2}}\sum\limits_{i=1}^{n}\sum\limits_{j=1}^{n}\dfrac{1}{\left(1+\dfrac{i}{n}\right)\left[1+\left(\dfrac{j}{n}\right)^{2}\right]}$

$=\lim\limits_{n\to\infty}\dfrac{1}{n}\sum\limits_{i=1}^{n}\dfrac{1}{1+\dfrac{i}{n}}\cdot\dfrac{1}{n}\sum\limits_{j=1}^{n}\dfrac{1}{1+\left(\dfrac{j}{n}\right)^{2}}=\lim\limits_{n\to\infty}\dfrac{1}{n}\sum\limits_{i=1}^{n}\dfrac{1}{1+\dfrac{i}{n}}\cdot\lim\limits_{n\to\infty}\dfrac{1}{n}\sum\limits_{j=1}^{n}\dfrac{1}{1+\left(\dfrac{j}{n}\right)^{2}}$

$=\displaystyle\int_{0}^{1}\dfrac{1}{1+x}\mathrm{d}x\int_{0}^{1}\dfrac{1}{1+y^{2}}\mathrm{d}y=\int_{0}^{1}\mathrm{d}x\int_{0}^{1}\dfrac{1}{(1+x)(1+y^{2})}\mathrm{d}y.$

故应选(D).

例 16-19 利用施笃尔兹定理求下列极限：(1) $\lim\limits_{n\to\infty}\dfrac{1+\sqrt{2}+\sqrt[3]{3}+\cdots+\sqrt[n]{n}}{n}$；

(2) $\lim\limits_{n\to\infty}\dfrac{\sqrt[n]{n!}}{n}$.

解：(1) 因为 $\lim\limits_{n\to\infty}\sqrt[n]{n}=1$，所以 $\lim\limits_{n\to\infty}\dfrac{1+\sqrt{2}+\sqrt[3]{3}+\cdots+\sqrt[n]{n}}{n}=1$.

(2) $\lim\limits_{n\to\infty}\dfrac{\sqrt[n]{n!}}{n}=\lim\limits_{n\to\infty}\sqrt[n]{\dfrac{n!}{n^n}}=\lim\limits_{n\to\infty}\sqrt[n]{\dfrac{(n-1)!}{n^{n-1}}}=\lim\limits_{n\to\infty}\sqrt[n]{1\cdot\dfrac{1}{2}\cdot\dfrac{2^2}{3^2}\cdot\cdots\dfrac{(n-2)^{n-2}}{(n-1)^{n-2}}\dfrac{(n-1)^{n-1}}{n^{n-1}}}$

设 $a_1=1,a_n=\dfrac{(n-1)^{n-1}}{n^{n-1}}=\left(1-\dfrac{1}{n}\right)^{n-1},n>1$，则 $\lim\limits_{n\to\infty}a_n=\lim\limits_{n\to\infty}\left(1-\dfrac{1}{n}\right)^{n-1}=\dfrac{1}{\mathrm{e}}$. 由施笃尔兹定理，

$$\lim_{n\to\infty}\dfrac{\sqrt[n]{n!}}{n}=\lim_{n\to\infty}\sqrt[n]{a_1a_2\cdots a_n}=\lim_{n\to\infty}a_n=\dfrac{1}{\mathrm{e}}$$

例 16-20 设 $a\in(0,1],x_1,x_2\in(0,a),x_{n+2}=x_{n+1}(a-x_n),n=1,2,\cdots$，求 $\lim\limits_{n\to\infty}nx_n$.

解：由题设易知，$x_n>0$. 因为 $0<\dfrac{x_{n+2}}{x_{n+1}}=a-x_n<a\leqslant 1$，所以 x_n 单调减少有界，因而收敛. 设 $\lim\limits_{n\to\infty}x_n=l$，则 $l=l(a-l)$. 解得 $l=0,a-1$. 因为 $x_n>0$，所以 $l=0$. 从而 $\lim\limits_{n\to\infty}\dfrac{x_{n+2}}{x_{n+1}}=a$.

当 $a=1$ 时，由题设，$x_{n+2}=x_{n+1}(1-x_n),x_{n+1}-x_{n+2}=x_nx_{n+1}$.

$$\lim_{n\to\infty}\left(\dfrac{1}{x_{n+1}}-\dfrac{1}{x_n}\right)=\lim_{n\to\infty}\dfrac{x_n-x_{n+1}}{x_nx_{n+1}}=\lim_{n\to\infty}\dfrac{x_{n-1}x_n}{x_nx_{n+1}}=\lim_{n\to\infty}\dfrac{x_{n-1}}{x_n}\dfrac{x_n}{x_{n+1}}=1.$$

应用施笃尔兹定理的推论 3 $\left[\text{若}\lim\limits_{n\to\infty}(a_{n+1}-a_n)=d\text{，则}\lim\limits_{n\to\infty}\dfrac{a_n}{n}=d\right]$，有 $\lim\limits_{n\to\infty}\dfrac{1}{nx_n}=1$，$\lim\limits_{n\to\infty}nx_n=1$.

当 $0<a<1$ 时，$\lim\limits_{n\to\infty}nx_n=\lim\limits_{n\to\infty}\dfrac{n}{\dfrac{1}{x_n}}=\lim\limits_{n\to\infty}\dfrac{1}{\dfrac{1}{x_{n+1}}-\dfrac{1}{x_n}}=\lim\limits_{n\to\infty}\dfrac{x_{n+1}}{1-\dfrac{x_{n+1}}{x_n}}=0.$

例 16-21 设函数 $f(x)=\dfrac{x}{1+x},x\in[0,1]$，定义数列 $f_1(x)=f(x),f_2(x)=f(f_1(x)),\cdots,f_n(x)=f(f_{n-1}(x))$，记 S_n 是曲线 $y=f_n(x)$，直线 $x=1$ 及 x 轴所围成平面图形的面积，求极限 $\lim\limits_{n\to\infty}nS_n$.

解：$f_1(x)=\dfrac{x}{1+x},f_2(x)=\dfrac{f_1(x)}{1+f_1(x)}=\dfrac{\dfrac{x}{1+x}}{1+\dfrac{x}{1+x}}=\dfrac{x}{1+2x},f_3(x)=\dfrac{f_2(x)}{1+f_2(x)}=$

$\dfrac{\dfrac{x}{1+2x}}{1+\dfrac{x}{1+2x}}=\dfrac{x}{1+3x}$，一般地，有 $f_n(x)=\dfrac{x}{1+nx}$.

$$S_n=\int_0^1\dfrac{x}{1+nx}\mathrm{d}x=\dfrac{1}{n}\int_0^1\left(1-\dfrac{1}{1+nx}\right)\mathrm{d}x=\dfrac{1}{n}\left[1-\dfrac{1}{n}\ln(1+n)\right].$$

$$\lim_{n\to\infty}nS_n=1-\lim_{n\to\infty}\frac{\ln(1+n)}{n}=1-\lim_{x\to+\infty}\frac{\ln(1+x)}{x}=1-\lim_{x\to+\infty}\frac{1}{1+x}=1.$$

习 题 16

1. 设 $x_1=1$，$x_{n+1}=\sqrt{1+x_n}$，$n=1,2,\cdots$，证明 $\lim\limits_{n\to\infty}x_n$ 存在，并求之.

2. 计算 $\lim\limits_{n\to\infty}\sum\limits_{i=1}^{n}\sum\limits_{j=1}^{n}\dfrac{ij}{n^4}$.

3. 设 $\{x_n\}$ 是数列，下列命题中不正确的是（　　）.

   （A）若 $\lim\limits_{n\to\infty}x_n=a$，则 $\lim\limits_{n\to\infty}x_{2n}=\lim\limits_{n\to\infty}x_{2n+1}=a$

   （B）若 $\lim\limits_{n\to\infty}x_{2n}=\lim\limits_{n\to\infty}x_{2n+1}=a$，则 $\lim\limits_{n\to\infty}x_n=a$

   （C）若 $\lim\limits_{n\to\infty}x_n=a$，则 $\lim\limits_{n\to\infty}x_{3n}=\lim\limits_{n\to\infty}x_{3n-1}=a$

   （D）若 $\lim\limits_{n\to\infty}x_{3n}=\lim\limits_{n\to\infty}x_{3n-1}=a$，则 $\lim\limits_{n\to\infty}x_n=a$

4. 设 $\lim\limits_{n\to\infty}a_n=a$，且 $a\neq0$，则当 n 充分大时有（　　）.

   （A）$|a_n|>\dfrac{|a|}{2}$ （B）$|a_n|<\dfrac{|a|}{2}$

   （C）$a_n>a-\dfrac{1}{n}$ （D）$a_n<a+\dfrac{1}{n}$

5. 求极限：（1）$\lim\limits_{n\to\infty}\int_0^1 x^n(1-x)^n\mathrm{d}x$；（2）$\lim\limits_{n\to\infty}\int_0^1 \mathrm{e}^{-x}\sin nx\,\mathrm{d}x$（提示：先分部积分）；

（3）$\lim\limits_{n\to\infty}\int_0^1 x^n f(x)\mathrm{d}x$，其中 $f(x)$ 在 $[0,1]$ 上连续.

6. 设函数 $f(x)$ 在 $(-\infty,+\infty)$ 内单调有界，$\{x_n\}$ 是数列，则下列命题正确的是（　　）.

   （A）若 $\{x_n\}$ 收敛，则 $\{f(x_n)\}$ 收敛

   （B）若 $\{x_n\}$ 单调，则 $\{f(x_n)\}$ 收敛

   （C）若 $\{f(x_n)\}$ 收敛，则 $\{x_n\}$ 收敛

   （D）若 $\{f(x_n)\}$ 单调，则 $\{x_n\}$ 收敛

7. 求极限：（1）$\lim\limits_{n\to\infty}\dfrac{1}{n^2}\sum\limits_{k=1}^{n}k\sin\dfrac{k}{n}$；（2）$\lim\limits_{n\to\infty}\dfrac{1}{n}\sum\limits_{k=1}^{n}\sqrt{1+\dfrac{k}{n}}$；（3）$\lim\limits_{n\to\infty}\dfrac{1}{n}\sum\limits_{k=1}^{n}\left(\dfrac{k}{n}\right)^p$

$(p>0)$.

第 17 讲

反 常 积 分

【知识要点】

1. 反常积分及其敛散性的定义

定积分的积分区间 $[a,b]$ 是有界闭区间,被积函数 $f(x)$ 是 $[a,b]$ 上的有界函数. 由定积分可以定义无穷区间上函数的积分和闭区间上无界函数的积分,称之为反常积分,如下:

$$\int_a^{+\infty} f(x)\mathrm{d}x = \lim_{t \to +\infty} \int_a^t f(x)\mathrm{d}x; \quad \int_{-\infty}^b f(x)\mathrm{d}x = \lim_{t \to -\infty} \int_t^b f(x)\mathrm{d}x;$$

$$\int_{-\infty}^{+\infty} f(x)\mathrm{d}x = \int_{-\infty}^a f(x)\mathrm{d}x + \int_a^{+\infty} f(x)\mathrm{d}x; \quad \int_a^b f(x)\mathrm{d}x = \lim_{t \to a^+} \int_t^b f(x)\mathrm{d}x;$$

$$\int_a^b f(x)\mathrm{d}x = \lim_{t \to b^-} \int_a^t f(x)\mathrm{d}x; \quad \int_a^b f(x)\mathrm{d}x = \int_a^c f(x)\mathrm{d}x + \int_c^b f(x)\mathrm{d}x.$$

如果上述等式右边的极限存在,则称等式左边的反常积分收敛. 不收敛的反常积分称为发散的.

2. 典型的反常积分

反常积分 $\displaystyle\int_a^{+\infty} \frac{1}{x^p}\mathrm{d}x \, (a > 0)$ 当 $p > 1$ 时收敛,当 $p \leqslant 1$ 时发散.

反常积分 $\displaystyle\int_0^a \frac{1}{x^p}\mathrm{d}x \, (a > 0)$ 当 $p < 1$ 时收敛,当 $p \geqslant 1$ 时发散.

3. 无穷区间反常积分的审敛法

(1) 设函数 $f(x)$ 在 $[a, +\infty)$ 上连续,且 $f(x) \geqslant 0$. 若函数 $F(x) = \displaystyle\int_a^x f(t)\mathrm{d}t$ 在 $[a, +\infty)$ 上有界,则 $\displaystyle\int_a^{+\infty} f(x)\mathrm{d}x$ 收敛.

这是因为,$F(x) = \displaystyle\int_x^b f(t)\mathrm{d}t$ 在 $(a,b]$ 上单调增加且有界,类似于数列的单调有界原理,$\displaystyle\int_a^{+\infty} f(x)\mathrm{d}x = \lim_{x \to +\infty} F(x)$ 存在.

(2) [比较审敛法] 设函数 $f(x), g(x)$ 在 $[a, +\infty)$ 上连续,且 $0 \leqslant f(x) \leqslant g(x)$,若 $\displaystyle\int_a^{+\infty} g(x)\mathrm{d}x$ 收敛,则 $\displaystyle\int_a^{+\infty} f(x)\mathrm{d}x$ 收敛;反之,若 $\displaystyle\int_a^{+\infty} f(x)\mathrm{d}x$ 发散,则 $\displaystyle\int_a^{+\infty} g(x)\mathrm{d}x$ 发散.

这是因为,若 $\displaystyle\int_a^{+\infty} g(x)\mathrm{d}x$ 收敛,即 $\lim_{x \to +\infty} \int_a^x g(x)\mathrm{d}x = \int_a^{+\infty} g(x)\mathrm{d}x$ 存在,而 $0 \leqslant \displaystyle\int_a^x f(t)\mathrm{d}t \leqslant$ $\displaystyle\int_a^x g(t)\mathrm{d}t \leqslant \int_a^{+\infty} g(x)\mathrm{d}x$,即 $\displaystyle\int_a^x f(t)\mathrm{d}t$ 有界. 由 (1) 可知,$\displaystyle\int_a^{+\infty} f(x)\mathrm{d}x$ 收敛.

(3) [比较审敛法的极限形式] 设函数 $f(x),g(x)$ 在 $[a,+\infty)$ 上非负、连续，$\lim\limits_{x\to+\infty}\dfrac{f(x)}{g(x)}=l$，那么

① 若 $0<l<+\infty$，则 $\int_a^{+\infty}f(x)\mathrm{d}x$ 与 $\int_a^{+\infty}g(x)\mathrm{d}x$ 要么都收敛，要么都发散.

② 若 $l=0$，且 $\int_a^{+\infty}g(x)\mathrm{d}x$ 收敛，则 $\int_a^{+\infty}f(x)\mathrm{d}x$ 收敛.

③ 若 $l=+\infty$，且 $\int_a^{+\infty}g(x)\mathrm{d}x$ 发散，则 $\int_a^{+\infty}f(x)\mathrm{d}x$ 发散.

应用比较审敛法或比较审敛法的极限形式判定 $\int_a^{+\infty}f(x)\mathrm{d}x$ 的敛散性时，用于进行比较的函数通常取 $g(x)=\dfrac{1}{x^p}(p>0)$. 如，设函数 $f(x)$ 在 $[a,+\infty)(a>0)$ 上连续，那么

① 若存在 $p>1$，使得 $\lim\limits_{x\to+\infty}x^pf(x)=l<+\infty$，则反常积分 $\int_a^{+\infty}f(x)\mathrm{d}x$ 收敛.

② 若 $\lim\limits_{x\to+\infty}xf(x)=l>0$（或为 $+\infty$），则反常积分 $\int_a^{+\infty}f(x)\mathrm{d}x$ 发散.

4. 无界函数的反常积分的审敛法

类似于无穷区间上的反常积分的审敛法，有

(1) 设函数 $f(x)$ 在 $(a,b]$ 上连续，且 $f(x)\geqslant0$. 若函数 $F(x)=\int_x^bf(t)\mathrm{d}t$ 在 $(a,b]$ 上有界，则 $\int_a^bf(x)\mathrm{d}x$ 收敛.

(2) [比较审敛法] 设函数 $f(x),g(x)$ 在 $(a,b]$ 上连续，且 $0\leqslant f(x)\leqslant g(x)$，若 $\int_a^bg(x)\mathrm{d}x$ 收敛，则 $\int_a^bf(x)\mathrm{d}x$ 收敛；反之，若 $\int_a^bf(x)\mathrm{d}x$ 发散，则 $\int_a^bg(x)\mathrm{d}x$ 发散.

(3) [比较审敛法的极限形式] 设函数 $f(x),g(x)$ 在 $(a,b]$ 上连续，$\lim\limits_{x\to a^+}\dfrac{f(x)}{g(x)}=l$，那么

① 若 $0<l<+\infty$，则 $\int_a^bf(x)\mathrm{d}x$ 与 $\int_a^bg(x)\mathrm{d}x$ 要么都收敛，要么都发散.

② 若 $l=0$，且 $\int_a^bg(x)\mathrm{d}x$ 收敛，则 $\int_a^bf(x)\mathrm{d}x$ 收敛.

③ 若 $l=+\infty$，且 $\int_a^bg(x)\mathrm{d}x$ 发散，则 $\int_a^bf(x)\mathrm{d}x$ 发散.

$[a,b)$ 上无界函数 $f(x)$ 的反常积分 $\int_a^bf(x)\mathrm{d}x$ 有类似的审敛法.

应用比较审敛法或比较审敛法的极限形式判定 $(a,b]$ 上的反常积分 $\int_a^bf(x)\mathrm{d}x$ 的敛散性时，用于进行比较的函数通常取 $g(x)=\dfrac{1}{(x-a)^p}(p>0)$. 如设函数 $f(x)$ 在 $(a,b]$ 上连续，那么

① 若存在 $0<p<1$，使得 $\lim\limits_{x\to a^+}(x-a)^pf(x)=l<+\infty$，则反常积分 $\int_a^bf(x)\mathrm{d}x$ 收敛.

② 若 $\lim\limits_{x\to a^+}(x-a)f(x)=l>0$（或为 $+\infty$），则反常积分 $\int_a^bf(x)\mathrm{d}x$ 发散.

5. 反常积分的绝对收敛与条件收敛

若 $\int_a^b |f(x)|\,\mathrm{d}x$ 收敛,则 $\int_a^b f(x)\,\mathrm{d}x$ 收敛,此时称 $\int_a^b f(x)\,\mathrm{d}x$ 绝对收敛;若 $\int_a^b f(x)\,\mathrm{d}x$ 收敛,但 $\int_a^b |f(x)|\,\mathrm{d}x$ 发散,则称 $\int_a^b f(x)\,\mathrm{d}x$ 条件收敛.

【例题】

例 17-1　计算反常积分 $\int_{-\infty}^{+\infty} \dfrac{\mathrm{d}x}{1+x^2}$.

解: $\int_{-\infty}^{+\infty} \dfrac{\mathrm{d}x}{1+x^2} = \int_{-\infty}^0 \dfrac{\mathrm{d}x}{1+x^2} + \int_0^{+\infty} \dfrac{\mathrm{d}x}{1+x^2} = \lim\limits_{a\to-\infty}\int_a^0 \dfrac{1}{1+x^2}\mathrm{d}x + \lim\limits_{b\to+\infty}\int_0^b \dfrac{1}{1+x^2}\mathrm{d}x$

$\qquad = \lim\limits_{a\to-\infty}\left[\arctan x\right]_a^0 + \lim\limits_{b\to+\infty}\left[\arctan x\right]_0^b$

$\qquad = -\lim\limits_{a\to-\infty}\arctan a + \lim\limits_{b\to+\infty}\arctan b = -\left(-\dfrac{\pi}{2}\right) + \dfrac{\pi}{2} = \pi.$

为方便起见,计算反常积分时,可写作如下形式:

$$\int_0^{+\infty} \dfrac{\mathrm{d}x}{1+x^2} = \left[\arctan x\right]_0^{+\infty} = \arctan(+\infty) - \arctan 0 = \dfrac{\pi}{2}.$$

例 17-2　计算 $\int_0^{+\infty} t\mathrm{e}^{-t}\,\mathrm{d}t$.

解: $\int_0^{+\infty} t\mathrm{e}^{-t}\,\mathrm{d}t = \lim\limits_{b\to+\infty}\int_0^b t\mathrm{e}^{-t}\,\mathrm{d}t = -\lim\limits_{b\to+\infty}\int_0^b t\,\mathrm{d}(\mathrm{e}^{-t}) = -\lim\limits_{b\to+\infty}\left\{\left[t\mathrm{e}^{-t}\right]_0^b - \int_0^b \mathrm{e}^{-t}\,\mathrm{d}t\right\}$

$\qquad = -\lim\limits_{b\to+\infty}\left\{b\mathrm{e}^{-b} + \left[\mathrm{e}^{-t}\right]_0^b\right\} = -\lim\limits_{b\to+\infty}(b\mathrm{e}^{-b} + \mathrm{e}^{-b} - 1)$

$\qquad = -\lim\limits_{b\to+\infty}\dfrac{b}{\mathrm{e}^b} + 1 = -\lim\limits_{b\to+\infty}\dfrac{(b)'}{(\mathrm{e}^b)'} + 1 = -\lim\limits_{b\to+\infty}\dfrac{1}{\mathrm{e}^b} + 1 = 1.$

例 17-3　计算反常积分 $\int_0^a \dfrac{\mathrm{d}x}{\sqrt{a^2-x^2}}\ (a>0)$.

解: 因为 $\lim\limits_{x\to a^-}\dfrac{1}{\sqrt{a^2-x^2}} = +\infty$,所以 $x=a$ 为被积函数的无穷间断点.

$\int_0^a \dfrac{\mathrm{d}x}{\sqrt{a^2-x^2}} = \lim\limits_{t\to a^-}\int_0^t \dfrac{\mathrm{d}x}{\sqrt{a^2-x^2}} = \lim\limits_{t\to a^-}\left[\arcsin\dfrac{x}{a}\right]_0^t = \lim\limits_{t\to a^-}\arcsin\dfrac{t}{a} = \arcsin 1 = \dfrac{\pi}{2}.$

或 $\int_0^a \dfrac{\mathrm{d}x}{\sqrt{a^2-x^2}} = \left[\arcsin\dfrac{x}{a}\right]_0^a = \arcsin 1 = \dfrac{\pi}{2}.$

例 17-4　计算 $\int_{-1}^1 \dfrac{1}{x^2}\mathrm{d}x$.

解: 因为函数 $\dfrac{1}{x^2}$ 在 $x=0$ 处不连续,所以 $\int_{-1}^1 \dfrac{1}{x^2}\mathrm{d}x = \left[-\dfrac{1}{x}\right]_{-1}^1 = -2$ 是错误的.正确的做法如下:

$$\int_{-1}^1 \dfrac{1}{x^2}\mathrm{d}x = \int_{-1}^0 \dfrac{1}{x^2}\mathrm{d}x + \int_0^1 \dfrac{1}{x^2}\mathrm{d}x,$$

$$\int_0^1 \dfrac{1}{x^2}\mathrm{d}x = \lim\limits_{a\to 0^+}\int_a^1 \dfrac{1}{x^2}\mathrm{d}x = \lim\limits_{a\to 0^+}\left[-\dfrac{1}{x}\right]_a^1 = \lim\limits_{a\to 0^+}\left(-1 + \dfrac{1}{a}\right) = +\infty,$$

$$\int_{-1}^{0}\frac{1}{x^2}\mathrm{d}x = \lim_{b\to 0^-}\int_{-1}^{b}\frac{1}{x^2}\mathrm{d}x = \lim_{b\to 0^-}\left[-\frac{1}{x}\right]_{-1}^{b} = \lim_{b\to 0^-}\left(-\frac{1}{b}+1\right) = +\infty,$$

故 $\int_{-1}^{1}\frac{1}{x^2}\mathrm{d}x = +\infty$ 发散.

例 17-5 计算由 $y=\dfrac{1}{x^2}$ 和直线 $x=1$ 分别与 x 轴和 y 轴围

成的图形的面积 A_1 和 A_2,如图 17-1 所示.

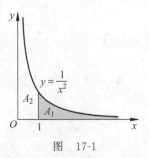

图 17-1

解:$A_1 = \int_{1}^{+\infty}\frac{1}{x^2}\mathrm{d}x = -\left[\frac{1}{x}\right]_{1}^{+\infty} = -\left[\lim_{x\to +\infty}\frac{1}{x}-1\right] = 1,$

$\qquad A_2 = \int_{0}^{1}\frac{1}{x^2}\mathrm{d}x = -\left[\frac{1}{x}\right]_{0}^{1} = -\left[1-\lim_{x\to 0^+}\frac{1}{x}\right] = +\infty.$

例 17-6 判别下列反常积分的敛散性:

(1) $\displaystyle\int_{1}^{+\infty}\frac{\mathrm{d}x}{x\sqrt{x^2+1}}$;

(2) $\displaystyle\int_{0}^{+\infty}\frac{x^2}{3x^4-x^2+1}\mathrm{d}x$;

(3) $\displaystyle\int_{0}^{+\infty}\frac{\mathrm{d}x}{\sqrt[3]{4x^4+2x+3}}$;

(4) $\displaystyle\int_{0}^{1}\frac{\mathrm{d}x}{\ln x}$;

(5) $\displaystyle\int_{0}^{+\infty}\frac{\sin^2 x\,\mathrm{d}x}{x^2}$;

(6) $\displaystyle\int_{0}^{1}\frac{\ln(1-x)\mathrm{d}x}{1-x^3}$;

(7) $\displaystyle\int_{0}^{\frac{\pi}{2}}\frac{\ln(\sin x)\mathrm{d}x}{\sqrt{x}}$;

(8) $\displaystyle\int_{0}^{+\infty}\frac{\arctan x\,\mathrm{d}x}{x}$.

解:(1) 因为 $0 < \dfrac{1}{x\sqrt{x^2+1}} < \dfrac{1}{x^2}$,而 $\displaystyle\int_{1}^{+\infty}\frac{\mathrm{d}x}{x^2}$ 收敛,所以 $\displaystyle\int_{1}^{+\infty}\frac{\mathrm{d}x}{x\sqrt{x^2+1}}$ 收敛.

(2) 因为 $\displaystyle\lim_{x\to +\infty}x^2\cdot\frac{x^2}{3x^4-x^2+1} = \frac{1}{3}$,而 $\displaystyle\int_{1}^{+\infty}\frac{\mathrm{d}x}{x^2}$ 收敛,所以 $\displaystyle\int_{1}^{+\infty}\frac{x^2}{3x^4-x^2+1}\mathrm{d}x$ 收敛,

而 $\displaystyle\int_{0}^{1}\frac{x^2}{3x^4-x^2+1}\mathrm{d}x$ 为定积分,所以 $\displaystyle\int_{0}^{+\infty}\frac{x^2}{3x^4-x^2+1}\mathrm{d}x = \int_{0}^{1}\frac{x^2}{3x^4-x^2+1}\mathrm{d}x +$

$\displaystyle\int_{1}^{+\infty}\frac{x^2}{3x^4-x^2+1}\mathrm{d}x$ 收敛.

(3) 因为 $\displaystyle\lim_{x\to +\infty}x^{\frac{4}{3}}\cdot\frac{1}{\sqrt[3]{4x^4+2x+3}} = \frac{1}{\sqrt[3]{4}}$,而 $\displaystyle\int_{1}^{+\infty}\frac{\mathrm{d}x}{x^{\frac{4}{3}}}$ 收敛,所以 $\displaystyle\int_{1}^{+\infty}\frac{\mathrm{d}x}{\sqrt[3]{4x^4+2x+3}}$ 收

敛.而 $\displaystyle\int_{0}^{1}\frac{\mathrm{d}x}{\sqrt[3]{4x^4+2x+3}}$ 为定积分,所以 $\displaystyle\int_{0}^{+\infty}\frac{\mathrm{d}x}{\sqrt[3]{4x^4+2x+3}}$ 收敛.

(4) $\displaystyle\int_{0}^{1}\frac{\mathrm{d}x}{\ln x}\xlongequal{\ln x=t}\int_{-\infty}^{0}\frac{\mathrm{e}^t}{t}\mathrm{d}t\xlongequal{t=-u}-\int_{0}^{+\infty}\frac{\mathrm{d}u}{u\mathrm{e}^u} = -\int_{0}^{1}\frac{\mathrm{d}u}{u\mathrm{e}^u}-\int_{1}^{+\infty}\frac{\mathrm{d}u}{u\mathrm{e}^u}.$

因为 $\displaystyle\lim_{u\to 0^+}u\cdot\frac{1}{u\mathrm{e}^u} = 1$,而 $\displaystyle\int_{0}^{1}\frac{\mathrm{d}u}{u}$ 发散,所以 $\displaystyle\int_{0}^{1}\frac{\mathrm{d}u}{u\mathrm{e}^u}$ 发散,从而 $\displaystyle\int_{0}^{1}\frac{\mathrm{d}x}{\ln x}$ 发散.

(5) 因为 $\displaystyle\lim_{x\to 0}\frac{\sin^2 x}{x^2} = 1$,所以 $\displaystyle\int_{0}^{1}\frac{\sin^2 x\,\mathrm{d}x}{x^2}$ 收敛. 又 $0 < \dfrac{\sin^2 x}{x^2} < \dfrac{1}{x^2}$. 而 $\displaystyle\int_{1}^{+\infty}\frac{\mathrm{d}x}{x^2}$ 收敛,故

$\displaystyle\int_{1}^{+\infty}\frac{\sin^2 x\,\mathrm{d}x}{x^2}$ 收敛,从而 $\displaystyle\int_{0}^{+\infty}\frac{\sin^2 x\,\mathrm{d}x}{x^2} = \int_{0}^{1}\frac{\sin^2 x\,\mathrm{d}x}{x^2} + \int_{1}^{+\infty}\frac{\sin^2 x\,\mathrm{d}x}{x^2}$ 收敛.

(6) 因为 $\lim\limits_{x\to 1^-}\dfrac{\ln(1-x)}{1-x^3}=-\infty$，所以 $x=1$ 为瑕点.

因为 $\lim\limits_{x\to 1^-}(1-x)\dfrac{-\ln(1-x)}{1-x^3}=\lim\limits_{x\to 1^-}\dfrac{-\ln(1-x)}{1+x+x^2}=+\infty$，所以 $\displaystyle\int_0^1\dfrac{-\ln(1-x)}{1-x^3}\mathrm{d}x$ 发散，

即 $\displaystyle\int_0^1\dfrac{\ln(1-x)}{1-x^3}\mathrm{d}x$ 发散.

(7) $\lim\limits_{x\to 0^+}x^p\dfrac{-\ln(\sin x)}{\sqrt{x}}=\lim\limits_{x\to 0^+}\dfrac{-\ln(\sin x)}{x^{\frac{1}{2}-p}}$. 若取 $p\leqslant\dfrac{1}{2}$，则此极限为 $+\infty$. 但 $\displaystyle\int_0^{\frac{\pi}{2}}\dfrac{\mathrm{d}x}{x^p}$ 收敛，

所以此时不能判定 $\displaystyle\int_0^{\frac{\pi}{2}}\dfrac{-\ln(\sin x)\mathrm{d}x}{\sqrt{x}}$ 的敛散性. 若取 $p>\dfrac{1}{2}$，则由洛必达法则，

$$\lim\limits_{x\to 0^+}x^p\dfrac{-\ln(\sin x)}{\sqrt{x}}=\lim\limits_{x\to 0^+}\dfrac{-\ln(\sin x)}{x^{\frac{1}{2}-p}}=\lim\limits_{x\to 0^+}\dfrac{-\dfrac{\cos x}{\sin x}}{\left(\dfrac{1}{2}-p\right)x^{-p-\frac{1}{2}}}$$

$$=\lim\limits_{x\to 0^+}\dfrac{1}{\left(p-\dfrac{1}{2}\right)x^{-p+\frac{1}{2}}}=\lim\limits_{x\to 0^+}\dfrac{1}{p-\dfrac{1}{2}}x^{p-\frac{1}{2}}=0.$$

特别地，当 $\dfrac{1}{2}<p<1$ 时，上面的极限为零. 而当 $p<1$ 时，$\displaystyle\int_0^{\frac{\pi}{2}}\dfrac{\mathrm{d}x}{x^p}$ 收敛，所以 $\displaystyle\int_0^{\frac{\pi}{2}}\dfrac{-\ln(\sin x)\mathrm{d}x}{\sqrt{x}}$ 收敛.

(8) $\displaystyle\int_0^{+\infty}\dfrac{\arctan x\,\mathrm{d}x}{x}=\int_0^1\dfrac{\arctan x\,\mathrm{d}x}{x}+\int_1^{+\infty}\dfrac{\arctan x\,\mathrm{d}x}{x}$.

因为 $\lim\limits_{x\to +\infty}x\cdot\dfrac{\arctan x}{x}=\lim\limits_{x\to +\infty}\arctan x=\dfrac{\pi}{2}$，而 $\displaystyle\int_1^{+\infty}\dfrac{\mathrm{d}x}{x}$ 发散，所以 $\displaystyle\int_1^{+\infty}\dfrac{\arctan x\,\mathrm{d}x}{x}$ 发散，从

而 $\displaystyle\int_0^{+\infty}\dfrac{\arctan x\,\mathrm{d}x}{x}$ 发散.

例 17-7 讨论反常积分 $\displaystyle\int_2^{+\infty}\dfrac{1}{x(\ln x)^p}\mathrm{d}x$ 当 p 为何值时收敛，当 p 为何值时发散.

解：当 $p=1$ 时，$\displaystyle\int_2^{+\infty}\dfrac{1}{x\ln x}\mathrm{d}x=\ln(\ln x)\Big|_2^{+\infty}=+\infty$.

当 $p\neq 1$ 时，$\displaystyle\int_2^{+\infty}\dfrac{1}{x(\ln x)^p}\mathrm{d}x=\int_2^{+\infty}\dfrac{\mathrm{d}\ln x}{(\ln x)^p}=\dfrac{1}{1-p}(\ln x)^{1-p}\bigg|_2^{+\infty}$

$$=\begin{cases}+\infty, & p<1\\[2mm]\dfrac{1}{(p-1)(\ln 2)^{p-1}}, & p>1\end{cases}.$$

所以，当 $p>1$ 时收敛，当 $p\leqslant 1$ 时发散.

例 17-8 若反常积分 $\displaystyle\int_0^{+\infty}\dfrac{1}{x^a(1+x)^b}\mathrm{d}x$ 收敛，则（　　）.

(A) $a<1$ 且 $b<1$ 　　　　　　　　　(B) $a<1$ 且 $b>1$

(C) $a<1$ 且 $a+b>1$ 　　　　　　　　(D) $a>1$ 且 $a+b>1$

解：$\int_0^{+\infty} \dfrac{1}{x^a(1+x)^b}\mathrm{d}x = \int_0^1 \dfrac{1}{x^a(1+x)^b}\mathrm{d}x + \int_1^{+\infty}\dfrac{1}{x^a(1+x)^b}\mathrm{d}x.$

$$\lim_{x\to 0^+} x^a \cdot \dfrac{1}{x^a(1+x)^b} = \lim_{x\to 0^+}\dfrac{1}{(1+x)^b} = 1.$$

因为 $\int_0^1 \dfrac{1}{x^a}\mathrm{d}x$ 收敛的充分必要条件是 $a<1$，所以 $\int_0^1 \dfrac{1}{x^a(1+x)^b}\mathrm{d}x$ 收敛的充分必要条件是 $a<1$.

$$\lim_{x\to+\infty} x^{a+b}\cdot \dfrac{1}{x^a(1+x)^b} = \lim_{x\to+\infty}\dfrac{1}{\left(\dfrac{1}{x}+1\right)^b} = 1.$$

因为 $\int_1^{+\infty}\dfrac{1}{x^{a+b}}\mathrm{d}x$ 收敛的充分必要条件是 $a+b>1$，所以 $\int_1^{+\infty}\dfrac{1}{x^a(1+x)^b}\mathrm{d}x$ 收敛的充分必要条件是 $a+b>1$.

故应选(C).

例 17-9 设反常积分 $\int_0^1 \left(\ln\dfrac{1}{x}\right)^p \mathrm{d}x$ 收敛，则 p 的取值范围为(　　).

(A) $p>0$ \qquad\qquad\qquad (B) $p<0$

(C) $0<p<1$ \qquad\qquad\quad (D) $-\infty<p<+\infty$

解：取 $0<q<1$. 当 $p\leqslant 0$ 时，因为 $\lim\limits_{x\to 0^+} x^q\left(\ln\dfrac{1}{x}\right)^p = 0$，所以 $\int_0^1 \left(\ln\dfrac{1}{x}\right)^p\mathrm{d}x$ 收敛.

当 $p>0$ 时，因为 $\lim\limits_{x\to 0^+} x^q\left(\ln\dfrac{1}{x}\right)^p = \lim\limits_{x\to 0^+}\dfrac{\left(\ln\dfrac{1}{x}\right)^p}{\left(\dfrac{1}{x}\right)^q}\xlongequal{\frac{1}{x}=t}\lim\limits_{t\to+\infty}\dfrac{(\ln t)^p}{t^q}=\lim\limits_{t\to+\infty}\dfrac{p(\ln t)^{p-1}}{qt^q}=\cdots=0,$

所以 $\int_0^1 \left(\ln\dfrac{1}{x}\right)^p\mathrm{d}x$ 收敛. 从而对任意的 p，$\int_0^1 \left(\ln\dfrac{1}{x}\right)^p\mathrm{d}x$ 都收敛. 故应选(D).

例 17-10 （多重反常积分举例）计算 $\iint\limits_D \mathrm{e}^{-x^2-y^2}\mathrm{d}x\,\mathrm{d}y$，其中 D 为 xOy 坐标面，并计算

$\int_0^{+\infty} \mathrm{e}^{-x^2}\mathrm{d}x.$

解：作变换 $x=r\cos\theta, y=r\sin\theta$.

$\iint\limits_D \mathrm{e}^{-x^2-y^2}\mathrm{d}x\,\mathrm{d}y = \iint\limits_D \mathrm{e}^{-r^2}r\,\mathrm{d}r\,\mathrm{d}\theta = \int_0^{2\pi}\mathrm{d}\theta \int_0^{+\infty}\mathrm{e}^{-r^2}r\,\mathrm{d}r = -\pi\int_0^{+\infty}\mathrm{e}^{-r^2}\mathrm{d}(-r^2) = -\pi\mathrm{e}^{-r^2}\Big|_0^{+\infty} = \pi.$

另一方面，利用直角坐标计算法，有

$$\iint\limits_{\substack{-\infty<x<+\infty\\-\infty<y<+\infty}} \mathrm{e}^{-x^2-y^2}\mathrm{d}x\,\mathrm{d}y = \iint\limits_{\substack{-\infty<x<+\infty\\-\infty<y<+\infty}} \mathrm{e}^{-x^2}\mathrm{e}^{-y^2}\mathrm{d}x\,\mathrm{d}y = \int_{-\infty}^{+\infty}\mathrm{e}^{-x^2}\mathrm{d}x\int_{-\infty}^{+\infty}\mathrm{e}^{-y^2}\mathrm{d}y.$$

因为 $\int_{-\infty}^{+\infty}\mathrm{e}^{-y^2}\mathrm{d}y = \int_{-\infty}^{+\infty}\mathrm{e}^{-x^2}\mathrm{d}x$，所以

$$\iint\limits_{\substack{-\infty<x<+\infty\\-\infty<y<+\infty}} \mathrm{e}^{-x^2-y^2}\mathrm{d}x\,\mathrm{d}y = \int_{-\infty}^{+\infty}\mathrm{e}^{-x^2}\mathrm{d}x\int_{-\infty}^{+\infty}\mathrm{e}^{-y^2}\mathrm{d}y = \int_{-\infty}^{+\infty}\mathrm{e}^{-x^2}\mathrm{d}x\int_{-\infty}^{+\infty}\mathrm{e}^{-x^2}\mathrm{d}x = \left(\int_{-\infty}^{+\infty}\mathrm{e}^{-x^2}\mathrm{d}x\right)^2.$$

于是 $\left(\displaystyle\int_{-\infty}^{+\infty} e^{-x^2} dx \right)^2 = \pi$，$\displaystyle\int_{-\infty}^{+\infty} e^{-x^2} dx = \sqrt{\pi}$，$\displaystyle\int_{0}^{+\infty} e^{-x^2} dx = \dfrac{\sqrt{\pi}}{2}$．

习　题　17

1. 计算下列反常积分：(1) $\displaystyle\int_{0}^{+\infty} e^{-x} \sin x \, dx$ ；(2) $\displaystyle\int_{1}^{e} \dfrac{dx}{x \sqrt{1 - (\ln x)^2}}$ ；(3) $\displaystyle\int_{0}^{1} \dfrac{\ln x}{\sqrt{x}} dx$．

2. 计算 $I_n = \displaystyle\int_{0}^{+\infty} x^n e^{-x} dx$．

3. 判断下列反常积分的敛散性：

(1) $\displaystyle\int_{1}^{+\infty} \sin \dfrac{1}{x^2} dx$ ；

(2) $\displaystyle\int_{1}^{+\infty} \dfrac{x \arctan x}{1 + x^2} dx$ ；

(3) $\displaystyle\int_{1}^{2} \dfrac{dx}{(\ln x)^2}$ ；

(4) $\displaystyle\int_{0}^{+\infty} \dfrac{dx}{(1 + x)(1 + x^2)}$．

第 **18** 讲

无 穷 级 数

【知识要点】

1. 常数项级数

常数项级数 $\displaystyle\sum_{n=1}^{\infty} u_n$ 收敛 $\Leftrightarrow S_n = \displaystyle\sum_{k=1}^{n} u_k$ 收敛.

常数项级数 $\displaystyle\sum_{n=1}^{\infty} u_n$ 收敛 $\Leftrightarrow$ 余项 $r_n = \displaystyle\sum_{k=n+1}^{\infty} u_k \rightarrow 0$.

$\displaystyle\sum_{n=1}^{\infty} u_n$ 收敛 $\Rightarrow \displaystyle\sum_{n=1}^{\infty} \lambda u_n$ 收敛.

$\displaystyle\sum_{n=1}^{\infty} u_n$ 收敛于 s, $\displaystyle\sum_{n=1}^{\infty} v_n$ 收敛于 $\sigma \Rightarrow \displaystyle\sum_{n=1}^{\infty} (u_n \pm v_n)$ 收敛于 $s \pm \sigma$.

在级数的前面添加或去掉有限项后所得的新级数与原级数具有相同的敛散性.

收敛级数加括号后所得的新级数仍收敛于原级数的和.

收敛级数去括弧后所成的新级数不一定收敛,如 $(1-1)+(1-1)+\cdots$

若加括号后的级数发散,则原级数发散.

级数收敛的必要条件是通项的极限为零.

等比级数(几何级数) $\displaystyle\sum_{n=0}^{\infty} aq^n \begin{cases} = \dfrac{a}{1-q}, & |q| < 1 \\ \text{发散}, & |q| \geqslant 1 \end{cases}$.

2. 正项级数的审敛法

(1) 正项级数收敛的充分必要条件是部分和数列 s_n 有界.

(2) 比较审敛法:设 $\displaystyle\sum_{n=1}^{\infty} u_n$ 和 $\displaystyle\sum_{n=1}^{\infty} v_n$ 均为正项级数,且 $u_n \leqslant v_n (n=1,2,\cdots)$,则 $\displaystyle\sum_{n=1}^{\infty} v_n$ 收敛 $\Rightarrow \displaystyle\sum_{n=1}^{\infty} u_n$ 收敛; $\displaystyle\sum_{n=1}^{\infty} u_n$ 发散 $\Rightarrow \displaystyle\sum_{n=1}^{\infty} v_n$ 发散.

(3) 反常积分的收敛性与无穷级数收敛性之间的关系

设函数 $f(x)$ 在区间 $[1, +\infty)$ 上非负、连续且单调减少,则

$$f(n+1) \leqslant \int_n^{n+1} f(x)\mathrm{d}x \leqslant f(n).$$

$$\int_1^{+\infty} f(x)\mathrm{d}x = \sum_{n=1}^{\infty} \int_n^{n+1} f(x)\mathrm{d}x, \quad \sum_{n=1}^{\infty} f(n+1) \leqslant \int_1^{+\infty} f(x)\mathrm{d}x \leqslant \sum_{n=1}^{\infty} f(n).$$

由此可知,级数 $\sum\limits_{n=1}^{\infty} f(n)$ 收敛的充分必要条件是反常积分 $\int_1^{+\infty} f(x)\mathrm{d}x$ 收敛.

设 $f(x)$ 在区间 $[1,+\infty)$ 上非负、连续,则反常积分 $\int_1^{+\infty} f(x)\mathrm{d}x$ 要么收敛,要么为 $+\infty$. 故 $\int_1^{+\infty} f(x)\mathrm{d}x$ 收敛 $\Leftrightarrow \int_1^{+\infty} f(x)\mathrm{d}x$ 有界.

(4) p-级数的敛散性

$$\sum_{n=1}^{\infty} \frac{1}{n^p} \begin{cases} 收敛, & p > 1 \\ 发散, & p \leqslant 1 \end{cases}.$$ 特别地,调和级数 $\sum\limits_{n=1}^{\infty} \frac{1}{n}$ 发散.

(5) 比较审敛法的极限形式:设 $\sum\limits_{n=1}^{\infty} u_n$ 与 $\sum\limits_{n=1}^{\infty} v_n$ 都是正项级数,如果 $\lim\limits_{n\to\infty} \dfrac{u_n}{v_n} = l$,则

① 当 $0 < l < +\infty$ 时,二级数有相同的敛散性.

② 当 $l = 0$ 时,若 $\sum\limits_{n=1}^{\infty} v_n$ 收敛,则 $\sum\limits_{n=1}^{\infty} u_n$ 收敛.

③ 当 $l = +\infty$ 时,若 $\sum\limits_{n=1}^{\infty} v_n$ 发散,则 $\sum\limits_{n=1}^{\infty} u_n$ 发散.

当取 $v_n = \dfrac{1}{n}$ 或 $v_n = \dfrac{1}{n^p} (p > 1)$ 时,可得到如下审敛法.

(6) 极限审敛法:设 $u_n \geqslant 0, n = 1, 2, \cdots$.

① 若 $\lim\limits_{n\to\infty} n u_n = l$ ($l > 0$ 或为 ∞),则 $\sum\limits_{n=1}^{\infty} u_n$ 发散.

② 若有 $p > 1$,使得 $\lim\limits_{n\to\infty} n^p u_n$ 存在,则 $\sum\limits_{n=1}^{\infty} u_n$ 收敛.

(7) 比值审敛法(达朗贝尔判别法):设 $\sum\limits_{n=1}^{\infty} u_n$ 是正项级数,$\lim\limits_{n\to\infty} \dfrac{u_{n+1}}{u_n} = \rho$,则当 $\rho < 1$ 时级数收敛;当 $\rho > 1$ 时级数发散;当 $\rho = 1$ 时,此法失效.

(8) 根值审敛法(柯西判别法):设 $\sum\limits_{n=1}^{\infty} u_n$ 是正项级数,$\lim\limits_{n\to\infty} \sqrt[n]{u_n} = \rho$,则当 $\rho < 1$ 时,级数收敛;当 $\rho > 1$ 时,级数发散;当 $\rho = 1$ 时,此法失效.

3. 交错级数审敛法(莱布尼兹审敛法)

如果 $u_n \geqslant u_{n+1} (n = 1, 2, 3, \cdots)$ 且 $\lim\limits_{n\to\infty} u_n = 0$,则交错级数 $\sum\limits_{n=0}^{\infty} (-1)^n u_n (u_n > 0)$ 收敛,且其和 $s \leqslant u_1$,其余项 $r_n = \sum\limits_{k=n+1}^{\infty} (-1)^k u_k$ 满足 $|r_n| \leqslant u_{n+1}$.

4. 绝对收敛与条件收敛

若 $\sum\limits_{n=1}^{\infty} |u_n|$ 收敛,则称 $\sum\limits_{n=1}^{\infty} u_n$ 绝对收敛;若 $\sum\limits_{n=1}^{\infty} u_n$ 收敛,但 $\sum\limits_{n=1}^{\infty} |u_n|$ 发散,则称 $\sum\limits_{n=1}^{\infty} u_n$ 条件收敛.绝对收敛的级数一定收敛.

5. 幂级数

1) 阿贝尔定理

如果级数 $\sum\limits_{n=0}^{\infty} a_n x_0^n (x_0 \neq 0)$ 收敛,则当 $|x| < |x_0|$ 时,幂级数 $\sum\limits_{n=0}^{\infty} a_n x^n$ 绝对收敛;如果

级数 $\sum\limits_{n=0}^{\infty} a_n x_0^n$ 发散,则当 $|x| > |x_0|$ 时,幂级数 $\sum\limits_{n=0}^{\infty} a_n x^n$ 发散.

2) 幂级数收敛半径

设 $\lim\limits_{n\to\infty} \left| \dfrac{a_{n+1}}{a_n} \right| = \rho$(或 $\lim\limits_{n\to\infty} \sqrt[n]{|a_n|} = \rho$),则幂级数 $\sum\limits_{n=0}^{\infty} a_n x^n$ 的收敛半径为 $R = \dfrac{1}{\rho}$.

3) 幂级数的四则运算

设 $\sum\limits_{n=0}^{\infty} a_n x^n$ 的收敛半径为 R_1,$\sum\limits_{n=0}^{\infty} b_n x^n$ 的收敛半径为 R_2,$R = \min\{R_1, R_2\}$,则

① $\sum\limits_{n=0}^{\infty} a_n x^n \pm \sum\limits_{n=0}^{\infty} b_n x^n = \sum\limits_{n=0}^{\infty} (a_n \pm b_n) x^n$,$x \in (-R, R)$.

② $\left(\sum\limits_{n=0}^{\infty} a_n x^n \right) \left(\sum\limits_{n=0}^{\infty} b_n x^n \right) = \sum\limits_{n=0}^{\infty} \left(\sum\limits_{k=0}^{n} a_k b_{n-k} \right) x^n$,$x \in (-R, R)$.

③ 如果 $\left(\sum\limits_{n=0}^{\infty} a_n x^n \right) \left(\sum\limits_{n=0}^{\infty} b_n x^n \right) = \sum\limits_{n=0}^{\infty} c_n x^n$,则定义 $\dfrac{\sum\limits_{n=0}^{\infty} c_n x^n}{\sum\limits_{n=0}^{\infty} a_n x^n} = \sum\limits_{n=0}^{\infty} b_n x^n$.

4) 幂级数和函数的性质

(1) 幂级数的和函数在收敛区间内连续.

(2) 幂级数 $\sum\limits_{n=0}^{\infty} a_n x^n$ 的和函数 $s(x)$ 在其收敛区间 $(-R, R)$ 内可积,且对 $\forall x \in (-R, R)$,可逐项积分,即 $\int_0^x s(t) \mathrm{d}t = \int_0^x \left(\sum\limits_{n=0}^{\infty} a_n t^n \right) \mathrm{d}t = \sum\limits_{n=0}^{\infty} a_n \int_0^x t^n \mathrm{d}t = \sum\limits_{n=0}^{\infty} \dfrac{a_n}{n+1} x^{n+1}$,且收敛半径不变,仍为 R.

(3) 幂级数 $\sum\limits_{n=0}^{\infty} a_n x^n$ 的和函数 $s(x)$ 在其收敛区间 $(-R, R)$ 内具有任意阶导数,并可逐项求导,即 $\left(\sum\limits_{n=0}^{\infty} a_n x^n \right)' = \sum\limits_{n=0}^{\infty} (a_n x^n)' = \sum\limits_{n=1}^{\infty} n a_n x^{n-1}$,且收敛半径不变,仍为 R.

5) 函数的幂级数展开

函数 $f(x)$ 在 $x = x_0$ 处的泰勒级数 $\sum\limits_{n=0}^{\infty} \dfrac{f^{(n)}(x_0)}{n!} (x - x_0)^n$.

函数 $f(x)$ 的麦克劳林级数 $\sum\limits_{n=0}^{\infty} \dfrac{f^{(n)}(0)}{n!} x^n$.

设 $R_n(x) = f(x) - \sum\limits_{k=0}^{n} \dfrac{f^{(k)}(x_0)}{k!} (x - x_0)^k$,则

$f(x) = \sum\limits_{n=0}^{\infty} \dfrac{f^{(n)}(x_0)}{n!} (x - x_0)^n \Leftrightarrow \lim\limits_{n\to\infty} R_n(x) = 0$,$x \in (-R, R)$.

几个常用函数的幂级数展开式:

$\dfrac{1}{1-x} = \sum\limits_{n=0}^{\infty} x^n = 1 + x + x^2 + \cdots + x^n + \cdots$,$x \in (-1, 1)$.

$\mathrm{e}^x = \sum\limits_{n=0}^{\infty} \dfrac{1}{n!} x^n = 1 + x + \dfrac{1}{2!} x^2 + \cdots + \dfrac{1}{n!} x^n + \cdots$,$x \in (-\infty, +\infty)$.

$$\sin x = \sum_{n=0}^{\infty} \frac{(-1)^n}{(2n+1)!} x^{2n+1} \text{（注：} \sin x \text{ 为奇函数，其展开式中只有奇次幂）}$$

$$= x - \frac{1}{3!} x^3 + \frac{1}{5!} x^5 - \frac{1}{7!} x^7 + \cdots + \frac{(-1)^{n-1}}{(2n-1)!} x^{2n-1} + \cdots, x \in (-\infty, +\infty).$$

$$\cos x = \sum_{n=0}^{\infty} \frac{(-1)^n}{(2n)!} x^{2n} \text{（注：} \cos x \text{ 为偶函数，其展开式中只有偶次幂）}$$

$$= 1 - \frac{1}{2!} x^2 + \frac{1}{4!} x^4 - \frac{1}{6!} x^6 + \cdots + \frac{(-1)^n}{(2n)!} x^{2n} + \cdots, x \in (-\infty, +\infty).$$

$$\ln(1+x) = \sum_{n=1}^{\infty} \frac{(-1)^{n-1}}{n} x^n$$

$$= x - \frac{1}{2} x^2 + \frac{1}{3} x^3 - \cdots + (-1)^{n-1} \frac{x^n}{n} + \cdots, x \in (-1, 1].$$

$$\arctan x = \sum_{n=0}^{\infty} (-1)^n \frac{x^{2n+1}}{2n+1}$$

$$= x - \frac{1}{3} x^3 + \frac{1}{5} x^5 - \cdots + (-1)^n \frac{x^{2n+1}}{2n+1} + \cdots, x \in [-1, 1].$$

6. 傅里叶级数

1）周期为 2π 的周期函数的傅里叶级数展开

设 $f(x)$ 是周期为 2π 的可积周期函数，则

$$a_n = \frac{1}{\pi} \int_{-\pi}^{\pi} f(x) \cos nx \, dx \, (n=0,1,2,\cdots), \quad b_n = \frac{1}{\pi} \int_{-\pi}^{\pi} f(x) \sin nx \, dx \, (n=1,2,\cdots).$$

此处的 a_n 和 b_n 称为函数 $f(x)$ 的傅里叶系数. 而相应的级数 $\dfrac{a_0}{2} + \displaystyle\sum_{n=1}^{\infty} (a_n \cos nx + b_n \sin nx)$ 称为函数 $f(x)$ 的傅里叶级数.

　　收敛定理（狄利克雷充分条件）　设 $f(x)$ 是周期为 2π 的周期函数，且满足：①在一个周期内连续或只有有限个第一类间断点；②在一个周期内不存在无数个极值点. 则 $f(x)$ 的傅里叶级数存在并且收敛于 $\dfrac{f(x^-)+f(x^+)}{2}$. 或者说，$f(x)$ 的傅里叶级数的和函数为 $\dfrac{f(x^-)+f(x^+)}{2}$，即

$$\frac{a_0}{2} + \sum_{n=1}^{\infty} (a_n \cos nx + b_n \sin nx) = \frac{f(x^-)+f(x^+)}{2}.$$

　　注 1：当 x 是 $f(x)$ 的连续点时，$\dfrac{f(x^-)+f(x^+)}{2} = f(x)$，此时，$f(x)$ 的傅里叶级数收敛于 $f(x)$ 自身，即 $f(x) = \dfrac{a_0}{2} + \displaystyle\sum_{n=1}^{\infty} (a_n \cos nx + b_n \sin nx)$. 在这种情况下，我们说，$f(x)$ 可以展开成傅里叶级数，而上式的右端称为函数 $f(x)$ 的傅里叶级数展开式.

　　注 2：若 $f(x)$ 是周期为 2π 的周期函数，且在一个周期内除有限个点外，$f(x)$ 是偶函数，则

$$a_n = \frac{2}{\pi} \int_0^{\pi} f(x) \cos nx \, dx \, (n=0,1,2,\cdots), \quad b_n = 0 \, (n=1,2,\cdots).$$

此时，$f(x)$ 的傅里叶级数变为余弦级数 $\dfrac{a_0}{2}+\sum\limits_{n=1}^{\infty}a_n\cos nx$. （常数和余弦函数都是偶函数，故偶函数的傅里叶级数只含有常数项和余弦函数项.）

若 $f(x)$ 是周期为 2π 的周期函数，且在一个周期内除有限个点外，$f(x)$ 是奇函数，则

$$a_n=0(n=0,1,2,\cdots),\quad b_n=\frac{2}{\pi}\int_0^{\pi}f(x)\sin nx\,\mathrm{d}x(n=1,2,\cdots).$$

此时，$f(x)$ 的傅里叶级数变为正弦级数 $\sum\limits_{n=1}^{\infty}b_n\sin nx$. （正弦函数都是奇函数，故奇函数的傅里叶级数只含有正弦函数项.）

2) 定义在区间 $[-\pi,\pi]$ 上函数的傅里叶级数

设 $f(x)$ 在 $[-\pi,\pi]$ 上连续或只有有限个第一类间断点，且不存在无数个极值点，则 $f(x)$ 的傅里叶级数存在并且收敛. 其和函数需根据周期延拓后的函数来确定.

3) 定义在区间 $[0,\pi]$ 上函数的傅里叶级数

奇延拓：设函数 $f(x)$ 定义在区间 $[0,\pi]$ 上. 构造定义在区间 $(-\pi,\pi]$ 上的函数 $F(x)$，使得当 $x\in[0,\pi]$ 时，$F(x)=f(x)$；当 $x\in(-\pi,0)$ 时，$F(x)=-f(x)$. 则 $F(x)$ 是 $(-\pi,0)\bigcup(0,\pi)$ 上的奇函数.

奇延拓得到的 $F(x)$ 的傅里叶级数必定是正弦级数，从而 $f(x)$ 的傅里叶级数必定是正弦级数.

偶延拓：设函数 $f(x)$ 定义在区间 $[0,\pi]$ 上. 构造定义在区间 $(-\pi,\pi]$ 上的函数 $F(x)$，使得当 $x\in[0,\pi]$ 时，$F(x)=f(x)$；当 $x\in(-\pi,0)$ 时，$F(x)=f(-x)$. 则 $F(x)$ 是区间 $(-\pi,\pi)$ 上的偶函数.

偶延拓得到的 $F(x)$ 的傅里叶级数必定是余弦级数，从而 $f(x)$ 的傅里叶级数必定是余弦级数.

4) 任意周期的周期函数的傅里叶级数

设函数 $f(x)$ 是周期为 $2l$ 的周期函数，则函数 $f(x)$ 的傅里叶级数为

$$\frac{a_0}{2}+\sum_{n=1}^{\infty}\left(a_n\cos\frac{n\pi x}{l}+b_n\sin\frac{n\pi x}{l}\right)$$

其中，$a_n=\dfrac{1}{l}\int_{-l}^{l}f(x)\cos\dfrac{n\pi x}{l}\mathrm{d}x(n=0,1,2,\cdots),b_n=\dfrac{1}{l}\int_{-l}^{l}f(x)\sin\dfrac{n\pi x}{l}\,\mathrm{d}x(n=1,2,\cdots).$

特别地，若函数 $f(x)$ 是周期为 $2l$ 的奇函数，则

$$a_n=0(n=0,1,2,\cdots),\quad b_n=\frac{2}{l}\int_0^{l}f(x)\sin\frac{n\pi x}{l}\mathrm{d}x(n=1,2,\cdots).$$

若函数 $f(x)$ 是周期为 $2l$ 的偶函数，则

$$a_n=\frac{2}{l}\int_0^{l}f(x)\cos\frac{n\pi x}{l}\mathrm{d}x(n=0,1,2,\cdots),\quad b_n=0(n=1,2,\cdots).$$

5) 定义在有限区间上函数的傅里叶级数展开

定义在有限区间上的函数可以按下述方法展开成傅里叶级数.

定义在区间 $[-l,l]$ 上的函数 $f(x)$ 可以延拓成周期函数，展开成傅里叶级数.

定义在区间 $[0,l]$ 上的函数 $f(x)$ 可以进行奇延拓或偶延拓成为区间 $[-l,l]$ 上的函数，展开为正弦级数或余弦级数.

通过变换 $x=a+t$,可以将定义在区间 $[a,b]$ 上的函数 $f(x)$ 化为定义在区间 $[0,l]$($l=b-a$)上的函数,展开为正弦级数或余弦级数.

【例题】

例 18-1　判断下列说法哪些是正确的,哪些是错误的.

(1) 若 $\sum\limits_{n=1}^{\infty}u_n$ 和 $\sum\limits_{n=1}^{\infty}v_n$ 都收敛,则 $\sum\limits_{n=1}^{\infty}u_nv_n$ 必收敛;

(2) 若 $\sum\limits_{n=1}^{\infty}u_n$ 和 $\sum\limits_{n=1}^{\infty}v_n$ 都发散,则 $\sum\limits_{n=1}^{\infty}(u_n+v_n)$ 必发散;

(3) 若 $\sum\limits_{n=1}^{\infty}u_n$ 和 $\sum\limits_{n=1}^{\infty}v_n$ 都发散,则 $\sum\limits_{n=1}^{\infty}u_nv_n$ 必发散;

(4) 若 $\sum\limits_{n=1}^{\infty}u_n$ 收敛,$\sum\limits_{n=1}^{\infty}v_n$ 发散,则 $\sum\limits_{n=1}^{\infty}(u_n+v_n)$ 必发散;

(5) 若 $\sum\limits_{n=1}^{\infty}u_n$ 收敛,$\sum\limits_{n=1}^{\infty}v_n$ 发散,则 $\sum\limits_{n=1}^{\infty}u_nv_n$ 必发散;

(6) 若 $\sum\limits_{n=1}^{\infty}u_n$ 收敛,则 $\sum\limits_{n=1}^{\infty}(u_n+u_{n+1})$ 必收敛;

(7) 若 $\sum\limits_{n=1}^{\infty}u_n$ 收敛,则 $\sum\limits_{n=1}^{\infty}u_n^2$ 必收敛;

(8) 若 $\sum\limits_{n=1}^{\infty}u_n$ 发散,则 $\sum\limits_{n=1}^{\infty}u_n^2$ 必发散;

(9) 设正项级数 $\sum\limits_{n=1}^{\infty}u_n$ 收敛,则 $\sum\limits_{n=1}^{\infty}u_n^2$ 收敛;

(10) 设正项级数 $\sum\limits_{n=1}^{\infty}u_n$ 和 $\sum\limits_{n=1}^{\infty}v_n$ 中至少有一个发散,则 $\sum\limits_{n=1}^{\infty}(u_n+v_n)$ 发散;

(11) 设正项级数 $\sum\limits_{n=1}^{\infty}u_n$ 和 $\sum\limits_{n=1}^{\infty}v_n$ 都收敛,则 $\sum\limits_{n=1}^{\infty}u_nv_n$ 收敛;

(12) 设正项级数 $\sum\limits_{n=1}^{\infty}u_n$ 收敛,且数列 v_n 有界,则 $\sum\limits_{n=1}^{\infty}u_nv_n$ 收敛;

(13) 设 $\lim\limits_{n\to\infty}v_n=0$,则 $\sum\limits_{n=1}^{\infty}v_n^2$ 收敛.

解:(1) 错误. 如 $u_n=v_n=(-1)^n\dfrac{1}{\sqrt{n}}$.

(2) 错误. 如 $u_n=\dfrac{1}{n}$,$v_n=-\dfrac{1}{n}$.

(3) 错误. 如 $u_n=v_n=\dfrac{1}{n}$.

(4) 正确. 若 $\sum\limits_{n=1}^{\infty}(u_n+v_n)$ 收敛,则因为 $\sum\limits_{n=1}^{\infty}u_n$ 收敛,所以它们的差 $\sum\limits_{n=1}^{\infty}v_n$ 必收敛,矛盾.

(5) 错误. 如 $u_n=0$,$v_n=1$.

(6) 正确. 这是因为 $\sum\limits_{n=1}^{\infty}(u_n+u_{n+1})=\sum\limits_{n=1}^{\infty}u_n+\sum\limits_{n=1}^{\infty}u_{n+1}$. 而 $\sum\limits_{n=1}^{\infty}u_{n+1}$ 是 $\sum\limits_{n=1}^{\infty}u_n$ 去掉了第一

项,因而收敛.故 $\sum_{n=1}^{\infty}(u_n+u_{n+1})$ 收敛.

(7) 错误.如 $u_n=(-1)^n\frac{1}{\sqrt{n}}$.

(8) 错误.如 $u_n=\frac{1}{n}$.

(9) 正确.这是因为 $\sum_{n=1}^{\infty}u_n$ 收敛,所以 $\lim_{n\to\infty}u_n=0$.因而当 n 充分大时,$u_n<1$,从而 $u_n^2<u_n$.由比较审敛法可知 $\sum_{n=1}^{\infty}u_n^2$ 收敛.

(10) 正确.这是因为 $u_n+v_n\geqslant u_n,u_n+v_n\geqslant v_n$,由比较审敛法可知,$\sum_{n=1}^{\infty}(u_n+v_n)$ 发散.

(11) 正确.这是因为,由 $\sum_{n=1}^{\infty}v_n$ 收敛可知,$\lim_{n\to\infty}v_n=0$.从而当 n 充分大时,$0\leqslant v_n<1$,所以 $u_nv_n<u_n$.由比较审敛法可知,$\sum_{n=1}^{\infty}u_nv_n$ 收敛.

(12) 正确.设 $|v_n|\leqslant M$,则 $|u_nv_n|\leqslant Mu_n$.由比较审敛法可知,$\sum_{n=1}^{\infty}u_nv_n$ 绝对收敛.

(13) 错误.如 $v_n=\frac{1}{\sqrt{n}}$.

例 18-2 设数列 na_n 收敛,级数 $\sum_{n=1}^{\infty}n(a_{n+1}-a_n)$ 收敛,证明级数 $\sum_{n=1}^{\infty}a_n$ 收敛.

证: $s_n=\sum_{k=1}^{n}k(a_{k+1}-a_k)=\sum_{k=1}^{n}ka_{k+1}-\sum_{k=1}^{n}ka_k=\sum_{k=2}^{n+1}(k-1)a_k-\sum_{k=1}^{n}ka_k$

$=\sum_{k=2}^{n+1}ka_k-\sum_{k=2}^{n+1}a_k-\sum_{k=1}^{n}ka_k=(n+1)a_{n+1}-\sum_{k=1}^{n+1}a_k.$

$\sum_{k=1}^{n+1}a_k=(n+1)a_{n+1}-s_n.$ 由题设,$(n+1)a_{n+1}$ 收敛,s_n 收敛,从而 $\sum_{k=1}^{n+1}a_k$ 收敛,即 $\sum_{n=1}^{\infty}a_n$ 收敛.

例 18-3 设 $a_n>0,b_n>0,\frac{a_{n+1}}{a_n}\leqslant\frac{b_{n+1}}{b_n},n=1,2,\cdots,$ 且 $\sum_{n=1}^{\infty}b_n$ 收敛,证明 $\sum_{n=1}^{\infty}a_n$ 收敛.

证: $\frac{a_{n+1}}{b_{n+1}}\leqslant\frac{a_n}{b_n}\leqslant\frac{a_{n-1}}{b_{n-1}}\leqslant\cdots\leqslant\frac{a_1}{b_1},a_{n+1}\leqslant\frac{a_1}{b_1}b_{n+1}.$ 由比较审敛法知,$\sum_{n=1}^{\infty}a_n$ 收敛.

例 18-4 判别级数 $\sum_{n=1}^{\infty}(-1)^n\frac{1}{2^n}\left(1+\frac{1}{n}\right)^{n^2}$ 的敛散性.

解: 因为 $\lim_{n\to\infty}\left(1+\frac{1}{n}\right)^n=e$,所以 $\lim_{n\to\infty}\frac{1}{2^n}\left(1+\frac{1}{n}\right)^{n^2}=\lim_{n\to\infty}\left[\frac{\left(1+\frac{1}{n}\right)^n}{2}\right]^n=+\infty\neq0$.所以 $\sum_{n=1}^{\infty}(-1)^n\frac{1}{2^n}\left(1+\frac{1}{n}\right)^{n^2}$ 发散.

例 18-5 判定下列级数的敛散性：

(1) $\sum\limits_{n=1}^{\infty} \sin \dfrac{1}{n}$；

(2) $\sum\limits_{n=1}^{\infty} \dfrac{1}{3^n - 2^n}$；

(3) $\sum\limits_{n=1}^{\infty} 2^n \sin \dfrac{\pi}{3^n}$；

(4) $\sum\limits_{n=1}^{\infty} \ln\left(1 + \dfrac{1}{n}\right)$；

(5) $\sum\limits_{n=1}^{\infty} \left(1 - \cos \dfrac{1}{n}\right)$；

(6) $\sum\limits_{n=1}^{\infty} \dfrac{1}{\ln(n+1)}$；

(7) $\sum\limits_{n=1}^{\infty} \ln\left(1 + \dfrac{1}{n^2}\right)$；

(8) $\sum\limits_{n=1}^{\infty} \sqrt{n+1}\left(1 - \cos \dfrac{\pi}{n}\right)$；

(9) $\sum\limits_{n=1}^{\infty} \dfrac{1}{1 + a^n}$ $(a > 0)$．

解：(1) 当 $x \to 0$ 时，$\sin x \sim x$，从而 $\sin \dfrac{1}{n} \sim \dfrac{1}{n}$．因为 $\lim\limits_{n \to \infty} \dfrac{\sin \dfrac{1}{n}}{\dfrac{1}{n}} = 1$，而 $\sum\limits_{n=1}^{\infty} \dfrac{1}{n}$ 发散，所以 $\sum\limits_{n=1}^{\infty} \sin \dfrac{1}{n}$ 发散．

(2) $u_n = \dfrac{1}{3^n - 2^n} = \dfrac{1}{3^n} \dfrac{1}{1 - \left(\dfrac{2}{3}\right)^n} \sim \dfrac{1}{3^n}$．因为 $\lim\limits_{n \to \infty} \dfrac{\dfrac{1}{3^n - 2^n}}{\dfrac{1}{3^n}} = \lim\limits_{n \to \infty} \dfrac{1}{1 - \left(\dfrac{2}{3}\right)^n} = 1$，而 $\sum\limits_{n=1}^{\infty} \dfrac{1}{3^n}$ 收敛，所以 $\sum\limits_{n=1}^{\infty} \dfrac{1}{3^n - 2^n}$ 收敛．

(3) **解法 1**：$2^n \sin \dfrac{\pi}{3^n} < 2^n \dfrac{\pi}{3^n} = \pi \left(\dfrac{2}{3}\right)^n$．因为 $\sum\limits_{n=1}^{\infty} \left(\dfrac{2}{3}\right)^n$ 收敛，所以 $\sum\limits_{n=1}^{\infty} 2^n \sin \dfrac{\pi}{3^n}$ 收敛．

解法 2：$2^n \sin \dfrac{\pi}{3^n} \sim 2^n \dfrac{\pi}{3^n} = \pi \left(\dfrac{2}{3}\right)^n$．因为 $\lim\limits_{n \to \infty} \dfrac{2^n \sin \dfrac{\pi}{3^n}}{\left(\dfrac{2}{3}\right)^n} = \lim\limits_{n \to \infty} \dfrac{2^n \dfrac{\pi}{3^n}}{\left(\dfrac{2}{3}\right)^n} = \pi > 0$，而 $\sum\limits_{n=1}^{\infty} \left(\dfrac{2}{3}\right)^n$ 收敛，所以 $\sum\limits_{n=1}^{\infty} 2^n \sin \dfrac{\pi}{3^n}$ 收敛．

(4) 因为 $\lim\limits_{n \to \infty} \dfrac{\ln\left(1 + \dfrac{1}{n}\right)}{\dfrac{1}{n}} = 1 > 0$，而 $\sum\limits_{n=1}^{\infty} \dfrac{1}{n}$ 发散，所以 $\sum\limits_{n=1}^{\infty} \ln\left(1 + \dfrac{1}{n}\right)$ 发散．

(5) **解法 1**：$1 - \cos \dfrac{1}{n} = 2\sin^2 \dfrac{1}{2n} < \dfrac{1}{2} \dfrac{1}{n^2}$，而 $\sum\limits_{n=1}^{\infty} \dfrac{1}{n^2}$ 收敛，所以 $\sum\limits_{n=1}^{\infty} \left(1 - \cos \dfrac{1}{n}\right)$ 收敛．

解法 2：因为 $\lim\limits_{n \to \infty} \dfrac{1 - \cos \dfrac{1}{n}}{\dfrac{1}{n^2}} = \lim\limits_{n \to \infty} \dfrac{\dfrac{1}{2n^2}}{\dfrac{1}{n^2}} = \dfrac{1}{2} < +\infty$，而 $\sum\limits_{n=1}^{\infty} \dfrac{1}{n^2}$ 收敛，所以

$\sum\limits_{n=1}^{\infty}\left(1-\cos\dfrac{1}{n}\right)$ 收敛.

(6) **解法 1**: 当 $x>0$ 时, $\ln(1+x)<x$, 所以 $\ln(1+n)<n$, $\dfrac{1}{\ln(1+n)}>\dfrac{1}{n}$. 而 $\sum\limits_{n=1}^{\infty}\dfrac{1}{n}$ 发

散, 所以 $\sum\limits_{n=1}^{\infty}\dfrac{1}{\ln(n+1)}$ 发散.

解法 2: $\lim\limits_{n\to\infty}\dfrac{\frac{1}{\ln(n+1)}}{1/n}=\lim\limits_{n\to\infty}\dfrac{n}{\ln(n+1)}$. 这是 $\dfrac{\infty}{\infty}$ 型未定式. 因为 $\dfrac{n}{\ln(n+1)}$ 中的 n 默认为

只取正整数, 所以不能直接用洛必达法则. 但可以先用洛必达法则求极限 $\lim\limits_{x\to+\infty}\dfrac{x}{\ln(x+1)}$, 再

由海涅定理, 有

$$\lim_{n\to\infty}\frac{n}{\ln(n+1)}=\lim_{x\to+\infty}\frac{x}{\ln(x+1)}=\lim_{x\to+\infty}\frac{1}{\frac{1}{x+1}}=\lim_{x\to+\infty}(x+1)=+\infty,$$

而 $\sum\limits_{n=1}^{\infty}\dfrac{1}{n}$ 发散, 所以 $\sum\limits_{n=1}^{\infty}\dfrac{1}{\ln(n+1)}$ 发散.

(7) **解法 1**: $\ln\left(1+\dfrac{1}{n^2}\right)<\dfrac{1}{n^2}$. 而 $\sum\limits_{n=1}^{\infty}\dfrac{1}{n^2}$ 为 $p=2>1$ 的 p- 级数, 收敛, 所以

$\sum\limits_{n=1}^{\infty}\ln\left(1+\dfrac{1}{n^2}\right)$ 收敛.

解法 2: 因为 $\lim\limits_{n\to\infty}\dfrac{\ln\left(1+\dfrac{1}{n^2}\right)}{\dfrac{1}{n^2}}=1>0$, 而 $\sum\limits_{n=1}^{\infty}\dfrac{1}{n^2}$ 为 $p=2>1$ 的 p- 级数, 收敛, 所以

$\sum\limits_{n=1}^{\infty}\ln\left(1+\dfrac{1}{n^2}\right)$ 收敛.

(8) $n\to\infty$ 时, $1-\cos\dfrac{\pi}{n}\sim\dfrac{1}{2}\left(\dfrac{\pi}{n}\right)^2=\dfrac{\pi^2}{2n^2}$.

$$\sqrt{n+1}\left(1-\cos\frac{\pi}{n}\right)\sim\frac{\pi^2\sqrt{n+1}}{2n^2}=\frac{\pi^2}{2n^{\frac{3}{2}}}\sqrt{1+\frac{1}{n}}\sim\frac{\pi^2}{2n^{\frac{3}{2}}}.$$

因为 $\lim\limits_{n\to\infty}\dfrac{\sqrt{n+1}\left(1-\cos\dfrac{\pi}{n}\right)}{\dfrac{1}{n^{\frac{3}{2}}}}=\lim\limits_{n\to\infty}n^{\frac{3}{2}}\sqrt{n+1}\dfrac{\pi^2}{2n^2}=\dfrac{\pi^2}{2}$, 而 $\sum\limits_{n=1}^{\infty}\dfrac{1}{n^{\frac{3}{2}}}$ 为 $p=\dfrac{3}{2}>1$ 的 p- 级数,

收敛, 所以 $\sum\limits_{n=1}^{\infty}\sqrt{n+1}\left(1-\cos\dfrac{\pi}{n}\right)$ 收敛.

(9) 因为当 $0<a<1$ 时, $\lim\limits_{n\to\infty}\dfrac{1}{1+a^n}=1\neq0$, 所以 $\sum\limits_{n=1}^{\infty}\dfrac{1}{1+a^n}$ 发散. 因为当 $a=1$ 时,

$\dfrac{1}{1+a^n}=\dfrac{1}{2}$, 所以 $\sum\limits_{n=1}^{\infty}\dfrac{1}{1+a^n}$ 发散. 当 $a>1$ 时, $\dfrac{1}{1+a^n}<\dfrac{1}{a^n}=\left(\dfrac{1}{a}\right)^n$, 而 $\sum\limits_{n=1}^{\infty}\left(\dfrac{1}{a}\right)^n$ 是公比为

$\dfrac{1}{a}<1$ 的等比级数,收敛,所以 $\sum\limits_{n=1}^{\infty}\dfrac{1}{1+a^{n}}(a>1)$ 收敛.

例 18-6　判别级数的收敛性:(1) $\sum\limits_{n=1}^{\infty}\dfrac{1}{n!}$;(2) $\sum\limits_{n=1}^{\infty}\dfrac{n!}{3^{n}}$;(3) $\sum\limits_{n=1}^{\infty}\dfrac{n\cos^{2}\dfrac{n\pi}{3}}{2^{n}}$.

解:(1) $u_{n}=\dfrac{1}{n!}$. 因为 $\lim\limits_{n\to\infty}\dfrac{u_{n+1}}{u_{n}}=\lim\limits_{n\to\infty}\dfrac{\dfrac{1}{(n+1)!}}{\dfrac{1}{n!}}=\lim\limits_{n\to\infty}\dfrac{1}{n+1}=0<1$,所以 $\sum\limits_{n=1}^{\infty}\dfrac{1}{n!}$ 收敛.

(2) $u_{n}=\dfrac{n!}{3^{n}}$. 因为 $\lim\limits_{n\to\infty}\dfrac{u_{n+1}}{u_{n}}=\lim\limits_{n\to\infty}\dfrac{\dfrac{(n+1)!}{3^{n+1}}}{\dfrac{n!}{3^{n}}}=\lim\limits_{n\to\infty}\dfrac{n+1}{3}=+\infty$,所以 $\sum\limits_{n=1}^{\infty}\dfrac{n!}{3^{n}}$ 发散.

(3) $u_{n}=\dfrac{n\cos^{2}\dfrac{n\pi}{3}}{2^{n}}\leqslant\dfrac{n}{2^{n}}=v_{n}$. 因为 $\lim\limits_{n\to\infty}\dfrac{v_{n+1}}{v_{n}}=\lim\limits_{n\to\infty}\dfrac{\dfrac{n+1}{2^{n+1}}}{\dfrac{n}{2^{n}}}=\lim\limits_{n\to\infty}\dfrac{n+1}{2n}=\dfrac{1}{2}<1$,所以

$\sum\limits_{n=1}^{\infty}\dfrac{n}{2^{n}}$ 收敛. 从而 $\sum\limits_{n=1}^{\infty}\dfrac{n\cos^{2}\dfrac{n\pi}{3}}{2^{n}}$ 收敛.

例 18-7　判别级数 $\sum\limits_{n=1}^{\infty}\dfrac{1}{n^{n}}$ 的收敛性.

解法 1:$u_{n}=\dfrac{1}{n^{n}}$. 因为 $\sqrt[n]{u_{n}}=\sqrt[n]{\dfrac{1}{n^{n}}}=\dfrac{1}{n}\to 0(n\to\infty)$,故级数收敛.

解法 2:因为 $\lim\limits_{n\to\infty}\dfrac{n^{n}}{(n+1)^{n+1}}=\lim\limits_{n\to\infty}\dfrac{1}{(n+1)\left(1+\dfrac{1}{n}\right)^{n}}=0$,故级数收敛.

解法 3:当 $n\geqslant 2$ 时,$u_{n}=\dfrac{1}{n^{n}}\leqslant\dfrac{1}{2^{n}}$. 因为 $\sum\limits_{n=2}^{\infty}\dfrac{1}{2^{n}}$ 是公比为 $\dfrac{1}{2}$ 的等比级数,收敛,所以 $\sum\limits_{n=2}^{\infty}\dfrac{1}{n^{n}}$

收敛,从而 $\sum\limits_{n=1}^{\infty}\dfrac{1}{n^{n}}$ 收敛.

解法 4:当 $n\geqslant 2$ 时,$u_{n}=\dfrac{1}{n^{n}}\leqslant\dfrac{1}{n^{2}}$. 因为 $\sum\limits_{n=2}^{\infty}\dfrac{1}{n^{2}}$ 是 $p=2$ 的 p-级数,收敛,所以 $\sum\limits_{n=2}^{\infty}\dfrac{1}{n^{2}}$ 收

敛,从而 $\sum\limits_{n=1}^{\infty}\dfrac{1}{n^{n}}$ 收敛.

例 18-8　判别级数 $\sum\limits_{n=1}^{\infty}(-1)^{n-1}\dfrac{n}{3^{n}}$ 的敛散性,如果收敛,是绝对收敛还是条件收敛?

解:$|u_{n}|=\dfrac{n}{3^{n}}$. 因为 $\lim\limits_{n\to\infty}\dfrac{|u_{n+1}|}{|u_{n}|}=\lim\limits_{n\to\infty}\dfrac{\dfrac{n+1}{3^{n+1}}}{\dfrac{n}{3^{n}}}=\dfrac{1}{3}\lim\limits_{n\to\infty}\dfrac{n+1}{n}=\dfrac{1}{3}<1$,所以 $\sum\limits_{n=1}^{\infty}\dfrac{n}{3^{n}}$ 收敛,

即 $\sum_{n=1}^{\infty} (-1)^{n-1} \dfrac{n}{3^n}$ 绝对收敛.

例 18-9 判别级数 $\sum_{n=1}^{\infty} \dfrac{\sin n}{n^2}$ 的敛散性.

解: 因为 $\left| \dfrac{\sin n}{n^2} \right| \leqslant \dfrac{1}{n^2}$, 而 $\sum_{n=1}^{\infty} \dfrac{1}{n^2}$ 是 $p=2$ 的 p- 级数, 故收敛. 所以 $\sum_{n=1}^{\infty} \left| \dfrac{\sin n}{n^2} \right|$ 收敛, 即原级数绝对收敛, 从而收敛.

例 18-10 设 $\lambda > 0, \alpha > 1$, $\sum_{n=1}^{\infty} a_n^2$ 收敛, 证明 $\sum_{n=1}^{\infty} \dfrac{a_n}{\sqrt{n^\alpha + \lambda}}$ 绝对收敛.

证: 因为 $\dfrac{|a_n|}{\sqrt{n^\alpha + \lambda}} = |a_n| \cdot \dfrac{1}{\sqrt{n^\alpha + \lambda}} \leqslant \dfrac{1}{2} \left(a_n^2 + \dfrac{1}{n^\alpha + \lambda} \right)$

$$< \frac{1}{2} a_n^2 + \frac{1}{2} \frac{1}{n^\alpha} \quad \left(ab \leqslant \frac{1}{2} (a^2 + b^2) \right).$$

而 $\sum_{n=1}^{\infty} a_n^2$, $\sum_{n=1}^{\infty} \dfrac{1}{n^\alpha}$ 都收敛, 从而 $\sum_{n=1}^{\infty} \left(\dfrac{1}{2} a_n^2 + \dfrac{1}{2} \dfrac{1}{n^\alpha} \right)$ 收敛, 所以 $\sum_{n=1}^{\infty} \dfrac{|a_n|}{\sqrt{n^\alpha + \lambda}}$ 收敛, 即 $\sum_{n=1}^{\infty} \dfrac{a_n}{\sqrt{n^\alpha + \lambda}}$ 绝对收敛.

例 18-11 已知级数 $\sum_{n=1}^{\infty} (-1)^n \sqrt{n} \sin \dfrac{1}{n^\alpha}$ 绝对收敛, $\sum_{n=1}^{\infty} \dfrac{(-1)^n}{n^{2-\alpha}}$ 条件收敛, 则 α 的取值范围为( ).

(A) $0 < \alpha \leqslant \dfrac{1}{2}$ (B) $\dfrac{1}{2} < \alpha \leqslant 1$ (C) $1 < \alpha \leqslant \dfrac{3}{2}$ (D) $\dfrac{3}{2} < \alpha \leqslant 2$

解: 因为 $\left| (-1)^n \sqrt{n} \sin \dfrac{1}{n^\alpha} \right| = \sqrt{n} \sin \dfrac{1}{n^\alpha} \sim \dfrac{1}{n^{\alpha - \frac{1}{2}}}$, 所以当 $\alpha - \dfrac{1}{2} > 1$, 即 $\alpha > \dfrac{3}{2}$ 时,

$\sum_{n=1}^{\infty} (-1)^n \sqrt{n} \sin \dfrac{1}{n^\alpha}$ 绝对收敛.

显然, 当 $\alpha < 2$ 时, 由交错级数的莱布尼兹审敛法, $\sum_{n=1}^{\infty} \dfrac{(-1)^n}{n^{2-\alpha}}$ 条件收敛. 故应选(D).

例 18-12 设 $a_n = \displaystyle\int_0^1 x(1-x) \sin^{2n} x \, \mathrm{d}x$, 证明级数 $\sum_{k=1}^{n} a_n$ 收敛.

证: 当 $0 \leqslant x \leqslant 1$ 时, $0 < \sin x < x$.

$$0 < a_n = \int_0^1 x(1-x) \sin^{2n} x \, \mathrm{d}x < \int_0^1 x(1-x) x^{2n} \, \mathrm{d}x = \int_0^1 (x^{2n+1} - x^{2n+2}) \, \mathrm{d}x$$

$$= \frac{1}{2n+2} - \frac{1}{2n+3} = \frac{1}{(2n+2)(2n+3)} < \frac{1}{n^2}.$$

因为 $\sum_{n=1}^{\infty} \dfrac{1}{n^2}$ 收敛, 所以 $\sum_{k=1}^{n} a_n$ 收敛.

例 18-13 设 $f(x)$ 在 $(-1,1)$ 内有连续的二阶导数, 且 $\lim\limits_{x \to 0} \dfrac{f(x)}{x} = 0$, 证明 $\sum_{n=1}^{\infty} f\left(\dfrac{1}{n} \right)$ 绝对收敛.

证：由 $\lim\limits_{x \to 0} \dfrac{f(x)}{x} = 0$ 知，$f(0) = \lim\limits_{x \to 0} f(x) = 0$．$f'(0) = \lim\limits_{x \to 0} \dfrac{f(x)}{x} = 0$．

由泰勒公式，$f\left(\dfrac{1}{n}\right) = f(0) + f'(0)\dfrac{1}{n} + f''(\xi)\dfrac{1}{2n^2} = f''(\xi)\dfrac{1}{2n^2}, 0 < \xi < \dfrac{1}{n}$．

因为 $\lim\limits_{n \to \infty} \dfrac{\left|f\left(\dfrac{1}{n}\right)\right|}{\dfrac{1}{n^2}} = \dfrac{1}{2}\lim\limits_{\xi \to 0}|f''(\xi)| = \dfrac{1}{2}|f''(0)|$，所以 $\sum\limits_{n=1}^{\infty} f\left(\dfrac{1}{n}\right)$ 绝对收敛．

例 18-14　设数列 $\{a_n\}$ 单调减少，$\lim\limits_{n \to \infty} a_n = 0$，$S_n = \sum\limits_{k=1}^{n} a_k (n = 1, 2, \cdots)$ 无界，则幂级数 $\sum\limits_{n=1}^{\infty} a_n (x-1)^n$ 的收敛域为_____．

解：由题设可知 $a_n > 0$．因为 $S_n = \sum\limits_{k=1}^{n} a_k (n = 1, 2, \cdots)$ 无界，所以发散，因而幂级数 $\sum\limits_{n=1}^{\infty} a_n(x-1)^n$ 在 $x = 2$ 处发散，故其收敛半径 $R \leqslant 1$．再由题设可知，交错级数 $\sum\limits_{n=1}^{\infty} (-1)^n a_n$ 收敛，因而幂级数 $\sum\limits_{n=1}^{\infty} a_n(x-1)^n$ 在 $x = 0$ 处收敛，故其收敛半径 $R \geqslant 1$．综上可知，幂级数 $\sum\limits_{n=1}^{\infty} a_n(x-1)^n$ 的收敛半径为 1，收敛域为 $[0, 2)$．

例 18-15　求下列幂级数的收敛半径及收敛域：

(1) $\sum\limits_{n=1}^{\infty} (-1)^n \dfrac{x^n}{n}$；

(2) $\sum\limits_{n=1}^{\infty} \dfrac{x^{2n-1}}{n}$；

(3) $\sum\limits_{n=1}^{\infty} \dfrac{x^n}{n!}$；

(4) $\sum\limits_{n=1}^{\infty} n!\ x^n$．

解：(1) $a_n = (-1)^n \dfrac{1}{n}$，因为 $\rho = \lim\limits_{n \to \infty}\left|\dfrac{a_{n+1}}{a_n}\right| = \lim\limits_{n \to \infty}\dfrac{n}{n+1} = 1$，所以收敛半径为 $R = \dfrac{1}{\rho} = 1$．

$x = -1$ 时，级数为 $\sum\limits_{n=1}^{\infty} \dfrac{1}{n}$，发散；$x = 1$ 时，级数为 $\sum\limits_{n=1}^{\infty} (-1)^n \dfrac{1}{n}$，收敛．

所以 $\sum\limits_{n=1}^{\infty} (-1)^n \dfrac{x^n}{n}$ 的收敛域为 $(-1, 1]$．

(2) $\sum\limits_{n=1}^{\infty} \dfrac{x^{2n-1}}{n} = 0 + x + 0x^2 + \dfrac{x^3}{2} + 0x^4 + \cdots$．

因为 x^{2n} 的系数 $a_{2n} = 0$，所以 $\dfrac{a_{2n+1}}{a_{2n}}$ 无意义．但因为 $\lim\limits_{n \to \infty}\left|\dfrac{\dfrac{x^{2(n+1)-1}}{n+1}}{\dfrac{x^{2n-1}}{n}}\right| = x^2$，所以当 $|x| < $

1 时，$\sum\limits_{n=1}^{\infty}\left|\dfrac{x^{2n-1}}{n}\right|$ 收敛．从而 $\sum\limits_{n=1}^{\infty} \dfrac{x^{2n-1}}{n}$ 收敛．而当 $|x| > 1$ 且 n 充分大时，$\left|\dfrac{x^{2n+1}}{n+1}\right| > $

$\left|\dfrac{x^{2n-1}}{n}\right|$，所以 $\lim\limits_{n \to \infty}\dfrac{x^{2n-1}}{n} \neq 0$，此时，$\sum\limits_{n=1}^{\infty} \dfrac{x^{2n-1}}{n}$ 发散．

$x=-1$ 时,级数为 $\sum\limits_{n=1}^{\infty} \dfrac{-1}{n}$,发散. $x=1$ 时,级数为 $\sum\limits_{n=1}^{\infty} \dfrac{1}{n}$,发散. 所以 $\sum\limits_{n=1}^{\infty} \dfrac{x^{2n-1}}{n}$ 的收敛半径为 $R=1$,收敛域为 $(-1,1)$.

(3) $a_n = \dfrac{1}{n!}$,因为 $\rho = \lim\limits_{n\to\infty} \left| \dfrac{a_{n+1}}{a_n} \right| = \lim\limits_{n\to\infty} \dfrac{n!}{(n+1)!} = \lim\limits_{n\to\infty} \dfrac{1}{n+1} = 0$,所以收敛半径为 $R = +\infty$,收敛域为 $(-\infty, +\infty)$.

(4) $a_n = n!$,因为 $\rho = \lim\limits_{n\to\infty} \left| \dfrac{a_{n+1}}{a_n} \right| = \lim\limits_{n\to\infty} \dfrac{(n+1)!}{n!} = \lim\limits_{n\to\infty}(n+1) = +\infty$,所以收敛半径为 $R=0$,收敛域为 $\{0\}$.

例 18-16 求幂级数 $\sum\limits_{n=0}^{\infty}(2n+1)x^n$ 的和函数,并求 $\sum\limits_{n=0}^{\infty} \dfrac{2n+1}{2^n}$ 的和.

解:设 $s(x) = \sum\limits_{n=0}^{\infty}(2n+1)x^n = \sum\limits_{n=0}^{\infty} 2nx^n + \sum\limits_{n=0}^{\infty} x^n$,

因为 $\sum\limits_{n=0}^{\infty} 2nx^n = 2x\sum\limits_{n=1}^{\infty} nx^{n-1} = 2x\left(\sum\limits_{n=1}^{\infty} x^n\right)' = 2x\left(\dfrac{x}{1-x}\right)' = \dfrac{2x}{(1-x)^2}$,$|x|<1$,

所以 $s(x) = \dfrac{2x}{(1-x)^2} + \dfrac{1}{1-x} = \dfrac{x+1}{(1-x)^2}$,$|x|<1$.

令 $x = \dfrac{1}{2}$,则有 $\sum\limits_{n=0}^{\infty} \dfrac{2n+1}{2^n} = s\left(\dfrac{1}{2}\right) = 6$.

例 18-17 分别求幂级数 $\sum\limits_{n=1}^{\infty} nx^n$ 与 $\sum\limits_{n=1}^{\infty} n^2 x^n$ 的和函数,并求 $\sum\limits_{n=1}^{\infty} \dfrac{n^2}{2^n}$ 的和.

解:$s(x) = \sum\limits_{n=1}^{\infty} nx^n = x\left(\sum\limits_{n=1}^{\infty} nx^{n-1}\right) = x\left(\sum\limits_{n=1}^{\infty} x^n\right)' = x\left(\dfrac{x}{1-x}\right)' = \dfrac{x}{(1-x)^2}$,$-1 < x < 1$.

$\sigma(x) = \sum\limits_{n=1}^{\infty} n^2 x^n = x\left(\sum\limits_{n=1}^{\infty} n^2 x^{n-1}\right) = x\left(\sum\limits_{n=1}^{\infty} nx^n\right)'$

$= xs'(x) = x\left[\dfrac{x}{(1-x)^2}\right]' = \dfrac{x(1+x)}{(1-x)^3}$,$-1 < x < 1$.

令 $x = \dfrac{1}{2}$,得 $\sum\limits_{n=1}^{\infty} \dfrac{n^2}{2^n} = \sigma\left(\dfrac{1}{2}\right) = \dfrac{\dfrac{1}{2}\left(1+\dfrac{1}{2}\right)}{\left(1-\dfrac{1}{2}\right)^3} = 6$.

例 18-18 将函数 $\dfrac{1}{x^2+3x+2}$ 展开成 x 的幂级数.

解:$\dfrac{1}{x^2+3x+2} = \dfrac{1}{(x+1)(x+2)} = \dfrac{1}{x+1} - \dfrac{1}{x+2} = \dfrac{1}{x+1} - \dfrac{1}{2} \dfrac{1}{1+\dfrac{x}{2}}$

$= \sum\limits_{n=0}^{\infty}(-1)^n x^n - \dfrac{1}{2}\sum\limits_{n=0}^{\infty}(-1)^n\left(\dfrac{x}{2}\right)^n = \sum\limits_{n=0}^{\infty}(-1)^n\left(1 - \dfrac{1}{2^{n+1}}\right)x^n$,$x \in (-1,1)$.

例 18-19 （$\arctan x$ 的幂级数展开式）$\arctan x = \displaystyle\int_0^x \dfrac{\mathrm{d}t}{1+t^2} = \int_0^x \left[\sum\limits_{n=0}^{\infty}(-1)^n t^{2n}\right]\mathrm{d}t =$

$\sum\limits_{n=0}^{\infty} \dfrac{(-1)^n}{2n+1}x^{2n+1} = x - \dfrac{1}{3}x^3 + \dfrac{1}{5}x^5 - \cdots + (-1)^n \dfrac{x^{2n+1}}{2n+1} + \cdots$,$x \in [-1,1]$.

即有 $\arctan x = x - \dfrac{1}{3}x^3 + \dfrac{1}{5}x^5 - \cdots + (-1)^n \dfrac{x^{2n+1}}{2n+1} + \cdots, x \in [-1, 1]$.

例 18-20　将函数 $f(x) = (1+x)\ln(1+x)$ 展开成幂级数.

解法 1：$f'(x) = \ln(1+x) + 1, f''(x) = \dfrac{1}{1+x} = \displaystyle\sum_{n=0}^{\infty}(-1)^n x^n, x \in (-1, 1)$.

$$\int_0^x f''(t)\mathrm{d}t = \int_0^x \left(\sum_{n=0}^{\infty}(-1)^n t^n\right)\mathrm{d}t = \sum_{n=0}^{\infty}\frac{(-1)^n}{n+1}x^{n+1}.$$

因为 $\displaystyle\int_0^x f''(t)\mathrm{d}t = f'(x) - f'(0) = f'(x) - 1$，所以 $f'(x) = 1 + \displaystyle\sum_{n=0}^{\infty}\frac{(-1)^n}{n+1}x^{n+1}$.

$$\int_0^x f'(t)\mathrm{d}t = \int_0^x \left(1 + \sum_{n=0}^{\infty}\frac{(-1)^n}{n+1}t^{n+1}\right)\mathrm{d}t = x + \sum_{n=0}^{\infty}\frac{(-1)^n}{(n+1)(n+2)}x^{n+2}.$$

因为 $\displaystyle\int_0^x f'(t)\mathrm{d}t = f(x) - f(0)$，所以

$$f(x) = (1+x)\ln(1+x) = x + \sum_{n=0}^{\infty}\frac{(-1)^n}{(n+1)(n+2)}x^{n+2}, x \in (-1, 1].$$

解法 2：直接利用 $\ln(1+x)$ 的幂级数展开式

$$f(x) = (1+x)\ln(1+x) = (1+x)\sum_{n=1}^{\infty}\frac{(-1)^{n-1}}{n}x^n$$

$$= \sum_{n=1}^{\infty}\frac{(-1)^{n-1}}{n}x^n + \sum_{n=1}^{\infty}\frac{(-1)^{n-1}}{n}x^{n+1} = x + \sum_{n=2}^{\infty}\frac{(-1)^{n-1}}{n}x^n + \sum_{n=1}^{\infty}\frac{(-1)^{n-1}}{n}x^{n+1}$$

$$= x + \sum_{n=1}^{\infty}\frac{(-1)^n}{n+1}x^{n+1} + \sum_{n=1}^{\infty}\frac{(-1)^{n-1}}{n}x^{n+1} = x + \sum_{n=1}^{\infty}\frac{(-1)^{n-1}}{n(n+1)}x^{n+1}, x \in (-1, 1].$$

例 18-21　将 $\dfrac{1}{x}$ 展开成 $(x-1)$ 的幂级数.

解法 1：$\dfrac{1}{x} = \dfrac{1}{1+(x-1)} = \displaystyle\sum_{n=0}^{\infty}(-1)^n(x-1)^n, x \in (0, 2)$.

解法 2：令 $t = x - 1$，则 $x = 1 + t$，

$$\frac{1}{x} = \frac{1}{1+t} = \sum_{n=0}^{\infty}(-1)^n t^n = \sum_{n=0}^{\infty}(-1)^n(x-1)^n, x \in (0, 2).$$

例 18-22　将函数 $\dfrac{1}{x^2+3x+2}$ 展开成 $(x-1)$ 的幂级数.

解：令 $t = x - 1$，则 $x = 1 + t$，

$$\frac{1}{x^2+3x+2} = \frac{1}{(t+1)^2+3(t+1)+2} = \frac{1}{t^2+5t+6} = \frac{1}{(t+2)(t+3)}$$

$$= \frac{1}{t+2} - \frac{1}{t+3} = \frac{1}{2}\frac{1}{1+\dfrac{t}{2}} - \frac{1}{3}\frac{1}{1+\dfrac{t}{3}}$$

$$= \frac{1}{2}\sum_{n=0}^{\infty}(-1)^n\frac{t^n}{2^n} - \frac{1}{3}\sum_{n=0}^{\infty}(-1)^n\frac{t^n}{3^n} \quad (|t| < 2)$$

$$= \sum_{n=0}^{\infty}(-1)^n\left(\frac{1}{2^{n+1}} - \frac{1}{3^{n+1}}\right)t^n \quad (|t| < 2)$$

$$= \sum_{n=0}^{\infty} (-1)^n \left(\frac{1}{2^{n+1}} - \frac{1}{3^{n+1}} \right) (x-1)^n \quad (-1 < x < 3).$$

例 18-23 求 $\displaystyle\sum_{n=0}^{\infty} \frac{1}{(2n+1)2^n}$ 的和.

解：$\displaystyle\sum_{n=0}^{\infty} \frac{1}{(2n+1)2^n} = \sqrt{2} \sum_{n=0}^{\infty} \frac{1}{2n+1} \left(\frac{1}{\sqrt{2}} \right)^{2n+1}$. 设 $s(x) = \displaystyle\sum_{n=0}^{\infty} \frac{x^{2n+1}}{2n+1}$，则 $s(0) = 0$，

$$s'(x) = \sum_{n=0}^{\infty} x^{2n} = \sum_{n=0}^{\infty} (x^2)^n = \frac{1}{1-x^2}, \ |x| < 1.$$

$$s(x) - s(0) = \int_0^x \frac{\mathrm{d}t}{1-t^2} = \int_0^x \frac{\mathrm{d}t}{(1-t)(1+t)} = \frac{1}{2} \int_0^x \left(\frac{1}{1-t} + \frac{1}{1+t} \right) \mathrm{d}t = \frac{1}{2} \ln \frac{1+x}{1-x}.$$

$$s(x) = \frac{1}{2} \ln \frac{1+x}{1-x}.$$

$$\sum_{n=0}^{\infty} \frac{1}{(2n+1)2^n} = \sqrt{2} \, s\left(\frac{1}{\sqrt{2}} \right) = \frac{\sqrt{2}}{2} \ln \frac{1 + \frac{1}{\sqrt{2}}}{1 - \frac{1}{\sqrt{2}}} = \frac{\sqrt{2}}{2} \ln \frac{\sqrt{2}+1}{\sqrt{2}-1} = \sqrt{2} \ln(\sqrt{2}+1).$$

例 18-24 求 $\displaystyle\sum_{n=1}^{\infty} \frac{n^2}{n! \, 2^n}$ 的和.

解：令 $s(x) = \displaystyle\sum_{n=1}^{\infty} \frac{n^2}{n!} x^n, x \in (-\infty, +\infty)$.

因为 $s(x) = \displaystyle\sum_{n=1}^{\infty} \frac{n}{(n-1)!} x^n = \sum_{n=1}^{\infty} \frac{(n-1)+1}{(n-1)!} x^n$

$$= \sum_{n=2}^{\infty} \frac{1}{(n-2)!} x^n + \sum_{n=1}^{\infty} \frac{1}{(n-1)!} x^n$$

$$= x^2 \sum_{n=2}^{\infty} \frac{1}{(n-2)!} x^{n-2} + x \sum_{n=1}^{\infty} \frac{1}{(n-1)!} x^{n-1}$$

$$= x^2 \sum_{n=0}^{\infty} \frac{x^n}{n!} + x \sum_{n=0}^{\infty} \frac{x^n}{n!} = \mathrm{e}^x (x^2 + x),$$

所以 $\displaystyle\sum_{n=1}^{\infty} \frac{n^2}{n! \, 2^n} = s\left(\frac{1}{2} \right) = \mathrm{e}^{\frac{1}{2}} \left(\frac{1}{4} + \frac{1}{2} \right) = \frac{3}{4} \sqrt{\mathrm{e}}$.

例 18-25 设 $f(x)$ 在 $[-1, 1]$ 上有三阶导数，试证级数 $\displaystyle\sum_{n=1}^{\infty} \left[nf\left(\frac{1}{n} \right) - nf\left(-\frac{1}{n} \right) - 2f'(0) \right]$ 绝对收敛.

证：$f\left(\frac{1}{n} \right) = f(0) + f'(0) \frac{1}{n} + \frac{f''(0)}{2} \frac{1}{n^2} + \frac{f'''(0)}{6} \frac{1}{n^3} + o\left(\frac{1}{n^3} \right)$,

$$f\left(-\frac{1}{n} \right) = f(0) - f'(0) \frac{1}{n} + \frac{f''(0)}{2} \frac{1}{n^2} - \frac{f'''(0)}{6} \frac{1}{n^3} + o\left(\frac{1}{n^3} \right),$$

$$nf\left(\frac{1}{n} \right) - nf\left(-\frac{1}{n} \right) - 2f'(0) = \frac{f'''(0)}{3} \frac{1}{n^2} + o\left(\frac{1}{n^2} \right),$$

因为 $\lim\limits_{n\to\infty}n^2\left|nf\left(-\dfrac{1}{n}\right)-nf\left(\dfrac{1}{n}\right)-2f'(0)\right|$

$$=\lim\limits_{n\to\infty}n^2\left|\dfrac{f''(0)}{3}\dfrac{1}{n^2}+o\left(\dfrac{1}{n^2}\right)\right|=\lim\limits_{n\to\infty}\left|\dfrac{f''(0)}{3}+o(1)\right|=\left|\dfrac{f''(0)}{3}\right|.$$

($o(1)$ 表示 $n\to\infty$ 时的无穷小，$\lim\limits_{n\to\infty}o(1)=0$)，所以所论级数绝对收敛.

例 18-26　已知函数 $f(x)$ 可导，且 $f(0)=1,0<f'(x)<\dfrac{1}{2}$. 设数列 $\{x_n\}$ 满足 $x_{n+1}=f(x_n)(n=1,2,\cdots)$，证明：(1) 级数 $\sum\limits_{n=1}^{\infty}(x_{n+1}-x_n)$ 绝对收敛；(2) $\lim\limits_{n\to\infty}x_n$ 存在，且 $0<\lim\limits_{n\to\infty}x_n<2$.

证：(1) 对任意的正整数 n，由拉格朗日中值定理，在 x_n 与 x_{n-1} 之间存在 ξ，使得

$$|x_{n+1}-x_n|=|f(x_n)-f(x_{n-1})|=|f'(\xi)||x_n-x_{n-1}|<\dfrac{1}{2}|x_n-x_{n-1}|.$$

由此可推得 $|x_{n+1}-x_n|<\dfrac{1}{2^{n-1}}|x_2-x_1|$. 因为 $\sum\limits_{n=1}^{\infty}\dfrac{1}{2^{n-1}}|x_2-x_1|$ 收敛，所以

$\sum\limits_{n=1}^{\infty}|x_{n+1}-x_n|$ 收敛，即 $\sum\limits_{n=1}^{\infty}(x_{n+1}-x_n)$ 绝对收敛.

(2) 由(1)，$\sum\limits_{n=1}^{\infty}(x_{n+1}-x_n)$ 收敛，故 $s_n=\sum\limits_{k=1}^{n}(x_{k+1}-x_k)=x_{n+1}-x_1$ 收敛，从而 $\{x_n\}$ 收敛. 设 $\lim\limits_{n\to\infty}x_n=c$，且对 $x_{n+1}=f(x_n)$ 两边取极限，得 $c=f(c)$. 再由拉格朗日中值定理，在 0 与 c 之间存在 η，使得 $f(c)-f(0)=f'(\eta)c$. 即 $c-1=f'(\eta)c,c=\dfrac{1}{1-f'(\eta)}$. 因为 $0<f'(\eta)<\dfrac{1}{2}$，所以 $0<c<2$.

例 18-27　设数列 $\{a_n\},\{b_n\}$ 满足 $0<a_n<\dfrac{\pi}{2},0<b_n<\dfrac{\pi}{2},\cos a_n-a_n=\cos b_n$，且 $\sum\limits_{n=1}^{\infty}b_n$ 收敛. 证明：$\lim\limits_{n\to\infty}a_n=0$ 且级数 $\sum\limits_{n=1}^{\infty}\dfrac{a_n}{b_n}$ 收敛.

证：$a_n=\cos a_n-\cos b_n<1-\cos b_n$. 因为 $\sum\limits_{n=1}^{\infty}b_n$ 收敛，所以 $\lim\limits_{n\to\infty}b_n=0,\lim\limits_{n\to\infty}(1-\cos b_n)=0$. 由夹逼准则可知 $\lim\limits_{n\to\infty}a_n=0$.

又 $1-\cos b_n=2\sin^2\dfrac{b_n}{2}<\dfrac{b_n^2}{2}$，故 $\dfrac{a_n}{b_n}<\dfrac{b_n}{2}$. 而 $\sum\limits_{n=1}^{\infty}b_n$ 收敛，故 $\sum\limits_{n=1}^{\infty}\dfrac{a_n}{b_n}$ 收敛.

例 18-28　设 $f(x)$ 是周期为 2π 的周期函数，它在 $[-\pi,\pi)$ 上的表达式为 $f(x)=x$，如图 18-1 所示. 将 $f(x)$ 展开成傅里叶级数，并求该级数的和函数.

解：因为 $f(x)=x$ 是 $(-\pi,\pi)$ 上的奇函数，所以 $a_n=0,n=0,1,2,\cdots$. 对 $n=1,2\cdots$

$$b_n=\dfrac{2}{\pi}\int_0^{\pi}f(x)\sin nx\,\mathrm{d}x=\dfrac{2}{\pi}\int_0^{\pi}x\sin nx\,\mathrm{d}x=-\dfrac{2}{n\pi}\int_0^{\pi}x\,\mathrm{d}\cos nx$$

$$=-\dfrac{2}{n\pi}\left[x\cos nx\Big|_0^{\pi}-\int_0^{\pi}\cos nx\,\mathrm{d}x\right]=-\dfrac{2}{n\pi}\left[\pi\cos n\pi-\dfrac{1}{n}\sin nx\Big|_0^{\pi}\right]=(-1)^{n+1}\dfrac{2}{n}.$$

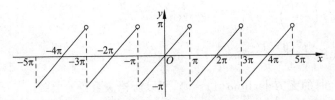

图 18-1 $y = f(x)$ 的图形

$f(x)$ 的傅里叶级数为 $\displaystyle\sum_{n=1}^{\infty} (-1)^{n+1} \frac{2}{n} \sin nx = 2 \sum_{n=1}^{\infty} (-1)^{n+1} \frac{1}{n} \sin nx$.

从函数 $y = f(x)$ 的图像可以看出,$x = \pm\pi, \pm 3\pi, \cdots$ 是 $f(x)$ 的跳跃间断点(属于第一类),于是得 $f(x)$ 的傅里叶级数展开式为

$$f(x) = 2 \sum_{n=1}^{\infty} (-1)^{n+1} \frac{1}{n} \sin nx, \quad -\infty < x < +\infty, x \neq \pm\pi, \pm 3\pi, \cdots.$$

$f(x)$ 的傅里叶级数的和函数为 $y = \dfrac{f(x^-) + f(x^+)}{2} = \begin{cases} 0, & x = \pm\pi, \pm 3\pi, \cdots \\ f(x), & x \neq \pm\pi, \pm 3\pi, \cdots \end{cases}$,如

图 18-2 所示.

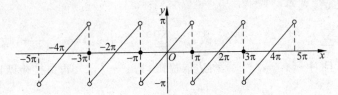

图 18-2 $f(x)$ 的傅里叶级数和函数的图形

例 18-29 设 $f(x)$ 是周期为 2π 的周期函数,它在 $[-\pi, \pi)$ 上的表达式为 $f(x) = |x|$,如图 18-3 所示.将 $f(x)$ 展开成傅里叶级数.

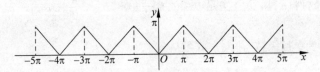

图 18-3 $y = f(x)$ 的图形

解:因为 $f(x) = |x|$ 是 $(-\pi, \pi)$ 上的偶函数,所以 $b_n = 0, n = 1, 2, \cdots$.

$$a_0 = \frac{2}{\pi} \int_0^\pi f(x) \mathrm{d}x = \frac{2}{\pi} \int_0^\pi x \mathrm{d}x = \pi.$$

对 $n = 1, 2, \cdots, a_n = \dfrac{2}{\pi} \displaystyle\int_0^\pi f(x) \cos nx \, \mathrm{d}x = \dfrac{2}{\pi} \int_0^\pi x \cos nx \, \mathrm{d}x$

$$= \frac{2}{n\pi} \int_0^\pi x \mathrm{d}(\sin nx) = \frac{2}{n\pi} \left[x \sin nx \Big|_0^\pi - \int_0^\pi \sin nx \, \mathrm{d}x \right]$$

$$= \frac{2}{n^2\pi} \cos nx \Big|_0^\pi = \left[(-1)^n - 1 \right] \frac{2}{n^2\pi} = \begin{cases} 0, & n = 2, 4, 6 \cdots \\ -\dfrac{4}{n^2\pi}, & n = 1, 3, 5, \cdots \end{cases}$$

因为 $f(x)$ 在 $(-\infty,\infty)$ 上连续,所以其傅里叶级数处处收敛于它自身. 于是,$f(x)$ 的傅里叶级数展开式为

$$f(x) = \frac{\pi}{2} - \frac{4}{\pi}\left(\cos x + \frac{1}{3^2}\cos 3x + \frac{1}{5^2}\cos 5x + \cdots\right)$$

$$= \frac{\pi}{2} - \frac{4}{\pi}\sum_{n=1}^{\infty}\frac{1}{(2n-1)^2}\cos(2n-1)x, \quad -\infty < x < +\infty.$$

例 18-30 设 $f(x) = \begin{cases} 0, & 0 \leqslant x \leqslant \pi \\ x, & -\pi \leqslant x < 0 \end{cases}$,如图 18-4 所示,将 $f(x)$ 展开成傅里叶级数.

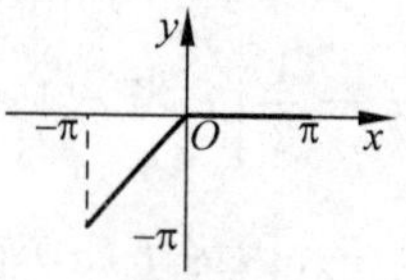

解:$a_0 = \frac{1}{\pi}\int_{-\pi}^{\pi}f(x)\mathrm{d}x = \frac{1}{\pi}\int_{-\pi}^{0}x\,\mathrm{d}x = -\frac{\pi}{2}$.

图 18-4

$$a_n = \frac{1}{\pi}\int_{-\pi}^{\pi}f(x)\cos nx\,\mathrm{d}x = \frac{1}{\pi}\int_{-\pi}^{0}x\cos nx\,\mathrm{d}x$$

$$= \frac{1}{n\pi}x\sin nx\Big|_{-\pi}^{0} - \int_{-\pi}^{0}\sin nx\,\mathrm{d}x$$

$$= \frac{1}{n^2\pi}\cos nx\Big|_{-\pi}^{0} = \frac{1}{n^2\pi}[1-(-1)^n] = \begin{cases} \dfrac{2}{n^2\pi}, & n=1,3,5,\cdots \\ 0, & n=2,4,6,\cdots \end{cases}.$$

$$b_n = \frac{1}{\pi}\int_{-\pi}^{\pi}f(x)\sin nx\,\mathrm{d}x = \frac{1}{\pi}\int_{-\pi}^{0}x\sin nx\,\mathrm{d}x$$

$$= -\frac{1}{n\pi}\left[x\cos nx\Big|_{-\pi}^{0} - \int_{-\pi}^{0}\cos nx\,\mathrm{d}x\right] = (-1)^{n+1}\frac{1}{n}, \quad n=1,2,3,\cdots.$$

不难看到,$x=\pm\pi$ 是函数 $f(x)$ 周期延拓后所得周期函数的间断点,所以有

$$f(x) = \frac{a_0}{2} + \sum_{n=1}^{\infty}a_n\cos nx + \sum_{n=1}^{\infty}b_n\sin nx$$

$$= -\frac{\pi}{4} + \frac{2}{\pi}\left(\cos x + \frac{1}{3^2}\cos 3x + \frac{1}{5^2}\cos 5x + \cdots\right) + \left(\sin x - \frac{1}{2}\sin 2x + \frac{1}{3}\sin 3x - \cdots\right)$$

$$= -\frac{\pi}{4} + \frac{2}{\pi}\sum_{n=1}^{\infty}\frac{1}{(2n-1)^2}\cos(2n-1)x + \sum_{n=1}^{\infty}\frac{(-1)^{n+1}}{n}\sin nx, \quad -\pi < x < \pi.$$

例 18-31 将 $f(x)=1\ (0 \leqslant x \leqslant 4)$ 展开成正弦级数.

解:要将 $f(x)$ 展开成正弦级数,则首先将 $f(x)$ 延拓成 $[-4,4]$ 上的奇函数. 从而

$$a_n = 0, \quad n=0,1,2,\cdots.$$

$$b_n = \frac{2}{4}\int_0^4\sin\frac{n\pi x}{4}\mathrm{d}x = -\frac{2}{n\pi}\cos\frac{n\pi x}{4}\Big|_0^4$$

$$= -\frac{2}{n\pi}[\cos n\pi - 1] = -\frac{2}{n\pi}[(-1)^n - 1] = \begin{cases} \dfrac{4}{n\pi}, & n=1,3,\cdots \\ 0, & n=2,4,\cdots \end{cases}.$$

易知,将 $f(x)$ 进行周期延拓后得到的周期函数在 $x=0,4$ 处不连续,故其正弦级数展开式为

$$f(x) = \frac{4}{\pi}\left(\sin\frac{\pi x}{4} + \frac{1}{3}\sin\frac{3\pi x}{4} + \cdots\right) = \frac{4}{\pi}\sum_{n=1}^{\infty}\frac{1}{2n-1}\sin\frac{(2n-1)\pi x}{4}, \quad 0 < x < 4.$$

例 18-32 设 $f(x) = \left|x - \frac{1}{2}\right|, b_n = 2\int_0^1 f(x)\sin n\pi x\, dx (n = 1, 2, \cdots)$，令 $S(x) = \sum_{n=1}^{\infty}b_n\sin n\pi x$，则 $S\left(-\frac{9}{4}\right) = $ _____.

解：设 $F(x)$ 是以 2 为周期的周期函数，且为奇函数，当 $0 < x < 1$ 时，$F(x) = \left|x - \frac{1}{2}\right|$；当 $-1 < x < 0$ 时，$F(x) = -\left|x + \frac{1}{2}\right|$. 因而 $b_n = 2\int_0^1 F(x)\sin n\pi x\, dx (n = 1, 2, \cdots)$. 因为 $F(x)$ 在 $x = \frac{1}{4}$ 处连续，所以也在 $x = -\frac{1}{4}$ 处连续，从而在 $x = -2 - \frac{1}{4} = -\frac{9}{4}$ 处连续. 且 $F\left(-\frac{9}{4}\right) = F\left(-\frac{1}{4}\right) = -\left|-\frac{1}{4} + \frac{1}{2}\right| = -\frac{1}{4}$. $\sum_{n=1}^{\infty}b_n\sin n\pi\left(-\frac{9}{4}\right)$ 收敛于 $F\left(-\frac{9}{4}\right)$，所以 $S\left(-\frac{9}{4}\right) = F\left(-2 - \frac{1}{4}\right) = F\left(-\frac{1}{4}\right) = -\frac{1}{4}$.

习　题　18

1. 判定下列级数的敛散性：

(1) $\sum_{n=1}^{\infty}\cos\frac{1}{n}$；

(2) $\sum_{n=1}^{\infty}\frac{1}{2^n - n}$；

(3) $\sum_{n=1}^{\infty}e^n\sin\frac{1}{\pi^n}$；

(4) $\sum_{n=2}^{\infty}\ln\frac{n}{n-1}$；

(5) $\sum_{n=1}^{\infty}\left(1 - \cos\frac{1}{\sqrt{n}}\right)$；

(6) $\sum_{n=1}^{\infty}n\tan\frac{\pi}{2^{n+1}}$；

(7) $\sum_{n=1}^{\infty}\frac{n!\, 2^n}{n^n}$；

(8) $\sum_{n=1}^{\infty}\left(\frac{n}{2n+1}\right)^n$.

2. 判定下列级数的敛散性，若收敛，是绝对收敛还是条件收敛？

(1) $\sum_{n=1}^{\infty}(-1)^{n-1}\frac{n}{2^{n-1}}$；

(2) $\sum_{n=1}^{\infty}(-1)^{n+1}\frac{2^{n^2}}{n!}$；

(3) $\sum_{n=1}^{\infty}(-1)^n\ln\frac{n+1}{n}$；

(4) $\sum_{n=1}^{\infty}(-1)^{n+1}\frac{(n+1)!}{n^{n+1}}$；

(5) $\sum_{n=1}^{\infty}\left(\frac{1}{\sqrt{n}} - \frac{1}{\sqrt{n+1}}\right)\sin(n+k)$.

3. 求下列幂级数的收敛半径、收敛域：

(1) $\sum_{n=1}^{\infty}(-1)^n\frac{nx^n}{2^n}$；

(2) $\sum_{n=1}^{\infty}\frac{2^n}{2n+1}x^{2n-1}$；

(3) $\sum_{n=1}^{\infty}\frac{(x-1)^n}{\sqrt{n}}$.

4. 求下列幂级数的和函数：

(1) $\displaystyle\sum_{n=0}^{\infty}\frac{2^n}{2n+1}x^{2n+1}$；

(2) $\displaystyle\sum_{n=0}^{\infty}\frac{(x-1)^n}{n+1}$．

5. 求下列级数的和：

(1) $\displaystyle\sum_{n=1}^{\infty}\frac{n}{2^n}$；

(2) $\displaystyle\sum_{n=0}^{\infty}\frac{1}{(2n+1)4^n}$．

6. 将函数 $f(x)=\dfrac{1}{x^2+2x+1}$ 展开成 x 的幂级数.

7. 将函数 $f(x)=\dfrac{1}{x}$ 展开成 $(x-3)$ 的幂级数.

8. 将函数 $\dfrac{1}{x^2+4x+3}$ 展开成 $(x-1)$ 的幂级数.

第 19 讲

微分方程与差分方程

【知识要点】

1. 微分方程通解与特解的概念

如果一个 n 阶微分方程的解的表达式中含有 n 个不能合并的任意常数,则称其为该微分方程的通解.

如果微分方程的解的表达式中不含任意常数,则称其为微分方程的特解.

如 $y''=1$ 的通解为 $y=\dfrac{1}{2}x^2+C_1x+C_2$. 其中 C_1,C_2 为任意常数,且不能合并成一个任意常数.

易知,$y=\dfrac{1}{2}x^2+C_1x+C_2x(C_1,C_2$ 为任意常数)也是 $y''=1$ 的解,但 $y=\dfrac{1}{2}x^2+(C_1+C_2)x=\dfrac{1}{2}x^2+Cx(C$ 为任意常数). 即 $y=\dfrac{1}{2}x^2+C_1x+C_2x$ 中的 C_1,C_2 可以合并成一个任意常数 C. 因而不是 $y''=1$ 的通解. $y=\dfrac{1}{2}x^2+C(C$ 为任意常数)也是 $y''=1$ 的解,但不是其通解.

2. 可分离变量的方程 $f(y)\mathrm{d}y=g(x)\mathrm{d}x$

解法:$\displaystyle\int f(y)\mathrm{d}y=\int g(x)\mathrm{d}x$.

3. 齐次方程 $\dfrac{\mathrm{d}y}{\mathrm{d}x}=\varphi\left(\dfrac{y}{x}\right)$

解法:作变量代换 $u=\dfrac{y}{x}$,即 $y=xu$,所以 $\dfrac{\mathrm{d}y}{\mathrm{d}x}=u+x\dfrac{\mathrm{d}u}{\mathrm{d}x}\Rightarrow u+x\dfrac{\mathrm{d}u}{\mathrm{d}x}=\varphi(u)$,即 $\dfrac{\mathrm{d}u}{\mathrm{d}x}=\dfrac{\varphi(u)-u}{x}$(可分离变量的方程).

4. 一阶线性微分方程 $y'+P(x)y=Q(x)(Q(x)$ 不恒为 $0)$

解法:$y=\mathrm{e}^{-\int P(x)\mathrm{d}x}\left[\displaystyle\int Q(x)\mathrm{e}^{\int P(x)\mathrm{d}x}\mathrm{d}x+C\right]$.

注:一阶线性微分方程有如下性质:

(1) 设 $y_1(x),y_2(x)$ 是 $y'+P(x)y=Q(x)$ 的解,则 $y_1(x)-y_2(x)$ 是 $y'+P(x)y=0$ 的解;

(2) 设 $y_1(x),y_2(x)$ 是 $y'+P(x)y=Q(x)$ 的解,$\lambda+\mu=1$,则 $y=\lambda y_1(x)+\mu y_2(x)$ 是 $y'+P(x)y=Q(x)$ 的解.

5. 伯努利方程 $\dfrac{\mathrm{d}y}{\mathrm{d}x}+P(x)y=Q(x)y^n(n\neq 0,1)$

解法：$y^{-n}\dfrac{\mathrm{d}y}{\mathrm{d}x}+P(x)y^{1-n}=Q(x)$，令 $z=y^{1-n}$，则 $\dfrac{\mathrm{d}z}{\mathrm{d}x}=(1-n)y^{-n}\dfrac{\mathrm{d}y}{\mathrm{d}x}$，

$$\frac{\mathrm{d}z}{\mathrm{d}x}+(1-n)P(x)z=(1-n)Q(x)$$

6. 可降阶的高阶方程

1) $y''=f(x,y')$

解法：作变量代换 $y'=p$，则 $y''=\dfrac{\mathrm{d}p}{\mathrm{d}x}=p'$.

$$y''=f(x,y')\Rightarrow p'=f(x,p)\text{（降阶）}$$

2) $y''=f(y,y')$

解法：作变量代换 $y'=p$，则 $y''=\dfrac{\mathrm{d}p}{\mathrm{d}x}=\dfrac{\mathrm{d}p}{\mathrm{d}y}\dfrac{\mathrm{d}y}{\mathrm{d}x}=p\dfrac{\mathrm{d}p}{\mathrm{d}y}$.

$$y''=f(y,y')\Rightarrow p\frac{\mathrm{d}p}{\mathrm{d}y}=f(y,p)\text{（降阶）}$$

7. 二阶线性微分方程

二阶齐次线性微分方程 $y''+P(x)y'+Q(x)y=0$. ①

二阶非齐次线性微分方程 $y''+P(x)y'+Q(x)y=f(x)$（$f(x)$ 不恒等于 0）. ②

1) 二阶线性微分方程解的结构

(1) 设 $y_1(x),y_2(x)$ 是①的解，则 $y=C_1y_1(x)+C_2y_2(x)$ 也是①的解.

(2) 设 $y_1(x),y_2(x)$ 是②的解，则 $y=y_1(x)-y_2(x)$ 是①的解.

(3) 设 $Y(x)$ 是①的解，$y^*(x)$ 是②的解，则 $Y(x)+y^*(x)$ 是②的解.

(4) 设 $y_1(x),y_2(x)$ 是①的解，则 $y=C_1y_1(x)+C_2y_2(x)$ 是①的通解 $\Leftrightarrow\dfrac{y_1(x)}{y_2(x)}$ 不恒等于常数.

(5) 设 $Y(x)$ 是①的通解，$y^*(x)$ 是②的特解，则 $Y(x)+y^*(x)$ 是②的通解.

(6) 设 $y_1(x),y_2(x)$ 是 $y''+P(x)y'+Q(x)y=f(x)$ 的解，$\lambda+\mu=1$，则 $y=\lambda y_1(x)+\mu y_2(x)$ 是 $y''+P(x)y'+Q(x)y=f(x)$ 的解.

(7) 设 $y_1(x),y_2(x)$ 是 $y''+P(x)y'+Q(x)y=f_i(x)$ 的解，则 $y=y_1(x)+y_2(x)$ 是 $y''+P(x)y'+Q(x)y=f_1(x)+f_2(x)$ 的解.

2) 二阶常系数齐次线性微分方程的解

特征方程的根和方程的通解见表 19-1.

表 19-1　特征方程的根和方程的通解

特征方程 $r^2+pr+q=0$ 的根	$y''+py'+qy=0$ 的通解
实根 $r_1\neq r_2$	$y=C_1\mathrm{e}^{r_1x}+C_2\mathrm{e}^{r_2x}$
$r_1=r_2=r$	$y=(C_1+C_2x)\mathrm{e}^{rx}$
$r_{1,2}=\alpha\pm\mathrm{i}\beta$	$y=\mathrm{e}^{\alpha x}(C_1\cos\beta x+C_2\sin\beta x)$

二阶常系数齐次线性微分方程的解只能是上表中的三种形式. 如果 $y = a\mathrm{e}^{r_1 x} + b\mathrm{e}^{r_2 x}$ $(a, b \neq 0, r_1 \neq r_2)$ 是其特解, 则其通解必为 $y = C_1\mathrm{e}^{r_1 x} + C_2\mathrm{e}^{r_2 x}$($C_1$, C_2 为任意常数); 如果其特解中含有 $ax\mathrm{e}^{rx}(a \neq 0)$, 则其通解必为 $y = (C_1 + C_2 x)\mathrm{e}^{rx}$($C_1$, C_2 为任意常数); 如果其特解中含有 $y = a\mathrm{e}^{\alpha x}\cos\beta x(a \neq 0, \beta \neq 0)$ 或/和 $y = a\mathrm{e}^{\alpha x}\sin\beta x(a \neq 0, \beta \neq 0)$, 则其通解为 $y = \mathrm{e}^{\alpha x}(C_1\cos\beta x + C_2\sin\beta x)$.

3）几类非齐次常系数线性微分方程的特解

（1）$f(x) = P_m(x)\mathrm{e}^{\lambda x}$ 的特解可设为 $y^* = x^k Q_m(x)\mathrm{e}^{\lambda x}$, 其中 λ 为特征方程的 k 重根, $P_m(x)$, $Q_m(x)$ 为 m 次多项式.

（2）$f(x) = \mathrm{e}^{\lambda x}[P_l(x)\cos\omega x + P_n(x)\sin\omega x]$ 的特解可设为

$$y^* = x^k\mathrm{e}^{\lambda x}[R_m(x)\cos\omega x + Q_m(x)\sin\omega x]$$

其中, $\lambda + \mathrm{i}\omega$ 为特征方程的 k 重根, $P_l(x)$ 为 l 次多项式, $P_n(x)$ 为 n 次多项式, $R_m(x)$, $Q_m(x)$ 为 m 次多项式, 其中 $m = \max\{l, n\}$.

λ 为特征方程的 k 重根是指:

$$k = \begin{cases} 0, & \lambda \text{ 不是特征方程的根} \\ 1, & \lambda \text{ 是特征方程的单根} \\ 2, & \lambda \text{ 是特征方程的一对相等实根} \end{cases}.$$

8. 欧拉方程

欧拉方程 $x^n y^{(n)} + p_1 x^{n-1} y^{(n-1)} + p_2 x^{n-2} y^{(n-2)} + \cdots + p_n y = f(x)$.

解法: 令 $x = \mathrm{e}^t$, 则 $y' = \dfrac{\mathrm{d}y}{\mathrm{d}x} = \dfrac{\dfrac{\mathrm{d}y}{\mathrm{d}t}}{\dfrac{\mathrm{d}x}{\mathrm{d}t}} = \mathrm{e}^{-t}\dfrac{\mathrm{d}y}{\mathrm{d}t}$.

9. 全微分方程

设函数 $\mathrm{d}u(x, y) = P(x, y)\mathrm{d}x + Q(x, y)\mathrm{d}y$, 则称 $P(x, y)\mathrm{d}x + Q(x, y)\mathrm{d}y = 0$ 为全微分方程. 此时, $\mathrm{d}u(x, y) = 0$, 其通解为 $u(x, y) = C$.

定理 设 $P(x, y)$, $Q(x, y)$ 在某个单连通区域 G 内有一阶连续偏导数, 则 $P(x, y)\mathrm{d}x + Q(x, y)\mathrm{d}y = 0$ 为全微分方程 $\Leftrightarrow \dfrac{\partial P}{\partial y} = \dfrac{\partial Q}{\partial x}$. 此时, 该全微分方程的通解为 $\displaystyle\int_{x_0}^{x} P(x, y_0)\mathrm{d}x + \int_{y_0}^{y} Q(x, y)\mathrm{d}y = C$, 其中 $(x_0, y_0) \in G$.

10. 差分方程

（1）一阶常系数齐次线性差分方程 $y_{x+1} - ay_x = 0$ 的通解为 $y_x = Ca^x$（C 为任意常数, $x = 0, 1, 2, \cdots$).

（2）一阶常系数非齐次线性差分方程

定理 设 Y_x 是一阶齐次线性差分方程 $y_{x+1} - ay_x = 0$ 的通解, y^* 是一阶非齐次线性差分方程 $y_{x+1} - ay_x = f(x)$ 的特解, 则 $y_x = Y_x + y^*$ 是一阶非线性差分方程 $y_{x+1} - ay_x = f(x)$ 的通解.

① $y_{x+1} - ay_x = P_n(x)$（n 次多项式）具有如下形式的特解:

$y_x^* = x^k Q_n(x)$（$Q_n(x)$ 为 n 次多项式. 当 $a \neq 1$ 时, $k = 0$; 当 $a = 1$ 时, $k = 1$.）

② $y_{x+1}-ay_x=\mu^x P_n(x)$（$P_n(x)$ 为 n 次多项式）的解法：

作变换 $y_x=\mu^x z_x$. 代入方程 $y_{x+1}-ay_x=\mu^x P_n(x)$，并消去 μ^x，得 $z_{x+1}-\dfrac{a}{\mu}z_x=\dfrac{1}{\mu}P_n(x)$. 化为①的形式.

【例题】

例 19-1　一曲线通过点 $(2,3)$，它在两坐标轴间的任一切线段均被切点所平分，如图 19-1 所示，求该曲线方程.

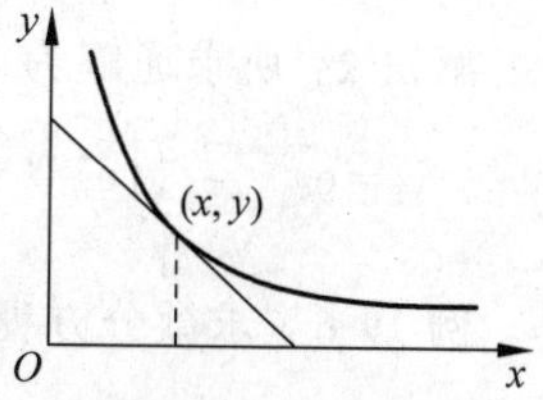

解：设所求的曲线方程为 $y=y(x)$，(x,y) 为曲线上任一点，由题意知 $y'=-\dfrac{y}{x}$.

分离变量，得 $\dfrac{\mathrm{d}y}{y}=-\dfrac{\mathrm{d}x}{x}$，$\displaystyle\int\dfrac{\mathrm{d}y}{y}=-\int\dfrac{\mathrm{d}x}{x}$.

$\ln|y|=-\ln|x|+C.\ |y|=\mathrm{e}^C\dfrac{1}{|x|}.\ y=\pm\mathrm{e}^C\dfrac{1}{x}=\dfrac{C}{x}$.

图　19-1

因为曲线通过点 $(2,3)$，所以 $C=2\times3=6$. 故所求的曲线为 $y=\dfrac{6}{x}$.

例 19-2　解 $(y^2-2xy)\mathrm{d}x+x^2\mathrm{d}y=0$.

解：$\dfrac{\mathrm{d}y}{\mathrm{d}x}=2\dfrac{y}{x}-\left(\dfrac{y}{x}\right)^2$. 作变量代换 $u=\dfrac{y}{x}$，即 $y=xu,\dfrac{\mathrm{d}y}{\mathrm{d}x}=u+x\dfrac{\mathrm{d}u}{\mathrm{d}x}$，代入原式，得

$u+x\dfrac{\mathrm{d}u}{\mathrm{d}x}=2u-u^2\Rightarrow x\dfrac{\mathrm{d}u}{\mathrm{d}x}=u(1-u).\ \Rightarrow\dfrac{\mathrm{d}u}{u(1-u)}=\dfrac{\mathrm{d}x}{x}\Rightarrow\left(\dfrac{1}{u}+\dfrac{1}{1-u}\right)\mathrm{d}u=\dfrac{\mathrm{d}x}{x}$.

积分，得 $\ln|u|-\ln|1-u|=\ln|x|+C,\ \ln\left|\dfrac{u}{1-u}\right|=\ln|x|+C,\ \left|\dfrac{u}{1-u}\right|=\mathrm{e}^C|x|$,

$\dfrac{u}{1-u}=\pm\mathrm{e}^C x,\ \dfrac{u}{1-u}=Cx$. 原方程的通解为 $y=Cx(x-y)$，或 $y=\dfrac{Cx^2}{1+Cx}$.

例 19-3　解 $y^2+x^2\dfrac{\mathrm{d}y}{\mathrm{d}x}=xy\dfrac{\mathrm{d}y}{\mathrm{d}x}$.

解：$\dfrac{\mathrm{d}y}{\mathrm{d}x}=\dfrac{y^2}{xy-x^2}=\dfrac{\left(\dfrac{y}{x}\right)^2}{\dfrac{y}{x}-1}$. 作变量代换 $u=\dfrac{y}{x}$，即 $y=xu,\dfrac{\mathrm{d}y}{\mathrm{d}x}=u+x\dfrac{\mathrm{d}u}{\mathrm{d}x},u+x\dfrac{\mathrm{d}u}{\mathrm{d}x}=$

$\dfrac{u^2}{u-1},x\dfrac{\mathrm{d}u}{\mathrm{d}x}=\dfrac{u}{u-1},\left(1-\dfrac{1}{u}\right)\mathrm{d}u=\dfrac{\mathrm{d}x}{x}$. 积分，得 $u-\ln|u|=\ln|x|+C,\ln|xu|=u+C$. 将 $u=\dfrac{y}{x}$ 代入上式，得所给方程的通解为 $\ln|y|=\dfrac{y}{x}+C$.

例 19-4　求方程 $y'+\dfrac{1}{x}y=\dfrac{\sin x}{x}$ 的通解.

解法 1：原方程化为 $xy'+y=\sin x\Rightarrow\dfrac{\mathrm{d}}{\mathrm{d}x}(xy)=\sin x\Rightarrow xy=-\cos x+C$. 所求通解为 $y=\dfrac{-\cos x+C}{x}$.

解法 2：所求通解为 $y = e^{-\int \frac{\mathrm{d}x}{x}} \left(\int \frac{\sin x}{x} e^{\int \frac{\mathrm{d}x}{x}} \mathrm{d}x + C \right) = \frac{1}{x} \left(\int \frac{\sin x}{x} x \, \mathrm{d}x + C \right) = \frac{1}{x} \left(\int \sin x \, \mathrm{d}x + C \right) = \frac{-\cos x + C}{x}.$

例 19-5 求微分方程 $y' + y \cos x = e^{-\sin x}$ 的通解.

解法 1：$\sin x$ 是 $\cos x$ 的一个原函数. 方程两边同乘以 $e^{\sin x}$, $y' e^{\sin x} + y e^{\sin x} \cos x = 1 \Rightarrow$ $\frac{\mathrm{d}}{\mathrm{d}x}(y e^{\sin x}) = 1$. $y e^{\sin x} = x + C$. 所求通解为 $y = (x + C) e^{-\sin x}$.

解法 2：所求通解为

$$y = e^{-\int \cos x \, \mathrm{d}x} \left(\int e^{-\sin x} e^{\int \cos x \, \mathrm{d}x} \mathrm{d}x + C \right) = e^{-\sin x} \left(\int e^{-\sin x} e^{\sin x} \mathrm{d}x + C \right) = e^{-\sin x} (x + C).$$

例 19-6 求微分方程 $\dfrac{\mathrm{d}y}{\mathrm{d}x} - \dfrac{2y}{x+1} = (x+1)^{\frac{5}{2}}$ 的通解.

解：$y = e^{\int \frac{2\mathrm{d}x}{x+1}} \left[\int (x+1)^{\frac{5}{2}} e^{-\int \frac{2\mathrm{d}x}{x+1}} \mathrm{d}x + C \right] = e^{2\ln(x+1)} \left[\int (x+1)^{\frac{5}{2}} e^{-2\ln(x+1)} \mathrm{d}x + C \right]$

$= e^{\ln(x+1)^2} \left[\int (x+1)^{\frac{5}{2}} e^{\ln \frac{1}{(x+1)^2}} \mathrm{d}x + C \right] = (x+1)^2 \left[\int (x+1)^{\frac{1}{2}} \mathrm{d}x + C \right]$

$= (x+1)^2 \left[\dfrac{2}{3}(x+1)^{\frac{3}{2}} + C \right].$

例 19-7 求解下列微分方程：$(1)\ \dfrac{\mathrm{d}y}{\mathrm{d}x} = \dfrac{1}{x+y}$；$(2)\ y\mathrm{d}x + (x-3y^2)\mathrm{d}y = 0, y\mid_{x=1} = 1.$

解：(1) 原方程化为 $\dfrac{\mathrm{d}x}{\mathrm{d}y} = x + y, \dfrac{\mathrm{d}x}{\mathrm{d}y} - x = y.$

$$x = e^{\int \mathrm{d}y} \left(\int y e^{-\int \mathrm{d}y} \mathrm{d}y + C \right) = e^y \left(\int y e^{-y} \mathrm{d}y + C \right) = e^y \left[-\int y \mathrm{d}(e^{-y}) + C \right]$$

$$= e^y (-y e^{-y} - e^{-y} + C) = C e^y - y - 1.$$

所求通解为 $x = C e^y - y - 1.$

(2) **解法 1**：$y\mathrm{d}x + x\mathrm{d}y - 3y^2\mathrm{d}y = 0, \mathrm{d}(xy - y^3) = 0, xy - y^3 = C.$ 将 $y\mid_{x=1} = 1$ 代入, 得 $C = 0.$ 从而 $xy - y^3 = 0.$ 又因为 y 不恒为 0, 所以有 $x = y^2.$ 故得满足初值条件的特解为 $x = y^2.$

解法 2：由所给初值条件知, y 不恒为 0, 原方程可化为 $\dfrac{\mathrm{d}x}{\mathrm{d}y} + \dfrac{1}{y}x = 3y$, 其通解为

$$x = e^{-\int \frac{1}{y}\mathrm{d}y} \left(\int 3y e^{\int \frac{1}{y}\mathrm{d}y} \mathrm{d}y + C \right) = \frac{1}{y} \left(\int 3y^2 \mathrm{d}y + C \right) = \frac{1}{y}(y^3 + C).$$

将 $y\mid_{x=1} = 1$ 代入, 得 $C = 0.$ 故得满足初值条件的特解为 $x = y^2.$

例 19-8 (Bernoulli 方程)$y' + P(x)y = Q(x)y^n (n \neq 0, 1)$, 求方程 $y' + \dfrac{1}{x}y = 2(\ln x)y^2$ 的通解.

解：原方程化为 $y^{-2}y' + \dfrac{1}{x}y^{-1} = 2\ln x.$ 令 $z = y^{-1}$, 则 $\dfrac{\mathrm{d}z}{\mathrm{d}x} = -y^{-2}y'$, 于是, 原方程化为

$-\dfrac{\mathrm{d}z}{\mathrm{d}x} + \dfrac{1}{x}z = 2\ln x, \dfrac{\mathrm{d}z}{\mathrm{d}x} - \dfrac{1}{x}z = -2\ln x, -\ln x$ 是 $-\dfrac{1}{x}$ 的一个原函数, 方程两边同乘以 $e^{-\ln x} =$

$$\frac{1}{x}, \frac{1}{x}\frac{\mathrm{d}z}{\mathrm{d}x} - \frac{1}{x^2}z = -\frac{2\ln x}{x}, \frac{\mathrm{d}}{\mathrm{d}x}\left(\frac{z}{x}\right) = -\frac{2\ln x}{x}.$$

$$\frac{z}{x} = -\int \frac{2\ln x}{x}\mathrm{d}x = -2\int \ln x \,\mathrm{d}(\ln x) = -(\ln x)^2 + C, \frac{1}{xy} = C - (\ln x)^2.$$

故所求通解为 $xy[C-(\ln x)^2]=1.$

例 19-9 求微分方程 $y'' = \frac{1}{x}y' + x\mathrm{e}^x$ 的通解.

解：令 $y' = p$，则 $y'' = p'$. 原方程化为 $p' - \frac{1}{x}p = x\mathrm{e}^x$. 这是一阶非齐次线性微分方程.

$$p = \mathrm{e}^{-\int\left(-\frac{1}{x}\right)\mathrm{d}x}\left(\int x\mathrm{e}^x\mathrm{e}^{\int\left(-\frac{1}{x}\right)\mathrm{d}x}\mathrm{d}x + C_1\right)$$

$$= x\left(\int x\mathrm{e}^x\,\frac{1}{x}\mathrm{d}x + C_1\right) = x\left(\int \mathrm{e}^x\mathrm{d}x + C_1\right) = x(\mathrm{e}^x + C_1).$$

即 $y' = x\mathrm{e}^x + C_1 x \Rightarrow y = \int x\mathrm{e}^x\mathrm{d}x + \frac{1}{2}C_1 x^2 = C_1 x^2 + x\mathrm{e}^x - \mathrm{e}^x + C_2.$

故所求通解为 $y = C_1 x^2 + (x-1)\mathrm{e}^x + C_2.$

例 19-10 求微分方程 $(1+x^2)y'' = 2xy'$ 满足初值条件 $y\Big|_{x=0} = 1, y'\Big|_{x=0} = 3$ 的特解.

解：设 $p = y'$. 则 $y'' = p', p' = \frac{2x}{1+x^2}p$，分离变量并积分 $\int \frac{\mathrm{d}p}{p} = \int \frac{2x}{1+x^2}\mathrm{d}x.$

$$\ln|p| = \ln(1+x^2) + C, \quad |p| = \mathrm{e}^C(1+x^2),$$

$$p = \pm \mathrm{e}^C(1+x^2) = C(1+x^2), \quad y' = C(1+x^2).$$

将初值条件 $y'\Big|_{x=0} = 3$ 代入，得 $C = 3. \, y' = 3(1+x^2). \, y = \int 3(1+x^2)\mathrm{d}x = 3x + x^3 + C.$

将初值条件 $y\Big|_{x=0} = 1$ 代入，得 $C = 1.$ 故所求的特解为 $y = x^3 + 3x + 1.$

例 19-11 求微分方程 $yy'' - y'^2 = 0$ 的通解.

解法 1：设 $y' = p$，则原方程化为 $yp' - p^2 = 0.$ 由于 $p' = \frac{\mathrm{d}p}{\mathrm{d}x} = \frac{\mathrm{d}p}{\mathrm{d}y}\frac{\mathrm{d}y}{\mathrm{d}x} = p\frac{\mathrm{d}p}{\mathrm{d}y}.$ 故原方程

化为 $yp\frac{\mathrm{d}p}{\mathrm{d}y} - p^2 = 0. \, p\left(y\frac{\mathrm{d}p}{\mathrm{d}y} - p\right) = 0 \Rightarrow p = 0$ 或 $y\frac{\mathrm{d}p}{\mathrm{d}y} - p = 0.$ 当 $p \neq 0$ 时，解 $y\frac{\mathrm{d}p}{\mathrm{d}y} - p = 0,$

$\int \frac{\mathrm{d}p}{p} = \int \frac{\mathrm{d}y}{y}, \ln|p| = \ln|y| + C, |p| = \mathrm{e}^C|y|, p = \pm \mathrm{e}^C y.$ 因为 $p = 0$ 也是解，所以通解为 p

$= C_1 y,$ 即 $y' = C_1 y, \int \frac{\mathrm{d}y}{y} = \int C_1 \mathrm{d}x. \ln|y| = C_1 x + C, |y| = \mathrm{e}^C \mathrm{e}^{C_1 x}. \, y = \pm \mathrm{e}^C \mathrm{e}^{C_1 x}.$ 因为 $y =$

0 也是解，所以原方程的通解为 $y = C_2 \mathrm{e}^{C_1 x}.$

解法 2：原方程化为 $\frac{yy'' - y'^2}{y^2} = 0 \Rightarrow \frac{\mathrm{d}}{\mathrm{d}x}\left(\frac{y'}{y}\right) = 0 \Rightarrow \frac{y'}{y} = C_1 \Rightarrow \frac{\mathrm{d}y}{y} = C_1 \mathrm{d}x$

$\Rightarrow \ln|y| = C_1 x + C \Rightarrow y = \pm \mathrm{e}^C \mathrm{e}^{C_1 x} = C_2 \mathrm{e}^{C_1 x},$ 所求通解为 $y = C_2 \mathrm{e}^{C_1 x}.$

例 19-12 求方程 $yy'' + y'^2 = 0$ 的通解.

解：原方程化为 $\frac{\mathrm{d}}{\mathrm{d}x}(yy') = 0 \Rightarrow yy' = C_1 \Rightarrow y\mathrm{d}y = C_1 \mathrm{d}x \Rightarrow \frac{1}{2}y^2 = C_1 x + C_2 \Rightarrow y^2 = 2C_1 x +$

$2C_2$. 所求通解为 $y^2 = C_1x + C_2$.

例 19-13 求解微分方程：(1) $y'' - 2y' - 3y = 0$；

(2) $\dfrac{\mathrm{d}^2 s}{\mathrm{d}t^2} + 2\dfrac{\mathrm{d}s}{\mathrm{d}t} + s = 0, s\Big|_{t=0} = 4, \dfrac{\mathrm{d}s}{\mathrm{d}t}\Big|_{t=0} = -2$；(3) $y'' + 2y' + 5y = 0$.

解：(1) 特征方程 $r^2 - 2r - 3 = 0$ 的根为 $-1, 3$. 所求微分方程的通解为 $y = C_1\mathrm{e}^{-x} + C_2\mathrm{e}^{3x}$.

(2) 特征方程 $r^2 + 2r + 1 = 0$ 有重根 -1. 微分方程的通解为 $s = (C_1 + C_2t)\mathrm{e}^{-t}$. 代入初值条件，得 $C_1 = 4, C_2 = 2$. 故所求的特解为 $s = (4 + 2t)\mathrm{e}^{-t}$.

(3) 特征方程 $r^2 + 2r + 5 = 0$ 的根为 $r_{1,2} = \dfrac{-2 \pm \sqrt{4 - 20}}{2} = -1 \pm 2\mathrm{i}$. 微分方程的通解为 $y = \mathrm{e}^{-x}(C_1\cos 2x + C_2\sin 2x)$.

*例 19-14 （更高阶的常系数齐次线性微分方程的通解）求解微分方程：

(1) $y^{(4)} - 2y''' + 5y'' = 0$；(2) $y^{(4)} + 5y'' - 36y = 0$.

解：(1) 特征方程 $r^4 - 2r^3 + 5r^2 = 0$ 的根为 $0, 0, 1 \pm 2\mathrm{i}$. 故所求微分方程的通解为
$$y = C_1 + C_2x + \mathrm{e}^x(C_3\cos 2x + C_4\sin 2x).$$

(2) 特征方程 $r^4 + 5r^2 - 36 = 0$ 的根为 $\pm 2, \pm 3\mathrm{i}$. 故所求的微分方程的通解为
$$y = C_1\mathrm{e}^{2x} + C_2\mathrm{e}^{-2x} + C_3\cos 3x + C_4\sin 3x.$$

例 19-15 求 $y'' - 2y' - 3y = 2x + 1$ 的通解.

解：特征方程 $r^2 - 2r - 3 = 0$ 的根为 $-1, 3$. $f(x) = 2x + 1 = (2x + 1)\mathrm{e}^{0x}, \lambda = 0, m = 1$. 因为 $\lambda = 0$ 不是特征方程的根，所以微分方程的特解可设为 $y^* = (ax + b)\mathrm{e}^{0x} = ax + b$. 代入方程，得 $-2a - 3(ax + b) = 2x + 1 \Rightarrow -3ax - (2a + 3b) = 2x + 1 \Rightarrow -3a = 2$, $-(2a + 3b) = 1 \Rightarrow a = -\dfrac{2}{3}, b = \dfrac{1}{9} \Rightarrow y^* = -\dfrac{2}{3}x + \dfrac{1}{9}$. 故所给微分方程的通解为 $y = C_1\mathrm{e}^{-x} + C_2\mathrm{e}^{3x} - \dfrac{2}{3}x + \dfrac{1}{9}$.

例 19-16 求 $y'' - 5y' + 6y = x\mathrm{e}^{2x}$ 的通解.

解：特征方程 $r^2 - 5r + 6 = 0$ 的根为 $2, 3$. 因为 $\lambda = 2$ 是特征方程的单根，所以微分方程的特解可设为 $y^* = x(ax + b)\mathrm{e}^{2x} = (ax^2 + bx)\mathrm{e}^{2x}$. 于是
$$y^{*\prime} = [2ax^2 + 2(a + b)x + b]\mathrm{e}^{2x}. \quad y^{*\prime\prime} = [4ax^2 + (8a + 4b)x + 2a + 4b]\mathrm{e}^{2x}.$$
代入方程并整理，得 $-2a = 1, 2a - b = 0 \Rightarrow a = -\dfrac{1}{2}, b = -1 \Rightarrow y^* = \left(-\dfrac{1}{2}x^2 - x\right)\mathrm{e}^{2x}$. 所给方程的通解为 $y = C_1\mathrm{e}^{2x} + C_2\mathrm{e}^{3x} - \left(\dfrac{1}{2}x^2 + x\right)\mathrm{e}^{2x}$. 或 $y = C_2\mathrm{e}^{3x} - \left(\dfrac{1}{2}x^2 + x + C_1\right)\mathrm{e}^{2x}$.

例 19-17 求 $y'' + y = 4\sin x$ 的通解.

解：特征方程 $r^2 + 1 = 0$ 的根为 $r_{1,2} = \pm\sqrt{-1} = \pm\mathrm{i}$. $f(x) = \mathrm{e}^{0x}(0\cos x + 4\sin x), \lambda = 0, \omega = 1$. 因为 $\lambda + \mathrm{i}\omega = \mathrm{i}$ 为特征方程的单根，所以可设特解为 $y^* = x(a\cos x + b\sin x)$,
$$y^{*\prime} = a\cos x + b\sin x + x(-a\sin x + b\cos x),$$
$$y^{*\prime\prime} = 2(-a\sin x + b\cos x) + x(-a\cos x - b\sin x).$$
代入方程，得 $2(-a\sin x + b\cos x) = 4\sin x \Rightarrow a = -2, b = 0$. 于是 $y^* = -2x\cos x$. 因而原方

程的通解为 $y = C_1\cos x + C_2\sin x - 2x\cos x$ 或 $y = (C_1 - 2x)\cos x + C_2\sin x$.

例 19-18　求 $y'' + y = x\cos 2x$ 的通解.

解：特征方程 $r^2 + 1 = 0$ 的根为 $r_{1,2} = \pm\sqrt{-1} = \pm i$. $f(x) = e^{0x}(x\cos 2x + 0\sin 2x)$，$\lambda = 0, \omega = 2$. 因为 $\lambda \pm i\omega = \pm 2i$ 不是特征方程的根，所以可设特解为

$$y^* = (ax + b)\cos 2x + (cx + d)\sin 2x.$$
$$y^{*\prime} = a\cos 2x - 2(ax + b)\sin 2x + c\sin 2x + 2(cx + d)\cos 2x.$$
$$y^{*\prime\prime} = -4a\sin 2x - 4(ax + b)\cos 2x + 4c\cos 2x - 4(cx + d)\sin 2x.$$

代入方程，得

$$-4a\sin 2x - 3(ax + b)\cos 2x + 4c\cos 2x - 3(cx + d)\sin 2x = 4x\cos 2x,$$
$$(-3ax - 3b + 4c)\cos 2x - (3cx + 3d + 4a)\sin 2x = x\cos 2x.$$
$$\begin{cases} -3ax - 3b + 4c = x \\ 3cx + 3d + 4a = 0 \end{cases} \Rightarrow a = -\frac{1}{3}, b = 0, c = 0, d = \frac{4}{9}.$$

于是 $y^* = -\frac{1}{3}x\cos 2x + \frac{4}{9}\sin 2x$. 因而原方程的通解为

$$y = C_1\cos x + C_2\sin x - \frac{1}{3}x\cos 2x + \frac{4}{9}\sin 2x.$$

例 19-19　给出方程 $y'' + 4y' + 3y = x - 2 + e^{-x}$ 的一种特解形式.

解：特征方程 $r^2 + 4r + 3 = 0$ 的根为 $-1, -3$. $y'' + 4y' + 3y = x - 2$ 有特解 $y_1^* = ax + b$，$y'' + 4y' + 3y = e^{-x}$ 有特解 $y_2^* = cxe^{-x}$，故 $y'' + 4y' + 3y = x - 2 + e^{-x}$ 有特解 $y^* = ax + b + cxe^{-x}$.

例 19-20　求解方程 $(5x^4 + 3xy^2 - y^3)dx + (3x^2y - 3xy^2 + y^2)dy = 0$.

解：设 $P(x, y) = 5x^4 + 3xy^2 - y^3$，$Q(x, y) = 3x^2y - 3xy^2 + y^2$.

因为 $\dfrac{\partial P}{\partial y} = 6xy - 3y^2 = \dfrac{\partial Q}{\partial x}$ 且 $\dfrac{\partial P}{\partial y}$ 和 $\dfrac{\partial Q}{\partial x}$ 在整个 xOy 平面内连续，所以存在 $u(x, y)$，使得 $du(x, y) = P(x, y)dx + Q(x, y)dy = 0$.

$$\begin{aligned}
u(x, y) &= \int_{(0,0)}^{(x,y)} P(x, y)dx + Q(x, y)dy \\
&= \left(\int_{(0,0)}^{(x,0)} + \int_{(x,0)}^{(x,y)}\right)(5x^4 + 3xy^2 - y^3)dx + (3x^2y - 3xy^2 + y^2)dy \\
&= \int_0^x 5x^4 dx + \int_0^y (3x^2y - 3xy^2 + y^2)dy \\
&= x^5 + \frac{3}{2}x^2y^2 - xy^3 + \frac{1}{3}y^3.
\end{aligned}$$

故所求通解为 $x^5 + \dfrac{3}{2}x^2y^2 - xy^3 + \dfrac{1}{3}y^3 = C$.

*例 19-21　求解欧拉方程 $x^2y'' + xy' - 4y = x^3$.

解：设 $x = e^t$，则 $y' = \dfrac{dy}{dx} = \dfrac{\frac{dy}{dt}}{\frac{dx}{dt}} = \dfrac{\frac{dy}{dt}}{e^t} = e^{-t}\dfrac{dy}{dt}$.

$$y''=\frac{\mathrm{d}^2 y}{\mathrm{d}x^2}=\frac{\dfrac{\mathrm{d}}{\mathrm{d}t}\left(\dfrac{\mathrm{d}y}{\mathrm{d}x}\right)}{\dfrac{\mathrm{d}x}{\mathrm{d}t}}=\frac{\dfrac{\mathrm{d}}{\mathrm{d}t}\left(\mathrm{e}^{-t}\dfrac{\mathrm{d}y}{\mathrm{d}t}\right)}{\mathrm{e}^t}=\mathrm{e}^{-t}\left(-\mathrm{e}^{-t}\frac{\mathrm{d}y}{\mathrm{d}t}+\mathrm{e}^{-t}\frac{\mathrm{d}^2 y}{\mathrm{d}t^2}\right)=\mathrm{e}^{-2t}\left(\frac{\mathrm{d}^2 y}{\mathrm{d}t^2}-\frac{\mathrm{d}y}{\mathrm{d}t}\right).$$

代入原方程,并整理得 $\dfrac{\mathrm{d}^2 y}{\mathrm{d}t^2}-4y=\mathrm{e}^{3t}.\dfrac{\mathrm{d}^2 y}{\mathrm{d}t^2}-4y=\mathrm{e}^{3t}.$ 特征方程 $r^2-4=0$ 的根为 $r=\pm 2.\lambda=$ 3 不是特征方程的根,故可设该二阶非齐次线性微分方程的特解为 $y^*=A\mathrm{e}^{3t}.$ 代入方程,得 $A=\dfrac{1}{5}$,从而 $y^*=\dfrac{1}{5}\mathrm{e}^{3t}.$ 于是 $\dfrac{\mathrm{d}^2 y}{\mathrm{d}t^2}-4y=\mathrm{e}^{3t}$ 的通解为 $y=C_1\mathrm{e}^{2t}+C_2\mathrm{e}^{-2t}+\dfrac{1}{5}\mathrm{e}^{3t}.$ 原方程的通解为 $y=C_1 x^2+\dfrac{C_2}{x^2}+\dfrac{1}{5}x^3.$

例 19-22 求 $y'''+6y''+9y'=1$ 的通解.

解:令 $u=y'$,则 $u''+6u'+9u=1.$ 特征方程 $r^2+6r+9=0$ 的根为 $r_{1,2}=-3.u''+6u'+9u$ $=1$ 有特解 $u=\dfrac{1}{9}.$ 故其通解为 $u=(C_1+C_2 x)\mathrm{e}^{-3x}+\dfrac{1}{9}.$ 即 $y'=(C_1+C_2 x)\mathrm{e}^{-3x}+\dfrac{1}{9}.$

$$y=\int(C_1+C_2 x)\mathrm{e}^{-3x}\mathrm{d}x+\frac{1}{9}x=-\frac{C_1}{3}\mathrm{e}^{-3x}+C_2\int x\mathrm{e}^{-3x}\mathrm{d}x+\frac{1}{9}x$$

$$=C_1\mathrm{e}^{-3x}-\frac{C_2}{3}\int x\mathrm{d}\mathrm{e}^{-3x}+\frac{1}{9}x=C_1\mathrm{e}^{-3x}+C_2\left(x\mathrm{e}^{-3x}-\int\mathrm{e}^{-3x}\mathrm{d}x\right)+\frac{1}{9}x$$

$$=C_1\mathrm{e}^{-3x}+C_2\left(x\mathrm{e}^{-3x}+\frac{1}{3}\mathrm{e}^{-3x}+C\right)+\frac{1}{9}x$$

$$=\left(C_1+\frac{1}{3}+C_2 x\right)\mathrm{e}^{-3x}+C_2 C+\frac{1}{9}x=(C_1+C_2 x)\mathrm{e}^{-3x}+\frac{1}{9}x+C_3.$$

例 19-23 (1) 以 $y=x^2-\mathrm{e}^x$ 和 $y=x^2$ 为特解的一阶非齐次线性微分方程为_____;

(2) 若二阶常系数线性齐次微分方程 $y''+ay'+by=0$ 的通解为 $y=(C_1+C_2 x)\mathrm{e}^x$,则 $a=$_____,$b=$_____.

解:(1) 设所求的一阶非齐次线性微分方程为 $y'+p(x)y=q(x)$,则将题设所给解代入,得 $2x-\mathrm{e}^x+p(x)(x^2-\mathrm{e}^x)=q(x)$,$2x+p(x)x^2=q(x)$. 两式相减,得 $\mathrm{e}^x+p(x)\mathrm{e}^x=0.p(x)=-1.q(x)=2x+p(x)x^2=2x-x^2.$ 故所求的微分方程为 $y'-y=2x-x^2.$

(2) 根据通解形式可知,所给方程有一对相等的特征根 $r_1=r_2=1.$ 故特征方程为 $r^2-2r+1=0$,由此可知 $a=-2,b=1.$

例 19-24 (1) 以 $y=C_1\mathrm{e}^x+C_2\mathrm{e}^{-2x}$ 为通解的微分方程为_____.

(2) 以 $y=\mathrm{e}^x(C_1\cos 2x+C_2\sin 2x)$ 为通解的微分方程为_____.

解:(1) 这是二阶常系数齐次线性微分方程的通解,其特征方程的根为 $r=1,-2.$ 特征方程为 $(r-1)(r+2)=0,r^2+r-2=0.$ 因而所求的微分方程为 $y''+y'-2y=0.$

(2) 这是二阶常系数齐次线性微分方程的通解,其特征方程的根为 $r=1\pm 2\mathrm{i}.$ 特征方程为 $(r-1-2\mathrm{i})(r-1+2\mathrm{i})=0,r^2-2r+5=0.$ 因而所求的微分方程为 $y''-2y'+5y=0.$

例 19-25 设 $r^2+pr+q=f(x)$ 有两个解 $y_1=x\mathrm{e}^x+\mathrm{e}^{-x},y_2=x\mathrm{e}^x+\mathrm{e}^{2x}$,则 $p=$_____,$q=$_____,$f(x)=$_____.

解:齐次方程有特解 $Y_1=y_1-y_2=\mathrm{e}^{-x}-\mathrm{e}^{2x}.$ 特征方程的根为 $r=-1,2.$ 特征方程为

$(r+1)(r-2)=0, r^2-r-2=0.$ 即 $p=-1, q=-2.$ 将 $y_1=x\mathrm{e}^x+\mathrm{e}^{-x}$ 代入微分方程,得 $f(x)=(x\mathrm{e}^x+\mathrm{e}^{-x})''-(x\mathrm{e}^x+\mathrm{e}^{-x})'-2(x\mathrm{e}^x+\mathrm{e}^{-x})=(1-2x)\mathrm{e}^x.$

例 19-26　已知 $y_1=\mathrm{e}^x, y_2=\mathrm{e}^x-x\mathrm{e}^{2x}$ 是某二阶常系数非齐次线性微分方程的两个解,则该微分方程的通解为 $y=$ _____.

解:因为对应的二阶常系数齐次线性微分方程有特解 $Y_1=y_1-y_2=x\mathrm{e}^{2x}$,所以二阶常系数齐次线性微分方程的通解为 $y=(C_1+C_2x)\mathrm{e}^{2x}.$ 二阶常系数非齐次线性微分方程的通解为 $y=(C_1+C_2x)\mathrm{e}^{2x}+\mathrm{e}^x.$

例 19-27　(1) 四阶常系数线性齐次微分方程 $y^{(4)}+y'''-2y''=0$ 的通解为 $y=$ _____;
(2) 三阶常系数线性齐次微分方程 $y'''-2y''+y'-2y=0$ 的通解为 $y=$ _____.

解:(1) 特征方程 $r^4+r^3-2r^2=0. (r+2)(r-1)r^2=0.$ 其根为 $r_{1,2}=0, r_3=1, r_4=-2.$ 其通解为 $y=C_1+C_2x+C_3\mathrm{e}^x+C_4\mathrm{e}^{-2x}.$

(2) 特征方程 $r^3-2r^2+r-2=0. (r^2+1)(r-2)=0.$ 其根为 $r_1=2, r_{3,4}=\pm\mathrm{i}.$ 其通解为 $y=C_1\mathrm{e}^{2x}+C_2\cos x+C_3\sin x.$

例 19-28　设 $f(x)$ 连续且满足 $f(x)=\int_0^{3x}f\left(\dfrac{t}{3}\right)\mathrm{d}t+\mathrm{e}^{2x}$,求 $f(x)$.

解:$f'(x)=3f(x)+2\mathrm{e}^{2x}.$
$$f(x)=\mathrm{e}^{-\int(-3)\mathrm{d}x}\left(\int 2\mathrm{e}^{2x}\mathrm{e}^{\int(-3)\mathrm{d}x}\mathrm{d}x+C\right)=\mathrm{e}^{3x}\left(\int 2\mathrm{e}^{-x}\mathrm{d}x+C\right)=\mathrm{e}^{3x}(-2\mathrm{e}^{-x}+C)$$
$$=-2\mathrm{e}^{2x}+C\mathrm{e}^{3x}.$$
因为 $f(0)=1$,即 $C-2=1, C=3.$ 故 $f(x)=-2\mathrm{e}^{2x}+3\mathrm{e}^{3x}.$

例 19-29　求解 $(x+y)(\mathrm{d}x-\mathrm{d}y)=\mathrm{d}x+\mathrm{d}y.$

解法 1:所给方程可化为 $(x+y)\mathrm{d}(x-y)=\mathrm{d}(x+y), \mathrm{d}(x-y)=\dfrac{\mathrm{d}(x+y)}{x+y}, \int\mathrm{d}(x-y)=\int\dfrac{\mathrm{d}(x+y)}{x+y}, x-y=\ln|x+y|+C.$ 故所给方程的通解为 $x-y-\ln|x+y|=C$ 或 $x+y=C\mathrm{e}^{x-y}.$

解法 2:$\dfrac{\mathrm{d}y}{\mathrm{d}x}=\dfrac{x+y-1}{x+y+1}.$ 令 $u=x+y$,则 $\dfrac{\mathrm{d}u}{\mathrm{d}x}=1+\dfrac{\mathrm{d}y}{\mathrm{d}x}=1+\dfrac{u-1}{u+1}=\dfrac{2u}{u+1}$, $\dfrac{u+1}{u}\mathrm{d}u=2\mathrm{d}x, \int\dfrac{u+1}{u}\mathrm{d}u=2\int\mathrm{d}x, u+\ln|u|=2x+C.$ 故所给方程的通解为 $\ln|x+y|+y-x=C$ 或 $x+y=C\mathrm{e}^{x-y}.$

例 19-30　设函数 $f(u)$ 具有二阶导数,$z=f(\mathrm{e}^x\cos y)$ 满足 $\dfrac{\partial^2 z}{\partial x^2}+\dfrac{\partial^2 z}{\partial y^2}=4(z+\mathrm{e}^x\cos y)\mathrm{e}^{2x}, f(0)=0, f'(0)=0$,求 $f(u)$ 的表达式.

解:$\dfrac{\partial z}{\partial x}=f'(\mathrm{e}^x\cos y)\mathrm{e}^x\cos y, \dfrac{\partial^2 z}{\partial x^2}=f''(\mathrm{e}^x\cos y)\mathrm{e}^{2x}\cos^2 y+f'(\mathrm{e}^x\cos y)\mathrm{e}^x\cos y$;

$\dfrac{\partial z}{\partial y}=-f'(\mathrm{e}^x\cos y)\mathrm{e}^x\sin y, \dfrac{\partial^2 z}{\partial y^2}=f''(\mathrm{e}^x\cos y)\mathrm{e}^{2x}\sin^2 y-f'(\mathrm{e}^x\cos y)\mathrm{e}^x\cos y.$

代入题设条件,得 $f''(\mathrm{e}^x\cos y)=4(z+\mathrm{e}^x\cos y).$ 令 $u=\mathrm{e}^x\cos y$,有 $z''=4(z+u), z''-4z=4u.$ 这是一个二阶非齐次线性微分方程,其特征方程 $r^2-4=0$ 的根为 $r=\pm2.$ 设其特解为 $z^*=au+b$,则 $z^{*\prime}=a, z^{*\prime\prime}=0.$ 代入方程,得 $a=-1, b=0.$ 于是 $z^*=-u.$ 故得通解为

$z = C_1 e^{2u} + C_2 e^{-2u} - u.$ 即 $f(u) = C_1 e^{2u} + C_2 e^{-2u} - u.$ $f'(u) = 2C_1 e^{2u} - 2C_2 e^{-2u} - 1.$ 将题设初值条件 $f(0) = 0, f'(0) = 0$ 代入,得 $C_1 + C_2 = 0, 2C_1 - 2C_2 - 1 = 0.$ 解得 $C_1 = \dfrac{1}{4}, C_2 = -\dfrac{1}{4}.$ 因而 $f(u) = \dfrac{1}{4}(e^{2u} - e^{-2u}) - u.$

例 19-31 $y_{x+1} - y_x = 0$ 的通解为 $y_x = C.$

$2y_{x+1} + y_x = 0$ 的通解为 $y_x = (-1)^x \cdot \dfrac{C}{2^k}.$

$3y_{x+1} - y_{x-1} = 0$ 满足初值条件 $y_0 = 2$ 的特解为 $y_x = 2\left(\dfrac{1}{3}\right)^x.$

例 19-32 求差分方程 $y_{x+1} - 3y_x = -2$ 的通解.

解: 齐次差分方程 $y_{x+1} - 3y_x = 0$ 的通解为 $Y_x = C3^x.$ 设原方程的特解为 $y_x^* = a.$ 代入原方程,得 $a = 1.$ 故原方程的通解为 $y_x = C3^x + 1.$

例 19-33 求差分方程 $y_{x+1} - 2y_x = 3x^2$ 的通解.

解: 齐次差分方程 $y_{x+1} - 2y_x = 0$ 的通解为 $Y_x = C2^x.$ 设原方程的特解为 $y_x^* = ax^2 + bx + c.$ 代入原方程,有

$$a(x+1)^2 + b(x+1) + c - 2(ax^2 + bx + c) = 3x^2.$$
$$-ax^2 + (2a - b)x + a + b - c = 3x^2.$$

比较方程两边多项式的系数,得 $-a = 3, 2a - b = 0, a + b - c = 0.$ $a = -3, b = -6, c = -9.$ $y_x^* = -3x^2 - 6x - 9.$ 故原方程的通解为 $y_x = C2^x - 3x^2 - 6x - 9.$

例 19-34 求差分方程 $y_{x+1} - y_x = x + 1$ 满足初值条件 $y_0 = 1$ 的特解.

解: 齐次差分方程 $y_{x+1} - y_x = 0$ 的通解为 $Y_x = C.$ 设原方程的特解为 $y_x^* = x(ax + b) = ax^2 + bx.$ 代入原方程,有 $a(x+1)^2 + b(x+1) - (ax^2 + bx) = x + 1.$ $\quad 2ax + a + b = x + 1.$

比较方程两边多项式的系数,得 $2a = 1, a + b = 1.$ $a = \dfrac{1}{2}, b = \dfrac{1}{2}.$

于是 $y_x^* = \dfrac{1}{2}x^2 + \dfrac{1}{2}x.$ 故原方程的通解为 $y_x = C + \dfrac{1}{2}x^2 + \dfrac{1}{2}x.$

将初值条件 $y_0 = 1$ 代入,得 $C = 1.$ 故所求的特解为 $y_x = \dfrac{1}{2}x^2 + \dfrac{1}{2}x + 1.$

例 19-35 求差分方程 $y_{x+1} + y_x = x2^x$ 的通解.

解: 作变换 $y_x = 2^x z_x.$ 代入方程,得 $2^{x+1} z_{x+1} + 2^x z_x = x2^x.$ $z_{x+1} + \dfrac{1}{2}z_2 = \dfrac{1}{2}x.$ $z_{x+1} + \dfrac{1}{2}z_x = 0$ 的通解为 $z = C\left(-\dfrac{1}{2}\right)^x.$ 设 $z_{x+1} + \dfrac{1}{2}z_x = \dfrac{1}{2}x$ 的特解为 $z_x^* = ax + b.$ 代入原方程,有 $2a(x+1) + 2b + (ax + b) = x.$ $3ax + 2a + 3b = x.$ 由此,得 $a = \dfrac{1}{3}, b = -\dfrac{2}{9},$ 即 $z_x^* = \dfrac{1}{3}x - \dfrac{2}{9}.$ 故 $z_{x+1} + \dfrac{1}{2}z_x = \dfrac{x}{2}$ 的通解为 $z_x = C\left(-\dfrac{1}{2}\right)^x + \dfrac{1}{3}x - \dfrac{2}{9}.$ 从而得原方程的通解为 $y_x = 2^x z_x = 2^x \left[C\left(-\dfrac{1}{2}\right)^x + \dfrac{1}{3}x - \dfrac{2}{9}\right] = C(-1)^x + 2^x\left(\dfrac{1}{3}x - \dfrac{2}{9}\right).$

习　题　19

1. 求微分方程 $xy'+y(\ln x-\ln y)=0$ 满足条件 $y(1)=e^3$ 的解.

2. 求 $y'+y=e^{-x}\cos x$ 满足条件 $y(0)=0$ 的解.

3. 设 $y_1=(1+x^2)^2-\sqrt{1+x^2}$，$y_2=(1+x^2)^2+\sqrt{1+x^2}$ 是微分方程 $y'+p(x)y=q(x)$ 的两个解，求 $q(x)$.

4. 求以 $y_1=x^2-e^x$，$y_2=x^2$ 为特解的一阶常系数非齐次线性微分方程.

5. 求下列微分方程的通解：

(1) $y''+2y'-3y=0$；　　(2) $y''-y'+\dfrac{1}{4}y=0$；　　(3) $y''+2y'+3y=0$.

6. 求微分方程 $y''-3y'+2y=2xe^x$ 的通解.

7. 求下列伯努利方程的通解：

(1) $y'+y=y^2(\cos x-\sin x)$；　　(2) $y'-3xy=xy^2$.

8. 求解下列微分方程：

(1) $(x^2-y)dx-xdy=0$；　　(2) $e^y dx+(xe^y-2y)dy=0$. $\left(\text{提示：写出}\ \dfrac{dx}{dy}\right)$

9. 设 $y=(1+x)e^x+e^{2x}$ 是 $y''+\alpha y'+\beta y=\gamma e^x$ 的特解，求 α,β,γ.

10. 求解微分方程：(1) $\dfrac{dy}{dx}=\dfrac{y}{2(\ln y-x)}$；(2) $y''(x+y'^2)=y'$，$y(1)=y'(1)=1$.

11. 微分方程 $y''-\lambda^2 y=e^{\lambda x}+e^{-\lambda x}(\lambda>0)$ 有如下形式的特解（　　）.

　　(A) $a(e^{\lambda x}+e^{-\lambda x})$　　　　　　　　(B) $ax(e^{\lambda x}+e^{-\lambda x})$

　　(C) $x(ae^{\lambda x}+be^{-\lambda x})$　　　　　　　(D) $x^2(ae^{\lambda x}+be^{-\lambda x})$

12. 在下列微分方程中，以 $y=C_1e^x+C_2\cos 2x+C_3\sin 2x(C_1,C_2,C_3$ 为任意常数）为通解的是（　　）.

　　(A) $y'''+y''-4y'-4y=0$　　　　　　(B) $y'''+y''+4y'-4y=0$

　　(C) $y'''-y''-4y'+4y=0$　　　　　　(D) $y'''-y''+4y'-4y=0$

第 20 讲

不等式的证明

【知识要点】

证明不等式常用的方法有：单调性、最大最小值、曲线的凹凸性、积分的保号性、积分中值定理、泰勒公式等.

常用不等式有：

(1) 当 $a>0, b>0$ 时，$ab \leqslant \dfrac{a^2+b^2}{2}$，$\sqrt{ab} \leqslant \dfrac{a+b}{2}$，$ab \leqslant \dfrac{(a+b)^2}{4}$，$a+\dfrac{1}{a} \geqslant 2$，$(a+b)^2 \leqslant 2(a^2+b^2)$.

(2)（均值不等式）当 $x_1, x_2, \cdots, x_n > 0$ 时，$\dfrac{n}{\dfrac{1}{x_1}+\cdots+\dfrac{1}{x_n}} \leqslant \sqrt[n]{x_1 \cdots x_n} \leqslant \dfrac{x_1+\cdots+x_n}{n}$.

(3) 当 $p>0, 0<x<1$ 时，$0<1-x^p<\dfrac{1}{1+x^p}<1$.

(4) 设 $a \leqslant x \leqslant b$，则 $\dfrac{(b-a)^2}{2} \leqslant (x-a)^2+(x-b)^2 \leqslant (b-a)^2$.

当 $p>1, 0 \leqslant x \leqslant 1$ 时，$\dfrac{1}{2^{p-1}} \leqslant x^p+(1-x)^p \leqslant 1$.

特别地，若 $0 \leqslant x \leqslant 1$，则 $\dfrac{1}{2} \leqslant x^2+(1-x)^2 \leqslant 1$.

(5) 当 $0<x<\dfrac{\pi}{2}$ 时，$\sin x < x < \tan x$.

(6) $\mathrm{e}^x \geqslant 1+x$. 等号成立 $\Leftrightarrow x=0$.

(7) 当 $x>0$ 时，$\dfrac{x}{1+x}<\ln(1+x)<x$.

特别地，当 n 为正整数时，有 $\dfrac{1}{n+1}<\ln\left(1+\dfrac{1}{n}\right)<\dfrac{1}{n}$.

【例题】

例 20-1 证明：(1) 当 $x>0$ 时，$\dfrac{x}{1+x}<\ln(1+x)<x$.

(2) $\dfrac{1}{2}+\cdots+\dfrac{1}{n}<\ln n<1+\dfrac{1}{2}+\cdots+\dfrac{1}{n-1}$，$n \geqslant 2$.

$$\ln n + \frac{1}{n} < 1 + \frac{1}{2} + \cdots + \frac{1}{n} < \ln n + 1.$$

$$\ln(n+1) < 1 + \frac{1}{2} + \cdots + \frac{1}{n} < \ln n + 1.$$

$$\frac{1}{n} < 1 + \frac{1}{2} + \cdots + \frac{1}{n} - \ln n < 1.$$

证：(1) 证法 1(利用拉格朗日中值定理)：令 $F(t) = \ln(1+t)$，则 $F(t)$ 在 $[0, +\infty)$ 上连续，在 $(0, +\infty)$ 内可导，且 $F(0) = 0$，$F'(t) = \dfrac{1}{1+t}$. 应用拉格朗日中值定理，有

$$F(x) - F(0) = F'(\xi)x, 0 < \xi < x, x > 0. \text{ 即 } \ln(1+x) = \frac{x}{1+\xi}, 0 < \xi < x, x > 0.$$

因为 $\dfrac{x}{1+x} < \dfrac{x}{1+\xi} < x$. 所以 $\dfrac{x}{1+x} < \ln(1+x) < x$.

证法 2(利用单调性)：令 $F(x) = x - \ln(1+x)$，则 $F(x)$ 在 $[0, +\infty)$ 上连续，在 $(0, +\infty)$ 内可导，且 $F(0) = 0$，$F'(x) = 1 - \dfrac{1}{1+x} > 0$. 故 $F(x)$ 在 $[0, +\infty)$ 上单调增加. 从而当 $x > 0$ 时 $F(x) > F(0) = 0$，即 $\ln(1+x) < x$.

为证 $\dfrac{x}{1+x} < \ln(1+x)$，或 $(1+x)\ln(1+x) > x$，可设 $F(x) = \ln(1+x) - \dfrac{x}{1+x}$，或 $F(x) = (1+x)\ln(1+x) - x$. 再利用单调性即可证得.

(2) 在(1)的不等式中，令 $x = \dfrac{1}{n}$，有 $\dfrac{1}{n+1} < \ln\left(1 + \dfrac{1}{n}\right) < \dfrac{1}{n}$. 即 $\dfrac{1}{n+1} < \ln \dfrac{n+1}{n} < \dfrac{1}{n}$，或 $\dfrac{1}{n} < \ln \dfrac{n}{n-1} < \dfrac{1}{n-1} (n \geq 2)$. 即有

$$\frac{1}{2} < \ln \frac{2}{1} < 1, \frac{1}{3} < \ln \frac{3}{2} < \frac{1}{2}, \cdots, \frac{1}{n} < \ln \frac{n}{n-1} < \frac{1}{n-1}.$$

将所有不等式对应的项相加，得

$$\frac{1}{2} + \cdots + \frac{1}{n} < \ln \frac{2}{1} + \ln \frac{3}{2} + \cdots + \ln \frac{n}{n-1} < 1 + \frac{1}{2} + \cdots + \frac{1}{n-1}.$$

注意到 $\ln \dfrac{2}{1} + \ln \dfrac{3}{2} + \cdots + \ln \dfrac{n}{n-1} = \ln\left(\dfrac{2}{1} \cdot \dfrac{3}{2} \cdot \cdots \cdot \dfrac{n}{n-1}\right) = \ln n$，所以有

$$\frac{1}{2} + \cdots + \frac{1}{n} < \ln n < 1 + \frac{1}{2} + \cdots + \frac{1}{n-1}, \quad n \geq 2.$$

由这个不等式，又可以得到

$$\ln n + \frac{1}{n} < 1 + \frac{1}{2} + \cdots + \frac{1}{n} < \ln n + 1.$$

$$\ln(n+1) < 1 + \frac{1}{2} + \cdots + \frac{1}{n} < \ln n + 1.$$

$$\frac{1}{n} < 1 + \frac{1}{2} + \cdots + \frac{1}{n} - \ln n < 1.$$

例 20-2 证明：$e^x \geq 1 + x$. 当且仅当 $x = 0$ 时，等号成立.

证法 1：设 $f(x) = e^x - 1 - x$，则 $f'(x) = e^x - 1$. 解 $f'(x) = 0$，得 $x = 0$. 因为 $f''(x) =$

$e^x>0$，所以 $f(x)$ 在 $x=0$ 处取得最小值 $f(0)=0$．而当 $x\neq 0$ 时，$f(x)>0$，即 $e^x>1+x$．（取对数，得 $\ln(1+x)<x,x>-1$．）

证法 2：利用拉格朗日中值定理证明 $e^x-e^0>x-0$．

例 20-3　证明：当 $x>0$ 时，$\arctan x+\dfrac{1}{x}>\dfrac{\pi}{2}$．

证：令 $f(x)=\arctan x+\dfrac{1}{x}$．则 $f(x)$ 在 $(0,+\infty)$ 内可导，且 $f'(x)=\dfrac{1}{1+x^2}-\dfrac{1}{x^2}<0$．故 $f(x)$ 在 $(0,+\infty)$ 内单调减少．

因为 $\lim\limits_{x\to+\infty}f(x)=\lim\limits_{x\to+\infty}\left(\arctan x+\dfrac{1}{x}\right)=\dfrac{\pi}{2}$，所以，当 $x>0$ 时，$f(x)>\dfrac{\pi}{2}$，即 $\arctan x+\dfrac{1}{x}>\dfrac{\pi}{2}$．

例 20-4　证明：当 $0<x<\dfrac{\pi}{2}$ 时，(1) $\sin x+\tan x>2x$；(2) $\tan x>x+\dfrac{x^3}{3}$．

证：(1) 令 $f(x)=\sin x+\tan x-2x$．则 $f(x)$ 在 $\left(0,\dfrac{\pi}{2}\right)$ 内可导，且

$$f'(x)=\cos x+\sec^2 x-2>\cos^2 x+\dfrac{1}{\cos^2 x}-2=\left(\cos x-\dfrac{1}{\cos x}\right)^2>0.$$

故 $f(x)$ 在 $\left(0,\dfrac{\pi}{2}\right)$ 内单调增加．而 $f(0^+)=\lim\limits_{x\to 0^+}(\sin x+\tan x-2x)=0$，所以当 $0<x<\dfrac{\pi}{2}$ 时，$f(x)>f(0^+)=0$，即 $\sin x+\tan x>2x$．

(2) 令 $f(x)=\tan x-x-\dfrac{x^3}{3}$，则当 $0<x<\dfrac{\pi}{2}$ 时，

$$f'(x)=\sec^2 x-1-x^2=\tan^2 x-x^2>0(\text{因为 }\tan x>x>0),$$

故 $f(x)$ 在 $\left(0,\dfrac{\pi}{2}\right)$ 内单调增加．而 $f(0^+)=\lim\limits_{x\to 0^+}\left(\tan x-x-\dfrac{x^3}{3}\right)=0$，所以当 $0<x<\dfrac{\pi}{2}$ 时，$f(x)>f(0^+)=0$，即 $\tan x>x+\dfrac{x^3}{3}$．

例 20-5　证明：当 $0<a<b<\dfrac{\pi}{2}$ 时，$\dfrac{\tan b}{\tan a}>\dfrac{b}{a}$．

证：令 $f(x)=\dfrac{\tan x}{x}$，则 $f(x)$ 在 $\left(0,\dfrac{\pi}{2}\right)$ 内可导，且

$$f'(x)=\dfrac{x\sec^2 x-\tan x}{x^2}=\dfrac{x-\sin x\cos x}{x^2\cos^2 x}.$$

因为当 $0<x<\dfrac{\pi}{2}$ 时，$\sin x\cos x<\sin x<x$，所以 $f'(x)>0$．故 $f(x)$ 在 $\left(0,\dfrac{\pi}{2}\right)$ 内单调增加．

所以当 $0<a<b<\dfrac{\pi}{2}$ 时，$f(a)<f(b)$，即 $\dfrac{\tan b}{\tan a}>\dfrac{b}{a}$．

例 20-6　设 $b>a>0$，证明：$\ln\dfrac{b}{a}>\dfrac{2(b-a)}{a+b}$．

证：要证明的不等式可化为 $\ln \dfrac{b}{a} > \dfrac{2\left(\dfrac{b}{a}-1\right)}{1+\dfrac{b}{a}}$ 或 $\left(1+\dfrac{b}{a}\right)\ln \dfrac{b}{a} > 2\left(\dfrac{b}{a}-1\right)$.

令 $f(x)=(1+x)\ln x-2(x-1)$，则 $f(x)$ 在 $(1,+\infty)$ 内可导，且 $f'(x)=\ln x+\dfrac{1+x}{x}$

$-2=\ln x+\dfrac{1}{x}-1$. 因为 $f''(x)=\dfrac{1}{x}-\dfrac{1}{x^2}>0, x>1$. 所以 $f'(x)$ 在 $[1,+\infty)$ 上单调增加. 而

$f'(1^+)=0$，所以当 $x>1$ 时，$f'(x)>f'(1^+)=0$. 由此可知，$f(x)$ 在 $[1,+\infty)$ 上单调增加.

而 $f(1^+)=0$，所以当 $x>1$ 时，$f(x)>f(1^+)=0$. 因而当 $x>1$ 时，有 $(1+x)\ln x>2(x-1)$

或 $\ln x>\dfrac{2(x-1)}{1+x}$. 令 $x=\dfrac{b}{a}$，即得要证的不等式.

例 20-7　试确定常数 a，使得对任意的 $x>0$，都有 $\ln x \leqslant a(x-1)$.

解：设 $f(x)=\ln x-a(x-1)$，则 $f'(x)=\dfrac{1}{x}-a$. 驻点为 $x=\dfrac{1}{a}$. 因为 $f''(x)=-\dfrac{1}{x^2}<0$，所以

$f(x)$ 在 $x=\dfrac{1}{a}$ 处取得最大值 $f\left(\dfrac{1}{a}\right)=\ln \dfrac{1}{a}-a\left(\dfrac{1}{a}-1\right)=a-1-\ln a$.

令 $g(a)=a-1-\ln a$，则 $g'(a)=1-\dfrac{1}{a}$. 驻点为 $a=1$. 因为 $g''(a)=\dfrac{1}{a^2}>0$，所以 $g(a)$

在 $a=1$ 处取得最小值 0.

综上可知，当且仅当 $a=1$ 时，$f(x)\leqslant 0$，即 $\ln x\leqslant a(x-1)$.

例 20-8　设 $f(x)$ 在 $[0,1]$ 上连续且单调减少，证明：对任意的 $0<\lambda<1$，有 $\displaystyle\int_0^\lambda f(x)\mathrm{d}x >$

$\lambda\displaystyle\int_0^1 f(x)\mathrm{d}x$.

分析：所证不等式可化为 $\dfrac{1}{\lambda}\displaystyle\int_0^\lambda f(x)\mathrm{d}x > \displaystyle\int_0^1 f(x)\mathrm{d}x$. 注意到，不等式左边表示函数

$f(x)$ 在区间 $[0,\lambda]$ 上的平均值，不等式右边表示函数 $f(x)$ 在区间 $[0,1]$ 上的平均值. 因为

$f(x)$ 在 $[0,1]$ 上连续且单调减少，所以函数 $f(x)$ 在区间 $[0,1]$ 上的平均值随 λ 增加而单调

减少，故不等式成立.

证：设 $F(\lambda)=\dfrac{1}{\lambda}\displaystyle\int_0^\lambda f(x)\mathrm{d}x$，则 $F(\lambda)$ 在 $(0,1]$ 上连续. 对任意的 $\lambda\in(0,1)$，

$$F'(\lambda)=\dfrac{\lambda f(\lambda)-\displaystyle\int_0^\lambda f(x)\mathrm{d}x}{\lambda^2}$$

$$<\dfrac{\lambda f(\lambda)-\displaystyle\int_0^\lambda f(\lambda)\mathrm{d}x}{\lambda^2}=\dfrac{\lambda f(\lambda)-\lambda f(\lambda)}{\lambda^2}=0.$$

故 $F(\lambda)$ 在 $(0,1]$ 上单调减少，因而有 $F(\lambda)>F(1)$，即 $\dfrac{1}{\lambda}\displaystyle\int_0^\lambda f(x)\mathrm{d}x > \displaystyle\int_0^1 f(x)\mathrm{d}x$.

例 20-9　设 $f(x)$ 在 $[a,b]$ 上连续且严格单调增加，证明 $(a+b)\displaystyle\int_a^b f(x)\mathrm{d}x <$

$2\displaystyle\int_a^b xf(x)\mathrm{d}x.$

证：令 $F(t)=(a+t)\displaystyle\int_a^t f(x)\mathrm{d}x-2\int_a^t xf(x)\mathrm{d}x.$ 则 $F(t)$ 在 $[a,b]$ 上连续，在 (a,b) 内可导，且 $F(a)=0.$

$$F'(t)=\int_a^t f(x)\mathrm{d}x+(a+t)f(t)-2tf(t)=\int_a^t f(x)\mathrm{d}x-(t-a)f(t).$$

因为 $f(x)$ 在 $[a,b]$ 上严格单调增加，所以 $\displaystyle\int_a^t f(x)\mathrm{d}x<(t-a)f(t),F'(t)<0.$ 即 $F(t)$ 在 $[a,b]$ 上严格单调减少. 从而 $F(b)<F(a)=0.$ 即 $(a+b)\displaystyle\int_a^b f(x)\mathrm{d}x-2\int_a^b xf(x)\mathrm{d}x<0.$ 不等式得证.

例 20-10　设函数 $f(x)$ 在 $[a,b]$ 上连续，在 (a,b) 内有二阶导数. 且 $f(a)=f(b)=0,$ $f(c)>0,a<c<b.$ 试证：在 (a,b) 内至少存在一点 $\xi,$ 使得 $f''(\xi)<0.$

证：分别在 $[a,c]$ 和 $[c,b]$ 上应用拉格朗日中值定理，得

$$\frac{f(c)-f(a)}{c-a}=f'(\xi_1)(a<\xi_1<c),\qquad \frac{f(b)-f(c)}{b-c}=f'(\xi_2)(c<\xi_2<b).$$

由题设知 $f'(\xi_1)>0,f'(\xi_2)<0.$ 再对函数 $f'(x)$ 在 $[\xi_1,\xi_2]$ 上应用拉格朗日中值定理，可知，在 (ξ_1,ξ_2) 内至少存在一点 $\xi,$ 使得 $f''(\xi)=\dfrac{f'(\xi_2)-f'(\xi_1)}{\xi_2-\xi_1}<0(a<\xi_1<\xi<\xi_2<b).$

例 20-11　证明：当 $x,y>0,x\neq y$ 时，有 $x^x\cdot y^y>\left(\dfrac{x+y}{2}\right)^{x+y}.$

证：将要证明的不等式取对数，得 $x\ln x+y\ln y>(x+y)\ln\left(\dfrac{x+y}{2}\right).$ 令 $f(t)=t\ln t\,(t>0),$ 则 $f'(t)=\ln t+1,f''(t)=\dfrac{1}{t}>0.$ 由此可知 $f(t)$ 在 $(0,+\infty)$ 内是凹的. 于是，当 $x\neq y$ 时，有 $\dfrac{f(x)+f(y)}{2}>f\left(\dfrac{x+y}{2}\right).$ 即 $\dfrac{x\ln x+y\ln y}{2}>\dfrac{x+y}{2}\ln\left(\dfrac{x+y}{2}\right).$ 命题得证.

例 20-12　设 $f''(x)\geqslant0,p_k>0\ (k=1,2,\cdots,n),$ 且 $\displaystyle\sum_{k=1}^n p_k=1.$ 证明：$f\left(\displaystyle\sum_{k=1}^n p_kx_k\right)\leqslant\displaystyle\sum_{k=1}^n p_kf(x_k).$

证：$f(x_k)(k=1,2,\cdots,n)$ 在 $x_0=\displaystyle\sum_{k=1}^n p_kx_k$ 处的二阶泰勒公式为

$$f(x_k)=f(x_0)+f'(x_0)(x_k-x_0)+\frac{f''(\xi_k)}{2!}(x-x_0)^2,$$

其中，ξ_k 在 x_0 和 x_k 之间. 于是 $f(x_k)\geqslant f(x_0)+f'(x_0)(x_k-x_0)$

$$\Rightarrow\sum_{k=1}^n p_kf(x_k)\geqslant f(x_0)+f'(x_0)\left(\sum_{k=1}^n p_kx_k-x_0\right)=f(x_0),$$

即 $\displaystyle\sum_{k=1}^n p_kf(x_k)\geqslant f\left(\displaystyle\sum_{k=1}^n p_kx_k\right).$

例 20-13　设 $p,q>1,$ 且 $\dfrac{1}{p}+\dfrac{1}{q}=1,\alpha,\beta\geqslant0.$ 证明：$\alpha\beta\leqslant\dfrac{\alpha^p}{p}+\dfrac{\beta^q}{q}$（杨格不等式）.

证：当 $\alpha=0$ 或 $\beta=0$ 时,不等式显然成立. 设 $\alpha,\beta>0$. 令 $f(x)=\dfrac{\alpha^p}{p}+\dfrac{x^q}{q}-\alpha x,x>0$. 则

$f'(x)=x^{q-1}-\alpha,x>0$,解 $f'(x)=0$,得 $x=\alpha^{\frac{1}{q-1}}$. 又因为 $f''(x)=(q-1)x^{q-2}>0$,所以

$f(x)$ 有最小值 $f(\alpha^{\frac{1}{q-1}})=\dfrac{\alpha^p}{p}+\dfrac{\alpha^{\frac{q}{q-1}}}{q}-\alpha^{\frac{q}{q-1}}=0$. $\left(\text{因为} \dfrac{q}{q-1}=p\right)$ 因此, $f(x)\geqslant 0$, 即 $\dfrac{\alpha^p}{p}+\dfrac{x^q}{q}\geqslant$

$\alpha x,x>0$. 用 β 代换 x,即证命题.

例 20-14 设 $0\leqslant x\leqslant 1,p>1$,证明：$\dfrac{1}{2^{p-1}}\leqslant x^p+(1-x)^p\leqslant 1$.

证法 1：令 $f(x)=x^p$,则 $f'(x)=px^{p-1}$. 因为 $f''(x)=p(p-1)x^{p-2}>0$,所以 $f(x)=x^p$

在 $[0,1]$ 上凹. 从而,有 $f\left[\dfrac{x+(1-x)}{2}\right]\leqslant \dfrac{f(x)+f(1-x)}{2}$,即 $\dfrac{1}{2^p}\leqslant\dfrac{x^p+(1-x)^p}{2}$,亦即 $\dfrac{1}{2^{p-1}}$

$\leqslant x^p+(1-x)^p$. 又 $0\leqslant x\leqslant 1,0\leqslant 1-x\leqslant 1,p>1$, 故 $x^p\leqslant x,(1-x)^p\leqslant 1-x$. 所以 x^p+

$(1-x)^p\leqslant 1$.

证法 2：设 $f(x)=x^p+(1-x)^p,0\leqslant x\leqslant 1$. 则 $f'(x)=px^{p-1}-p(1-x)^{p-1}$. 解

$f'(x)=0$,得 $x=\dfrac{1}{2}$. $f\left(\dfrac{1}{2}\right)=\dfrac{1}{2^{p-1}}$, $f(0)=f(1)=1$,由此可知, $f(x)$ 在 $[0,1]$ 上有最小值

$\dfrac{1}{2^{p-1}}$ 和最大值 1,故有 $\dfrac{1}{2^{p-1}}\leqslant x^p+(1-x)^p\leqslant 1$.

例 20-15 设 $f(x)=\displaystyle\sum_{k=1}^{n}a_k\sin kx(a_1,\cdots,a_k$ 为常数$)$, $|f(x)|\leqslant|\sin x|$. 试证：

$|a_1+2a_2+\cdots+na_n|\leqslant 1$.

证：$f'(x)=\displaystyle\sum_{k=1}^{n}ka_k\cos kx$. $f(0)=0$, $f'(0)=\displaystyle\sum_{k=1}^{n}ka_k$.

由题设, $-|\sin x|\leqslant f(x)\leqslant|\sin x|$. $\left|\dfrac{f(x)}{x}\right|\leqslant\left|\dfrac{\sin x}{x}\right|$. $-\left|\dfrac{\sin x}{x}\right|\leqslant\dfrac{f(x)}{x}\leqslant\left|\dfrac{\sin x}{x}\right|$.

$-\displaystyle\lim_{x\to 0}\left|\dfrac{\sin x}{x}\right|\leqslant\lim_{x\to 0}\dfrac{f(x)}{x}\leqslant\lim_{x\to 0}\left|\dfrac{\sin x}{x}\right|$.

$|f'(0)|=\left|\displaystyle\lim_{x\to 0}\dfrac{f(x)-f(0)}{x}\right|=\left|\lim_{x\to 0}\dfrac{f(x)}{x}\right|\leqslant\lim_{x\to 0}\left|\dfrac{\sin x}{x}\right|=\lim_{x\to 0}\dfrac{\sin x}{x}=1$,

此即 $|a_1+2a_2+\cdots+na_n|\leqslant 1$.

例 20-16 设 $f''(x)<0,f(0)=0,a,b>0$. 证明：$f(a+b)<f(a)+f(b)$.

证法 1：不妨设 $0<a\leqslant b$. 根据拉格朗日中值定理, $f(a)-f(0)=f'(\xi_1)a(0<\xi_1<a)$,

$f(a+b)-f(b)=f'(\xi_2)a(b<\xi_2<a+b)$. 由 $f''(x)<0$ 知, $f'(x)$ 单调减少. 而 $\xi_1<\xi_2$, 故

$f'(\xi_1)>f'(\xi_2)$. 所以

$f(a+b)-f(b)<f(a)-f(0)=f(a)$, 即 $f(a+b)<f(a)+f(b)$.

证法 2：可利用单调性证明：对任意的 $a,x>0$, $f(a+x)<f(a)+f(x)$.

例 20-17 设 $f(x)$ 在 $[0,a]$ 上有连续的导数,且 $f(0)=0$,令 $M=\displaystyle\max_{0\leqslant x\leqslant a}|f'(x)|$,证

明：$\left|\displaystyle\int_0^a f(x)\mathrm{d}x\right|\leqslant\dfrac{Ma^2}{2}$.

证：由拉格朗日中值定理,当 $0<x<a$ 时,有 $f(x)=f(0)+f'(\xi)x=f'(\xi)x,\xi\in(0,x)$.

$$\left|\int_0^a f(x)\mathrm{d}x\right|\leqslant\int_0^a|f(x)|\mathrm{d}x=\int_0^a|f'(\xi)|x\mathrm{d}x\leqslant M\int_0^a x\mathrm{d}x=\frac{Ma^2}{2}.$$

例 20-18   设 $f'(x)$ 在 $[0,1]$ 上连续,且 $0<f'(x)<1,f(0)=0$. 证明:

$$\left[\int_0^1 f(x)\mathrm{d}x\right]^2>\int_0^1[f(x)]^3\mathrm{d}x.$$

证：设 $F(t)=\left[\int_0^t f(x)\mathrm{d}x\right]^2-\int_0^t[f(x)]^3\mathrm{d}x$,则 $F'(t)=\left\{2\int_0^t f(x)\mathrm{d}x-[f(t)]^2\right\}f(t)$.

再设 $G(t)=2\int_0^t f(x)\mathrm{d}x-[f(t)]^2$,则 $G'(t)=2f(t)[1-f'(t)]$. 由 $0<f'(t)<1$ 知,$f(t)$ 在 $[0,1]$ 上单调增加. 又 $f(0)=0$,故当 $0<t\leqslant 1$ 时,$f(t)>0$. 因而 $G'(t)>0$,即 $G(t)$ 在 $[0,1]$ 上单调增加. 而 $G(0)=0$,所以当 $0<t\leqslant 1$ 时,$G(t)>0$. 因而 $F'(t)=G(t)f(t)>0$. 故 $F(t)$ 在 $[0,1]$ 上单调增加. 而 $F(0)=0$,所以当 $0<t\leqslant 1$ 时,$F(t)>0$. 即有

$$\left[\int_0^t f(x)\mathrm{d}x\right]^2>\int_0^t[f(x)]^3\mathrm{d}x,\ 0<t\leqslant 1.$$

特别地,当 $t=1$ 时,有 $\left[\int_0^1 f(x)\mathrm{d}x\right]^2>\int_0^1[f(x)]^3\mathrm{d}x$.

例 20-19   设 $f(x)$ 在 $[0,1]$ 上连续,且存在 $M>0$,使得对任意的 $x,y\in[0,1]$,均有 $|f(x)-f(y)|\leqslant M|x-y|$,证明 $\left|\int_0^1 f(x)\mathrm{d}x-\frac{1}{n}\sum_{k=1}^n f\left(\frac{k}{n}\right)\right|\leqslant\frac{M}{2n}$.

证：$\left|\int_0^1 f(x)\mathrm{d}x-\frac{1}{n}\sum_{k=1}^n f\left(\frac{k}{n}\right)\right|=\left|\sum_{k=1}^n\int_{\frac{k-1}{n}}^{\frac{k}{n}}f(x)\mathrm{d}x-\sum_{k=1}^n\int_{\frac{k-1}{n}}^{\frac{k}{n}}f\left(\frac{k}{n}\right)\mathrm{d}x\right|$

$$=\left|\sum_{k=1}^n\int_{\frac{k-1}{n}}^{\frac{k}{n}}\left[f(x)-f\left(\frac{k}{n}\right)\right]\mathrm{d}x\right|\leqslant\sum_{k=1}^n\int_{\frac{k-1}{n}}^{\frac{k}{n}}\left|f(x)-f\left(\frac{k}{n}\right)\right|\mathrm{d}x$$

$$\leqslant M\sum_{k=1}^n\int_{\frac{k-1}{n}}^{\frac{k}{n}}\left|x-\frac{k}{n}\right|\mathrm{d}x=M\sum_{k=1}^n\int_{\frac{k-1}{n}}^{\frac{k}{n}}\left(\frac{k}{n}-x\right)\mathrm{d}x$$

$$=-\frac{M}{2}\sum_{k=1}^n\left(\frac{k}{n}-x\right)^2\Bigg|_{\frac{k-1}{n}}^{\frac{k}{n}}=\frac{M}{2n}$$

例 20-20   设在 $[0,a]$ 上 $|f''(x)|\leqslant M$,且 $f(x)$ 在 $(0,a)$ 内取得最大值. 试证: $|f'(0)|+|f'(a)|\leqslant Ma$.

证：设 $f(c)=\max\limits_{x\in(0,a)}f(x)$,则 $f'(c)=0$. 由拉格朗日中值定理,

$$f'(0)=f'(0)-f'(c)=-f''(\xi)c,\quad 0<\xi<c.$$

$$f'(a)=f'(a)-f'(c)=f''(\eta)(a-c),\quad c<\eta<a.$$

$$|f'(0)|=|f''(\xi)|c\leqslant Mc,\ |f'(a)|=|f''(\eta)|(a-c)\leqslant M(a-c).$$

$$|f'(0)|+|f'(a)|\leqslant Mc+M(a-c)=Ma.$$

例 20-21   设函数 $f(x)$ 在 $[0,1]$ 上具有二阶导数. 且 $|f(x)|\leqslant a$,$|f''(x)|\leqslant b$,$a,b>0$. 试证: 在 $[0,1]$ 上有 $|f'(x)|\leqslant 2a+\frac{b}{2}$.

证：对 $[0,1]$ 内任意点 x,据泰勒公式,有

$$f(0)=f(x)+f'(x)(0-x)+\frac{f''(\xi)}{2}(0-x)^2,\quad 0<\xi<x.$$

$$f(1)=f(x)+f'(x)(1-x)+\frac{f''(\eta)}{2}(1-x)^2,\quad x<\eta<1.$$

两式相减，得 $f(1)-f(0)=f'(x)+\dfrac{f''(\eta)}{2}(1-x)^2-\dfrac{f''(\xi)}{2}x^2.$

$$f'(x)=f(1)-f(0)-\frac{f''(\eta)}{2}(1-x)^2+\frac{f''(\xi)}{2}x^2.$$

$$|f'(x)|\leqslant 2a+\frac{b}{2}[(1-x)^2+x^2]\leqslant 2a+\frac{b}{2}[(1-x)+x]=2a+\frac{b}{2}.$$

例 20-22　设 $f'(x)$ 在 $[a,b]$ 上连续，$f(a)=f(b)=0$. 证明：存在 $\xi\in[a,b]$，使得 $|f'(\xi)|\geqslant\dfrac{4}{(b-a)^2}\displaystyle\int_a^b|f(x)|\mathrm{d}x.$

证：因为 $f'(x)$ 在 $[a,b]$ 上连续，所以存在 $M\geqslant 0$，使得 $|f'(x)|\leqslant M$，并且存在 $\xi\in[a,b]$，使得 $f'(\xi)=M.$ 又 $f(a)=f(b)=0$，故

$$|f(x)|=\left|f(a)+\int_a^x f'(t)\mathrm{d}t\right|\leqslant\int_a^x|f'(t)|\mathrm{d}t\leqslant M(x-a),$$

$$|f(x)|=\left|f(b)+\int_b^x f'(t)\mathrm{d}t\right|\leqslant\int_x^b|f'(t)|\mathrm{d}t\leqslant M(b-x).$$

$$\int_a^b|f(x)|\mathrm{d}x=\int_a^{\frac{a+b}{2}}|f(x)|\mathrm{d}x+\int_{\frac{a+b}{2}}^b|f(x)|\mathrm{d}x$$

$$\leqslant\int_a^{\frac{a+b}{2}}M(x-a)\mathrm{d}x+\int_{\frac{a+b}{2}}^b M(b-x)\mathrm{d}x=\frac{M}{4}(b-a)^2=\frac{|f'(\xi)|}{4}(b-a)^2$$

$$\Rightarrow|f'(\xi)|\geqslant\frac{4}{(b-a)^2}\int_a^b|f(x)|\mathrm{d}x.$$

例 20-23　设 $f(x)$ 在 $[0,1]$ 上有连续的导数，证明：对任意的 $x\in[0,1]$，有 $|f(x)|\leqslant\displaystyle\int_0^1[|f(x)|+|f'(x)|]\mathrm{d}x.$

证：由积分中值定理，存在 $\xi\in[0,1]$，使得 $\displaystyle\int_0^1 f(x)\mathrm{d}x=f(\xi).$

$$f(x)=f(\xi)+\int_\xi^x f'(t)\mathrm{d}t=\int_0^1 f(t)\mathrm{d}t+\int_\xi^x f'(t)\mathrm{d}t.$$

$$|f(x)|\leqslant\int_0^1|f(t)|\mathrm{d}t+\int_\xi^x|f'(t)|\mathrm{d}t\leqslant\int_0^1|f(t)|\mathrm{d}t+\int_0^1|f'(t)|\mathrm{d}t.$$

例 20-24　设函数 $f(x)$ 有二阶导数，且 $f''(x)\geqslant 0$，$a>0$. $u(t)$ 连续. 试证：

$$\frac{1}{a}\int_0^a f[u(t)]\mathrm{d}t\geqslant f\left[\frac{1}{a}\int_0^a u(t)\mathrm{d}t\right].$$

证：令 $x_0=\dfrac{1}{a}\displaystyle\int_0^a u(t)\mathrm{d}t$，据泰勒公式，存在 ξ，使

$$f(x)=f(x_0)+f'(x_0)(x-x_0)+\frac{f''(\xi)}{2}(x-x_0)^2$$

$$\geqslant f(x_0)+f'(x_0)(x-x_0)\Rightarrow f[u(t)]\geqslant f(x_0)+f'(x_0)[u(t)-x_0].$$

$$\int_0^a f[u(t)]\mathrm{d}t\geqslant af(x_0)+f'(x_0)\left[\int_0^a u(t)\mathrm{d}t-ax_0\right]=af(x_0).$$

于是 $\dfrac{1}{a}\displaystyle\int_0^a f[u(t)]\mathrm{d}t \geqslant f\left[\dfrac{1}{a}\int_0^a u(t)\mathrm{d}t\right].$

例 20-25 设函数 $f(x)$ 在 $[0,1]$ 上具有二阶连续导数，$f(0)=f(1)$，当 $0<x<1$ 时，$|f''(x)|\leqslant A$，求证：$|f'(x)|\leqslant\dfrac{A}{2}.$

证：$f(0)=f(x)-f'(x)x+\dfrac{f''(\xi)}{2}x^2,\ 0<\xi<x,$

$f(1)=f(x)+f'(x)(1-x)+\dfrac{f''(\eta)}{2}(1-x)^2,\ x<\eta<1.$

由 $f(0)=f(1)$，得 $f'(x)=\dfrac{1}{2}[f''(\xi)x^2-f''(\eta)(1-x)^2].$

$$|f'(x)|\leqslant\dfrac{1}{2}[|f''(\xi)|x^2+|f''(\eta)|(1-x)^2]$$
$$\leqslant\dfrac{A}{2}[x^2+(1-x)^2]\leqslant\dfrac{A}{2}[x+(1-x)]=\dfrac{A}{2}.$$

例 20-26 设函数 $f(x)$ 在 $[0,1]$ 上有二阶连续导数，证明：对任意的 $x_1\in\left(0,\dfrac{1}{3}\right),x_2\in\left(\dfrac{2}{3},1\right),x\in[0,1]$，有 $|f'(x)|\leqslant 3|f(x_2)-f(x_1)|+\displaystyle\int_0^1|f''(x)|\mathrm{d}x.$

证：由拉格朗日中值定理，存在 $\xi\in[0,1]$，使得

$|f(x_2)-f(x_1)|=|f'(\xi)|(x_2-x_1)\geqslant\dfrac{1}{3}|f'(\xi)|.\ |f'(\xi)|\leqslant 3|f(x_2)-f(x_1)|.$

$|f'(x)|-3|f(x_2)-f(x_1)|\leqslant |f'(x)|-|f'(\xi)|\leqslant|f'(x)-f'(\xi)|$
$=\left|\displaystyle\int_\xi^x f''(t)\mathrm{d}t\right|\leqslant\displaystyle\int_\xi^x|f''(t)|\mathrm{d}t\leqslant\displaystyle\int_0^1|f''(x)|\mathrm{d}x.$

例 20-27 设 $y=f(x)$ 在 $[0,+\infty)$ 上严格单调增加、可导，且 $f(0)=0$. 其反函数为 $x=g(y)$. 证明：对 $\forall a,b\in[0,+\infty)$，有 $\displaystyle\int_0^a f(x)\mathrm{d}x+\int_0^b g(x)\mathrm{d}x\geqslant ab.$

证：$\displaystyle\int_0^b g(x)\mathrm{d}x=\int_0^b g(y)\mathrm{d}y\xlongequal[y=f(x)]{x=g(y)}\int_0^{g(b)}x\mathrm{d}f(x)$

$=[xf(x)]_0^{g(b)}-\displaystyle\int_0^{g(b)}f(x)\mathrm{d}x=g(b)f[g(b)]-\int_0^{g(b)}f(x)\mathrm{d}x$

$=bg(b)-\displaystyle\int_0^{g(b)}f(x)\mathrm{d}x.$

$\displaystyle\int_0^a f(x)\mathrm{d}x+\int_0^b g(x)\mathrm{d}x=\int_0^a f(x)\mathrm{d}x+bg(b)-\int_0^{g(b)}f(x)\mathrm{d}x$

$=bg(b)+\displaystyle\int_{g(b)}^a f(x)\mathrm{d}x.$

若 $g(b)\leqslant a$，则 $\displaystyle\int_{g(b)}^a f(x)\mathrm{d}x\geqslant f[g(b)][a-g(b)]=b[a-g(b)].$

若 $g(b)>a$，则 $\displaystyle\int_{g(b)}^a f(x)\mathrm{d}x>-f[g(b)][g(b)-a]=b[a-g(b)].$

于是 $\displaystyle\int_0^a f(x)\mathrm{d}x+\int_0^b g(x)\mathrm{d}x\geqslant bg(b)+b[a-g(b)]=ab.$

例 20-28　设 $f(x)$ 在 $[a,b]$ 上单调增加且连续，$p(x)$ 在 $[a,b]$ 上非负连续、单调减少且 $\int_a^b p(x)\mathrm{d}x = 1$，证明：$\int_a^b f(x)p(x)\mathrm{d}x \leqslant \dfrac{1}{b-a}\int_a^b f(x)\mathrm{d}x$.

证：由积分中值定理，存在 $c \in (a,b)$，使得 $f(c) = \dfrac{1}{b-a}\int_a^b f(x)\mathrm{d}x$.

因为 $f(x)$ 在 $[a,b]$ 上单调增加，$p(x)$ 在 $[a,b]$ 上非负、单调减少，所以当 $a \leqslant x \leqslant c$ 时，$f(x) \leqslant f(c)$，$p(x) \geqslant p(c)$；当 $c \leqslant x \leqslant b$ 时，$f(x) \geqslant f(c)$，$p(x) \leqslant p(c)$. 从而

$$\int_a^b f(x)p(x)\mathrm{d}x - \frac{1}{b-a}\int_a^b f(x)\mathrm{d}x = \int_a^b f(x)p(x)\mathrm{d}x - f(c) = \int_a^b [f(x)-f(c)]p(x)\mathrm{d}x$$

$$= \int_a^c [f(x)-f(c)]p(x)\mathrm{d}x + \int_c^b [f(x)-f(c)]p(x)\mathrm{d}x$$

$$\leqslant \int_a^c [f(x)-f(c)]p(c)\mathrm{d}x + \int_c^b [f(x)-f(c)]p(c)\mathrm{d}x$$

$$= p(c)\int_a^b [f(x)-f(c)]\mathrm{d}x = p(c)\left[\int_a^b f(x)\mathrm{d}x - (b-a)f(c)\right] = 0.$$

即 $\int_a^b f(x)p(x)\mathrm{d}x \leqslant \dfrac{1}{b-a}\int_a^b f(x)\mathrm{d}x$.

例 20-29　设 $f(x)$ 和 $g(x)$ 都在 $[a,b]$ 上单调增加且连续. 证明：

$$\int_a^b f(x)\mathrm{d}x \cdot \int_a^b g(x)\mathrm{d}x < (b-a)\int_a^b f(x)g(x)\mathrm{d}x.$$

证：令 $F(t) = \int_a^t f(x)\mathrm{d}x \cdot \int_a^t g(x)\mathrm{d}x - (t-a)\int_a^t f(x)g(x)\mathrm{d}x$，则

$$F'(t) = f(t) \cdot \int_a^t g(x)\mathrm{d}x + g(t)\int_a^t f(x)\mathrm{d}x - \int_a^t f(x)g(x)\mathrm{d}x - (t-a)f(t)g(t)$$

$$= \int_a^t [f(t)g(x) + g(t)f(x) - f(x)g(x) - f(t)g(t)]\mathrm{d}x$$

$$= \int_a^t [f(t)-f(x)][g(x)-g(t)]\mathrm{d}x.$$

因为 $f(x)$ 和 $g(x)$ 都在 $[a,b]$ 上单调增加，所以当 $a \leqslant x < t < b$ 时，有 $f(x) < f(t)$，$g(x) < g(t)$. 从而 $[f(t)-f(x)][g(x)-g(t)] < 0$. 所以 $F'(t) < 0$，即 $F(t)$ 在 $[a,b]$ 上单调减少. 而 $F(a) = 0$，故 $F(b) < F(a) = 0$. 即

$$\int_a^b f(x)\mathrm{d}x \cdot \int_a^b g(x)\mathrm{d}x < (b-a)\int_a^b f(x)g(x)\mathrm{d}x.$$

例 20-30　设 $f(x)$，$g(x)$ 在区间 $[a,b]$ 上连续，且 $f(x)$ 单调增加，$0 \leqslant g(x) \leqslant 1$，证明：

(1) $0 \leqslant \int_a^x g(t)\mathrm{d}t \leqslant x - a$，$x \in [a,b]$；(2) $\int_a^{a+\int_a^b g(x)\mathrm{d}x} f(t)\mathrm{d}t \leqslant \int_a^b f(x)g(x)\mathrm{d}x$.

证：(1) 因为 $0 \leqslant g(x) \leqslant 1$，所以 $0 \leqslant \int_a^x g(t)\mathrm{d}t \leqslant \int_a^x \mathrm{d}x = x - a$，$x \in [a,b]$.

(2) 设 $F(x) = \int_a^{a+\int_a^x g(u)\mathrm{d}u} f(t)\mathrm{d}t - \int_a^x f(t)g(t)\mathrm{d}t$，则 $F(a) = 0$，

$$F'(x) = f\left[a + \int_a^x g(u)\mathrm{d}u\right]g(x) - f(x)g(x) = \left\{f\left[a + \int_a^x g(u)\mathrm{d}u\right] - f(x)\right\}g(x).$$

由(1)及 $f(x)$ 的单调性可知，$f\left[a + \int_a^x g(u)\mathrm{d}u\right] \leqslant f(x)$. 又 $0 \leqslant g(x) \leqslant 1$，故 $F'(x) \leqslant 0$，

因而 $F(x)$ 在区间 $[a,b]$ 上单调减少,故 $F(x)\leqslant F(a)=0$. 命题得证.

例 20-31 设 $a>0$,$g(x)$ 在 $[-a,a]$ 上有二阶导数,且 $g''(x)>0$,$h(x)=g(x)+g(-x)$,

(1) 证明:在区间 $[0,a]$ 上,$h'(x)\geqslant 0$,且仅当 $x=0$,$h'(x)=0$.

(2) $2a\displaystyle\int_{-a}^{a}g(x)\mathrm{e}^{-x^2}\mathrm{d}x\leqslant\int_{-a}^{a}g(x)\mathrm{d}x\cdot\int_{-a}^{a}\mathrm{e}^{-x^2}\mathrm{d}x$.

证: (1) $h'(x)=g'(x)-g'(-x)$,$h''(x)=g''(x)+g''(-x)>0$.
故 $h'(x)$ 在区间 $[-a,a]$ 上单调增加. 而 $h'(0)=g'(0)-g'(0)=0$,所以在区间 $[0,a]$ 上,$h'(x)\geqslant 0$,当且仅当 $x=0$,$h'(x)=0$.

(2) 显然 $h(x)$ 为区间 $[-a,a]$ 上的偶函数,故 $\displaystyle\int_{-a}^{a}h(x)\mathrm{d}x=2\int_{0}^{a}h(x)\mathrm{d}x$,$\displaystyle\int_{-a}^{a}\mathrm{e}^{-x^2}\mathrm{d}x=2\int_{0}^{a}\mathrm{e}^{-x^2}\mathrm{d}x$,$\displaystyle\int_{-a}^{a}h(x)\mathrm{e}^{-x^2}\mathrm{d}x=2\int_{0}^{a}h(x)\mathrm{e}^{-x^2}\mathrm{d}x$. 又 $\displaystyle\int_{-a}^{a}g(-x)\mathrm{e}^{-x^2}\mathrm{d}x\xlongequal{t=-x}-\int_{a}^{-a}g(t)\mathrm{e}^{-t^2}\mathrm{d}t=\int_{-a}^{a}g(x)\mathrm{e}^{-x^2}\mathrm{d}x$,$2\displaystyle\int_{-a}^{a}g(x)\mathrm{e}^{-x^2}\mathrm{d}x=\int_{-a}^{a}g(-x)\mathrm{e}^{-x^2}\mathrm{d}x+\int_{-a}^{a}g(x)\mathrm{e}^{-x^2}\mathrm{d}x=\int_{-a}^{a}h(x)\mathrm{e}^{-x^2}\mathrm{d}x$.
所以只需证明

$$a\int_{0}^{a}h(x)\mathrm{e}^{-x^2}\mathrm{d}x\leqslant\int_{0}^{a}h(x)\mathrm{d}x\cdot\int_{0}^{a}\mathrm{e}^{-x^2}\mathrm{d}x \text{ 或} \int_{0}^{a}\left[ah(x)-\int_{0}^{a}h(x)\mathrm{d}x\right]\mathrm{e}^{-x^2}\mathrm{d}x\leqslant 0.$$

根据积分中值定理,存在 $c\in[0,a]$,使得 $\displaystyle\int_{0}^{a}h(x)\mathrm{d}x=ah(c)$. 因为 $h(x)$ 单调增加,所以当 $0<x<c$ 时,$ah(x)<ah(c)=\displaystyle\int_{0}^{a}h(x)\mathrm{d}x$.

$$\left[ah(x)-\int_{0}^{a}h(x)\mathrm{d}x\right]\mathrm{e}^{-x^2}<\left[ah(x)-\int_{0}^{a}h(x)\mathrm{d}x\right]\mathrm{e}^{-c^2}.$$

当 $c<x<a$ 时,$ah(x)>ah(c)=\displaystyle\int_{0}^{a}h(x)\mathrm{d}x$.

$$\left[ah(x)-\int_{0}^{a}h(x)\mathrm{d}x\right]\mathrm{e}^{-x^2}<\left[ah(x)-\int_{0}^{a}h(x)\mathrm{d}x\right]\mathrm{e}^{-c^2}.$$

$$\int_{0}^{a}\left[ah(x)-\int_{0}^{a}h(x)\mathrm{d}x\right]\mathrm{e}^{-x^2}\mathrm{d}x\leqslant\int_{0}^{a}\left[ah(x)-\int_{0}^{a}h(x)\mathrm{d}x\right]\mathrm{e}^{-c^2}\mathrm{d}x$$

$$=\mathrm{e}^{-c^2}\int_{0}^{a}\left[ah(x)-\int_{0}^{a}h(x)\mathrm{d}x\right]\mathrm{d}x=\mathrm{e}^{-c^2}\left[a\int_{0}^{a}h(x)\mathrm{d}x-a\int_{0}^{a}h(x)\mathrm{d}x\right]=0.$$

例 20-32 (**柯西-施瓦兹(Cauchy-Schwarz)系列不等式**)设 $f(x)$ 在 $[a,b]$ 上连续,证明:

(1) 柯西-施瓦兹不等式 $\left[\displaystyle\int_{a}^{b}f(x)g(x)\mathrm{d}x\right]^2\leqslant\int_{a}^{b}f^2(x)\mathrm{d}x\cdot\int_{a}^{b}g^2(x)\mathrm{d}x$.

(2) 闵柯夫斯基(Minkowski) 不等式

$$\sqrt{\int_{a}^{b}[f(x)+g(x)]^2\mathrm{d}x}\leqslant\sqrt{\int_{a}^{b}f^2(x)\mathrm{d}x}+\sqrt{\int_{a}^{b}g^2(x)\mathrm{d}x}.$$

(3) 设 $f(x)>0$,则 $\displaystyle\int_{a}^{b}f(x)\mathrm{d}x\cdot\int_{a}^{b}\frac{1}{f(x)}\mathrm{d}x\geqslant(b-a)^2$.

(4) 设 $f(x)$ 在 $[a,b]$ 上有连续的导数,且 $f(a)=0$,则

$$\int_{a}^{b}f^2(x)\mathrm{d}x\leqslant\frac{(b-a)^2}{2}\int_{a}^{b}[f'(x)]^2\mathrm{d}x.$$

证：(1) 对任意实数 t，

$$0 \leqslant \int_a^b [tf(x) + g(x)]^2 dx = t^2 \int_a^b f^2(x) dx + 2t \int_a^b f(x) g(x) dx + \int_a^b g^2(x) dx$$

$$\Rightarrow \Delta = \left[2 \int_a^b f(x) g(x) dx \right]^2 - 4 \int_a^b f^2(x) dx \cdot \int_a^b g^2(x) dx \leqslant 0.$$

即 $\left[\int_a^b f(x) g(x) dx \right]^2 \leqslant \int_a^b f^2(x) dx \cdot \int_a^b g^2(x) dx.$

(2) 根据柯西-施瓦兹不等式

$$\int_a^b [f(x) + g(x)]^2 dx = \int_a^b f^2(x) dx + 2 \int_a^b f(x) g(x) dx + \int_a^b g^2(x) dx$$

$$\leqslant \int_a^b f^2(x) dx + 2 \sqrt{\int_a^b f^2(x) dx} \sqrt{\int_a^b g^2(x) dx} + \int_a^b g^2(x) dx$$

$$= \left[\sqrt{\int_a^b f^2(x) dx} + \sqrt{\int_a^b g^2(x) dx} \right]^2$$

即 $\sqrt{\int_a^b [f(x) + g(x)]^2 dx} \leqslant \sqrt{\int_a^b f^2(x) dx} + \sqrt{\int_a^b g^2(x) dx}.$

(3) 证法 1：根据柯西-施瓦兹不等式

$$\int_a^b f(x) dx \cdot \int_a^b \frac{1}{f(x)} dx \geqslant \left[\int_a^b \sqrt{f(x)} \cdot \frac{1}{\sqrt{f(x)}} dx \right]^2 = (b-a)^2.$$

证法 2：令 $F(t) = \int_a^t f(x) dx \cdot \int_a^t \frac{1}{f(x)} dx - (t-a)^2, t \in [a, b].$

则 $F'(t) = f(t) \int_a^t \frac{1}{f(x)} dx + \frac{1}{f(t)} \int_a^t f(x) dx - 2(t-a) = \int_a^t \left[\frac{f(t)}{f(x)} + \frac{f(x)}{f(t)} \right] dx -$

$2(t-a)$，而 $\frac{f(t)}{f(x)} + \frac{f(x)}{f(t)} = \frac{f^2(t) + f^2(x)}{f(x) f(t)} \geqslant 2$，故 $F'(t) \geqslant 2 \int_a^t dx - 2(t-a) = 0$，即 $F(x)$

在 $[a, b]$ 上单调非减. 所以 $F(b) \geqslant F(a) = 0.$ 即不等式成立.

(4) 根据柯西-施瓦兹不等式，对 $\forall x \in [a, b]$，

$$f^2(x) = \left[\int_a^x f'(t) dt \right]^2 = \left[\int_a^x 1 \cdot f'(t) dt \right]^2 \leqslant \int_a^x 1 dx \cdot \int_a^x [f'(t)]^2 dt$$

$$= (x-a) \int_a^x [f'(t)]^2 dt \leqslant (x-a) \int_a^b [f'(t)]^2 dt$$

于是 $\int_a^b f^2(x) dx \leqslant \int_a^b (x-a) dx \cdot \int_a^b [f'(x)]^2 dx = \frac{(b-a)^2}{2} \int_a^b [f'(x)]^2 dx.$

例 20-33　设 $f(x)$ 在 $[0,1]$ 上有二阶连续导数，且 $f(0) = f'(0) = f'(1) = 0, f(1) = 1$，证明：$\max\limits_{x \in [0,1]} |f''(x)| \geqslant 4.$

分析：给定了 $f'(0), f'(1)$，则可利用 $f(x)$ 在 $x = 0$ 和 $x = 1$ 处的泰勒公式.

证：对 $\forall x \in [0,1]$，由泰勒公式，$\exists \xi_1, \xi_2 \in [0,1]$，使得

$$f(x) = f(0) + f'(0) x + \frac{1}{2} f''(\xi_1) x^2 = \frac{1}{2} f''(\xi_1) x^2,$$

$$f(x) = f(1) + f'(1)(x-1) + \frac{1}{2} f''(\xi_2)(x-1)^2 = 1 + \frac{1}{2} f''(\xi_2)(x-1)^2.$$

于是 $\frac{1}{2}f''(\xi_1)x^2 = 1 + \frac{1}{2}f''(\xi_2)(x-1)^2$，$f''(\xi_1)x^2 - f''(\xi_2)(x-1)^2 = 2$.

而 $2 = f''(\xi_1)x^2 - f''(\xi_2)(x-1)^2 \leqslant |f''(\xi_1)|x^2 + |f''(\xi_2)|(x-1)^2 \leqslant \max_{x \in [0,1]} |f''(x)| \cdot$

$[x^2 + (x-1)^2]$，$\forall x \in [0,1]$.

特别地，对 $x = \frac{1}{2}$，上述不等式成立，即 $2 \leqslant \frac{1}{2} \max_{x \in [0,1]} |f''(x)|$. 故 $\max_{x \in [0,1]} |f''(x)| \geqslant 4$.

例 20-34 设函数 $f(x)$ 在 $[a,b]$ 上具有二阶导数，$f'(a) = f'(b) = 0$，证明：存在 $\xi \in (a,b)$，使得 $|f''(\xi)| \geqslant \dfrac{4}{(b-a)^2}|f(b) - f(a)|$.

证：$f(x) = f(a) + \dfrac{f''(\xi_1)}{2}(x-a)^2 \ (a < \xi_1 < x)$，

$\qquad f(x) = f(b) + \dfrac{f''(\xi_2)}{2}(x-b)^2 \ (x < \xi_2 < b)$.

两式相减，得

$$f(b) - f(a) = \frac{f''(\xi_1)}{2}(x-a)^2 - \frac{f''(\xi_2)}{2}(x-b)^2,$$

$$|f(b) - f(a)| \leqslant \frac{|f''(\xi_1)|}{2}(x-a)^2 + \frac{|f''(\xi_2)|}{2}(x-b)^2.$$

令 $|f''(\xi)| = \max(|f''(\xi_1)|, |f''(\xi_2)|)$，则有

$$|f(b) - f(a)| \leqslant \frac{|f''(\xi)|}{2}[(x-a)^2 + (x-b)^2]$$

$$\leqslant \frac{|f''(\xi)|}{2} \min_{x \in [a,b]}[(x-a)^2 + (x-b)^2] \leqslant \frac{|f''(\xi)|}{4}(b-a)^2.$$

例 20-35 设函数 $f(x)$ 在 $[0,1]$ 上具有二阶导数，$f(0) = f(1) = 0$，$\max_{x \in [0,1]} f(x) = 2$，证明：$\min_{x \in [0,1]} f''(x) \leqslant -16$.

证：由题设，存在 $x_0 \in (0,1)$，使得 $f(x)$ 在 x_0 处取得最大值 2. 于是 $f'(x_0) = 0$. 由泰勒公式，

$$0 = f(0) = f(x_0) + \frac{f''(\xi_1)}{2}(0-x_0)^2 = 2 + \frac{f''(\xi_1)}{2}x_0^2 \ (0 < \xi_1 < x_0),$$

$$0 = f(1) = f(x_0) + \frac{f''(\xi_2)}{2}(1-x_0)^2 = 2 + \frac{f''(\xi_2)}{2}(1-x_0)^2 \ (x_0 < \xi_1 < 1).$$

$$f''(\xi_1) = -\frac{4}{x_0^2}, \quad f''(\xi_2) = -\frac{4}{(1-x_0)^2}.$$

$$\min_{x \in [0,1]} f''(x) \leqslant \min\{f''(\xi_1), f''(\xi_2)\} = \min\left\{-\frac{4}{x_0^2}, -\frac{4}{(1-x_0)^2}\right\}$$

$$= -4\max\left\{\frac{1}{x_0^2}, \frac{1}{(1-x_0)^2}\right\} = -4\left[\max\left\{\frac{1}{x_0}, \frac{1}{1-x_0}\right\}\right]^2$$

$$= -\frac{4}{[\min(x_0, 1-x_0)]^2} \leqslant -\frac{4}{\left(\frac{1}{2}\right)^2} = -16.$$

例 20-36 设函数 $f(x)$ 在 $[0, +\infty)$ 上具有二阶导数,且 $\lim\limits_{x \to +\infty} f(x)$ 存在,$f''(x)$ 在 $[0, +\infty)$ 上有界,证明: $\lim\limits_{x \to +\infty} f'(x) = 0$.

证:设 $|f''(x)| \leqslant A$. 对任意的 $x \in (0, +\infty)$,$h > 0$,由泰勒公式,

$$f(x+h) = f(x) + f'(x)h + \frac{f''(\xi)}{2}h^2 \quad (x < \xi < x+h),$$

$$|f'(x)| = \left| \frac{f(x+h) - f(x)}{h} - \frac{f''(\xi)}{2}h \right| \leqslant$$

$$\frac{1}{h}|f(x+h) - f(x)| + \left| \frac{f''(\xi)}{2} \right| h \leqslant \frac{1}{h}|f(x+h) - f(x)| + \frac{A}{2}h.$$

因为 $\lim\limits_{x \to +\infty} f(x)$ 存在,所以 $\lim\limits_{x \to +\infty}[f(x+h) - f(x)] = \lim\limits_{x \to +\infty} f(x+h) - \lim\limits_{x \to +\infty} f(x) = 0$.

$\lim\limits_{h \to 0} \lim\limits_{x \to +\infty} \left\{ \frac{1}{h}|f(x+h) - f(x)| + \frac{A}{2}h \right\} = \lim\limits_{h \to 0} \frac{A}{2}h = 0$,$\lim\limits_{h \to 0} \lim\limits_{x \to +\infty} |f'(x)| = 0$,

而 $|f'(x)|$ 与 h 无关,所以 $\lim\limits_{x \to +\infty} |f'(x)| = 0$. 故 $\lim\limits_{x \to +\infty} f'(x) = 0$.

例 20-37 证明: $(n-1)! < \mathrm{e}\left(\dfrac{n}{\mathrm{e}} \right)^n < n!$.

证:不等式可化为 $\sum\limits_{k=1}^{n-1} \ln k < 1 + n(\ln n - 1) < \sum\limits_{k=1}^{n} \ln k$. 考虑 $\int_1^n \ln x \, \mathrm{d}x = \sum\limits_{k=1}^{n-1} \int_k^{k+1} \ln x \, \mathrm{d}x$. 对任意的 $x \in [k, k+1]$,$k = 1, 2, \cdots, n-1$,$\ln k < \ln x < \ln(k+1)$. $\sum\limits_{k=1}^{n-1} \ln k < \sum\limits_{k=1}^{n-1} \int_k^{k+1} \ln x \, \mathrm{d}x < \sum\limits_{k=1}^{n-1} \ln(k+1) = \sum\limits_{k=1}^{n} \ln k$. 而 $\int_1^n \ln x \, \mathrm{d}x = x \ln x \Big|_1^n - \int_1^n \mathrm{d}x = n \ln n - n + 1$. 至此,不等式得证.

习 题 20

1. 设 $a > b > 0$,$n > 1$,证明: $nb^{n-1}(a-b) < a^n - b^n < na^{n-1}(a-b)$.

2. 设 $a > b > 0$,证明: $\dfrac{a-b}{a} < \ln \dfrac{a}{b} < \dfrac{a-b}{b}$.

3. 证明: $|\arctan a - \arctan b| \leqslant |a - b|$.

4. 证明:当 $x > 1$ 时,$1 - \dfrac{1}{x} < \ln x < x - 1$.

5. 设函数 $f(x)$,$g(x)$ 在 $[a, +\infty)$ 上可导,且 $|f'(x)| \leqslant |g'(x)|$,试证:当 $x \geqslant a$ 时,$|f(x) - f(a)| \leqslant |g(x) - g(a)|$.

6. 证明:(1) 当 $0 < x < \dfrac{\pi}{2}$ 时,$\dfrac{2}{\pi}x < \sin x < x$.

(2) $\dfrac{\pi}{2}\mathrm{e}^{-R} < \displaystyle\int_0^{\frac{\pi}{2}} \mathrm{e}^{-R\sin\theta} \, \mathrm{d}\theta < \dfrac{\pi}{2R}(1 - \mathrm{e}^{-R})$,$R > 0$.

(3) $\lim\limits_{R \to +\infty} \displaystyle\int_0^{\frac{\pi}{2}} \mathrm{e}^{-R\sin\theta} \, \mathrm{d}\theta = 0$.

7. 设 $a, b \geqslant 0$,证明:

(1) 当 $p > 1$ 时,$(a+b)^p \leqslant 2^{p-1}(a^p + b^p)$;

(2) 当 $0 < p < 1$ 时，$2^{p-1}(a^p + b^p) \leqslant (a+b)^p \leqslant a^p + b^p$.

8. 设函数 $f(x)$ 在 $(-\infty, +\infty)$ 内有二阶导数．且 $\lim\limits_{x \to 0} \dfrac{f(x)}{x} = 1$，$f''(x) > 0$．试证：当 $x \neq 0$ 时，$f(x) > x$．

9. 设在 $[a,b]$ 上，$f(a) \geqslant 0$，$f'(a) \geqslant 0$，$f''(x) > 0$．求证：

$$(b-a)f(a) < \int_a^b f(x)\mathrm{d}x < (b-a)\dfrac{f(a)+f(b)}{2}，并说明其几何意义．$$

10. 设 $f(x)$ 在 $[a,b]$ 上连续，求证：$\left(\int_a^b f(x)\mathrm{d}x \right)^2 \leqslant (b-a)\int_a^b f^2(x)\mathrm{d}x$．

11. 设 $f(x)$ 在 $[a,b]$ 上连续且严格递增，证明：$(a+b)\int_a^b f(x)\mathrm{d}x \leqslant 2\int_a^b x f(x)\mathrm{d}x$．

12. 设 $f(x)$ 在 $[a,b]$ 上二阶可导，且 $f(x) > 0$，$f''(x) < 0$，证明：$\dfrac{1}{b-a}\int_a^b f(x)\mathrm{d}x \geqslant \dfrac{1}{2}\max\limits_{x \in [a,b]} f(x)$．

（提示：设 $f(c) = \max\limits_{x \in [a,b]} f(x)$，$f(c) = f(x) + f'(x)(c-x) + \dfrac{1}{2}f''(\xi)(c-x)^2 < f(x) + f'(x)(c-x)$．）

第 **21** 讲

综合与应用例题

【例题】

例 21-1 求 $\lim\limits_{x \to +\infty} (x^{\frac{1}{x}} - 1)^{\frac{1}{\ln x}}$.

解：因为 $\lim\limits_{x \to +\infty} \dfrac{\ln x}{x} = \lim\limits_{x \to +\infty} \dfrac{1}{x} = 0$，所以 $\lim\limits_{x \to +\infty} x^{\frac{1}{x}} = e^0 = 1$. 故所求极限为 0^0 型未定式.

$$(x^{\frac{1}{x}})' = (e^{\frac{\ln x}{x}})' = e^{\frac{\ln x}{x}} \frac{1 - \ln x}{x^2}.$$

因为 $\lim\limits_{x \to +\infty} \dfrac{\ln(x^{\frac{1}{x}} - 1)}{\ln x} = \lim\limits_{x \to +\infty} \dfrac{(x^{\frac{1}{x}} - 1)'}{(x^{\frac{1}{x}} - 1)\frac{1}{x}} = \lim\limits_{x \to +\infty} e^{\frac{\ln x}{x}} \dfrac{1 - \ln x}{(x^{\frac{1}{x}} - 1)x} = \lim\limits_{x \to +\infty} \dfrac{1 - \ln x}{(x^{\frac{1}{x}} - 1)x}$

$= \lim\limits_{x \to +\infty} \dfrac{1 - \ln x}{(e^{\frac{\ln x}{x}} - 1)x} = \lim\limits_{x \to +\infty} \dfrac{1 - \ln x}{\frac{\ln x}{x} x} = \lim\limits_{x \to +\infty} \dfrac{1 - \ln x}{\ln x} = \lim\limits_{x \to +\infty} \dfrac{1}{\ln x} - 1 = -1.$

所以 $\lim\limits_{x \to +\infty} (x^{\frac{1}{x}} - 1)^{\frac{1}{\ln x}} = e^{-1} = \dfrac{1}{e}$.

例 21-2 （1）比较 $\int_0^1 |\ln t| [\ln(1+t)]^n \mathrm{d}t$ 与 $\int_0^1 t^n |\ln t| \mathrm{d}t \, (n = 1, 2, \cdots)$ 的大小，并说明理由；（2）记 $u_n = \int_0^1 |\ln t| [\ln(1+t)]^n \mathrm{d}t \, (n = 1, 2, \cdots)$，求极限 $\lim\limits_{n \to \infty} u_n$.

解：（1）因为 $0 < \ln(1+t) < t, t > 0$，所以 $0 < \int_0^1 |\ln t| [\ln(1+t)]^n \mathrm{d}t < \int_0^1 t^n |\ln t| \mathrm{d}t$.

（2）$\int_0^1 t^n |\ln t| \mathrm{d}t = -\int_0^1 t^n \ln t \, \mathrm{d}t = -\dfrac{1}{n+1} \int_0^1 \ln t \, \mathrm{d}t^{n+1}$

$= -\dfrac{1}{n+1} \left[t^{n+1} \ln t \Big|_0^1 - \int_0^1 t^n \mathrm{d}t \right] = \dfrac{1}{n+1} \left(\lim\limits_{t \to 0^+} t^{n+1} \ln t + \dfrac{1}{n+1} \right).$

而 $\lim\limits_{t \to 0^+} t^{n+1} \ln t \xlongequal{t = \frac{1}{u}} -\lim\limits_{u \to +\infty} \dfrac{\ln u}{u^{n+1}} = \lim\limits_{u \to +\infty} \dfrac{1}{(n+1)u^{n+1}} = 0$，故 $\int_0^1 t^n |\ln t| \mathrm{d}t = \dfrac{1}{(n+1)^2}$，

$\lim\limits_{n \to \infty} \int_0^1 t^n |\ln t| \mathrm{d}t = \lim\limits_{n \to \infty} \dfrac{1}{(n+1)^2} = 0$. 由（1）及夹逼准则可知 $\lim\limits_{n \to \infty} u_n = 0$.

例 21-3 计算 $\int_0^1 \dfrac{x^b - x^a}{\ln x} \mathrm{d}x \, (a, b > 0)$.

解：$\int_0^1 \dfrac{x^b-x^a}{\ln x}\mathrm{d}x = \int_0^1 \left(\int_a^b x^t\,\mathrm{d}t\right)\mathrm{d}x = \int_a^b \mathrm{d}t \int_0^1 x^t\,\mathrm{d}x = \int_a^b \left[\dfrac{x^{t+1}}{t+1}\right]_0^1 \mathrm{d}t = \int_a^b \dfrac{\mathrm{d}t}{t+1}$

$$= \ln(t+1)\Big|_a^b = \ln\dfrac{b+1}{a+1}.$$

例 21-4 求函数 $f(x)=\int_1^{x^2}(x^2-t)\,\mathrm{e}^{-t^2}\,\mathrm{d}t$ 的单调区间与极值.

解：$f(x)=x^2\int_1^{x^2}\mathrm{e}^{-t^2}\,\mathrm{d}t - \int_1^{x^2} t\mathrm{e}^{-t^2}\,\mathrm{d}t.$ $f'(x)=2x\int_1^{x^2}\mathrm{e}^{-t^2}\,\mathrm{d}t.$ 解 $f'(x)=0$ 得驻点 $x=0$, ± 1. 当 $x<-1$ 时,$f'(x)<0$；当 $-1<x<0$ 时,$f'(x)>0$；当 $0<x<1$ 时,$f'(x)<0$；当 $x>1$ 时,$f'(x)>0$. 由此可知,单调增加区间为 $[-1,0]$ 和 $[1,+\infty)$；单调减少区间为 $(-\infty,-1]$ 和 $[0,1]$. 极小值点为 $x=\pm 1$,极小值为 $f(\pm 1)=0$；极大值点为 $x=0$,极大值为 $f(0)=\int_0^1 t\mathrm{e}^{-t^2}\,\mathrm{d}t = \dfrac{1}{2}\int_0^1 \mathrm{e}^{-t^2}\,\mathrm{d}t^2 = -\dfrac{1}{2}\mathrm{e}^{-t^2}\Big|_0^1 = \dfrac{1}{2}\left(1-\dfrac{1}{\mathrm{e}}\right).$

例 21-5 设函数 $f(x)=\int_0^1 |t^2-x^2|\,\mathrm{d}t\,(x>0)$,求 $f'(x)$ 及 $f(x)$ 的最小值.

解：当 $0<x<1$ 时,$f(x)=\int_0^x (x^2-t^2)\,\mathrm{d}t + \int_x^1 (t^2-x^2)\,\mathrm{d}t = \dfrac{4}{3}x^3 - x^2 + \dfrac{1}{3}.$

当 $x\geqslant 1$ 时,$f(x)=\int_0^1 (x^2-t^2)\,\mathrm{d}t = x^2 - \dfrac{1}{3}.$

$$f'(x)=\begin{cases} 4x^2-2x, & 0<x<1 \\ 2x, & x>1 \end{cases}.$$

由导数的定义可知,$f'(1)=2$,故

易知 $f'(x)<0$,$x\in\left(0,\dfrac{1}{2}\right)$；$f'(x)>0$,$x\in\left(\dfrac{1}{2},+\infty\right)$. 故 $f(x)$ 的最小值为 $f\left(\dfrac{1}{2}\right)=\dfrac{1}{4}.$

例 21-6 设函数 $y=f(x)$ 由方程 $y^3+x^2y+xy^2+6=0$ 确定,求 $f(x)$ 的极值.

解：$3y^2y' + 2xy + x^2y' + y^2 + 2xyy' = 0.$ 解 $\begin{cases} y^3+x^2y+xy^2+6=0 \\ y'=0 \end{cases}$,即

$\begin{cases} y^3+x^2y+xy^2+6=0 \\ 2xy+y^2=0 \end{cases}$,得 $x=1,y=-2$.

对方程 $3y^2y'+2xy+x^2y'+y^2+2xyy'=0$ 求导,得

$6yy'^2 + 3y^2y'' + 2y + 2xy' + 2xy' + x^2y'' + 2yy' + 2yy' + 2xy'^2 + 2xyy''=0.$

将 $x=1,y=-2,y'=0$ 代入,得 $y''=\dfrac{4}{9}>0$. 故 $f(x)$ 在 $x=1$ 取得极小值 -2.

例 21-7 设函数 $f(x)$ 连续,且 $\lim\limits_{x\to 0}\dfrac{f(x)}{x}=2$,$\varphi(x)=\int_0^1 f(xt)\,\mathrm{d}t$,求 $\varphi'(x)$ 并讨论 $\varphi'(x)$ 的连续性.

解：由题设,知 $f(0)=\lim\limits_{x\to 0}f(x)=\lim\limits_{x\to 0}x\,\dfrac{f(x)}{x}=\lim\limits_{x\to 0}x\cdot\lim\limits_{x\to 0}\dfrac{f(x)}{x}=0\cdot 2=0,$

$$f'(0)=\lim_{x\to 0}\frac{f(x)-f(0)}{x}=\lim_{x\to 0}\frac{f(x)}{x}=2.$$

令 $u=xt$，则 $\varphi(x)=\begin{cases}\dfrac{1}{x}\displaystyle\int_0^x f(u)\mathrm{d}u, & x\neq 0\\[2mm] f(0)=0, & x=0\end{cases}.$

当 $x\neq 0$ 时，$\varphi'(x)=\dfrac{1}{x}f(x)-\dfrac{1}{x^2}\displaystyle\int_0^x f(u)\mathrm{d}u,$

$$\varphi'(0)=\lim_{x\to 0}\frac{\varphi(x)-\varphi(0)}{x}=\lim_{x\to 0}\frac{\int_0^x f(u)\mathrm{d}u}{x^2}=\lim_{x\to 0}\frac{f(x)}{2x}=1.$$

于是 $\varphi'(x)=\begin{cases}\dfrac{1}{x}f(x)-\dfrac{1}{x^2}\displaystyle\int_0^x f(u)\mathrm{d}u, & x\neq 0\\[2mm] 1, & x=0\end{cases}.$

显然，$\varphi'(x)$ 在 $x\neq 0$ 处连续.

$$\lim_{x\to 0}\varphi'(x)=\lim_{x\to 0}\left[\frac{1}{x}f(x)-\frac{1}{x^2}\int_0^x f(u)\mathrm{d}u\right]$$

$$=2-\lim_{x\to 0}\frac{\int_0^x f(u)\mathrm{d}u}{x^2}=2-\lim_{x\to 0}\frac{f(x)}{2x}=2-1=1=\varphi'(0).$$

所以，$\varphi'(x)$ 在 $x=0$ 处连续，从而在 $(-\infty,+\infty)$ 连续.

例 21-8 设函数 $y=f(x)$ 由方程 $y-x=\mathrm{e}^{x(1-y)}$ 确定，则 $\lim\limits_{n\to\infty}n\left[f\left(\dfrac{1}{n}\right)-1\right]=$ _____.

解：易知，$f(0)=1$. $y-x=\mathrm{e}^{x(1-y)}$ 的两边求对 x 的导数，得 $y'-1=\mathrm{e}^{x(1-y)}(1-y-xy')$. 将 $y\big|_{x=0}=f(0)=1$ 代入，得 $y'\big|_{x=0}=f'(0)=1$.

$$\lim_{n\to\infty}n\left[f\left(\frac{1}{n}\right)-1\right]=\lim_{n\to\infty}\frac{f\left(\frac{1}{n}\right)-f(0)}{\frac{1}{n}}=f'(0)=1.$$

例 21-9 证明：

(1) 设函数 $f(x)$ 在 $[0,+\infty)$ 上连续，且 $f(x)>0$，则 $F(x)=\dfrac{\displaystyle\int_0^x tf(t)\mathrm{d}t}{\displaystyle\int_0^x f(t)\mathrm{d}t}$ 在 $[0,+\infty)$

上单调增加；

(2) 设函数 $f(x)$ 在 $[0,+\infty)$ 上单调增加、连续，且 $f(x)>0$，则 $F(x)=\dfrac{1}{x}\displaystyle\int_0^x f(t)\mathrm{d}t$

在 $[0,+\infty)$ 上单调增加.

证：(1) $F'(x)=\dfrac{xf(x)\displaystyle\int_0^x f(t)\mathrm{d}t-f(x)\displaystyle\int_0^x tf(t)\mathrm{d}t}{\left[\displaystyle\int_0^x f(t)\mathrm{d}t\right]^2}$

$$= \frac{f(x)\left[x\int_0^x f(t)\,\mathrm{d}t - \int_0^x tf(t)\,\mathrm{d}t\right]}{\left[\int_0^x f(t)\,\mathrm{d}t\right]^2}.$$

因为当 $x > 0$ 时，$\int_0^x tf(t)\,\mathrm{d}t < \int_0^x xf(t)\,\mathrm{d}t = x\int_0^x f(t)\,\mathrm{d}t$，从而 $F'(x) > 0$，所以 $F(x)$ 在 $[0, +\infty)$ 上单调增加.

(2) $F'(x) = \dfrac{xf(x) - \int_0^x f(t)\,\mathrm{d}t}{x^2}$. 因为函数 $f(x)$ 在 $[0, +\infty)$ 上单调增加、连续，且 $f(x) > 0$，所以 $\int_0^x f(t)\,\mathrm{d}t < xf(x)$，从而 $F'(x) > 0$，所以 $F(x)$ 在 $[0, +\infty)$ 上单调增加.

例 21-10 设函数 $f(x)$ 在 $(-\infty, +\infty)$ 内连续，$F(x) = \int_0^x (x - 2t)f(t)\,\mathrm{d}t$. 试证：
(1) 若 $f(x)$ 为偶函数，则 $F(x)$ 也是偶函数；(2) 若 $f(x)$ 单调不增，则 $F(x)$ 单调不减.

证：$F(x) = x\int_0^x f(t)\,\mathrm{d}t - 2\int_0^x tf(t)\,\mathrm{d}t$. $F'(x) = \int_0^x f(t)\,\mathrm{d}t - xf(x)$.

(1) 若 $f(x)$ 为偶函数，则 $F(-x) = -x\int_0^{-x} f(t)\,\mathrm{d}t - 2\int_0^{-x} tf(t)\,\mathrm{d}t$

$$\xlongequal{t = -u} x\int_0^x f(-u)\,\mathrm{d}u - 2\int_0^x uf(-u)\,\mathrm{d}u = x\int_0^x f(u)\,\mathrm{d}u - 2\int_0^x uf(u)\,\mathrm{d}u = F(x).$$

即 $F(x)$ 是偶函数.

(2) 若 $f(x)$ 单调不增，则当 $x \geqslant 0$ 时，$\int_0^x f(t)\,\mathrm{d}t \geqslant xf(x)$. 而当 $x < 0$ 时，
$\int_x^0 f(t)\,\mathrm{d}t \leqslant -xf(x)$，$\int_0^x f(t)\,\mathrm{d}t \geqslant xf(x)$. 因而有 $F'(x) \geqslant 0$，故 $F(x)$ 单调不减.

例 21-11 已知 $\lim\limits_{x \to a} \dfrac{f(x) - f(a)}{(x - a)^2} = 1$，则对函数 $y = f(x)$ 及其图形，下列各项不正确的是( ).

(A) $x = a$ 是连续点
(B) $x = a$ 是驻点
(C) $x = a$ 是极值点
(D) $(a, f(a))$ 是拐点

解：由题设，知 $\lim\limits_{x \to a} f(x) = f(a)$；$f'(a) = \lim\limits_{x \to a} \dfrac{f(x) - f(a)}{x - a} = 0$；当 $|x - a|$ 很小时，$f(x) > f(a)$. 综上可知，应选(D).

例 21-12 设 $f(x)$ 在 $x = 0$ 的某个邻域内连续，$\lim\limits_{x \to 0} \dfrac{f(x)}{1 - \cos x} = 2$，则( ).

(A) $f'(0)$ 不存在
(B) $f'(0)$ 存在且 $f'(0) \neq 0$
(C) $f(0)$ 是极大值
(D) $f(0)$ 是极小值

解：$\lim\limits_{x \to 0} \dfrac{f(x)}{1 - \cos x} = 2$，$\lim\limits_{x \to 0} \dfrac{f(x)}{x^2} = 2$，$\lim\limits_{x \to 0} \dfrac{f(x)}{x^2} = 1$，$f(0) = \lim\limits_{x \to 0} f(x) = \lim\limits_{x \to 0} x^2 \cdot \dfrac{f(x)}{x^2} = 0$，

$f'(0) = \lim\limits_{x \to 0} \dfrac{f(x)}{x} = 0$.

又由 $\lim\limits_{x \to 0} \dfrac{f(x)}{x^2} = 2 > 0$ 知，当 $|x|$ 很小时，$f(x) > 0$. 所以 $f(0)$ 是极小值. 即应选(D).

例 21-13　设 $f'(x_0)=f''(x_0)=0,f'''(x_0)>0$,则(　　).

(A) $f(x_0)$ 是 $f(x)$ 的极大值　　　　　　(B) $f(x_0)$ 是 $f(x)$ 的极小值

(C) $f'(x_0)$ 是 $f'(x)$ 的极大值　　　　　(D) $(x_0,f(x_0))$ 是拐点

解：考虑 $y=f'(x)$. 因为 $y'\big|_{x=x_0}=f''(x_0)=0,y''\big|_{x=x_0}=f'''(x_0)>0$,所以 $y=f'(x)$ 在 $x=x_0$ 处取得极小值. 于是,$f'(x)\geqslant0$. 由此可知,(A)(B)(C)都不对,如 $f(x)=x^3$. 这样,只剩下了(D). 对于(D),因为 $f'''(x_0)=\lim\limits_{x\to x_0}\dfrac{f''(x)-f''(x_0)}{x-x_0}>0$,所以,在 x_0 的某个邻域内,有 $\dfrac{f''(x)-f''(x_0)}{x-x_0}>0$,于是,在 x_0 的某个邻域内的左右两侧,$f''(x)$ 异号,因而 $(x_0,f(x_0))$ 是拐点,即(D)正确.

例 21-14　已知 $f(x)$ 在 $\left[0,\dfrac{3\pi}{2}\right]$ 上连续,在 $\left(0,\dfrac{3\pi}{2}\right)$ 内是函数 $\dfrac{\cos x}{2x-3\pi}$ 的一个原函数,$f(0)=0$,

(1) 求 $f(x)$ 在区间 $\left[0,\dfrac{3\pi}{2}\right]$ 上的平均值;

(2) 证明 $f(x)$ 在区间 $\left(0,\dfrac{3\pi}{2}\right)$ 内存在唯一零点.

解：(1) $f(x)=f(0)+\displaystyle\int_0^x\dfrac{\cos t}{2t-3\pi}\mathrm{d}t=\int_0^x\dfrac{\cos t}{2t-3\pi}\mathrm{d}t$.

$f(x)$ 在 $\left[0,\dfrac{3\pi}{2}\right]$ 上的平均值为 $\bar f=\dfrac{2}{3\pi}\displaystyle\int_0^{\frac{3\pi}{2}}f(x)\mathrm{d}x=\dfrac{2}{3\pi}\int_0^{\frac{3\pi}{2}}\mathrm{d}x\int_0^x\dfrac{\cos t}{2t-3\pi}\mathrm{d}t$. 交换积分次序,得

$$\bar f=\dfrac{2}{3\pi}\int_0^{\frac{3\pi}{2}}\mathrm{d}t\int_t^{\frac{3\pi}{2}}\dfrac{\cos t}{2t-3\pi}\mathrm{d}x=\dfrac{2}{3\pi}\int_0^{\frac{3\pi}{2}}\dfrac{\cos t}{2t-3\pi}\left(\dfrac{3\pi}{2}-t\right)\mathrm{d}t=-\dfrac{1}{3\pi}\int_0^{\frac{3\pi}{2}}\cos t\,\mathrm{d}t=\dfrac{1}{3\pi}.$$

(2) $f'(x)=\dfrac{\cos x}{2x-3\pi}$. 解 $f'(x)=0$ 得 $x=\dfrac{\pi}{2}$. 当 $0<x<\dfrac{\pi}{2}$ 时,$f'(x)<0$; 当 $\dfrac{\pi}{2}<x<\dfrac{3\pi}{2}$ 时,$f'(x)>0$. 故 $f(x)$ 在 $\left[0,\dfrac{\pi}{2}\right]$ 上单调减少,在 $\left[\dfrac{\pi}{2},\dfrac{3\pi}{2}\right]$ 上单调增加. 因为 $f(0)=0$,所以当 $0<x<\dfrac{\pi}{2}$ 时,$f(x)<0$. 又因为 $\displaystyle\int_0^{\frac{3\pi}{2}}f(x)\mathrm{d}x=\dfrac{3\pi}{2}\bar f=\dfrac{1}{2}>0$,所以必存在一点 $x_0\in\left(\dfrac{\pi}{2},\dfrac{3\pi}{2}\right)$,使得 $f(x_0)>0$. 故 $f(x)$ 在区间 $\left(\dfrac{\pi}{2},x_0\right)\subset\left(\dfrac{\pi}{2},\dfrac{3\pi}{2}\right)$ 内有零点. 又由单调性可知,$f(x)$ 在区间 $\left(0,\dfrac{3\pi}{2}\right)$ 内存在唯一零点.

例 21-15　设函数 $f(x)$ 连续且满足 $\displaystyle\int_0^x f(x-t)\mathrm{d}t=\int_0^x(x-t)f(t)\mathrm{d}t+\mathrm{e}^{-x}-1$,求 $f(x)$.

解：$\displaystyle\int_0^x f(x-t)\mathrm{d}t\xlongequal{u=x-t}-\int_x^0 f(u)\mathrm{d}u=\int_0^x f(u)\mathrm{d}u=\int_0^x f(t)\mathrm{d}t$. 于是,有

$$\int_0^x f(t)\mathrm{d}t=x\int_0^x f(t)\mathrm{d}t-\int_0^x t f(t)\mathrm{d}t+\mathrm{e}^{-x}-1.$$

两边求导,得 $f(x)=\displaystyle\int_0^x f(t)\mathrm{d}t+x f(x)-x f(x)-\mathrm{e}^{-x}=\int_0^x f(t)\mathrm{d}t-\mathrm{e}^{-x}$. 且知 $f(0)=-1$.

再求导,得 $f'(x)=f(x)+\mathrm{e}^{-x}$. 这是一阶线性微分方程,解之,得

$$f(x)=\mathrm{e}^{\int\mathrm{d}x}\left(\int\mathrm{e}^{-x}\mathrm{e}^{-\int\mathrm{d}x}\mathrm{d}x+C\right)=\mathrm{e}^{x}\left(\int\mathrm{e}^{-2x}\mathrm{d}x+C\right)=\mathrm{e}^{x}\left(-\frac{1}{2}\mathrm{e}^{-2x}+C\right)=-\frac{1}{2}\mathrm{e}^{-x}+C\mathrm{e}^{x}.$$

将 $f(0)=-1$ 代入,得 $C=-\dfrac{1}{2}$. 于是,得 $f(x)=-\dfrac{\mathrm{e}^{x}+\mathrm{e}^{-x}}{2}$.

例 21-16　已知曲线 $L:\begin{cases}x=f(t)\\y=\cos t\end{cases}\left(0\leqslant t<\dfrac{\pi}{2}\right)$,其中函数

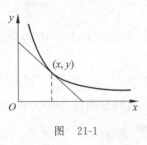

图　21-1

$f(t)$ 具有连续导数,且 $f(0)=0,f'(t)>0\left(0\leqslant t<\dfrac{\pi}{2}\right)$,如图 21-1 所示,若曲线 L 的切线与 x 轴的交点到切点的距离恒为 1,求函数 $f(t)$ 的表达式,并求此曲线 L 与 x 轴及 y 轴围成的无边界区域的面积.

解:设切点为 (x,y),曲线 L 在该点处切线的斜率为 $k=\dfrac{\mathrm{d}y}{\mathrm{d}x}=\dfrac{-\sin t}{f'(t)}<0$,由题设,有

$k=\dfrac{\mathrm{d}y}{\mathrm{d}x}=-\dfrac{y}{\sqrt{1-y^2}}$,即 $-\dfrac{\sin t}{f'(t)}=-\dfrac{\cos t}{\sqrt{1-\cos^2 t}}$,$f'(t)=\dfrac{\sin^2 t}{\cos t}=\sec t-\cos t$. $f(t)=$
$\ln|\sec t+\tan t|-\sin t+C$. 因为 $f(0)=0$,所以 $C=0$. $f(t)=\ln|\sec t+\tan t|-\sin t$. $\lim\limits_{t\to\frac{\pi}{2}}$
$f(t)=+\infty$. 曲线 L 与 x 轴及 y 轴围成的无边界区域的面积为

$$S=\int_0^{+\infty}y(x)\mathrm{d}x=\int_0^{\frac{\pi}{2}}f'(t)\cos t\,\mathrm{d}t=\int_0^{\frac{\pi}{2}}(\sec t-\cos t)\cos t\,\mathrm{d}t$$

$$=\int_0^{\frac{\pi}{2}}\sin^2 t\,\mathrm{d}t=\int_0^{\frac{\pi}{2}}\dfrac{1-\cos 2t}{2}\mathrm{d}t=\dfrac{\pi}{4}.$$

例 21-17　一光滑曲线 $y=f(x)$ 过点 $\left(2,\dfrac{2}{9}\right)$. 由曲线 $y=f(x)$,直线 $x=1,x=t(t>1)$ 与 x 轴所围成的平面图形绕 x 轴旋转而成的旋转体的体积为 $v(t)=\dfrac{\pi}{3}\left[t^2 f(t)-f(1)\right]$,求 $y=f(x)$ 的表达式.

解:由题设,$\pi\int_1^t f^2(x)\mathrm{d}x=\dfrac{\pi}{3}\left[t^2 f(t)-f(1)\right]$. 两边求导并整理,得 $f'(t)=\dfrac{3}{t^2}f^2(t)-$
$\dfrac{2}{t}f(t)$,即 $y'+\dfrac{2}{t}y=\dfrac{3}{t^2}y^2$. 这是伯努利方程. $y^{-2}y'+\dfrac{2}{t}y^{-1}=\dfrac{3}{t^2}$. 令 $z=y^{-1}$,则 $z'=$
$-y^{-2}y'$. 代入方程,得 $z'-\dfrac{2}{t}z=-\dfrac{3}{t^2}$. 其通解为

$$z=\mathrm{e}^{\int\frac{2}{t}\mathrm{d}t}\left(\int\left(-\dfrac{3}{t^2}\right)\mathrm{e}^{-\int\frac{2}{t}\mathrm{d}t}\mathrm{d}t+C\right)=t^2\left(\int\left(-\dfrac{3}{t^4}\right)\mathrm{d}t+C\right)=t^2\left(\dfrac{1}{t^3}+C\right)=\dfrac{1+Ct^3}{t}.$$

即 $y=\dfrac{t}{1+Ct^3}$. 由 $f(2)=\dfrac{2}{9}$ 知,$C=1$. 所以 $f(t)=\dfrac{t}{1+t^3}$,$f(x)=\dfrac{x}{1+x^3}$.

例 21-18　设函数 $f(x)$ 在闭区间 $[0,1]$ 上连续,在开区间 $(0,1)$ 内大于零,并满足 $xf'(x)=f(x)+\dfrac{3a}{2}x^2$($a$ 为常数),又曲线 $y=f(x)$ 与 $x=1,y=0$ 所围成的图形 S 的面积

为 2,求函数 $y=f(x)$,并讨论当 a 为何值时,图形 S 绕 x 轴旋转一周所得的旋转体的体积最小.

解: $xf'(x)=f(x)+\dfrac{3a}{2}x^2$ 可化为 $y'-\dfrac{1}{x}y=\dfrac{3a}{2}x$,其通解为

$$y=e^{\int \frac{1}{x}dx}\left(\int \frac{3a}{2}x e^{-\int \frac{1}{x}dx}dx+C\right)=x\left(\frac{3a}{2}x+C\right)=\frac{3a}{2}x^2+Cx.$$

即 $f(x)=\dfrac{3a}{2}x^2+Cx$. 显然,曲线过原点. 由题设,知 $\int_0^1\left(\dfrac{3a}{2}x^2+Cx\right)dx=2$,即 $\dfrac{a+C}{2}=2$,

$C=4-a$. 于是 $f(x)=\dfrac{3a}{2}x^2+(4-a)x$.

图形 S 绕 x 轴旋转一周所得的旋转体的体积为

$$\begin{aligned}
V&=\pi\int_0^1 f^2(x)dx=\pi\int_0^1\left[\frac{3a}{2}x^2+(4-a)x\right]^2 dx\\
&=\pi\int_0^1\left[\frac{9a^2}{4}x^4+3a(4-a)x^3+(4-a)^2x^2\right]dx\\
&=\pi\left[\frac{9a^2}{20}+\frac{3}{4}a(4-a)+\frac{1}{3}(4-a)^2\right]=\pi\left(\frac{a^2}{30}+\frac{a}{3}+\frac{16}{3}\right).
\end{aligned}$$

$V'(a)=\pi\left(\dfrac{a}{15}+\dfrac{1}{3}\right),V''(a)=\dfrac{\pi}{15}>0.$ 解 $V'(a)=0$ 得 $a=-5.$ 即当 $a=-5$ 时旋转体的体积最小.

例 21-19　已知某车间的容积为 $30\times30\times6m^3$,其中的空气含 0.12% 的 CO_2(以容积计),现以含 0.04% CO_2 的新鲜空气输入. 假设输入的新鲜空气与原有空气迅速混合均匀后,以相同的流量排出. 问每分钟应输入多少含 0.04% CO_2 的新鲜空气,才能在 30 分钟后使车间空气中的 CO_2 含量不超过 0.06%?

解: 设 t 时刻车间里 CO_2 含量百分比为 y,输入含 0.04% CO_2 的新鲜空气的速度为 v,则车间里 CO_2 含量的变化率为 $30\times30\times6\dfrac{dy}{dt}$,而 CO_2 的输入量的变化率为 0.04%v,排出量的变化率为 yv. 因而有 $30\times30\times6\dfrac{dy}{dt}=0.04\%v-yv$. 令 $p=\dfrac{v}{30\times30\times6},q=0.04\%p$,则有微分方程 $\dfrac{dy}{dt}+py=q$. 其通解为

$$y=e^{-\int pdt}\left(\int q e^{\int pdt}dt+C\right)=e^{-pt}\left(q\int e^{pt}dt+C\right)=e^{-pt}\left(\frac{q}{p}e^{pt}+C\right)=Ce^{-pt}+\frac{q}{p}.$$

因为 $y\big|_{t=0}=0.12\%$,所以 $C=0.08\%$. 于是,$y=0.08\%e^{-pt}+0.04\%$. 当 $t=30,y=0.06\%$ 时,$p=\dfrac{\ln4}{30}=\dfrac{\ln2}{15},v=30\times30\times6p=360\ln2$. 即每分钟至少应输入 $360\ln2m^3$ 含 0.04% CO_2 的新鲜空气,才能在 30 分钟后使车间空气中的 CO_2 含量不超过 0.06%.

例 21-20　设对任意 $x>0$,曲线 $y=f(x)$ 上点 $(x,f(x))$ 处的切线在 y 轴上的截距等于 $\dfrac{1}{x}\int_0^x f(t)dt$,求 $f(x)$ 的一般表达式.

解: 曲线 $y=f(x)$ 上点 $(x,f(x))$ 处的切线方程为 $Y-f(x)=f'(x)(X-x)$. 其在 y

轴上的截距为 $Y = f(x) - xf'(x)$. 由题设,知 $f(x) - xf'(x) = \dfrac{1}{x}\displaystyle\int_0^x f(t)\mathrm{d}t.\ xf(x) - x^2 f'(x) = \displaystyle\int_0^x f(t)\mathrm{d}t$. 两边求导,得 $f(x) + xf'(x) - 2xf'(x) - x^2 f''(x) = f(x)$.

$f'(x) + xf''(x) = 0,\ [xf'(x)]' = 0.\ xf'(x) = C_1.\ f'(x) = \dfrac{C_1}{x}.\ f(x) = C_1\ln x + C_2$.

例 21-21 (1) 设函数 $y(x)\,(x\geqslant 0)$可导且 $y'(x)>0,y(0)=1$. 曲线 $y=y(x)$上任意一点 $P(x,y)$的切线与 x 轴的交点为$(x-1,0)$,求曲线 $y=y(x)$的方程.

(2) 设函数 $y(x)\,(x\geqslant 0)$二阶可导且 $y'(x)>0,y(0)=1$. 曲线 $y=y(x)$上任意一点 $P(x,y)$的切线及到 x 轴的垂线与 x 轴所围成的三角形的面积记为 S_1,区间$[0,x]$上以 $y=y(x)$为曲边的曲边梯形的面积为 S_2,且 $2S_1-S_2$ 恒为 1,求曲线 $y=y(x)$的方程.

解:(1) 曲线 $y=y(x)$上任意一点 $P(x,y)$的切线方程为 $Y-y(x)=y'(x)(X-x)$,其与 x 轴的交点的横坐标为 $x-\dfrac{y(x)}{y'(x)}$. 由题设,知 $\dfrac{y}{y'}=1$. 其通解为 $y=Ce^x$. 由 $y(0)=1$知,$C=1$. 于是,曲线 $y=y(x)$的方程为 $y=e^x$.

(2) 曲线 $y=y(x)$上任意一点 $P(x,y)$的切线方程为 $Y-y(x)=y'(x)(X-x)$,其在 x 轴上的截距为 $x-\dfrac{y(x)}{y'(x)}$. 由题设知 $S_1=\dfrac{1}{2}\dfrac{y^2}{y'}.\ 2S_1-S_2=\dfrac{y^2}{y'}-\displaystyle\int_0^x y(t)\mathrm{d}t=1$. 对 $\dfrac{y^2}{y'}-\displaystyle\int_0^x y(t)\mathrm{d}t=1$ 两边求导数,得 $\dfrac{2yy'^2-y^2y''}{y'^2}-y=0,\ \dfrac{yy'^2-y^2y''}{y'^2}=0,\ \dfrac{y'^2-yy''}{y'^2}=0$,

$\left(\dfrac{y}{y'}\right)'=0,\dfrac{y}{y'}=C_1$. 其通解为 $y=C_2 e^{C_1 x}$. 由 $y(0)=1$知,$C_2=1$. 于是 $y=e^{C_1 x}.\ y'=C_1 e^{C_1 x}$. 在 $\dfrac{y^2}{y'}-\displaystyle\int_0^x y(t)\mathrm{d}t=1$ 中令 $x=0$ 得 $y'\big|_{x=0}=1$. 代入 $y'=C_1 e^{C_1 x}$ 中得 $C_1=1$. 故得曲线 $y=y(x)$ 的方程为 $y=e^x$.

例 21-22 设数列 $\{a_n\}$满足条件:$a_0=3,a_1=1,a_{n-2}-n(n-1)a_n=0\,(n\geqslant 2),S(x)=\displaystyle\sum_{n=0}^{\infty}a_n x^n$,(1) 证明:$S''(x)-S(x)=0$;(2) 求 $S(x)$ 的表达式.

解:(1) $S'(x)=\displaystyle\sum_{n=1}^{\infty}na_n x^{n-1},S''(x)=\displaystyle\sum_{n=2}^{\infty}n(n-1)a_n x^{n-2}=\displaystyle\sum_{n=2}^{\infty}a_{n-2}x^{n-2}=\displaystyle\sum_{n=0}^{\infty}a_n x^n=S(x)$,即 $S''(x)-S(x)=0$.

(2) 方程 $S''(x)-S(x)=0$ 的特征根为 $r_{1,2}=\pm 1$,其通解为 $S(x)=C_1 e^x+C_2 e^{-x}$. $S'(x)=C_1 e^x-C_2 e^{-x}$. 由题设,$S(0)=a_0=3,S'(0)=a_1=1$,于是有 $C_1+C_2=3,C_1-C_2=1$. 解之,得 $C_1=2,C_2=1.\ S(x)=2e^x+e^{-x}$.

第 22 讲

难 题 选 解

例 22-1 证明：若 $f(x)$ 在 $(-\infty, +\infty)$ 内连续，$\lim\limits_{x\to\infty} f(x)$ 存在， 则 $f(x)$ 必在 $(-\infty, +\infty)$ 内有界.

证：令 $\lim\limits_{x\to\infty} f(x) = A$，则给定 $\varepsilon > 0$，$\exists X > 0$，当 $|x| > X$ 时，有 $A - \varepsilon < f(x) < A + \varepsilon$. 又 $f(x)$ 是 $[-X, X]$ 上的连续函数，根据有界性定理，$\exists M_1 > 0$ 使得 $|f(x)| \leqslant M_1$，$x \in [-X, X]$. 取 $M = \max\{|A + \varepsilon|, |A - \varepsilon|, M_1\}$，则 $|f(x)| \leqslant M$，$x \in (-\infty, \infty)$.

例 22-2 设函数 $f(x)$ 在 $[a, b]$ 上连续，$f(a) = f(b) = 0$，$f'_+(a) \cdot f'_-(b) > 0$，证明：在 (a, b) 内至少存在一点 ξ，使得 $f(\xi) = 0$.

证：不妨设 $f'_+(a) > 0$，$f'_-(b) > 0$.

因为 $f'_+(a) = \lim\limits_{x\to a^+} \dfrac{f(x) - f(a)}{x - a}$，$f'_-(b) = \lim\limits_{x\to b^-} \dfrac{f(x) - f(b)}{x - b}$，所以 $\exists \delta > 0$，当 $a < x < a + \delta$ 时，$\dfrac{f(x) - f(a)}{x - a} > 0$，从而 $f(x) > f(a) = 0$；当 $b - \delta < x < b$ 时，$\dfrac{f(x) - f(b)}{x - b} > 0$，从而 $f(x) < f(b) = 0$. 根据零点定理，在 (a, b) 内至少存在一点 ξ，使得 $f(\xi) = 0$.

例 22-3 设 $f(x)$ 在 $[0, 1]$ 上可导，$f(0) = 0$，证明：存在 $\xi \in (0, 1)$，使得 $f'(\xi) = 2\displaystyle\int_0^1 f(x)\mathrm{d}x$.

证：设 $F(x) = \displaystyle\int_0^x f(x)\mathrm{d}x$，利用泰勒公式，$F(1) = F(0) + F'(0) + \dfrac{F''(\xi)}{2} (0 < \xi < 1)$.

即 $\displaystyle\int_0^1 f(x)\mathrm{d}x = \dfrac{f'(\xi)}{2}$，$f'(\xi) = 2\displaystyle\int_0^1 f(x)\mathrm{d}x$.

例 22-4 设函数 $f(x)$ 在 $[a, +\infty)$ 上连续. 对任意的 $b > a$，证明：

$$\lim_{h\to 0} \frac{1}{h} \int_a^b [f(t+h) - f(t)]\mathrm{d}t = f(b) - f(a).$$

证：作变换 $u = t + h$，则 $\displaystyle\int_a^b f(t+h)\mathrm{d}t = \int_{a+h}^{b+h} f(u)\mathrm{d}u$. 于是

$$A \overset{\triangle}{=} \lim_{h\to 0} \frac{1}{h} \int_a^b [f(t+h) - f(t)]\mathrm{d}t = \lim_{h\to 0} \frac{\displaystyle\int_{a+h}^{b+h} f(u)\mathrm{d}u - \int_a^b f(t)\mathrm{d}t}{h}$$

为 $\dfrac{0}{0}$ 型未定式. 应用洛必达法则，有 $A = \lim\limits_{h\to 0} [f(b+h) - f(a+h)] = f(b) - f(a)$.

例 22-5 设 $f(x)$ 定义在区间 $(-\infty, +\infty)$ 上，且对任意实数 x, y，有 $f(x+y) = f(x) + f(y)$，(1) 证明 $f(x)$ 为奇函数；(2) 计算 $\displaystyle\int_{-1}^1 (x^2+1)f(x)\mathrm{d}x$；(3) 证明：若 $f(x)$ 在 $x =$

0 连续,则 $f(x)$ 处处连续.

解: (1) 由题设, $f(0)=f(0+0)=f(0)+f(0)$,故 $f(0)=0$.

因为 $f(x)+f(-x)=f[x+(-x)]=f(0)=0$,所以 $f(-x)=-f(x)$,故 $f(x)$ 为奇函数.

(2) 由(1)可知, $(x^2+1)f(x)$ 是奇函数,从而 $\int_{-1}^{1}(x^2+1)f(x)\mathrm{d}x=0$.

(3) 因为对任意的实数 x , $\lim\limits_{\Delta x\to 0}f(x+\Delta x)=\lim\limits_{\Delta x\to 0}[f(x)+f(\Delta x)]=f(x)+f(0)=f(x)$,所以 $f(x)$ 在一切 x 处都连续.

例 22-6 设 $\lim\limits_{x\to\infty}f(x)$ 存在, $\lim\limits_{x\to\infty}f'''(x)=0$,求证: $\lim\limits_{x\to\infty}f'(x)=0$, $\lim\limits_{x\to\infty}f''(x)=0$.

证: 由泰勒公式,

$$f(x+1)=f(x)+f'(x)+\frac{1}{2}f''(x)+\frac{1}{6}f'''(\xi),\quad x<\xi<x+1,$$

$$f(x-1)=f(x)-f'(x)+\frac{1}{2}f''(x)-\frac{1}{6}f'''(\eta),\quad x-1<\eta<x.$$

两式相减,得 $2f'(x)=f(x+1)-f(x-1)-\dfrac{1}{6}[f'''(\xi)+f'''(\eta)]\Rightarrow\lim\limits_{x\to\infty}f'(x)=0$.

两式相加,得 $f''(x)=f(x+1)+f(x-1)-2f(x)-\dfrac{1}{6}[f'''(\xi)-f'''(\eta)]\Rightarrow\lim\limits_{x\to\infty}f''(x)=0$.

例 22-7 (1) 设函数 $f(x)$ 在 $[0,\pi]$ 上连续,且 $\int_0^{\pi}f(x)\mathrm{d}x=0$, $\int_0^{\pi}f(x)\cos x\mathrm{d}x=0$,试证: $f(x)$ 在 $(0,\pi)$ 内至少有两个不同的实根.

(2) 设函数 $f(x)$ 在 $[0,\pi]$ 上连续,在 $(0,\pi)$ 内可导,且 $\int_0^{\pi}f(x)\cos x\mathrm{d}x=0$,试证:存在 $\xi\in(0,\pi)$,使得 $f'(\xi)=0$.

证: (1) 由积分中值定理知,在 (a,b) 内至少存在一点 ξ,使得 $f(\xi_1)=\int_0^{\pi}f(x)\mathrm{d}x=0$.

假设 ξ_1 是 $f(x)$ 在 $(0,\pi)$ 内的唯一实根,那么, $f(x)$ 在区间 $(0,\xi_1)$ 内不变号,在区间 (ξ_1,π) 内不变号,且在两个不同的区间内取值的正负号相反.不妨设在 $(0,\xi_1)$ 内 $f(x)>0$,在 (ξ_1,π) 内 $f(x)<0$.考虑积分 $\int_0^{\pi}f(x)(1+\cos x)\mathrm{d}x=0$.因为 $1+\cos x$ 在 $(0,\pi)$ 内单调减少,且为正,所以在 $(0,\xi_1)$ 和 (ξ_1,π) 内都有 $f(x)(1+\cos x)>f(x)(1+\cos\xi_1)$.从而

$$\int_0^{\pi}f(x)(1+\cos x)\mathrm{d}x>\int_0^{\pi}f(x)(1+\cos\xi_1)\mathrm{d}x=(1+\cos\xi_1)\int_0^{\pi}f(x)\mathrm{d}x=0.$$

另一方面 $\int_0^{\pi}f(x)(1+\cos x)\mathrm{d}x=\int_0^{\pi}f(x)\mathrm{d}x+\int_0^{\pi}f(x)\cos x\mathrm{d}x=0$.

上述两个结论矛盾! 所以, $f(x)$ 在 $(0,\pi)$ 内必定还有一个不同于 ξ_1 的根.命题得证.

(2) $\int_0^{\pi}f(x)\cos x\mathrm{d}x=\int_0^{\pi}f(x)\mathrm{d}\sin x=-\int_0^{\pi}f'(x)\sin x\mathrm{d}x\Rightarrow\int_0^{\pi}f'(x)\sin x\mathrm{d}x=0\Rightarrow$ $f'(\xi)\sin\xi=0,\xi\in(0,\pi)\Rightarrow f'(\xi)=0,\xi\in(0,\pi)$.

例 22-8 设函数 $f(x)$ 在 $[-2,2]$ 上有二阶导数,且 $|f(x)|\leqslant 1$. $[f(0)]^2+[f'(0)]^2=4$.试证:在 $(-2,2)$ 内至少存在一点 ξ,使得 $f(\xi)+f''(\xi)=0$.

证: 令 $F(x)=[f(x)]^2+[f'(x)]^2$,则 $F(x)$ 在 $[-2,2]$ 上连续,且 $F(0)=4$, $F'(x)=$

$2f(x)f'(x)+2f'(x)f''(x).f(x)$ 在 $[-2,0]$ 和 $[0,2]$ 上分别应用拉格朗日中值定理,得

$$\frac{f(-2)-f(0)}{-2}=f'(\xi_1)(-2<\xi_1<0),\quad \frac{f(2)-f(0)}{2}=f'(\xi_2)(0<\xi_2<2).$$

因为 $|f(x)|\leqslant 1$,所以 $|f'(\xi_1)|\leqslant\dfrac{|f(-2)+f(0)|}{2}\leqslant 1,|f'(\xi_2)|\leqslant\dfrac{|f(2)+f(0)|}{2}\leqslant 1.$
从而 $F(\xi_1)\leqslant 2,F(\xi_2)\leqslant 2.$ 结合 $F(0)=4$ 可知,$F(x)$ 一定在 (ξ_1,ξ_2) 内的某点 $x=\xi$ 处取得最大值,从而 $F'(\xi)=0$ 且 $F(\xi)\geqslant 4.$ 即 $f'(\xi)[f(\xi)+f''(\xi)]=0.$ 再由 $|f(x)|\leqslant 1,F(\xi)=[f(\xi)]^2+[f'(\xi)]^2\geqslant 4$ 知,$f'(\xi)\neq 0.$ 所以有 $f(\xi)+f''(\xi)=0.$ 命题得证.

例 22-9 设 $f''(x)$ 在 $[a,b]$ 上连续,且 $f''(x)<0,f(a)=f(b)=0$,证明:在 (a,b) 内 $f(x)>0$,且 $\displaystyle\int_a^b\left|\frac{f''(x)}{f(x)}\right|\mathrm{d}x>\frac{4}{b-a}.$

证:由罗尔定理,存在 $c\in(a,b)$,使得 $f'(c)=0.$ 因为 $f''(x)<0$,所以 $f'(x)$ 单调减少. 于是,当 $a<x<c$ 时,$f'(x)>0$,从而 $f(x)>f(a)=0$;当 $c<x<b$ 时,$f'(x)<0$,从而 $f(x)>f(b)=0.$ 即在 (a,b) 内,$f(x)>0.$

根据拉格朗日中值定理,当 $a<x<c$ 时,存在 $\xi\in(a,c)$,使得

$$f(x)=f(a)+f'(\xi)(x-a)=f'(\xi)(x-a)<f'(a)(c-a).$$

当 $c<x<b$ 时,存在 $\eta\in(c,b)$,使得

$$f(x)=f(b)+f'(\eta)(x-b)=f'(\eta)(x-b)<f'(b)(c-b).$$

$$\int_a^b\left|\frac{f''(x)}{f(x)}\right|\mathrm{d}x=\int_a^c\frac{-f''(x)}{f(x)}\mathrm{d}x+\int_c^b\frac{-f''(x)}{f(x)}\mathrm{d}x.$$

因为当 $a<x<c$ 时,$\dfrac{-f''(x)}{f(x)}>\dfrac{-f''(x)}{f'(a)(c-a)}$;当 $c<x<b$ 时,$\dfrac{-f''(x)}{f(x)}>\dfrac{-f''(x)}{f'(b)(c-b)}.$

所以 $\displaystyle\int_a^c\frac{-f''(x)}{f(x)}\mathrm{d}x+\int_c^b\frac{-f''(x)}{f(x)}\mathrm{d}x>-\frac{\displaystyle\int_a^c f''(x)\mathrm{d}x}{f'(a)(c-a)}-\frac{\displaystyle\int_c^b f''(x)\mathrm{d}x}{f'(b)(c-b)}$

$$=-\frac{f'(c)-f'(a)}{f'(a)(c-a)}-\frac{f'(b)-f'(c)}{f'(b)(c-b)}=\frac{1}{c-a}-\frac{1}{c-b}$$

$$=\frac{a-b}{(c-a)(c-b)}=\frac{b-a}{(c-a)(b-c)}>\frac{b-a}{\dfrac{(b-a)^2}{4}}=\frac{4}{b-a}.$$

例 22-10 设函数 $f(x)$ 在 $(-\infty,+\infty)$ 上有连续的二阶导数,且 $f(x+h)-f(x)=hf'\left(x+\dfrac{h}{2}\right),\forall x,h\in(-\infty,+\infty)$,证明:$f(x)=\dfrac{1}{2}f''(0)x^2+f'(0)x+f(0),x\in(-\infty,+\infty).$

证:由泰勒公式,$f(x)=f(0)+f'(0)x+\dfrac{1}{2}f''(\xi)x^2,\xi$ 在 0 与 x 之间. 故只需证明 $f''(\xi)=f''(0).$

$f(x+h)-f(x)=hf'\left(x+\dfrac{h}{2}\right)$ 两边求对 h 的导数,有

$$f'(x+h)=f'\left(x+\frac{h}{2}\right)+\frac{1}{2}hf''\left(x+\frac{h}{2}\right).$$

即 $f'(x+h)-f'\left(x+\dfrac{h}{2}\right)=\dfrac{1}{2}hf''\left(x+\dfrac{h}{2}\right)$. 将式中的 $x+\dfrac{h}{2}$ 换成 x,则有

$$f'\left(x+\frac{h}{2}\right)-f'(x)=\frac{1}{2}hf''(x) \qquad\qquad ①$$

$f(x+h)-f(x)=hf'\left(x+\dfrac{h}{2}\right)$ 两边求对 x 的导数,有 $f'(x+h)-f'(x)=hf''\left(x+\dfrac{h}{2}\right)$.

将式中的 h 换成 $\dfrac{h}{2}$,则有

$$f'\left(x+\frac{h}{2}\right)-f'(x)=\frac{1}{2}hf''\left(x+\frac{h}{4}\right) \qquad\qquad ②$$

比较①和②,可得 $f''\left(x+\dfrac{h}{4}\right)=f''(x)$,$\forall\,x\in(-\infty,+\infty)$. 由此可知,$f''(x)$ 为常数函数,从而 $f''(x)=f''(0)$,$\forall\,x\in(-\infty,+\infty)$. 特别地,有 $f''(\xi)=f''(0)$. 因而

$$f(x)=\frac{1}{2}f''(0)x^2+f'(0)x+f(0),\quad x\in(-\infty,+\infty).$$

例 22-11 设 $f(x)$ 在 $[-a,a]$ 上有二阶连续导数,$f(0)=0$,证明:存在 $\xi\in(-a,a)$,使得 $a^3f''(\xi)=3\displaystyle\int_{-a}^{a}f(x)\mathrm{d}x$.

证法 1(错误的证法):由泰勒公式

$$f(x)=f(0)+f'(0)x+\frac{f''(\xi)}{2}x^2=f'(0)x+\frac{f''(\xi)}{2}x^2,\xi\text{ 在 0 和 }x\text{ 之间}.$$

$$\int_{-a}^{a}f(x)\mathrm{d}x=\int_{-a}^{a}f'(0)x\mathrm{d}x+\frac{1}{2}\int_{-a}^{a}f''(\xi)x^2\mathrm{d}x=\frac{1}{2}\int_{-a}^{a}f''(\xi)x^2\mathrm{d}x$$

$$=\frac{f''(\xi)}{2}\int_{-a}^{a}x^2\mathrm{d}x=\frac{f''(\xi)a^3}{3},$$

即 $a^3f''(\xi)=3\displaystyle\int_{-a}^{a}f(x)\mathrm{d}x$.

注:上述证明是错误的. 这是因为在泰勒公式中,ξ 不是常数,而是随 x 的不同而变化的. 也就是说,ξ 是 x 的函数,因而 $f''(\xi)$ 不能从 $\displaystyle\int_{-a}^{a}f''(\xi)x^2\mathrm{d}x$ 中提到积分号外面来.

证法 2:利用泰勒公式,

$$f(x)=f(0)+f'(0)x+\frac{f''(\eta)}{2}x^2=f'(0)x+\frac{f''(\eta)}{2}x^2,\eta\text{ 在 0 和 }x\text{ 之间}.$$

即 $\displaystyle\int_{-a}^{a}f(x)\mathrm{d}x=\int_{-a}^{a}f'(0)x\mathrm{d}x+\frac{1}{2}\int_{-a}^{a}f''(\eta)x^2\mathrm{d}x=\frac{1}{2}\int_{-a}^{a}f''(\eta)x^2\mathrm{d}x$.

因为 $f''(x)$ 在 $[-a,a]$ 上连续,所以有最大值 M 和最小值 m,$m\leqslant f''(\eta)\leqslant M$. 于是 $\displaystyle\int_{-a}^{a}mx^2\mathrm{d}x\leqslant\int_{-a}^{a}f''(\eta)x^2\mathrm{d}x\leqslant\int_{-a}^{a}Mx^2\mathrm{d}x$,即 $\dfrac{2}{3}a^3m\leqslant\displaystyle\int_{-a}^{a}f''(\eta)x^2\mathrm{d}x\leqslant\dfrac{2}{3}a^3M$,$m\leqslant$ $\dfrac{3}{2a^3}\displaystyle\int_{-a}^{a}f''(\eta)x^2\mathrm{d}x\leqslant M$. 由介值定理,存在 $\xi\in(-a,a)$,使得 $\dfrac{3}{2a^3}\displaystyle\int_{-a}^{a}f''(\eta)x^2\mathrm{d}x=f''(\xi)$,因而 $f''(\xi)a^3=3\displaystyle\int_{-a}^{a}f(x)\mathrm{d}x$,$\xi\in(-a,a)$.

证法 3：设 $F(x) = \int_0^x f(x)\mathrm{d}x$，利用泰勒公式，

$$F(a) = F(0) + F'(0)a + \frac{F''(0)}{2}a^2 + \frac{F'''(\eta_1)}{6}a^3 = \frac{f'(0)}{2} + \frac{f''(\eta_1)}{6}a^3, \quad \eta_1 \in (0,a).$$

$$F(-a) = F(0) - F'(0)a + \frac{F''(0)}{2}a^2 - \frac{F'''(\eta_2)}{6}a^3 = \frac{f'(0)}{2} - \frac{f''(\eta_2)}{6}a^3, \quad \eta_2 \in (-a,0).$$

即 $\int_{-a}^a f(x)\mathrm{d}x = F(a) - F(-a) = \frac{f''(\eta_1) + f''(\eta_2)}{6}a^3, \eta_1 \in (0,a), \eta_2 \in (-a,0).$

因为 $f''(x)$ 在 $[-a,a]$ 上连续，所以有最大值 M 和最小值 m，使得 $m \leqslant f''(x) \leqslant M$.
于是 $m \leqslant \dfrac{f''(\eta_1) + f''(\eta_2)}{2} \leqslant M$. 由介值定理，存在 $\xi \in (-a,a)$，使得 $f''(\xi) = \dfrac{f''(\eta_1) + f''(\eta_2)}{2}$，即 $\int_{-a}^a f(x)\mathrm{d}x = \dfrac{f''(\xi)}{3}a^3, f''(\xi)a^3 = 3\int_{-a}^a f(x)\mathrm{d}x, \xi \in (-a,a).$

例 22-12　设 $f(x)$ 在 $[0,1]$ 上连续，且 $\int_0^1 f(x)\mathrm{d}x = 0, \int_0^1 xf(x)\mathrm{d}x = 1$，求证：存在 $c \in [0,1]$，使得 $|f(c)| \geqslant 4$.

证：设 $|f(x)|$ 在 $c \in [0,1]$ 取得最大值 $|f(c)|$，则

$$1 = \int_0^1 xf(x)\mathrm{d}x = \int_0^1 xf(x)\mathrm{d}x - \frac{1}{2}\int_0^1 f(x)\mathrm{d}x = \int_0^1 \left(x - \frac{1}{2}\right)f(x)\mathrm{d}x$$

$$= \int_0^{\frac{1}{2}} \left(x - \frac{1}{2}\right)f(x)\mathrm{d}x + \int_{\frac{1}{2}}^1 \left(x - \frac{1}{2}\right)f(x)\mathrm{d}x$$

$$\leqslant \int_0^{\frac{1}{2}} \left(\frac{1}{2} - x\right)|f(x)|\mathrm{d}x + \int_{\frac{1}{2}}^1 \left(x - \frac{1}{2}\right)|f(x)|\mathrm{d}x$$

$$\leqslant |f(c)| \left[\int_0^{\frac{1}{2}} \left(\frac{1}{2} - x\right)\mathrm{d}x + \int_{\frac{1}{2}}^1 \left(x - \frac{1}{2}\right)\mathrm{d}x\right] = \frac{1}{4}|f(c)| \Rightarrow |f(c)| \geqslant 4.$$

例 22-13　求 $I = \int_{-1}^1 \arctan \mathrm{e}^x \mathrm{d}x.$

解：$I = \int_0^1 \arctan \mathrm{e}^x \mathrm{d}x + \int_{-1}^0 \arctan \mathrm{e}^x \mathrm{d}x.$

$$\int_{-1}^0 \arctan \mathrm{e}^x \mathrm{d}x \xlongequal{x = -t} \int_0^1 \arctan \mathrm{e}^{-t} \mathrm{d}t = \int_0^1 \arctan \mathrm{e}^{-x} \mathrm{d}x.$$

$$I = \int_0^1 \arctan \mathrm{e}^x \mathrm{d}x + \int_0^1 \arctan \mathrm{e}^{-x} \mathrm{d}x = \int_0^1 (\arctan \mathrm{e}^x + \arctan \mathrm{e}^{-x})\mathrm{d}x.$$

因为 $\arctan x + \arctan \dfrac{1}{x} = \dfrac{\pi}{2}, x > 0$，所以 $\arctan \mathrm{e}^x + \arctan \mathrm{e}^{-x} = \dfrac{\pi}{2}$，从而 $I = \dfrac{\pi}{2}.$

例 22-14　设函数 $f(x)$ 在 $[0,1]$ 上连续，在 $(0,1)$ 内可导，且 $f(0) = 0, f(1) = 1$，试证：对任意正数 a, b，必存在 $\xi, \eta \in (0,1), \xi \neq \eta$，使得 $\dfrac{a}{f'(\xi)} + \dfrac{b}{f'(\eta)} = a + b.$

证：由介值定理，存在 $p \in (0,1)$，使得 $f(p) = \dfrac{a}{a+b}$. 由拉格朗日中值定理，必存在 $\xi \in (0,p), \eta \in (p,1)$，使得

$$f(p) = f(p) - f(0) = f'(\xi)p, \quad 1 - f(p) = f'(\eta)(1-p),$$

从而 $\dfrac{f(p)}{f'(\xi)}+\dfrac{1-f(p)}{f'(\eta)}=1$. 即 $\dfrac{a}{f'(\xi)}+\dfrac{b}{f'(\eta)}=a+b$.

例 22-15 设函数 $f(x)$ 在 $[0,1]$ 上连续,在 $(0,1)$ 内可导,且 $f(0)=f(1)=0$,$f\left(\dfrac{1}{2}\right)=1$. 试证:对任意实数 λ,必存在一点 $\xi\in(0,1)$,使得 $f'(\xi)-\lambda[f(\xi)-\xi]=1$.

证: $f'(\xi)-\lambda[f(\xi)-\xi]=1$ 可化为 $f'(\xi)-1-\lambda[f(\xi)-\xi]=0$. 考虑

$$f'(x)-1-\lambda[f(x)-x]=0. \quad [f'(x)-1]\mathrm{e}^{-\lambda x}-\lambda[f(x)-x]\mathrm{e}^{-\lambda x}=0.$$

设 $F(x)=[f(x)-x]\mathrm{e}^{-\lambda x}$,则 $F(x)$ 在 $[0,1]$ 上连续,在 $(0,1)$ 内可导,且 $F(0)=0$,$F(1)=[f(1)-1]\mathrm{e}^{-\lambda}=-\mathrm{e}^{-\lambda}<0$,$F\left(\dfrac{1}{2}\right)=\left[f\left(\dfrac{1}{2}\right)-\dfrac{1}{2}\right]\mathrm{e}^{-\frac{\lambda}{2}}=\dfrac{1}{2}\mathrm{e}^{-\frac{\lambda}{2}}>0$. 由零点定理知,在 $\left(\dfrac{1}{2},1\right)$ 内至少存在一点 η,使得 $F(\eta)=0$. 再由罗尔定理知,在 $(0,\eta)$ 内至少存在一点 ξ,使得 $F'(\xi)=0$. 而 $F'(x)=\{f'(x)-\lambda[f(x)-1]-1\}\mathrm{e}^{-\lambda x}$,所以有 $f'(\xi)-\lambda[f'(\xi)-1]-1=0$,即 $f'(\xi)-\lambda[f'(\xi)-1]=1$. 命题得证.

例 22-16 设函数 $f(x)$ 在 $[a,b]$ 上连续,在 (a,b) 内可导,且 $f(a)=f(b)=1$. 试证:存在 $\xi,\eta\in(a,b)$,使得 $f(\xi)+\xi f'(\xi)=\mathrm{e}^{\xi-\eta}$.

证: 将欲证等式化为 $\dfrac{f(\xi)+\xi f'(\xi)}{\mathrm{e}^{\xi}}=\dfrac{1}{\mathrm{e}^{\eta}}$. 设 $F(x)=xf(x)$,$G(x)=\mathrm{e}^{x}$,由柯西中值定理,存在 $\xi\in(a,b)$,使得 $\dfrac{F(b)-F(a)}{G(b)-G(a)}=\dfrac{F'(\xi)}{G'(\xi)}=\dfrac{f(\xi)+\xi f'(\xi)}{\mathrm{e}^{\xi}}$. 又 $\dfrac{F(b)-F(a)}{G(b)-G(a)}=\dfrac{b-a}{\mathrm{e}^{b}-\mathrm{e}^{a}}$,对函数 e^{x} 应用拉格朗日中值定理. 存在 $\eta\in(a,b)$,使得 $\dfrac{b-a}{\mathrm{e}^{b}-\mathrm{e}^{a}}=\dfrac{1}{\mathrm{e}^{\eta}}$. 命题得证.

例 22-17 函数 $f(x)$ 在 $[a,b]$ 上连续,在 (a,b) 内可导,且 $f''(x)\neq0$. 试证:存在 $\xi,\eta\in(a,b)$,使得 $\dfrac{f'(\xi)}{f'(\eta)}=\dfrac{\mathrm{e}^{b}-\mathrm{e}^{a}}{b-a}\mathrm{e}^{-\eta}$.

证: 将欲证等式化为 $\dfrac{f'(\eta)}{\mathrm{e}^{\eta}}\cdot\dfrac{\mathrm{e}^{b}-\mathrm{e}^{a}}{b-a}=f'(\xi)$. $f(x)$ 和 $g(x)=\mathrm{e}^{x}$ 在 $[a,b]$ 上满足柯西中值定理的条件,因而存在 $\eta\in(a,b)$,使得 $\dfrac{f'(\eta)}{\mathrm{e}^{\eta}}=\dfrac{f(b)-f(a)}{\mathrm{e}^{b}-\mathrm{e}^{a}}$. 于是欲证等式化为 $\dfrac{f(b)-f(a)}{b-a}=f'(\xi)$. 根据拉格朗日中值定理,存在 $\xi\in(a,b)$,使得上式成立.

例 22-18 设 $f(x)$ 在 $[-2,2]$ 上有二阶导数,且 $|f(x)|\leqslant1$,$f'(0)\geqslant1$. 证明:存在 $\xi\in(-2,2)$,使得 $f''(\xi)=0$.

证: 由拉格朗日中值定理,$\exists\xi_1\in(-2,0)$,$\xi_2\in(0,2)$,使得

$$f'(\xi_1)=\dfrac{f(0)-f(-2)}{2}\leqslant\dfrac{|f(0)|+|f(-2)|}{2}\leqslant1,$$

$$f'(\xi_2)=\dfrac{f(2)-f(0)}{2}\leqslant\dfrac{|f(2)|+|f(0)|}{2}\leqslant1.$$

因为 $f'(0)\geqslant1$,所以由介值定理,$\exists\eta_1\in(\xi_1,0)$,$\eta_2\in(0,\xi_2)$,使得 $f'(\eta_1)=1$,$f'(\eta_2)=1$. 由罗尔定理,$\exists\xi\in(\eta_1,\eta_2)$,使得 $f''(\xi)=0$.

例 22-19 设函数 $f(x)$ 在闭区间 $[0,1]$ 上连续,在 $(0,1)$ 内可导,且 $f(0)=0$,$f(1)=1$.

证明:

(1) 在$(0,1)$内存在不同的两点ξ,η,使得$f'(\xi)+f'(\eta)=2$;

(2) 在$(0,1)$内存在不同的两点ξ,η,使得$f'(\xi)\cdot f'(\eta)=1$;

(3) 在$(0,1)$内存在不同的两点ξ,η,使得$\dfrac{1}{f'(\xi)}+\dfrac{1}{f'(\eta)}=2$.

证: 在给出证明之前,我们先指出一个有趣的事实:拉格朗日中值公式$\dfrac{f(b)-f(a)}{b-a}=f'(\xi)$中的$f'(\xi)$是$f(x)$在$[a,b]$上的平均变化率. 由题设可知,函数$f(x)$在$[0,1]$上的平均变化率为1.

对任意的$x_0\in(0,1)$,由拉格朗日中值定理,存在$\xi\in(0,x_0),\eta\in(x_0,1)$,使得

$$f'(\xi)=\frac{f(x_0)-f(0)}{x_0}=\frac{f(x_0)}{x_0},\quad f'(\eta)=\frac{f(1)-f(x_0)}{1-x_0}=\frac{1-f(x_0)}{1-x_0}.$$

为证(1),取$x_0=\dfrac{1}{2}$,则$f'(\xi)=2f(x_0),f'(\eta)=2[1-f(x_0)]$. 于是$f'(\xi)+f'(\eta)=2$.

为证(2),若能取$x_0\in(0,1)$,使得$f(x_0)=1-x_0$,则立得结论. 为此,设$F(x)=f(x)+x-1$. 显然$F(x)$在$[0,1]$上连续,且$F(0)=-1<0,F(1)=1>0$. 由零点定理知,存在$x_0\in(0,1)$,使得$F(x_0)=0$,即$f(x_0)=1-x_0,1-f(x_0)=x_0$. 这样,

$$f'(\xi)\cdot f'(\eta)=\frac{f(x_0)}{x_0}\frac{1-f(x_0)}{1-x_0}=\frac{f(x_0)}{1-x_0}\frac{1-f(x_0)}{x_0}=1.$$

为证(3),可取x_0,使得$f(x_0)=\dfrac{1}{2}$(由介值定理,这样的x_0一定存在). 于是

$$\frac{1}{f'(\xi)}+\frac{1}{f'(\eta)}=\frac{x_0}{f(x_0)}+\frac{1-x_0}{1-f(x_0)}=2.$$

推论 设函数$f(x)$在闭区间$[0,1]$上连续,且$\displaystyle\int_0^1 f(x)\mathrm{d}x=1$. 则

(1) 存在不同的两点x_1,x_2,使得$f(x_1)+f(x_2)=2$;

(2) 存在不同的两点x_1,x_2,使得$f(x_1)f(x_2)=1$;

(3) 存在不同的两点x_1,x_2,使得$\dfrac{1}{f(x_1)}+\dfrac{1}{f(x_2)}=2$.

例 22-20 设$f(x)$在$(-\delta,\delta)$内有n阶连续导数,且$f^{(k)}(0)=0,k=2,3,\cdots,n-1$,$f^{(n)}(0)\neq 0$. 当$0<|h|<\delta$时,$f(h)-f(0)=hf'(\theta h)(0<\theta<1)$. 求证:$\displaystyle\lim_{h\to 0}\theta=\frac{1}{\sqrt[n-1]{n}}$.

证: 由泰勒公式,$\exists\theta_1\in(0,1)$,使得

$$f(h)=f(0)+f'(0)h+\frac{f^{(n)}(\theta_1 h)}{n!}h^n. \qquad\qquad ①$$

对$f'(x)$应用泰勒公式,$\exists\theta_2\in(0,1)$,使得

$$f'(\theta h)=f'(0)+\frac{f^{(n)}(\theta_2 h)}{(n-1)!}(\theta h)^{n-1}. \qquad\qquad ②$$

②式两边同乘以h,有

$$hf'(\theta h)=hf'(0)+\frac{f^{(n)}(\theta_2 h)}{(n-1)!}\theta^{n-1}h^n. \qquad\qquad ③$$

由假设，$f(h)-f(0)=hf'(\theta h)$，由①和③可得

$$\frac{f^{(n)}(\theta_1 h)}{n!}h^n = \frac{f^{(n)}(\theta_2 h)}{(n-1)!}\theta^{n-1}h^n, \quad 即 \quad \frac{f^{(n)}(\theta_1 h)}{n} = f^{(n)}(\theta_2 h)\theta^{n-1}.$$

$$\lim_{h\to 0}\frac{f^{(n)}(\theta_1 h)}{n} = \lim_{h\to 0}f^{(n)}(\theta_2 h)\lim_{h\to 0}\theta^{n-1}.$$

$$\frac{f^{(n)}(0)}{n} = f^{(n)}(0)\lim_{h\to 0}\theta^{n-1}. \quad 即 \quad \lim_{h\to 0}\theta^{n-1} = \frac{1}{n}, \lim_{h\to 0}\theta = \frac{1}{\sqrt[n-1]{n}}.$$

例 22-21 设 $f(x)$ 连续. 证明：$\int_0^x \left[\int_0^u f(t)\mathrm{d}t\right]\mathrm{d}u = \int_0^x (x-u)f(u)\mathrm{d}u$.

证法 1（利用分部积分法）：

$$\int_0^x \left[\int_0^u f(t)\mathrm{d}t\right]\mathrm{d}u = \left[u\int_0^u f(t)\mathrm{d}t\right]_0^x - \int_0^x uf(u)\mathrm{d}u$$

$$= x\int_0^x f(t)\mathrm{d}t - \int_0^x uf(u)\mathrm{d}u = \int_0^x (x-u)f(u)\mathrm{d}u.$$

证法 2（交换积分次序）：

$$\int_0^x \left[\int_0^u f(t)\mathrm{d}t\right]\mathrm{d}u = \int_0^x \left[\int_t^x f(t)\mathrm{d}u\right]\mathrm{d}t = \int_0^x (x-t)f(t)\mathrm{d}t = \int_0^x (x-u)f(u)\mathrm{d}u.$$

例 22-22 设 $f(x)$ 在 $[0,1]$ 上连续，且 $\int_0^1 xf(x)\mathrm{d}x = \int_0^1 f(x)\mathrm{d}x$，证明：在 $(0,1)$ 内存在一点 ξ，使得 $\int_0^\xi f(x)\mathrm{d}x = 0$.

证法 1：设 $F(x) = \int_0^x f(x)\mathrm{d}x$，则 $\int_0^1 xf(x)\mathrm{d}x = \int_0^1 x\mathrm{d}F(x) = xF(x)\Big|_0^1 - \int_0^1 F(x)\mathrm{d}x = F(1) - \int_0^1 F(x)\mathrm{d}x = \int_0^1 f(x)\mathrm{d}x - \int_0^1 F(x)\mathrm{d}x$.

由题设知 $\int_0^1 F(x)\mathrm{d}x = 0$. 由积分中值定理知，在 $(0,1)$ 内存在一点 ξ，使得 $F(\xi) = 0$，即 $\int_0^\xi f(x)\mathrm{d}x = 0$.

证法 2：$\int_0^1 xf(x)\mathrm{d}x = \int_0^1 f(x)\mathrm{d}x \Rightarrow \int_0^1 (1-x)f(x)\mathrm{d}x = 0$.

$$\int_0^1 (1-x)f(x)\mathrm{d}x = \int_0^1 \left(\int_x^1 \mathrm{d}y\right)f(x)\mathrm{d}x = \int_0^1 \left(\int_0^y f(x)\mathrm{d}x\right)\mathrm{d}y = 0.$$

由积分中值定理知，在 $(0,1)$ 内存在一点 ξ，使得 $\int_0^\xi f(x)\mathrm{d}x = 0$.

例 22-23 (1)证明方程 $x^n + x^{n-1} + \cdots + x = 1$（$n$ 为大于 1 的整数）在区间 $\left(\frac{1}{2},1\right)$ 内有且仅有一个实根；(2)记(1)中的实根为 x_n，证明 $\lim_{n\to\infty}x_n$ 存在，并求此极限.

证：(1) 设 $f(x) = x^n + x^{n-1} + \cdots + x$，则 $f(x)$ 在 $\left[\frac{1}{2},1\right]$ 上连续，且 $f(1) = n > 1$，

$f\left(\frac{1}{2}\right) = \frac{1}{2^n} + \frac{1}{2^{n-1}} + \cdots + \frac{1}{2} = 1 - \frac{1}{2^n} < 1$. 由介值定理，所给方程在区间 $\left(\frac{1}{2},1\right)$ 内至少有一个

实根. 又 $f'(x) = nx^{n-1} + \cdots + 1 > 0, x \in \left(\frac{1}{2},1\right)$，所以方程在 $\left(\frac{1}{2},1\right)$ 内有唯一实根.

（2）因为 $x_n \in \left(\dfrac{1}{2}, 1\right)$，且 $x_{n+1}^{n+1} + x_{n+1}^{n} + \cdots + x_{n+1} = 1$，所以 $x_n^{n+1} + x_n^{n} + \cdots + x_n = x_n^{n+1} + (x_n^{n} + \cdots + x_n) = x_n^{n+1} + 1 > 1$，由此可知 $\dfrac{1}{2} < x_{n+1} < x_n < 1$. 即数列 x_n 单调减少且有界，因而 $\lim\limits_{n \to \infty} x_n$ 存在. 由题设，$x_n^{n} + x_n^{n-1} + \cdots + x_n = \dfrac{x_n(1 - x_n^{n})}{1 - x_n} = 1$. 易知，$x_2 = \dfrac{-1 + \sqrt{5}}{2} < \dfrac{-1 + \sqrt{2.4^2}}{2} = 0.7$，所以 $x_n < 0.7 (n > 1)$，$0 < x_n^{n} < 0.7^n (n > 1)$，由夹逼定理可知，$\lim\limits_{n \to \infty} x_n^{n} = 0$，从而有 $1 = \lim\limits_{n \to \infty} \dfrac{x_n(1 - x_n^{n})}{1 - x_n} = \dfrac{\lim\limits_{n \to \infty} x_n}{1 - \lim\limits_{n \to \infty} x_n}$，由此，得 $\lim\limits_{n \to \infty} x_n = \dfrac{1}{2}$.

例 22-24 设函数 $f(x)$ 在 $x = 0$ 的某邻域内有连续的二阶导数，且 $f''(0) \neq 0$，证明：拉格朗日中值公式 $f(x) - f(0) = f'(\xi)x$ 中的 ξ 当 $x \to 0$ 时是与 $\dfrac{x}{2}$ 等价的无穷小.

证：由泰勒公式，在 0 与 x 之间存在 η，使得 $f(x) = f(0) + f'(0)x + \dfrac{1}{2}f''(\eta)x^2$. 于是，$f'(\xi) = f'(0) + \dfrac{1}{2}f''(\eta)x$. $\dfrac{f'(\xi) - f'(0)}{\xi} = \dfrac{x}{2\xi}f''(\eta)$. 令 $x \to 0$，则 $\xi \to 0$，$\eta \to 0$，从而 $f''(0) = \lim\limits_{x \to 0} \dfrac{x}{2\xi} \cdot f''(0)$. 因为 $f''(0) \neq 0$，所以 $\lim\limits_{x \to 0} \dfrac{x}{2\xi} = 1$，所以 $\lim\limits_{x \to 0} \dfrac{\xi}{\frac{x}{2}} = 1$，即 $\xi \sim \dfrac{x}{2} (x \to 0)$.

例 22-25 设物体 A 从点 $(0, 1)$ 出发，以常速 v 沿 y 轴正向运动，物体 B 从点 $(-1, 0)$ 与物体 A 同时出发，速度大小为 $2v$，方向始终指向 A，请建立物体 B 的运动轨迹所满足的微分方程，并写出初始条件.

解：设 B 的运动轨迹为 $x = x(t)$，$y = y(t)$，则由题设 $\dfrac{dy}{dx} = \dfrac{\frac{dy}{dt}}{\frac{dx}{dt}} = -\dfrac{1 + vt - y}{x}$，即 $x\dfrac{dy}{dx} = y - 1 - vt$. 两边对 x 求导，得 $\dfrac{dy}{dx} + x\dfrac{d^2y}{dx^2} = \dfrac{dy}{dx} - v\dfrac{dt}{dx}$，即 $x\dfrac{d^2y}{dx^2} = -v\dfrac{dt}{dx}$. 又因为 $\sqrt{\left(\dfrac{dx}{dt}\right)^2 + \left(\dfrac{dy}{dt}\right)^2} = 2v$，有 $\dfrac{dx}{dt}\sqrt{1 + \left(\dfrac{dy}{dx}\right)^2} = 2v$，$\dfrac{dt}{dx} = \dfrac{1}{2v}\sqrt{1 + \left(\dfrac{dy}{dx}\right)^2}$. 所以有 $x\dfrac{d^2y}{dx^2} = -\dfrac{1}{2}\sqrt{1 + \left(\dfrac{dy}{dx}\right)^2}$，即 $x\dfrac{d^2y}{dx^2} + \dfrac{1}{2}\sqrt{1 + \left(\dfrac{dy}{dx}\right)^2} = 0$ 为物体 B 的运动轨迹所满足的微分方程，初始条件为 $y\big|_{x=-1} = 0$，$\dfrac{dy}{dx}\big|_{x=-1} = 1$.

习 题 答 案

习 题 1

1. (1) $2\sin\dfrac{5x}{2}\cos\dfrac{x}{2}$; (2) $-2\sin\dfrac{x}{2}\cos\dfrac{5x}{2}$;

(3) $2\sin\left(\dfrac{5x}{2}+\dfrac{\pi}{4}\right)\cos\left(\dfrac{x}{2}+\dfrac{\pi}{4}\right)$; (4) $-2\cos\left(\dfrac{5x}{2}+\dfrac{\pi}{4}\right)\sin\left(\dfrac{x}{2}+\dfrac{\pi}{4}\right)$.

2. 略   3. 略

4. (1) $r=2$;   (2) $r=2\cos\theta$;   (3) $r=4\sin\theta$;   (4) $r=2(\sin\theta+\cos\theta)$.

5. (1) $r=\tan\theta\sec\theta$;   (2) $r=\cot\theta\csc\theta$;   (3) $r=\sqrt{2\csc2\theta}$.

6. 偶函数：(1)(4)(5)(7)，奇函数：(2)(6)(8).

7. $f[g(x)]=\begin{cases}1, & x<0 \\ 0, & x=0, \\ -1, & x>0\end{cases}$ $g[f(x)]=\begin{cases}e, & |x|<1 \\ 1, & |x|=1. \\ e^{-1}, & |x|>1\end{cases}$

8. $\dfrac{c}{a^2-b^2}\left(\dfrac{a}{x}-\dfrac{b}{1-x}\right)$.   9. 略

习 题 2

1. 略   2. $\dfrac{\sqrt{14}}{2}$.

3. (1) $y^2+z^2=2x$;   (2) $x^2+y^2+z^2=9$;   (3) $\dfrac{x^2}{2}+\dfrac{y^2}{2}+z^2=1$;

(4) $z=\pm\sqrt{x^2+y^2}+1$ 或 $x^2+y^2=(z-1)^2$;   (5) $y^2+z^2=4$;

(6) $(x^2+y^2+z^2+3)^2=16(x^2+y^2)$.

4. 投影柱面 $x^2+2y^2=1$. 投影曲线 $\begin{cases}x^2+2y^2=1 \\ z=0\end{cases}$.

5. $\dfrac{x+3}{4}=\dfrac{y-2}{3}=\dfrac{z-5}{1}$.   6. $\dfrac{x}{2}=\dfrac{y+3}{0}=\dfrac{z}{4}$.   7. $\dfrac{x-2}{2}=\dfrac{y-1}{-1}=\dfrac{z-3}{4}$.

8. $\dfrac{\pi}{4}$.

习 题 3

1. 证：若 $f(x)$ 是 $(-a,a)$ 内的偶函数，即对任意的 $x\in(-a,a)$，有 $f(-x)=f(x)$.
两边求对 x 的导数，有 $-f'(-x)=f'(x)$，即 $f'(-x)=-f'(x)$. 这说明 $f'(x)$ 是奇函数.
从而 $f'(0)=0$.

若 $f(x)$ 是 $(-a,a)$ 内的奇函数，即对任意的 $x\in(-a,a)$，有 $f(-x)=-f(x)$. 两边
求对 x 的导数，有 $-f'(-x)=-f'(x)$，即 $f'(-x)=f'(x)$. 这说明 $f'(x)$ 是偶函数.

2. (1) $\dfrac{1}{\sqrt{x^2\pm a^2}}$;

(2) $-\dfrac{1}{2}\mathrm{e}^{-\frac{x}{2}}(\cos 3x+6\sin 3x)$;

(3) $2^{-x}(2\cos 2x-\sin 2x\ln 2)$;

(4) $\dfrac{1}{|x|\sqrt{x^2-1}}$;

(5) $\sec x$;

(6) $\dfrac{2\arcsin\frac{x}{2}}{\sqrt{4-x^2}}$;

(7) $\csc x$;

(8) $\dfrac{\ln x}{x\sqrt{1+\ln^2 x}}$;

(9) $\dfrac{2^{\arctan\sqrt{x}}\ln 2}{2\sqrt{x}(1+x)}$;

(10) $\dfrac{1}{\sqrt{1-x^2}+1-x^2}$;

(11) $x^x(\ln x+1)$;

(12) $x^{\sin x}\left(\cos x\ln x+\dfrac{\sin x}{x}\right)$.

3. (1) $f'(x)=x(2+x\ln 2)2^x$, $f^{(n)}(x)=\left[x^2(\ln 2)^2+2nx\ln 2+n(n-1)\right]2^x(\ln 2)^{n-2}$, $n\geqslant 2$;

(2) $y'=\ln(1+x)+\dfrac{x}{1+x}$, $y^{(n)}=(-1)^n\left[\dfrac{(n-2)!}{(1+x)^{n-1}}+\dfrac{(n-1)!}{(1+x)^n}\right]$, $n\geqslant 2$;

(3) $-2^{n-1}\cos\left(2x+n\cdot\dfrac{\pi}{2}\right)=2^{n-1}\sin\left[2x+(n-1)\cdot\dfrac{\pi}{2}\right]$, $n\geqslant 1$.

4. $-3^{\sqrt{2}}\sqrt{2}\ln 3\,\mathrm{d}x$.

5. (1) $-\dfrac{b}{a^2}\csc^3 t$;

(2) $-\dfrac{1+t^2}{t^3}$.

习 题 4

1. $\dfrac{3^x\mathrm{e}^x}{1+\ln 3}+C$;

2. $\sin x-\cos x+C$;

3. $-2\csc 2x+C$;

4. $\ln|\csc 2x-\cot 2x|+C$;

5. $\ln|\ln\ln x|+C$;

6. $\dfrac{1}{11}\tan^{11}x+C$;

7. $-\dfrac{1}{\arcsin x}+C$;

8. $\dfrac{1}{2}\cos x-\dfrac{1}{10}\cos 5x+C$;

9. $\dfrac{1}{3}\sin\dfrac{3x}{2}+\sin\dfrac{x}{2}+C$;

10. $\dfrac{1}{4}\sin 2x-\dfrac{1}{24}\sin 12x+C$;

11. $\dfrac{1}{3}\sec^3 x-\sec x+C$;

12. $\arctan\mathrm{e}^x+C$;

13. $\dfrac{1}{2}\arcsin\dfrac{2x}{3}+C$;

14. $\arccos\dfrac{1}{|x|}+C$;

15. $\sqrt{x^2-9}-3\arccos\dfrac{3}{|x|}+C$;

16. $\arcsin x-\dfrac{x}{1+\sqrt{1-x^2}}+C$;

17. $\dfrac{1}{2}\left(\arcsin x+\ln|x+\sqrt{1-x^2}|\right)+C$;

18. $x\arcsin x+\sqrt{1-x^2}+C$;

19. $x\ln^2 x - 2x\ln x + 2x + C$;

20. $-\dfrac{1}{x}(\ln^3 x + 3\ln^2 x + 6\ln x + 6) + C$;

21. $\dfrac{x}{2}(\cos\ln x + \sin\ln x) + C$;

22. $3e^{\sqrt[3]{x}}(\sqrt[3]{x^2} - 2\sqrt[3]{x} + 2) + C$;

23. $\dfrac{1}{2}e^x - \dfrac{1}{5}e^x\sin 2x - \dfrac{1}{10}e^x\cos 2x + C$;

24. $\dfrac{2}{3}(\sqrt{3x+9} - 1)e^{\sqrt{3x+9}} + C$;

25. $\dfrac{x^3}{6} + \dfrac{1}{2}x^2\sin x + x\cos x - \sin x + C$;

26. $x(\arcsin x)^2 + 2\sqrt{1-x^2}\,\arcsin x - 2x + C$;

27. $\dfrac{1}{2}\ln(x^2 - 2x + 5) + \arctan\dfrac{x-1}{2} + C$;

28. $\ln|x+1| - \dfrac{1}{2}\ln(x^2 - x + 1) + \sqrt{3}\arctan\dfrac{2x-1}{\sqrt{3}} + C$;

29. $\dfrac{1}{x+1} + \dfrac{1}{2}\ln|x^2 - 1| + C$;

30. $2\ln|x+2| - \dfrac{1}{2}\ln|x+1| - \dfrac{3}{2}\ln|x+3| + C$;

31. $\dfrac{1}{2\sqrt{3}}\arctan\dfrac{2\tan x}{\sqrt{3}} + C$;

32. $\dfrac{1}{\sqrt{2}}\arctan\dfrac{\tan\frac{x}{2}}{\sqrt{2}} + C$;

33. $\dfrac{2}{\sqrt{3}}\arctan\dfrac{2\tan\frac{x}{2} + 1}{\sqrt{3}} + C$;

34. $\ln\left|1 + \tan\dfrac{x}{2}\right| + C$;

35. $\dfrac{1}{\sqrt{5}}\arctan\dfrac{3\tan\frac{x}{2} + 1}{\sqrt{5}} + C$;

36. $\dfrac{3}{2}\sqrt[3]{(1+x)^2} - 3\sqrt[3]{x+1} + 3\ln\left|1 + \sqrt[3]{1+x}\right| + C$;

37. $\dfrac{1}{2}x^2 - \dfrac{2}{3}\sqrt{x^3} + x - 4\sqrt{x} + 4\ln(\sqrt{x} + 1) + C$;

38. $x - 4\sqrt{x+1} + 4\ln(\sqrt{1+x} + 1) + C$;

39. $2\sqrt{x} - 4\sqrt[4]{x} + 4\ln(\sqrt[4]{x} + 1) + C$;

40. $\ln\left|\dfrac{\sqrt{1-x} - \sqrt{1+x}}{\sqrt{1-x} + \sqrt{1+x}}\right| + 2\arctan\sqrt{\dfrac{1-x}{1+x}} + C$ 或 $\ln\left|\dfrac{1 - \sqrt{1-x^2}}{x}\right| - \arcsin x + C$.

习 题 5

1. 略 2. 略

3. (1) 4; (2) $\dfrac{8}{3}$;

(3) $\Phi(x)=\begin{cases}\dfrac{x^3}{3}, & x\in[0,1)\\[2mm]\dfrac{x^2}{2}-\dfrac{1}{6}, & x\in[1,2]\end{cases}$；

(4) $\Phi(x)=\begin{cases}0, & x<0\\[1mm]\sin^2\dfrac{x}{2}, & 0\leqslant x\leqslant\pi.\\[1mm]1, & x>\pi\end{cases}$

4. 4   5. 略   6. -2.

7. (1) $\dfrac{\pi}{2}$；

(2) $(\pi+2)\sqrt{2}$；

(3) $1-\dfrac{\pi}{4}$；

(4) $2\left(1+\ln\dfrac{2}{3}\right)$；

(5) $2\sqrt{2}$；

(6) $1-\dfrac{2}{e}$；

(7) $\dfrac{1}{4}(e^2+1)$；

(8) $\dfrac{\pi}{4}-\dfrac{1}{2}$；

(9) $\left(\dfrac{1}{4}-\dfrac{\sqrt{3}}{9}\right)\pi+\dfrac{1}{2}\ln\dfrac{3}{2}$；

(10) $2\left(1-\dfrac{1}{e}\right)$；

(11) $\dfrac{\pi^3}{6}-\dfrac{\pi}{4}$；

(12) $\dfrac{e}{2}(\sin1-\cos1)+\dfrac{1}{2}$；

(13) -4π；

(14) $\dfrac{\pi^2}{16}+\dfrac{1}{4}$.

8. (1) $\dfrac{2}{3}$；

(2) 0；

(3) 2.

9. (B).

10. (1) $e^{\sin^2 x}\cos x$；

(2) $3x^2\sqrt{1+x^{12}}-2x\sqrt{1+x^8}$；

(3) $(\sin x-\cos x)\cos(\pi\sin^2 x)$；

(4) 0.

习 题 6

1. $\dfrac{\partial u}{\partial x}=2xf_1'+y e^{xy}f_2',\dfrac{\partial u}{\partial y}=-2yf_1'+x e^{xy}f_2'$.

2. $\dfrac{\partial u}{\partial x}=\dfrac{1}{y}f_1',\dfrac{\partial u}{\partial y}=-\dfrac{x}{y^2}f_1'+\dfrac{1}{z}f_2',\dfrac{\partial u}{\partial z}=-\dfrac{y}{z^2}f_2'$.

3. $\dfrac{\partial u}{\partial x}=f_1'+yf_2'+yzf_3',\dfrac{\partial u}{\partial y}=xf_2'+xzf_3',\dfrac{\partial u}{\partial z}=xyf_3'$.

4. 略   5. 略

6. $\dfrac{\partial^2 z}{\partial x^2}=2f'+4x^2f'',\dfrac{\partial^2 z}{\partial x\partial y}=4xyf'',\dfrac{\partial^2 z}{\partial y^2}=2f'+4y^2f''$.

7. $\dfrac{\partial^2 z}{\partial x^2}=y^2f_{11}'',\dfrac{\partial^2 z}{\partial x\partial y}=f_1'+y(xf_{11}''+f_{12}''),\dfrac{\partial^2 z}{\partial y^2}=x^2f_{11}''+2xf_{12}''+f_{22}''$.

8. $\dfrac{dy}{dx}=\dfrac{y^2-e^x}{\cos y-2xy}$.

9. $-2\csc^2(x+y)\cot^3(x+y)$.

10. $\dfrac{(y-1)^2(3-y)}{x^2(2-y)^3}$.

11. $\dfrac{\partial z}{\partial x}=\dfrac{z}{x+z},\dfrac{\partial z}{\partial y}=\dfrac{z^2}{y(x+z)}$.

12. $\dfrac{2y^2z e^z-2xy^3z-y^2z^2e^z}{(e^z-xy)^3}$.

13. $f_1'(1,1)+f_{11}''(1,1)-f_2'(1,1)$.

14. $(2\ln2+1)dx+dy$.

15. $-dx$.

16. $-\mathrm{d}x+2\mathrm{d}y$.

17. $\dfrac{\mathrm{d}x}{\mathrm{d}z}=\dfrac{y-z}{x-y},\dfrac{\mathrm{d}y}{\mathrm{d}z}=\dfrac{z-x}{x-y}$.

18. $\dfrac{1}{5}\sqrt[5]{\dfrac{x-5}{\sqrt[5]{x^2+2}}}\left[\dfrac{1}{x-5}-\dfrac{2x}{5(x^2+2)}\right]$.

19. $\dfrac{\sqrt{x+2}\,(3-x)^4}{(x+1)^5}\left[\dfrac{1}{2(x+2)}-\dfrac{4}{3-x}-\dfrac{5}{x+1}\right]$.

20. $\dfrac{(x,y,z)}{\sqrt{x^2+y^2+z^2}},1$.

习 题 7

1. 略　2. 略　3. 略　4. 略　5. 略　6. 略　7. 略　8. 略　9. 略　10. 略　11. 略
12. (C).　13. 略　14. 略　15. 略　16. 略　17. 略　18. 略　19. 略　20. 略
21. 略

习 题 8

1. (1) $I_1>I_2$;　　　　(2) $I_1<I_2$;　　　　(3) $I_1<I_2$.

2. (1) $\dfrac{8}{3}$;　　　　(2) $\dfrac{20}{3}$;　　　　(3) 1;

(4) $-\dfrac{3\pi}{2}$;　　　　(5) $\dfrac{6}{55}$;　　　　(6) $\dfrac{64}{15}$;

(7) $\mathrm{e}-\mathrm{e}^{-1}$;　　　　(8) $\dfrac{13}{6}$;　　　　(9) $\dfrac{\pi}{4}(2\ln 2-1)$.

3. (1) $\displaystyle\int_0^4\mathrm{d}x\int_{\frac{1}{2}x}^{\sqrt{x}}f(x,y)\mathrm{d}y$;　　　　(2) $\displaystyle\int_{-1}^1\mathrm{d}x\int_0^{\sqrt{1-x^2}}f(x,y)\mathrm{d}y$;

(3) $\displaystyle\int_0^1\mathrm{d}y\int_{2-y}^{1+\sqrt{1-y^2}}f(x,y)\mathrm{d}x$;　　　　(4) $\displaystyle\int_0^1\mathrm{d}y\int_{\mathrm{e}^y}^{\mathrm{e}}f(x,y)\mathrm{d}x$;

(5) $\displaystyle\int_{-1}^0\mathrm{d}y\int_{-2\arcsin y}^{\pi}f(x,y)\mathrm{d}x+\int_0^1\mathrm{d}y\int_{\arcsin y}^{\pi-\arcsin y}f(x,y)\mathrm{d}x$.

4. (1) $\displaystyle\int_0^{2\pi}\mathrm{d}\theta\int_0^a f(r\cos\theta,r\sin\theta)r\mathrm{d}r$;　　　　(2) $\displaystyle\int_0^{\pi}\mathrm{d}\theta\int_0^{2\sin\theta}f(r\cos\theta,r\sin\theta)r\mathrm{d}r$;

(3) $\displaystyle\int_0^{2\pi}\mathrm{d}\theta\int_a^b f(r\cos\theta,r\sin\theta)r\mathrm{d}r$;　　　　(4) $\displaystyle\int_0^{\frac{\pi}{4}}\mathrm{d}\theta\int_{\tan\theta\sec\theta}^{\sec\theta}f(r\cos\theta,r\sin\theta)r\mathrm{d}r$;

(5) $\displaystyle\int_0^{\frac{\pi}{4}}\mathrm{d}\theta\int_0^{\sec\theta}f(r\cos\theta,r\sin\theta)r\mathrm{d}r+\int_{\frac{\pi}{4}}^{\frac{\pi}{2}}\mathrm{d}\theta\int_0^{\csc\theta}f(r\cos\theta,r\sin\theta)r\mathrm{d}r$.

(6) $\displaystyle\int_0^{\frac{\pi}{2}}\mathrm{d}\theta\int_{\frac{1}{\sin\theta+\cos\theta}}^1 f(r\cos\theta,r\sin\theta)r\mathrm{d}r$.

5. (1) $\displaystyle\int_0^{\frac{\pi}{4}}\mathrm{d}\theta\int_0^{\sec\theta}f(r\cos\theta,r\sin\theta)r\mathrm{d}r+\int_{\frac{\pi}{4}}^{\pi}\mathrm{d}\theta\int_0^{\csc\theta}f(r\cos\theta,r\sin\theta)r\mathrm{d}r$;

(2) $\displaystyle\int_{\frac{\pi}{6}}^{\frac{\pi}{4}}\mathrm{d}\theta\int_0^{2\csc\theta}f(r)r\mathrm{d}r$;

(3) $\int_0^{\frac{\pi}{2}} d\theta \int_{\frac{1}{\sin\theta+\cos\theta}}^1 f(r\cos\theta, r\sin\theta) r dr.$

6. (1) $\frac{1}{2}\left(\ln 2 - \frac{5}{8}\right);$ (2) $\frac{1}{48};$

(3) $\frac{7\pi}{12};$ (4) $\frac{16\pi}{3};$

(5) $\frac{4\pi}{5};$ (6) $\frac{\pi}{10}.$

习 题 9

1. (1) $-3;$ (2) $-\frac{1}{3};$ (3) $\frac{1}{e^2};$ (4) $e^{-\frac{3}{2}};$

(5) $-6;$ (6) $2;$ (7) $-\frac{1}{8};$ (8) $1;$

(9) $1;$ (10) $\frac{1}{2};$ (11) $e^{-\frac{2}{\pi}};$ (12) $0;$

(13) $0;$ (14) $\frac{3}{2}e.$

2. $\frac{1}{2}.$

3. (1) $\frac{1}{3};$ (2) $k=3, c=\frac{1}{3}.$

4. (C).

5. (1) $\cos x - \frac{1}{2}e^x;$ (2) $\frac{1}{1+x^2} - \pi x.$

6. (1) $e^{\frac{1}{a}};$ (2) $2;$ (3) $0.$

习 题 10

1. 单增区间：$(-\infty, -\sqrt{2}]$，$[\sqrt{2}, +\infty)$；单减区间：$[-\sqrt{2}, \sqrt{2}]$；凹区间：$[0, +\infty)$；凸区间：$(-\infty, 0]$；拐点：$(0, -2)$；极大值：$4\sqrt{2}-2$，极小值：$-4\sqrt{2}-2$；函数有 3 个零点.

2. (C).   3. (B).   4. $\pm\frac{\sqrt{2}}{8}.$

5. (1) 最大值 $y(4)=0$，最小值 $y(-1)=-85$；

(2) 最大值 $y\left(\frac{3}{4}\right)=1.25$，最小值 $y(-5)=-5+\sqrt{6}$；

(3) 最小值 $y(-3)=27$，没有最大值；

(4) 最大值 $y(1)=\frac{1}{2}$，最小值 $y(0)=0.$

6. $f_{极小}(1,0)=-1, f_{极大}(-1,2)=7.$

7. (A).

8. 提示：分别求函数在开区域 $x^2+4y^2<4$ 内的驻点和函数在闭曲线 $x^2+4y^2=4$ 上的驻点，全部驻点为 $(0,0),(0,\pm1),(\pm2,0)$，最大值为 4，最小值为 -1.

9. $f_{极大}(e,0)=\dfrac{e^2}{2}$.

10. 最近的点 $\left(\dfrac{-1+\sqrt{3}}{2},\dfrac{-1+\sqrt{3}}{2},2-\sqrt{3}\right)$，最远的点 $\left(\dfrac{-1-\sqrt{3}}{2},\dfrac{-1-\sqrt{3}}{2},2+\sqrt{3}\right)$.

11. $\dfrac{\sqrt{3}}{9+\sqrt{3}\pi+4\sqrt{3}}$.

习 题 11

1. $a=1$.　　2. $a=0$.

3. (1) $x=0$ 是跳跃间断点；

(2) $x=1$ 是可去间断点，$x=2$ 是无穷间断点；

(3) $x=0$ 是可去间断点，$x=\left(k+\dfrac{1}{2}\right)\pi(k=0,\pm1,\pm2,\cdots)$ 是无穷间断点；

(4) $x=0$ 是可去间断点，$x=k\pi(k=\pm1,\pm2,\cdots)$ 是无穷间断点.

4. (C).　　5. (B).　　6. (C).　　7. (D).

8. (1) 不可导；　　(2) 可导；　　(3) 不可导；　　(4) 可导.

9. 连续不可导.　　10. $(n-1)!$.　　11. 1.　　12. 略　　13. (C).　　14. (B).

习 题 12

1. (1) 18；　　　　　　　　　　(2) $3\sqrt{2}-1$.

2. (1) $\dfrac{32\pi}{3}$；　　　　　　　　(2) $\dfrac{2\pi}{3}(5\sqrt{5}-4)$.

3. $5\pi^2a^3,6\pi^3a^3$.　　4. $\dfrac{\pi^2}{4},\pi(\pi-2)$.

5. (1) $\dfrac{\pi}{6}(5\sqrt{5}-1)$；　　(2) $2a^2(\pi-2)$；　　(3) $\sqrt{2}\pi$；　　(4) $16R^2$.

6. (1) $1+\dfrac{1}{2}\ln\dfrac{3}{2}$；　　　　　(2) $\dfrac{\sqrt{1+a^2}}{a}(e^{2\pi a}-1)$.

习 题 13

1. $1+\sqrt{2}$.　　2. $y=2x$.　　3. $y=-x$.

4. $\dfrac{x-\dfrac{1}{2}}{1}=\dfrac{y-2}{-4}=\dfrac{z-1}{8},2x-8y+16z-1=0$.

5. $\dfrac{x-1}{16}=\dfrac{y-1}{9}=\dfrac{z-1}{-1},16x+9y-z-24=0$.

6. $2,\dfrac{1}{2}$.　　7. $\left|\dfrac{2}{3a\sin 2t}\right|$.　　8. $(0,\pm 2)$.　　9. $\dfrac{\sqrt{2}}{2},-\dfrac{\ln 2}{2}$.

习　题　**14**

1. $\sqrt{2}$.　　2. $\dfrac{1}{12}(5\sqrt{5}+6\sqrt{2}-1)$.　　3. $\dfrac{256}{15}a^{3}$.

4. (1) $\left(\dfrac{1+\sqrt{2}}{2}\right)\pi$;　　　　　　(2) 9π.

5. 0.　　6. $-\dfrac{56}{15}$.　　7. -2π.　　8. $\dfrac{2}{105}\pi R^{7}$.　　9. $\dfrac{1}{8}$.　　10. $\dfrac{\pi}{2}$.　　11. 81π.

习　题　**15**

1. (1) $\dfrac{1}{2}MR^{2}$;　　　　　　(2) $\dfrac{2GamM}{R^{2}}\left(\dfrac{1}{a}-\dfrac{1}{\sqrt{R^{2}+a^{2}}}\right)$.

2. $8\sqrt{2}\pi\rho$.　　3. $2\pi Gm\rho$.　　4. $\dfrac{1}{2}\pi R^{2}gh^{2}$.　　5. $\dfrac{2}{3}gR^{3}$.

6. (1) $\dfrac{1}{12}\pi R^{2}h^{2}\rho g$;　　　　　　(2) $\dfrac{\sqrt{2}}{3}\pi R^{2}h\rho g$.

习　题　**16**

1. $\dfrac{1+\sqrt{5}}{2}$.　　2. $\dfrac{1}{4}$.　　3. (D).　　4. (A).

5. (1) 0;　　　　(2) 0;　　　　(3) 0.

6. (B).

7. (1) $\sin 1-\cos 1$;　　(2) $\dfrac{2}{3}(2\sqrt{2}-1)$;　　(3) $\dfrac{1}{p+1}$.

习　题　**17**

1. (1) $\dfrac{1}{2}$;　　　　(2) $\dfrac{\pi}{2}$;　　　　(3) -4.

2. $n!$.

3. (1) 收敛;　　(2) 发散;　　(3) 发散;　　(4) 收敛.

习　题　**18**

1. (1) 发散;　　(2) 收敛;　　(3) 收敛;　　(4) 发散;
(5) 发散;　　(6) 收敛;　　(7) 收敛;　　(8) 收敛.

2. (1) 绝对收敛;　　(2) 发散;　　(3) 条件收敛;
(4) 绝对收敛;　　(5) 绝对收敛.

3. (1) $2,(-2,2)$;　　(2) $\dfrac{\sqrt{2}}{2},\left(-\dfrac{\sqrt{2}}{2},\dfrac{\sqrt{2}}{2}\right)$;　　(3) $1,[0,2)$.

4. (1) $\dfrac{\sqrt{2}}{4}\ln\left(\dfrac{1+\sqrt{2}\,x}{1-\sqrt{2}\,x}\right), -\dfrac{1}{2}\leqslant x<\dfrac{1}{2}$; (2) $\begin{cases} \dfrac{\ln(2-x)}{1-x}, & x\neq 1, 0\leqslant x<2 \\ 1, & x=1 \end{cases}$.

5. (1) 2; (2) ln3.

6. $\displaystyle\sum_{n=0}^{\infty}(-1)^{n}(n+1)x^{n}, -1<x<1$.

7. $\dfrac{1}{3}\displaystyle\sum_{n=0}^{\infty}(-1)^{n}\dfrac{(x-3)^{n}}{3^{n}}, 0<x\leqslant 6$.

8. $f(x)=\displaystyle\sum_{n=0}^{\infty}(-1)^{n}\left(\dfrac{1}{2^{n+2}}-\dfrac{1}{2^{2n+3}}\right)(x-1)^{n}, -1<x<3$.

习　题　19

1. $y=x\mathrm{e}^{2x+1}$.　　2. $y=\mathrm{e}^{-x}\sin x$.　　3. $3x(1+x^{2})$.　　4. $y'-y=2x-x^{2}$.

5. (1) $y=C_{1}\mathrm{e}^{x}+C_{2}\mathrm{e}^{-3x}$;　　　　(2) $y=(C_{1}+C_{2}x)\mathrm{e}^{\frac{1}{2}x}$;

(3) $y=\mathrm{e}^{-x}(C_{1}\cos\sqrt{2}\,x+C_{2}\sin\sqrt{2}\,x)$.

6. $y=C_{1}\mathrm{e}^{x}+C_{2}\mathrm{e}^{2x}-(x^{2}+2x)\mathrm{e}^{x}$.

7. (1) $\dfrac{1}{y}=-\sin x+C\mathrm{e}^{x}$;　　　　(2) $\dfrac{1}{y}=C\mathrm{e}^{-\frac{3}{2}x^{2}}-\dfrac{1}{3}$ 或 $\dfrac{3}{2}x^{2}+\ln\left|1+\dfrac{3}{y}\right|=C$.

8. (1) $xy-\dfrac{1}{3}x^{3}=C$;　　　　(2) $x\mathrm{e}^{y}-y^{2}=C$.

9. $\alpha=-3, \beta=2, \gamma=-1$.

10. (1) $x=\ln y-\dfrac{1}{2}+\dfrac{C}{y^{2}}$;　　　　(2) $y=\dfrac{1}{3}(2x^{\frac{3}{2}}+1)$.

11. (C).　　12. (D).

习题 20　略